普通高等教育本科轻化工程专业教材

特种纸实用技术教程

Practical Technology Textbook for Specialty Papers

胡志军 主 编

吴安波 陈 华 副主编

胡志军 吴安波 陈 华 刘一山 骆志荣 唐艳军
甄朝晖 赵会芳 程益民 于冬梅 张学金 郭大亮 翟 睿 编

中国轻工业出版社

图书在版编目（CIP）数据

特种纸实用技术教程/胡志军主编. —北京：中国轻工业出版社，2024.8

“十三五”普通高等教育本科规划教材

ISBN 978-7-5184-2444-3

Ⅰ.①特…　Ⅱ.①胡…　Ⅲ.①特种纸-实用技术-高等学校-教材　Ⅳ.①TS761.2

中国版本图书馆 CIP 数据核字（2019）第 069056 号

责任编辑：林　媛　　责任终审：滕炎福　　整体设计：锋尚设计
策划编辑：林　媛　　责任校对：吴大鹏　　责任监印：张　可

出版发行：中国轻工业出版社（北京鲁谷东街 5 号，邮编：100040）
印　　刷：三河市国英印务有限公司
经　　销：各地新华书店
版　　次：2024 年 8 月第 1 版第 4 次印刷
开　　本：787×1092　1/16　印张：18.25
字　　数：468 千字
书　　号：ISBN 978-7-5184-2444-3　定价：60.00 元
邮购电话：010－85119873
发行电话：010－85119832　010－85119912
网　　址：http://www.chlip.com.cn
Email：club@chlip.com.cn

241564J1C104ZBW

前　言

造纸作为国民经济重要的基础原材料工业，在国民经济中占有非常重要的地位，关系着国家的经济、文化、生活、国防、科技等各个方面的发展。纸的用途遍及文化、教育、科技和国民经济的众多领域，已渗透到国计民生的诸多方面。特种纸是造纸工业的高技术产品，一般是经过特殊的抄造工艺、添加特殊原料或采用特殊工序（涂布或复合加工），生产满足特定性能和用途的纸张。特种纸的结构和性能完全不同于传统纸张，具有灵活可设计的结构和力学、光、电、磁、热、声性能，在工农业生产、科学研究、国防军工、高速列车等国家重大工程中有着广泛的应用，是战略性物资之一。特种纸行业是一个多元化、高附加值的行业，汇聚多个行业和学科、牵动上下游产业发展的基础性和战略性的新兴产业。目前，尽管受到产能过剩、行业竞争加剧、日益严苛的环保政策以及不断上升的人工成本影响，我国特种纸企业稳中有进，仍然有不俗的业绩表现。但是，我国特种纸的生产水平，仍急待加强和提高，这种状况已引起了业内外有识之士的很大关注。

为促进我国由工程教育大国迈向工程教育强国，培养造就创新能力强、适应经济社会发展需要的高质量工程技术人才，国家实施了“卓越工程师教育培养计划”，其中包括多所高校的轻化工程专业（制浆造纸工程方向）。《特种纸实用技术教程》正是为配合“卓越工程师教育培养计划”（2.0 版）的实施，构建产学合作协同育人项目三级实施体系，持续完善多主体协同育人的长效机制，校企联合编写应用型教材，打造产教融合、校企合作的良好生态。本教材结合特种纸行业现状，总结工厂经验，注重生产案例分析；本教材突出了应用型特色，专门设置了课内教学实验和项目式讨论教学，以帮助学生更好地理解掌握知识点，并进行初步的应用实践。

教材由浙江科技学院胡志军主编，杭州特种纸业有限公司高级工程师吴安波和浙江科技学院陈华副主编，齐鲁工业大学甄朝晖和于冬梅、浙江理工大学唐艳军、四川职业技术学院刘一山、浙江科技学院赵会芳、张学金、郭大亮、翟睿，夏王纸业高级工程师骆志荣、浙江鑫丰特种纸股份有限公司程益民参编。第一章绪论由刘一山编写，第二章特种纸的制造与加工由翟睿编写，第三章信息用特种纸由甄朝晖和于冬梅编写，第四章工业用特种纸由陈华编写，第五章农业用特种纸由唐艳军和程益民编写，第六章家居装饰特种纸由郭大亮和骆志荣编写，第七章生活用特种纸由张学金编写，第八章食品医用特种纸由胡志军编写，第九章特种过滤纸由吴安波编写，第十章航空航天用特种纸由赵会芳编写。

教材可供轻化工程（制浆造纸工程方向）“卓越计划”试点专业本科生用于课程教学，也可供相关工程技术人员和高校师生参考。

本教材编写过程中，得到许多高校同仁及造纸企业工程技术人员的支持，在此表示衷心的感谢！

编者水平有限，书中难免有缺点和疏漏之处，恳请各位读者批评指正。

编者

2019 年 3 月

目　录

第一章　绪论…… 1
第一节　特种纸的概念…… 1
一、特种纸的定义…… 1
二、特种纸的起源…… 1
三、特种纸的特点…… 2
第二节　特种纸的分类与品种…… 3
一、特种纸的分类…… 3
二、特种纸的品种…… 4
第三节　特种纸的纤维原料…… 5
一、植物纤维…… 6
二、无机纤维…… 6
三、合成纤维…… 8
四、碳素纤维…… 8
五、金属纤维…… 9
六、动物纤维…… 9
第四节　特种纸的化学品…… 10
一、特种纸的过程化学品…… 10
二、特种纸的功能化学品…… 11
第五节　特种纸的应用领域…… 14
一、工业领域…… 14
二、农业领域…… 14
三、科研领域…… 15
四、生活领域…… 15
第六节　特种纸的发展趋势…… 15
一、特种纸行业的特点…… 15
二、特种纸行业的现状…… 16
三、特种纸行业的未来…… 16
习题与思考题…… 17
主要参考文献…… 17
第二章　特种纸的制造与加工…… 19
第一节　概述…… 19
一、原料…… 19
二、原纸…… 19
三、化学品…… 19

四、加工工艺 …… 20
第二节 浸渍加工 …… 20
一、浸渍加工原理 …… 20
二、原纸要求 …… 20
三、浸渍剂 …… 20
四、设备 …… 20
五、注意事项 …… 21
第三节 涂布加工 …… 22
一、涂布加工的定义和种类 …… 22
二、涂布加工原纸要求 …… 22
三、涂布剂 …… 22
四、设备 …… 23
第四节 复合加工 …… 24
一、简述 …… 24
二、复合加工纸原纸、薄膜和胶黏剂 …… 25
三、复合加工方法 …… 27
四、应用举例 …… 29
第五节 蒸镀加工 …… 30
一、蒸镀加工原理 …… 30
二、原纸与配方 …… 30
三、蒸镀方法 …… 30
第六节 气流加工 …… 31
一、生产原理 …… 31
二、生产流程 …… 32
三、气流加工法的优点 …… 33
第七节 其他加工法 …… 33
一、静电植绒法 …… 33
二、薄膜拉伸法 …… 33
课内实验 …… 34
项目式讨论教学 …… 34
习题与思考题 …… 34
主要参考文献 …… 35
第三章 信息用特种纸 …… 37
第一节 无碳复写纸 …… 37
一、概况 …… 37
二、基本生产工艺及设备 …… 39
三、微胶囊技术 …… 45
四、无碳复写纸技术要求 …… 55
五、生产质量控制 …… 56
六、常见纸病和失敏处理 …… 58

第二节 防伪纸 …… 60
一、概况 …… 60
二、防伪纸的质量指标 …… 63
三、安全线防伪纸生产工艺 …… 63
四、防伪油墨 …… 66
五、生产质量控制 …… 68
六、生产实例 …… 69
七、发展与展望 …… 71
第三节 热敏纸 …… 72
一、概况 …… 72
二、基本生产工艺 …… 73
三、热敏纸的质量指标 …… 73
四、热敏涂料及其化学品 …… 74
五、工程实例 …… 76
六、质量影响因素 …… 77
七、发展与展望 …… 79
第四节 其他信息用特种纸 …… 79
一、喷墨打印纸 …… 80
二、描图纸 …… 81
三、磁性记录纸 …… 81
课内实验 …… 82
项目式讨论教学 …… 82
习题与思考题 …… 82
主要参考文献 …… 82
第四章 工业用特种纸 …… 85
第一节 钢纸 …… 85
一、概况 …… 85
二、生产工艺 …… 87
三、质量控制与生产问题 …… 88
四、化学药剂处理 …… 90
五、展望 …… 91
第二节 电池隔膜纸 …… 91
一、概况 …… 91
二、生产工艺 …… 93
三、质量控制与生产问题 …… 93
四、化学品的应用 …… 94
五、生产实例 …… 94
六、展望 …… 94
第三节 热转移印花纸 …… 94
一、概况 …… 94

二、生产工艺 …… 95
三、质量控制与生产问题 …… 95
四、化学品的应用 …… 96
五、生产实例 …… 96
六、展望 …… 97
第四节 耐水砂纸原纸（乳胶纸） …… 98
一、概况 …… 98
二、生产工艺 …… 98
三、质量控制与生产问题 …… 99
四、化学品的应用 …… 99
五、展望 …… 99
第五节 电缆纸 …… 99
一、概况 …… 99
二、生产工艺 …… 101
三、质量控制与生产问题 …… 101
四、化学品的应用 …… 101
五、展望 …… 101
第六节 电话纸 …… 102
一、概况 …… 102
二、生产工艺 …… 102
三、质量控制与生产问题 …… 103
四、化学品的应用 …… 103
五、生产实例 …… 103
六、展望 …… 103
第七节 气相防锈纸 …… 103
一、概况 …… 103
二、生产工艺 …… 104
三、质量控制与生产问题 …… 105
四、化学品的应用或化学药剂处理 …… 105
五、展望 …… 106
课内实验 …… 106
项目式讨论教学 …… 106
习题与思考题 …… 107
主要参考文献 …… 107
第五章 农业用特种纸 …… 108
第一节 育果袋纸 …… 108
一、概况 …… 108
二、生产工艺 …… 109
三、质量影响因素及质量控制 …… 111
四、生产实例 …… 112

五、展望…… 113
第二节　保鲜纸…… 113
一、概况…… 113
二、生产工艺…… 114
三、质量影响因素及质量控制…… 115
四、生产实例…… 115
五、展望…… 115
第三节　育苗纸…… 116
一、概况…… 116
二、育苗纸的生产工艺…… 117
三、育苗纸的质量影响因素及质量控制…… 118
四、生产实例…… 119
五、展望…… 120
第四节　地膜纸…… 120
一、概况…… 120
二、生产工艺…… 121
三、质量影响因素及质量控制…… 122
四、生产实例…… 123
五、展望…… 123
第五节　其他农业用特种纸…… 124
一、种子发芽测定纸…… 124
二、中草药果蔬保鲜纸…… 124
三、遮光纸…… 124
四、“四合一”农用纸席…… 124
课内实验…… 124
项目式讨论教学…… 125
习题与思考题…… 125
主要参考文献…… 126
第六章　家居装饰特种纸…… 128
第一节　装饰原纸…… 128
一、概况…… 128
二、质量指标…… 129
三、生产工艺控制…… 130
四、工程实例或专利…… 134
五、研究进展…… 135
六、展望…… 136
第二节　耐磨纸…… 137
一、概况…… 137
二、质量指标…… 137
三、生产工艺与质量控制…… 138

四、工程实例 …… 141
五、研究进展 …… 141
六、展望 …… 142
第三节　阻燃纸 …… 142
一、概况 …… 142
二、质量指标 …… 143
三、生产工艺 …… 143
四、质量控制 …… 144
五、发展与展望 …… 146
第四节　壁纸 …… 147
一、概况 …… 147
二、质量指标或性能要求 …… 148
三、基本生产工艺 …… 151
四、生产质量控制 …… 152
五、工程实例 …… 153
六、发展与展望 …… 155
第五节　其他家居装饰特种纸 …… 156
一、吸湿壁纸 …… 156
二、杀虫壁纸 …… 157
三、调温装饰纸 …… 157
四、防霉装饰纸 …… 157
五、保温隔热壁纸 …… 158
课内实验 …… 158
项目式讨论教学 …… 158
习题与思考题 …… 158
主要参考文献 …… 158
第七章　生活用特种纸 …… 160
第一节　代布纸 …… 160
一、概况 …… 160
二、生产工艺 …… 161
三、质量控制与生产问题 …… 161
四、生产实例 …… 162
五、展望 …… 163
第二节　服装纸 …… 163
一、概况 …… 163
二、生产工艺 …… 165
三、生产实例 …… 168
四、展望 …… 169
第三节　化妆纸 …… 169
一、概况 …… 169

二、质量技术指标…………………………………………………………………… 169
三、生产工艺…………………………………………………………………………… 171
四、生产案例…………………………………………………………………………… 172
五、展望………………………………………………………………………………… 172
第四节　纸绳纸…………………………………………………………………………… 173
一、概况………………………………………………………………………………… 173
二、生产工艺…………………………………………………………………………… 173
三、质量影响因素及质量控制………………………………………………………… 175
四、生产实例…………………………………………………………………………… 176
五、生产操作要点及纸病解决措施…………………………………………………… 177
六、展望………………………………………………………………………………… 177
第五节　其他类生活用特种纸…………………………………………………………… 178
一、水溶性纸…………………………………………………………………………… 178
二、吸尘器套袋纸……………………………………………………………………… 179
三、灯罩纸……………………………………………………………………………… 179
四、纺织材料用纸……………………………………………………………………… 181
五、尼龙纸……………………………………………………………………………… 181
六、仿布纸……………………………………………………………………………… 181
项目讨论教学……………………………………………………………………………… 181
习题与思考题……………………………………………………………………………… 181
主要参考文献……………………………………………………………………………… 182
第八章　食品医用特种纸………………………………………………………………… 184
第一节　食品包装原纸…………………………………………………………………… 184
一、概述………………………………………………………………………………… 184
二、食品包装纸的基本要求…………………………………………………………… 185
三、基本生产工艺……………………………………………………………………… 187
四、生产质量控制……………………………………………………………………… 187
五、工程实例…………………………………………………………………………… 189
六、展望………………………………………………………………………………… 191
第二节　医用包装原纸…………………………………………………………………… 192
一、概述………………………………………………………………………………… 192
二、性能要求…………………………………………………………………………… 195
三、基本生产工艺……………………………………………………………………… 197
四、生产质量控制……………………………………………………………………… 197
五、工程实例…………………………………………………………………………… 198
六、展望………………………………………………………………………………… 200
第三节　快速检测试纸…………………………………………………………………… 201
一、概况………………………………………………………………………………… 201
二、质量技术指标……………………………………………………………………… 203
三、基本生产工艺……………………………………………………………………… 204

四、生产质量控制……205
五、生产实例……207
六、展望……209
第四节　除臭纸……210
一、概况……210
二、产品质量指标……213
三、基本生产工艺……213
四、生产质量控制……214
五、工程实例……214
六、展望……215
第五节　无尘纸……216
一、概况……216
二、质量技术指标……218
三、基本生产工艺……219
四、质量控制……220
五、工程实例……223
六、展望……223
第六节　其他食品医用类特种纸……224
一、吸油面纸……224
二、面膜纸……225
三、甲壳质—壳聚糖纤维纸……226
四、止血纸……227
课内实验……228
项目式讨论教学……228
习题与思考题……228
主要参考文献……229
第九章　特种过滤纸……230
第一节　汽车过滤纸……230
一、概况……230
二、质量指标或性能要求……231
三、基本生产工艺……231
四、生产质量控制……232
五、化学品的应用……233
六、工程实例……233
七、发展与展望……234
第二节　空气过滤纸……235
一、概述……235
二、质量指标或性能要求……235
三、基本生产工艺……236
四、生产质量控制……237

五、化学品的应用…………………………………………………………………… 237
六、工程实例…………………………………………………………………………… 238
七、发展与展望……………………………………………………………………… 238
第三节　电池隔离纸………………………………………………………………… 239
一、概况………………………………………………………………………………… 239
二、质量指标或性能要求………………………………………………………… 239
三、基本生产工艺…………………………………………………………………… 240
四、质量控制………………………………………………………………………… 241
五、化学品的应用…………………………………………………………………… 242
六、工程实例………………………………………………………………………… 242
七、发展与展望……………………………………………………………………… 243
第四节　其他过滤纸………………………………………………………………… 243
口罩滤纸……………………………………………………………………………… 243
课内实验………………………………………………………………………………… 243
项目式讨论教学……………………………………………………………………… 243
习题与思考题………………………………………………………………………… 244
主要参考文献………………………………………………………………………… 244
第十章　航空航天用特种纸……………………………………………………… 246
第一节　芳纶纸……………………………………………………………………… 246
一、概况………………………………………………………………………………… 246
二、质量指标或性能要求………………………………………………………… 246
三、基本生产工艺…………………………………………………………………… 248
四、生产质量控制…………………………………………………………………… 249
五、工程实例………………………………………………………………………… 251
六、国内外现状与进展及展望…………………………………………………… 251
第二节　绝热纸……………………………………………………………………… 252
一、概况………………………………………………………………………………… 252
二、质量指标或性能要求………………………………………………………… 252
三、基本生产工艺…………………………………………………………………… 254
四、生产质量控制…………………………………………………………………… 255
五、工程实例………………………………………………………………………… 257
六、国内外现状与进展及展望…………………………………………………… 257
第三节　导电纸……………………………………………………………………… 258
一、概况………………………………………………………………………………… 258
二、质量指标或性能要求………………………………………………………… 259
三、基本生产工艺…………………………………………………………………… 259
四、生产质量控制…………………………………………………………………… 263
五、工程实例………………………………………………………………………… 265
六、国内外现状与进展及展望…………………………………………………… 265
第四节　电解电容器纸……………………………………………………………… 266

一、概况…………………………………………………………………………………………………… 266
二、质量指标或性能要求…………………………………………………………………………………… 266
三、基本生产工艺…………………………………………………………………………………………… 270
四、生产质量控制…………………………………………………………………………………………… 270
五、工程实例………………………………………………………………………………………………… 272
六、国内外现状与进展及展望……………………………………………………………………………… 272
课内实验……………………………………………………………………………………………………… 274
项目式讨论教学……………………………………………………………………………………………… 274
习题与思考题………………………………………………………………………………………………… 274
主要参考文献………………………………………………………………………………………………… 275

第一章　绪　　论

第一节　特种纸的概念

一、特种纸的定义

在造纸技术发展的过程中，“特种纸”过去并不代表一类纸种的名称。起初，特种纸泛指造纸厂中除了主要产品之外的小批量产品；后来，又演变为满足客户订货需要而专门抄造的纸种的代名词。因此，在相当长的时间里，对特种纸并没有形成一个完整的概念。以至于有人以为，除了用于印刷、包装、生活等方面的普通用纸，其他的纸（包括一些经过特殊加工的高级纸）都可以叫作特种纸。但以现代观点来看，这种认识显然是不确切的，也是研究纸张的科技工作者不能随声附和的。

自1969年美国的莫舍（R. H Moshey）等编著的《工业及特种纸》（*Industrial and Specialty Papers*）一书公开出版发行之后，根据书中的定义，把那些具有特殊性质、适合于特别领域应用的纸种，统统归纳为一大类，并取名为特种纸。由此，“特种纸”才成为造纸技术中的一个专有名词而逐渐流行起来。

关于特种纸，目前通常有如下三个解释。有的说：“所谓特种纸，就是指具有某些特殊性能、适合特别应用的一类纸和纸板”；有的说：“特种纸是为了适应特殊用途的、具有特种性能的纸及纸板品种”；也有的说：“特种纸是仅作特定的用途，要求特别的一类纸和纸板”。由此可知，目前，我们对特种纸尚未作明确而严格的界定。

由于对特种纸在国际上仍存在不同的说法，在我国造纸界对它的解释至今也不完全一致。例如，仍有人认为除了印刷、书写、包装、生活用纸之外，其他的纸都可以称为特种纸。也有人说，凡是专门供给特殊用途的纸均可列入特种纸的范围，比如钞票纸、卷烟纸、滤纸等。甚至还有人提出，一些经特殊加工的高级文化用纸和包装用纸，比如铜版纸、涂布印刷纸、高光泽玻璃卡纸等，也应属于特种纸。由于对特种纸的认识不同，“划分”的出发点不一样，因此“界定”的结果自然有差异。

那么，究竟什么是特种纸呢？顾名思义，我们可以这样认为：那些与普通纸（纸板）的区别较大（加工和制形）、具有某些特殊性能、适合特别应用的那一类纸和纸板，合起来便称为特种纸。这里指的是诸多前提，而不是单一条件，它们中有的是掺有特种的纤维原料，有的是通过向浆料中施加专门的化学药剂处理，有的是对原纸进行二次以上的加工而制成的。

二、特种纸的起源

从造纸技术的发展演变过程来看，由造纸到纸加工是逐步成长起来的。纸是平薄、轻便之物，如将它进行一次加工便得到加工纸（例如，常见的经过一次涂布的铜版纸，一次染色的彩色纸，一次压花的餐巾纸等)，这只是将纸的外观和部分性能加以改变，其应用也多属传统的或常规范围。值得指出的是，特种纸则是加工纸的延伸，它再向前发展就进入功能纸的境地了。所以，一般认为纸加工有如下三个层次：第一，加工纸；第二，特种纸；第三，功能纸。它们之间难免出现交错重叠，不可能划分得“一清二楚”。但是，随着科技的进步，纸的应用领域不断扩大，特种纸的范围也与日俱增，新纸种时时涌现。

首开先河的特种纸是 1945 年由美国国民收银机公司（NCR，National Cash Register Co.）的葛林（Green）研制成功的 NCR 纸开始的。这种纸（因为该公司的缩写是 NCR，所以以公司来命名）从外表上看与普通纸并无明显的不同，但是它可用来复写相同的印份，产生用蓝色复写纸（Carbon Paper）相同的效果，并且不会沾污手指和衣物，更方便卫生。后来，这种纸行销到世界各地，也有许多造纸厂自行研制或取其专利。由于制造这种纸没有采取一般用于复写的碳料成分，因此正式地把它取名为无碳复写纸（Carbonless Copy Paper)，简称无碳纸，在我国台湾则称为非碳复印纸。

之所以把无碳复写纸划为特种纸？有以下四点理由：

① 纸的结构特殊。无碳纸一套分为上、中、下页纸（图 1-1)，每页纸上又有三层不同的结构，这是过去普通纸从没有过的。普通纸是单层、无碳纸是多层结构，两者很不相同。

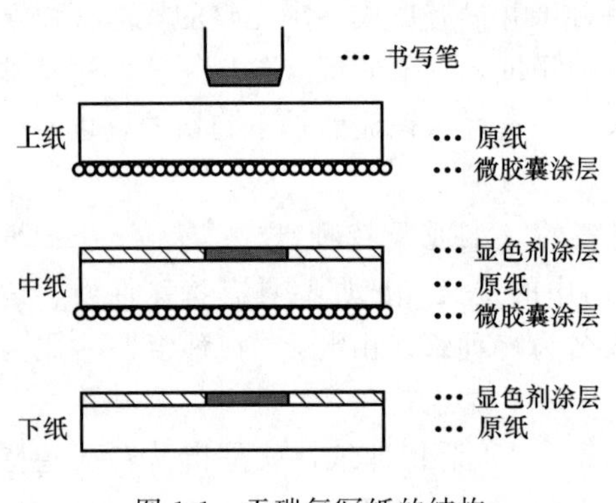

图 1-1　无碳复写纸的结构

② 添加的化学品特殊。例如无碳纸需要制备微胶囊，使用无色染料、显色剂等。而普通纸却只需添加一般的化学品（如松香胶、改性淀粉）就可以了。

③ 加工工艺特殊。无碳纸的涂布作业应依不同面层而异，需要经过多次涂布，而且加工技术难度较高，而普通纸有时就不必另行加工了。

④ 应用领域特殊。无碳纸多数用于金融财政、航空航天、电子通讯、国防军事等部门；而普通纸（复写纸等）多用于日常生活、印刷出版等方面。从无碳纸异军突起之日起，以后把一部分原有的加工纸也“划归”特种纸类。于是，有人说，特种纸是由加工纸“脱胎”或“衍生”出来的，这有一定的道理，故而有的书上也把特种纸叫作“特种加工纸”。

三、特种纸的特点

特种纸是在加工纸基础上发展而出的一个新纸种，它甚至可能会改变人们对纸的传统看法。尽管它的“面孔”（主体）与普通纸具有相似的外形，然而其性能应用等方面却令使用者刮目相看。由于特种纸的制造涉及的学科比较多，与热学、电学、光学、磁学等物理作用，化学作用，以及生物作用等关系密切，因此特种纸的生产难度也较大。不过，特种纸的产值应用范围较广，其生命力较强，发展前景令人鼓舞。而目前，我国特种纸的生产水平仍急待加强和提高，这种状况已经引起了业内外有识之士的很大关注。

简单点说，特种纸最主要的特点，应该是在纸质、性能和用途上与普通纸有所不同。具体地讲：

① 原料配比多样化。普通纸多是采用植物纤维，如木材、竹子、草类等；而特种纸的

原料，除了植物纤维之外，还可配有其他的非植物纤维，如化学纤维、矿物纤维、碳素纤维和金属纤维等。这样就能够弥补植物纤维的某些弱点，有利于提高成纸的品质，以达到“优化组合”之目的。

② 性能改变专门化。特种纸可以通过采用不同的纤维原料或不同加工方法和添加不同化学品（助剂），使成纸具有某种突出的性能。例如，普通纸遇明火立即燃烧，而某种阻燃纸却是不怕火、也不会烧起来的。

③ 实际应用广泛化。由于特种纸的品种日益增多，因而在文化教育、工业生产军事科技、日常生活中有着众多的用途，引起人们对开发特种纸的很大兴趣。

特种纸所列的范围：在原料上，不只限于植物纤维，其他非植物纤维（如合成纤维、无机纤维）以及其他材料（如聚丙烯、聚酯化合物）也可以。另外，原料中还可添加多种化学品，虽然增加了制作上的难度，也是必要的。在结构上，除了纤维交织层外，还可有伸拉薄膜型或者再加工增加层数。在效果上，可以根据需要按设计性能来制造。在应用上，自然是八仙过海，各显其能。这样一来，就有别于普通纸和加工纸了。同时，国际上也有一些人认为：特种纸是个可变的纸种，开始是特种（纸），后来逐而变成常用的普通（纸）了。比如无碳复写纸在50年前是特种纸，现在则被划归入加工纸的圈子，由此造成了特种纸具有可变性的印象。当然也有人不大同意这个观点，以为还是不要混为一谈免得造成理解上的误导为好。

特种纸还具有“四新、三高、两难”的特点。所谓四新，就是原料新、工艺新、设备新、产品新。三高就是高技术、高性能、高效益。两难就是加工过程难、回收再用难。从经销市场的角度来看，特种纸的以下特点更为突出，即针对性强、应用面窄、需求量小。因为在开发之初，或是为着某一实用方面的需要而研制的，故市场上容易饱和，流行周期较短。

第二节 特种纸的分类与品种

一、特种纸的分类

现代造纸工业的主要标志：第一，更广泛地使用了多种造纸纤维原料，不仅植物纤维得到充分地利用，而且其他纤维（合成纤维、无机纤维等）也越来越多地用来造纸；第二，造纸过程及其装备日益高速化和自动化；第三，纸的产品结构不断地更新，各类纸种推陈出新，打开了纸的应用新天地，特种纸更是脱颖而出。有的文献在介绍纸种时，常把加工纸、特种纸、功能纸搅在一起，不加区分，因而在读者中引起不必要的误导和混乱，值得引起关注。有人认为，可以从采用原料、加工工艺（方法）、成纸性能、实际应用等多方面来区别特种纸，这样或许会更清楚明了些。但是，应该知道加工纸是经过一次加工完成的，应用领域也属于传统纸之列。

那么，特种纸与功能纸到底有什么不同呢？其界定何在？可以提出以下三点进行探讨：

（1）特种纸大多数是采用植物纤维或添加少量其他纤维来抄造而成的；而功能纸所选用的原料主要是特殊纤维（包括变性纤维），这里所说的特殊纤维，包括化学纤维、玻璃纤维、陶瓷纤维、碳素纤维、金属纤维等。

（2）特种纸是通过加工来改善其物理强度、增加抵抗化学性、扩大防护性等。而功能纸具有的非凡特性，不是一般的经典力学性，而是量子力学、电磁效应、抗生物性以及生理适应性等。

（3）特种纸多半在一般条件下使用；而功能纸应用领域的专业性、针对性比较强，主要在特别领域使用，日常生活中使用的比较少。

在明确了以上三点之后，考查到底是什么样的纸是特种纸？哪些才算功能纸？须将它们加以对照、参比，便可做到心中有数了。从学术研究的角度来看，划分出明确的界限，是完全必要的。任何思维上的朦胧，将会反映出文字或语言上的“歧义”或“泛滥”。所谓对特种纸与功能纸只做“广义上”的区别，实际上是没有区别。

从现代材料学的角度上讲，主要分两大类，第一类是结构材料（追求如高强度等力学性能）；第二类是功能材料（追求如“高新技术”等特殊性能）。显而易见，普通纸、加工纸、特种纸都属于第一类材料，而功能纸则属于第二类材料。因此，那种把香味卫生纸、条纹包装纸、防锈纸、镀铝纸等也都列入功能纸的看法，是考虑欠周到的，因为它与提出功能纸的初衷“南辕北辙”了。其实上述的四个纸品，前两种是普通纸，后二者是加工纸，它们都不应是特种纸，更谈不上是功能纸了。

说起纸的分类，很使人困惑不解。到底以什么为坐标？土纸与洋纸、手工纸与机制纸、普通纸与特种纸等，眼花缭乱，莫衷一是，并无定论。每个国家都有自己的纸的分类原则或标准，甚至有的造纸公司或大型造纸厂也自订纸名、系列和分类。因此，很难定出世界性的统一分类，只是按照“约定俗成”的习惯，用“模糊数学”的方法处理之。

二、特种纸的品种

据不完全统计，特种纸有1000多个品种，我国能生产600多个。目前，对特种纸的分类有两种思路：一个是根据纸的用途，将纸和纸板划分为9类；另一个是按照性能来分为10类。然而，特种纸的品种相当多，不可能逐一述及。中国纸的品种多以原料、地名、人名来命名，比如麻纸、蜀纸、薛涛笺等。而欧洲纸的品种，按照西方人的思维逻辑，则多以用途来分类。

在我国，根据纸的用途划分为9大类，即：印刷用特种纸、信息用特种纸、包装用特种纸、工业用特种纸、农业用特种纸、生活用特种纸、医药及卫生用特种纸、军事用特种纸及其他特种纸。在欧洲，一般将特种纸分为12大类，包括：电气（电器）用纸、吸收性层压纸及家具用纸、过滤纸、高强（特强）纸、防黏纸（离型纸）、影像及影印纸、包装类特种纸、特种印刷纸、特种高级纸、建筑用纸、卷烟纸及其他功能性纸。日本按照功能将特种纸分为10类，600多种。这10类功能纸的特性，包括：机械特性、热特性、电气电子和磁性、光学特性、音乐特性、物理特性（黏合特性、分离和过滤特性、水特性、油特性、气体吸附特性等）、化学特性、生物化学特性、感觉特性、复合特性。

根据纸的用途，将特种纸分为以下9类：

1. 印刷用特种纸

并不是指一般采取的印刷方式（如凸版、凹版、胶版、坷罗版等）所用的纸，像常用的新闻纸、胶版纸、铜版纸、字典纸等。而是指纸本身所能适应、产生的特殊印刷效果，比如，适合胶印的各种花式纸又称艺术纸（如压纹纸之类可以印刷书籍、贺卡、扇面、吊牌、台历、请柬等）、涂炭表格纸、防伪纸（如磁性防伪纸、加荧光纤维防伪纸、热感防伪纸、激光全息防伪纸）、热敏纸、合成纸（聚丙烯纸）、耐撕纸（尼龙纸）、无声纸、夜光纸等。

2. 信息用特种纸

以前的静电记录纸、放电记录纸、电解记录纸等，自从互联网、传真机兴起后，这类纸的应用状况，明显地暗淡下来。目前，在资讯方面所使用的特种纸也并不太多，最令人感兴趣的是电子纸，具有兼作书、刊、报、信、文等功用。

3. 包装用特种纸

包装工业需要的材料多、数量大、要求高，这样便使某些特种纸有了用武之地。蜂窝纸板不一定是特种纸，它是经过机械加工后的一种包装纸。但是，如果赋予另外的功能，则是另当别论了。在包装方面常用的特种纸有：专用防锈纸（包装军用特殊金属部件）、保鲜纸（包装鲜肉、鱼、虾、蛋类等）、防霉纸、抗菌纸、软复合包装纸等。

4. 工业用特种纸

工业的范围极广，包括建筑、交通、电信、轻工、冶金、电力、水利、食品、纺织等。这些行业有时特别需要的某些专用纸，也列入此类。建筑纸板（如壁画纸板、绝缘纸板、消声纸板）、阻燃纸、玻璃纤维纸（过滤空气）、陶瓷纸、云母纸、活性炭纸、电磁波屏蔽纸等。

5. 农业用特种纸

指在农业生产上所使用的一类纸，它们具有特别的性能，但造价较廉。纸质地膜是多年来梦寐以求的农业用纸，但由于透光性能和机械强度等问题未能完全解决，至今仍在探索中。各种水果套装纸、育草纸（一种草苗生长的载体。在该纸上涂布含有养分的土壤，成草后可以整卷地运输、铺设，是园林绿化的产品之一。此纸的定量低、透气疏松、干湿强度好，且能承托土壤的质量）、杀虫纸、蔬菜纸（对蔬菜进行深加工）等。

6. 生活用特种纸

在日常生活中有多种需要使用的纸，如厨房用的抹布纸（纸面有许多小孔，以利吸附油垢）、脱臭纸（又称除臭纸）、代布纸（可用作桌布、床单、手巾等）、服装纸、吸尘器套袋纸（一种净化房间的特种纸，它帮助吸尘器收集灰尘，避免清扫灰尘之苦。此纸质地紧密、有较高的耐破、拉伸强度）、灯罩纸、化妆纸、喷墨打印像纸（与数码相机配套使用）等，它们都要进行二次以上的加工。

7. 医药及卫生用特种纸

人的健康和安全是第一要素，打针吃药是常用的治病方式，为了获得更高的健康水平，使用“用即弃”的卫生用品十分必要。如防感冒纸、止血纸（以海藻类植物为原料，因其中含有的藻朊酸具有止血效果）、测温纸、水溶性纸、手术器械包装纸等。

8. 军事用特种纸

属于国防工业范围，有导火索纸、炸药纸、硝化棉纸，防窃听壁纸以及航天工程上使用的导水纸等。

9. 其他特种纸

凡未列入上述八项的特种纸，可以把它们暂时归入一类。这类特种纸如钙塑纸、尿素纸等。

第三节 特种纸的纤维原料

特种纸制造时所采用的原料很多，从其化学组成来看，主要有以下六大类：

1. 植物纤维原料

如常用的化学木浆、棉浆、麻浆、精制浆等，为确保产品质量，尽量不用机械木浆和低质量的草浆。

2. 无机纤维原料

有玻璃纤维、陶瓷纤维、云母纤维、石棉纤维等，这类纤维的特性是耐高温性好、抗腐蚀性佳。

3. 合成纤维原料。如聚乙烯、聚丙烯、聚苯乙烯及其衍生物，这类纤维是以一些有机物单体经过聚合而制成。

4. 碳素纤维原料

以有机纤维或沥青或木素为原料，在含有惰性气体的空间中进行高温碳化处理后而制得的一种黑色纤维，具有密度较小、导电性高、耐热性好等许多优点，其应用比较广泛。

5. 金属纤维原料

利用金属及其合金制取的纤维材料，因其种类、制法、几何形态等不同，而随之产生不同的热、电、磁性等差异，故在制造特种纸时应特别留心，否则事倍功半。

6. 动物纤维原料

动物纤维的种类也不少，在造纸上使用的有羊毛、蚕丝和鸡毛等。一般来说，在使用这些纤维时还可配用部分植物纤维，以利于纸的成形和抄造。

一、植 物 纤 维

植物纤维是造纸的主要原料，也是制造特种纸的重要原料之一。植物纤维中，对普通纸而言，针叶木纤维是堪称优良者，次之为阔叶木纤维，再次之为草类植物纤维。但对于特种纸来讲，棉、麻浆当然名列首选，再就是针叶木浆，故它们时有配用。

木材纤维，尤其是针叶木纤维，适宜生产优质纸浆，可以抄造多种特种纸。阔叶木材纤维，适宜配比或制造某些特种纸。

草类纤维，其品种甚多，一般不适合用来抄造特种纸。但其中的竹纤维、龙须草纤维，若添加少量，也并非完全不可以。

棉、麻纤维。棉属于天然的纯纤维素，强度大、韧性高，亲水性好、耐磨性也不错，它可以用来抄造高级纸和特种纸。麻的种类很多，属于草本植物的有大麻、亚麻、苎麻、黄麻（草麻）、简麻（青麻）、红麻（洋麻）、剑麻、蕉麻（马尼拉麻）和罗布麻等。麻纤维最大的特征是纤维细长，细胞壁上有“横节”。其中含有的杂细胞随浆料处理和净化情况而异，或少或无。利用麻纤维的强韧性，可以抄造某些特种纸。但是应该指出，制特种纸时，一般是采用原生麻，而不应采用麻制品的废料。

二、无 机 纤 维

无机纤维原料有天然的和人造的两类，天然的主要有矿物纤维，如石棉、石英、云母等；人造的主要有玻璃纤维（丝）、陶瓷纤维（晶须）等。

（一）玻璃纤维

按其组成与性能，玻璃纤维分成普通玻璃纤维和特种玻璃纤维。普通玻璃纤维的主要成分是铝硼类硅酸盐和钙钠类硅酸盐，依其中所含碱金属氧化物数量的多少分为无碱、低碱和中碱玻璃纤维三种，它们的化学成分是：

① 无碱玻璃纤维，含 SiO_2 64.4%、Al_2O_3 25.0%、Fe_2O_3 微量、CaO 0.01%、MgO 10.2%、Na_2O 0.3%；

② 低碱玻璃纤维，含 SiO_2 63.3%、Al_2O_3 15.3%、Fe_2O_3 微量、CaO 16.3%、MgO 4.5%、Na_2O 0.6%；

③ 中碱玻璃纤维，含 SiO_2 67.3%、Al_2O_3 7.0%、Fe_2O_3 微量、CaO 9.5%、MgO 4.2%、Na_2O 12.0%。

这三种玻璃纤维中，含有的碱金属氧化物的数最依次增多。而特种玻璃纤维的组成、性质和用途与普通玻璃纤维有较大的不同，比如由纯铝镁硅组成的高强玻璃纤维，其强度是后者的几十甚至百倍以上。

玻璃纤维在性质上的特点主要有：a. 外形为光滑的圆柱体；b. 具有高的疏水性；c. 其尺寸稳定性好；d. 不燃烧，在高温下保持性质不变；e. 抗张强度大，且随纤维直径减小，该强度反而增加；f. 伸长率小，弹性模数低；g. 电绝缘性佳；h. 抗化学力强，玻璃纤维对碱和大多数酸溶液不发生化学作用。

造纸工业中生产特种纸常用的玻璃纤维是无碱玻璃纤维，其物理指标：a. 相对密度 2.5；b. 比热容 7.59×10^2 J/(kg·K)；c. 伸长率 3%～5%；d. 抗张强度 3.11×10^9～3.44×10^9 N/m；e. 弹性模数 65.3～71.2MPa；f. 导热系数 1.34×10^6 W/(m·K)；g. 膨胀系数 1.34×10^{-6} m/℃；h. 耐热温度 300℃；i. 光折射率 1.548；j. 介电常数 5～6。

玻璃纤维通常分为玻璃丝和玻璃棉，以玻璃球（由二氧化硅、氧化钙和氧化钠等组成的非晶态固体）为主要原料，将熔融状的玻璃加以拉伸或吹制而成细丝状，其直径为几微米至几十微米，长度为几厘米以上者为玻璃丝，长度为几厘米以下者叫玻璃棉。

（二）陶瓷纤维

陶瓷纤维又名陶瓷晶须或晶体纤维，是由陶瓷耐火材料加工而成的。其主要化学组成为金属氧化物和二氧化硅等，含量在 90%以上。例如，钛矿石纤维，含 SiO_2 44%、Al_2O_3 43%、TiO_2 7.6%、其他 5.4%。又如，铝土纤维，含 SiO_2 27%、$Al_2O_3$68%、TiO_2 2.7%、其他 2.3%。

陶瓷纤维的特性：a. 绝热性能好，可反射、阻抗红外线幅照；b. 耐高温，在 1100～2200℃的条件下，仍保持稳定状态；c. 不吸水，在潮湿环境中不产生任何变化；d. 抗腐蚀，不怕酸性或碱性溶液的攻、侵蚀；e. 非导电体，绝缘性能优良。

（三）石棉

石棉是一种可以剥裂、柔韧细长纤维的镁硅酸盐矿物，可分为蛇纹石石棉（或温石棉）和角闪石石棉（或透闪石石棉）两大类。

蛇纹石石棉呈白色至黄绿色，化学组成为 $Mg_6(Si_4O_{10})(OH)_8$，其中氧化镁（MgO）含量 43%，二氧化硅含量（SiO_2）44%，水（H_2O）11%～12%；同时还混有氧化铁、三氧化二铁等杂质。温石棉纤维比其他石棉矿物坚韧，具有更高的拉伸强度，但其耐酸性不及角闪石石棉。通过扫描电子显微镜的观察，发现温石棉纤维内部是空心管状，并且结构上是以螺旋的方式卷起来；螺旋管与填充质之间的结合力较弱，所以温石棉纤维很容易被分剥出来，拉成较长的细丝（纤维），一般为几厘米至十几厘米，最长者可达近 1m；柔性较好，硬度不大，为 2～4 之间（胶蛇纹石 2，蛇纹石 2～3，普通蛇纹石 2.5～3，叶蛇纹石 3.5～4），相对密度为 2.5～2.8，手摸有光滑感；同时，石棉纤维又具有良好的保温性、绝缘性、防火性、耐酸性、耐腐蚀性和比表面积大等特点，故其应用十分广泛。温石棉纤维能制成石棉绳、石棉带、石棉瓦、石棉板和石棉管等材料，故抄造纸张应没有困难；同时；也可用作过滤介质、油漆填充物等；此外，由于石棉纤维的摩擦系数为 0.4～0.5，比玻璃纤维（<0.1）高，

因此还可用来制作刹车片、机动车闸瓦等。

(四) 石英

石英是一种分布很广的造岩物质，它的晶体品种甚多，不透明的叫石英砂（主要成分有二氧化硅、氧化铁等），无色透明的称为水晶（Rock Crystal），有颜色并呈环带状的叫玛瑙（Agate），血红色的叫鸡血石（Bloodstone）等。若以石英砂（Quartz Sand）为原料，用电阻炉进行一般熔制；或以水晶为原料，用高频炉进行真空熔制，均可得到石英纤维。

石英纤维有很多优良的性能，比如硬度高，可达到莫氏七级；具有良好的透过紫外线性能，折射率为 1.458；耐高温，耐热震性好，膨胀系数低，电绝缘性较大；化学稳定性佳，可抗拒浓酸的侵蚀（氢氟酸和热磷酸除外）。石英纤维与其他纤维混合后，多用来抄造耐高温、耐腐蚀的特种纸。

(五) 云母

云母是复杂的硅酸盐类化合物，具有多种晶体形态，呈柱形、板形和鳞片形。云母是分布很广的造岩矿物，常见于火成岩、沉积岩和变质岩中。云母分为白云母、黑云母、金云母、钾云母、钾铁云母、绢云母、钦云母和水云母等。

由于白云母和金云母具有良好绝缘性能、介电性能、耐高温性能和耐酸碱性能，因此常用来生产供电力和电子工业上使用的电云母纸（简称云母纸）。黑云母可作填充剂，锂云母用于炼制锂盐。

三、合成纤维

合成纤维是化学纤维中的一大类（另一类是人造纤维），以合成高分子化合物为原料制成的纤维之统称。普通合成纤维分为 6 种，即聚酯纤维（涤纶）、聚酰胺纤维（俗称尼龙、锦纶）、聚丙烯腈纤维（腈纶）、丙纶、聚乙烯醇甲醛纤维（维尼纶、维纶）、氯纶。此外，还有其他众多的特种合成纤维，如高温耐腐蚀纤维（氟纶）、耐辐射纤维（聚酞亚胺纤维）、防火纤维（维氯纶聚乙烯醇-氯乙烯接枝共聚纤维）、弹性纤维（氨纶）、耐高温纤维（芳纶芳香族聚酰胺纤维）等。

合成纤维最大的强项是可以制成各种异形纤维，具有非凡的特性。以上这些合成纤维可以单独或与植物纤维配抄各种性能的特种纸。通常，可向有关公司（工厂）购入合适的合成纤维，再配以部分植物纤维即能生产某些特种纸。

四、碳素纤维

碳素纤维又称碳纤维，最初起于 20 世纪 50 年代初，由美国碳化物联合公司（Union Carbide Co.）开发出来的，是一种高强度、高模量、耐高温的无机高分了纤维。制取碳纤维的原料有勃胶（人造丝）、聚丙烯腈、沥青和木素等，将这些原丝在空气中加热至 300℃的高温下进行预氧化，然后在惰性气体的保护下经过高温碳化，再经表面处理等工序后制成。

碳素纤维视碳化温度的高低而分为三种：在 300～400℃下制得的叫作耐火纤维，500～1800℃下制得的叫作碳化纤维，200～300℃下制得的叫作石墨（化）纤维。前一种又称为低性能碳素纤维，后两种统称高性能碳素纤维。

1969 年约翰逊（Johnson）根据 X 射线衍射和电子显微镜的研究结果，提出碳素纤维的多晶模型。并指出碳素纤维是以石墨层片为基本结构单元，并由这些单元组成的“乱层石墨微晶”，彼此首尾连接而形成的。后来，福尔杜茨（Fourdaux）又有了另一种看法，他认为碳素纤维是由长度有几百纳米的细长带状石墨层片沿着纤维轴向堆叠而成的，这便是带状模型。目前，从理论上讲，它们都能解释一些现象，但却没有被普遍接受。

碳素纤维为无毒黑色物质，碳元素含量在80%～95%以上，直径一般为7～8μm，密度约为1.5～2.0g/cm^3，比金属纤维和无机纤维都小许多，故其单位质量的强度和弹性均较其他纤维更优越。碳素纤维的电阻率为$3\times10^{-3}\sim15\times10^{-3}\,\Omega$/cm、导电性好，热导率11.63～23.26W/(m·℃)，耐热性高；面线膨胀系数为0.2×10^{-6}m/℃，故耐滑动性极好。就化学稳定性而言，除了浓硫酸（96%以上）、浓硝酸、氢氟酸等之外，对普通化学品都很稳定。不过，碳素纤维也存在有三个缺点：一个是抗氧化性较差，在高温炉中弄不好可能被氧化成二氧化碳；另一个是，其耐冲击性较差，很容易被拉断；第三个是表面光滑，给制造复合材料带来困难，故一般不单独使用。当然，碳素纤维常与树脂、陶瓷、金属等纤维混合，可制成高性能的复合材料，也可与植物纤维等配比抄造特种纸。

五、金属纤维

金属纤维一般为多晶纤维、晶须纤维等，它与钢丝、铝丝、铜丝、铁丝等的主要区别是其直径仅为5～15μm，比后者等的直径要细得多。金属纤维的特性是：质地坚硬、相对密度大、不吸湿、有抗水作用，但也容易被酸性物质侵蚀。

金属纤维的制法一般有：切削法、拉伸法、挤丝法和电化法等，造纸上利用这种纤维抄造相应的金属纤维纸，使成纸具有不同的导热、导电和电磁屏蔽等作用。

六、动物纤维

常见的动物纤维有羊毛、蚕丝和鸡毛等。

（一）羊毛

羊毛是最先用于造纸的动物纤维，主要化学成分是含硫的蛋白质，有多层结构，其直径为10～70μm。同一根羊毛的粗度呈不均匀状态，容易扭曲或卷圈，纤维断面多数近于圆形。羊毛纤维的耐酸性好、亲水性较好，但其耐碱性差、耐热性也较差。羊毛纤维之间的结合力甚弱，故不宜采用100%羊毛造纸。比如，用作超级压光机和轧花机的配件的纸辊，其原纸是以80%的硫酸盐木浆和20%的羊毛纤维配抄而成的。这样便增加了纸辊的弹性和抗变形性，保证了压光或轧花的效果。

（二）蚕丝

蚕丝也是一种含蛋白质的纤维，由丝素和包覆在丝素外围的丝胶组成。丝素是蚕丝纤维的主体部分，每根蚕丝含有两根丝素（单丝，Birn），每根单丝由900～1400根直径为0.2～0.4μm的原纤（Fibril）组成，而一根原纤又由800～900根直径为100nm的微原纤（Microfibril）构成的，原纤和微原纤之间存在有空隙。蚕丝纤维具有亲水性，在水中的分散性良好，吸水润胀后内聚力降低，经打浆能显著增加纤维的比表面积，有利于纤维间的交织、结合。由于蚕丝纤维的大分子链中含有羟基、氨基等极性基团，因此这种纤维之间可以形成氢键而成为蚕丝纤维纸。

（三）鸡毛

还有鸭毛、鹅毛等，都是鸟类动物的羽毛，其结构特点是：组织疏松、带有“中空”，故相对密度很小，遇风飘扬，且都具有保护体肤、御寒保暖的能力。生活在北极的企鹅与家禽鸡鸭之间羽毛上的区别是：前者的羽毛是空心的，后者的羽毛部分是实心的。从传热学的观点来看，空心的羽毛或纤维要比实心的有更大的热阻，即具有更好的保温性能。在航天技术中广泛应用的隔热、保温材料有钛酸钾纤维，它的每根纤维中含有大量的微孔，因此这种纤维的保温性能极好。鸡毛的收集难度较大，还有其他带病菌等卫生问题，所以，现在人们倾向于不直接利用它。

第四节　特种纸的化学品

特种纸的功能除来自纤维原料，尤其是非植物纤维，如矿物纤维、动物纤维、合成纤维外，还可根据需要设计并采用除传统抄造技术以外的涂布、浸渍、复合、蒸镀等方法实现，在这些过程中，造纸化学品一样扮演了重要的角色。通常，根据化学品所起的作用不同，将其分为过程化学品和功能化学品。

一、特种纸的过程化学品

造纸过程化学品随着现代造纸工业的发展其作用越来越重要，其应用不仅可以优化抄造过程、提高纸机的运行性能和效率；同时还能改进成纸质量，减少流失、节约原料、降低成本。对于特种纸而言，尽管其生产规模不大、纸机速度不是很快，但过程化学品的应用一样重要，有时甚至起决定性作用。

（一）分散剂

分散剂是将固体微小颗粒尽可能均匀分布在另一种不相容的组分中的过程。分散剂可以使悬浮液或者涂料中的固体分散粒子被液相充分润湿和均匀分散，并使体系的分离、聚集和固体微粒的沉降速度降低至最低，以维持悬浮液或者涂料最大的动力稳定性。特种纸所用的分散剂主要有纤维分散剂和涂料分散剂。

根据纤维种类和特性，尤其是纤维的长度和上网浓度、浆料 pH 等，选择合适的纤维分散剂。目前常用的纤维分散剂有聚氧化乙烯（Polythylene Oxide，PEO）、聚丙烯酰胺(PAM)，如需要时适当采用一些电荷调节剂。对某些纤维品种也可采用树胶、海藻酸钠、高分子表面活性剂如羧甲基纤维素、羟乙基纤维素等。但纤维分散尤其是化学纤维的分散往往更加重视纤维成形时的预处理。

涂料中颜料以固体粒子形态与胶黏剂、水或其他组分混合存在，这是一个不稳定的体系。为了获得稳定而均匀分布的涂料需要使用分散剂。根据涂料分散条件、颜料种类和特性、涂料固体大小等，可选择磷酸盐，聚硅酸盐，磷酸氢二氨，聚丙烯酸钠及其衍生物，或二异丁烯与马来酸酐共聚物的二钠盐溶液，以及烷基酚聚氧化乙醚，脂肪醇聚氧化乙烯等作为分散剂。但对于除常用的高岭土、碳酸钙这两种颜料外，某些特种纸用的特种颜料如纳米二氧化硅、氧化铝等，除本身电荷特性外也要注意其粒径和粒径分布对分散性能的影响，因此需要采用专用的分散剂来解决其较高固含量时分散难问题，尽可能提高固含量。

（二）消泡剂

特种纸抄造过程有时需要采用长纤维或者化学纤维，或者因为纤维本身洗涤不够、或者本身带有表面活性物质，或者组分之间相互作用，导致在抄造过程可能产生气泡；对于涂布加工类的特种纸，涂料制备过程可能由于组分之间的相互作用、添加工艺不当或者有些组分的物理化学特性也会引起气泡，因此需要采用消泡剂。

使用的消泡剂主要有水性和油性消泡剂，特种纸的制造可根据具体情况选用拟泡剂或消泡功能为主的消泡剂品种。常用的消泡剂一般可分为有机消泡剂、有机硅消泡剂和聚醚型消泡剂等。考虑到特种纸的工艺特点，所用的消泡剂除要求具有环保、无毒、高效、稳定性好、生理惰性、性价比高特性外，往往有其专用性，如采用涤纶纤维为原料的特种纸，因为涤纶纤维表面油剂容易引起气泡而采用专用的有机硅消泡剂。

（三）助留助滤剂

细小物质和功能性添加物的高效保留，特别是价格比较高的特种填料或湿部添加化学品的留着，对特种纸性能和成本控制极其重要，因此在特种纸的抄造过程应根据工艺要求、所采用纤维及其他组分的特性选择合适的助留助滤体系，以保证纸机运行效率和成纸的质量。目前助留助滤剂向环保、高效、多元化方向发展，当前的微粒助留体系可分为胶体二氧化硅类、改性膨润土类、聚铝类和微聚合物类。随着高得率浆在特种纸中的应用，适应高得率特性而且效率高的助留助滤体系的开发和应用越来越受到关注。

（四）匀度助剂

匀度的好坏直接决定了纸页的性质和质量。由于特种纸抄造过程可能由于采用特殊的工艺，或者采用较长纤维，或者采用非植物纤维为主要原料以及添加较高含量的填料，因此在抄造过程中除采用分散剂、高效助留助滤剂外，根据实际工艺过程或者品种需要添加匀度助剂。因此，对于后加工的特种纸特别是涂布加工或者浸渍加工的特种纸对原纸的匀度要求较高。如瓜尔胶常用于卷烟纸的生产，改进纤维的分散，提高纸页的匀度，而且不受水质的影响。

二、特种纸的功能化学品

特种纸功能的实现除来自纤维本身外，相当部分来自功能化学品。如湿强剂、干强剂、抗水剂、阻燃剂等。

（一）软化剂

软化剂又称柔软剂，其作用是促使液体增大流动性，常用的软化剂有甘油、硬脂酸锌、硬脂酸钙和乳化蜡等。

甘油，学名丙三醇，无色无臭带有甜味的乳稠液体。可与水以任何比例混溶，稍溶于乙醇和乙醚，不溶于氯仿。有很大的吸湿性。

硬脂酸钙，又称十八酸钙，为白色粉末。不溶于水，可溶于热乙醇和热乙醚。在空气中能吸收水分。

硬脂酸锌，又称十八酸锌，白色轻质粉末。有滑腻感，不溶于水，溶于热乙醇、热苯、热松节油等中。

乳化蜡是乳化剂中的一种，分为亲油型（油包水型 W/O）和亲水型（水包油型 O/W）两大类。乳化剂大都是表面活性剂，以 HLB 比值（亲水亲油平衡值）表示其亲水亲油性，HBL 值越大，亲水性越强。乳化蜡为黄色蜡状固体，酸值＜2mg KOH/g，皂化值 140～160mg KOH/g。不溶于水，为非离子油包水型乳化剂，在水中呈乳化或分散状态。

（二）防腐剂

防腐剂就是某些杀菌、抑菌的药剂。同一防腐剂，其浓度高或作用时间长可以起到杀菌的作用；其浓度低或时间短则起到抑菌的作用。同一防腐剂，对不同的菌种的效果也会有所不同。因此，选用防腐剂时务必留心。同时，过去曾使用的醋酸苯汞、三丁基氧化锌、五氯苯酚、对氯二甲基苯酚等，均因有毒或污染环境不利，已经被禁用。防腐剂分为无机防腐剂和有机防腐剂两类。

无机防腐剂包括次氯酸盐、氯胺等。次氯酸盐是传统的漂白剂，因其中含有的氯，可侵入微生物体内，破坏细胞中的酶蛋白，故能起到杀菌作用。但氯的化合物对生态环境不利，现使用减少。氯胺虽然内中含有氯，能有效地起杀菌作用，依同样的理由，使用锐减。

有机防腐剂包括有机硫、有机溴、氮硫杂环化合物等。有机硫化合物中以亚甲基双硫氰酸酯（简称 MBT）为代表，MBT 是无色至淡黄色的晶体，不溶于冷水，在沸水中的溶解度为 4%～5%，加热到 100℃以上或 pH 为 11 时，会自行分解。MBT 有很强的杀菌作用，当浓度 10%、加入量为 7.5mg/L 时，在 30min 内杀菌率可达 99.98%。

二溴氰基乙酰胺是一种有机溴化合物，为无色晶体。易溶于水，分解速度随 pH 和温度的升高而加快。例如，在 25℃、pH6 的条件下，可稳定 155h；而当 pH 提高到 9.7，该化合物立即分解。二溴氰基乙酰胺的杀菌作用取决于它的稳定性。

氮硫杂环化合物有噻基二嗪类——二甲基二氢噻唑，此类防腐剂虽有高效、低毒、生物降解性好等优点。但因其售价过高，而实际应用较少。

（三）防水剂

防水剂是能大幅度提高纸张抗水性的物质，如蜡乳液、石蜡、有机硅（硅酮、硅树脂）等。这类化合物的抗水性比松香胶大得多，能使纸张表层不受水的浸润，从而使它具有抗水、耐油和不透气等作用。这是由于纸面被一层憎水性的物质所覆盖，阻止了水分子的进入，因此才具备有耐水性。

蜡乳液是由天然蜡或合成蜡制成的水乳液，能使纸面附上蜡滴而阻止水分进入，从而起到防水作用。石蜡，固体高级烃类混合物，拒水、抗水。有机硅，或称有机硅化合物，在分子中含有碳—硅键。

（四）润滑剂

润滑剂可调节、增加物料的流动性、脱模性和光泽性，对摩擦部分能起缓和、冷却作用，如硬脂酸钙、各种油类、乳化蜡类等。硬脂酸钙为白色粉末，不溶于水，微溶于热乙醇中。至于其他各种油类、蜡类及树脂，包括蓖麻节油、油酸、机油，白蜡、糠蜡、石蜡，酚醛树脂、蜜胺树脂等。

（五）渗透剂

渗透剂可帮助涂料中的胶黏剂渗透入纸内，以增加涂层的表面强度，常用的渗透剂有平平加、太古油、烷基芳基聚氧乙烯醚等。

平平加又称十八烷基聚氧乙烯醚，为乳白色或米黄色的软膏状固体，可溶于热水，在硬水、酸性和碱性液中都不起变化，有很强的扩散力和渗透力。

太古油又叫土耳其红油、磺化油和磺化蓖麻油，是微黄色至棕褐色黏稠液体，易溶于水，呈现透明状，具有优良的乳化力和渗透力。

烷基芳基聚氧乙烯醚是一种非离子表面活性剂，具有良好的润湿性和洗涤性，可溶于水，对碱、稀酸和硬水都较稳定。

（六）增白剂

增白剂又称荧光增白剂，它是利用光学原理使纸的白度显著提高。构成这种增白剂的物质，具有把紫外光转变为蓝色与蓝紫色的可见光的特性。因而使射入的光线瞬间激发，产生增白效果。增白剂不能把未漂纸浆变白，但可使具有一定白度的纸张进一步提高白度。

增白剂的种类很多，大多数是二氨基二苯乙烯的衍生物或盐类。它们在外观上呈现浅黄、浅棕、灰白、明黄等颜色。为粉末状，易溶于水，可与酸性、直接染料相混用，不能与碱性（盐基性）染料混用。增白剂干粉存放在阴凉处，可保存2～3年不变质。但配成溶液后不可以长时期曝光，以免失效。增白剂有一定的毒性，因此与人体健康有关的特种纸（如食品用纸、清洁卫生用纸等），均不许加用增白剂。

使用增白剂的方式，大体上有三种：一种是直接加入到浆料里与纤维均匀混合；另一种是把增白剂加到胶料内，进行表面施胶处理；第三种是作为涂料的辅助成分，都能起到增白作用。

（七）增塑剂

增塑剂的作用是使纸张保持柔软性，并具有弹性。常用的种类有甘油、麦芽糖和聚乙二醇等。甘油的性能兼有软化、增塑作用。麦芽糖是将淀粉酶（麦芽）与糊状淀粉起作用而生成的二糖化合物，是一种白色的晶体或粉末，溶于水，微溶于乙醇，不溶于乙醚。甜度约为蔗糖的40%，可水解为葡萄糖。聚乙二醇是一种高聚物，由相对分子质量为2000～6000的乙二醇缩聚而成，依相对分子质量不同而性质不同，从无色无臭黏稠液体至蜡状固体，溶于水、乙醇和有机溶剂。

（八）湿强剂

湿强剂是指能增加纸页在潮湿状态下强度的一类助剂。湿强度与重施胶是两个不同的概念，纸张施胶（尤其是重施胶）后具有了抗水性，能够延缓水分渗入纸层内部。但是，一旦水分加多了进到纤维之间，那么纸张强度会立即受到破坏。湿强度则不然，即使在水分子的“围攻”下，依然保持纸张原状而不松散。如钞票纸、地图纸等遭水泡后，仍具有一定的紧密性、耐折性和耐磨性，因为这种纸中加入了湿强剂的缘故。

传统的湿强剂有三聚氰胺甲醛树脂和脲醛树脂。三聚氰胺甲醛树脂由三聚氰胺与甲醛聚合而成，脲醛树脂由尿素和甲醛聚合而成。这两种树脂都是以甲醛为主要原料进行聚合反应，其中含有残余的甲醛，产品挥发出的甲醛对环境影响较大，因而在生产上的使用越来越少。目前，生产上使用较多的是聚酰胺环氧氯丙烷（PAE），其合成首先可以通过脂肪二元羧酸，如丙二酸、丁二酸、戊二酸、己二酸或癸二酸与多乙烯多胺，如二乙烯三胺、三乙烯四胺、四乙烯五胺或双丙胺基甲胺反应生成聚酰胺聚胺，然后与环氧氯丙烷（表氯醇）反应生成。

湿强剂可直接加入纸浆内，或对纸页进行表面处理。含有湿强剂的纸张，其湿强度至少超过干纸强度的一半，比普通纸的湿强度大得多。

（九）增强剂

增强剂是能帮助纸张提高干强度、改善施胶效果、增加填料留着率的一类助剂，常用的增强剂很多，如淀粉、羧甲基纤维素（CMC）、聚丙烯酰胺（PAM）、聚乙烯醇（PVA）等。淀粉是使用较多的一种增强剂，其资源可再生，使用后易降解，不会产生环境污染，但大量使用淀粉的话，会加重工业生产与人类争抢粮食的问题。CMC是一种白色粉状或纤维状的固体，无味、无臭、能溶解于水。其制法是将精制浆加碱液反应生成碱纤维素，再加乙酸进行醚化，即可得到CMC。CMC的黏度随聚合度不同而不同，一般低黏度的CMC增强效果好，使用量仅为1%～2%。PAM是一种白色、无味的粉状物。在强力搅拌下，能溶于冷水。加入纸浆中也能起到增强作用。但要注意避免发生“絮聚”现象，以免影响成纸匀度。PVA是一种白色的粉状固体，可溶于水。能显著提高成纸强度，但是容易引发泡沫，造成外观不良等纸病。

第五节　特种纸的应用领域

近年来，随着计算机及网络的普及，特别是智能手机的普及，人们的生活、工作方式已经发生了巨大变化，因而传统的书刊印刷纸、新闻纸等纸张的消耗量大幅度减少。但是，随着科学技术的进步，纸张的作用已大大超出发明者的本意，其功能远不仅是文化信息传播的载体，特种纸已作为一种特殊材料广泛应用于各个领域，包括工业领域、农业领域、生活领域、科研领域等。目前，特种纸的应用领域如图 1-2 所示。

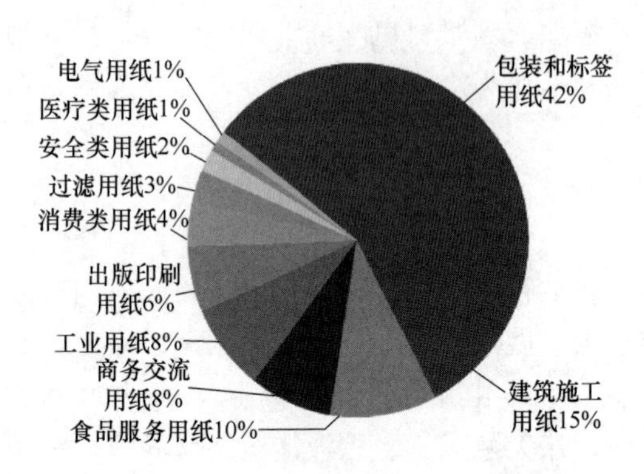

图 1-2　特种纸的分类及占比

一、工业领域

特种纸使用最多的是工业领域，除了常见的印刷、包装之外，还有卷烟、纺织、家具、电子等工业。

① 卷烟工业用纸，有卷烟纸、滤嘴棒纸、铝箔衬纸、水松原纸；

② 纺织工业用纸，有转移印花纸、纱管纸板、提花纸板；

③ 汽车行业用纸，如汽车纸板、汽车空气过滤纸、机油滤芯纸板、密封纸板、玻璃纤维空气滤纸、氧化锌版原纸；

④ 电子用纸，有绝缘纸、电缆纸、电容器纸、电话纸、电池隔膜材料、电磁波屏蔽纸、电池隔膜纸、导电纸。

⑤ 特种包装类，有金属防锈纸、玻璃包装纸、复合包装纸、黑色不透光包装纸、羊皮纸、包针纸、中性包装纸、石蜡纸、半透明纸；

⑥ 印刷与信息传输类用纸，有无碳复写原纸、感光纸、热敏蜡纸、热敏彩票纸、防伪纸、艺术纸；

⑦ 建筑及室内装修材料类用纸，有壁纸、纸面石膏板护面纸板、耐温隔热纸、阻燃纸、间壁纸板、壁面纸板、消声纸板、阻燃纸。

⑧ 还有，像啤酒过滤纸、鞋底板纸、砂纸、鞭炮纸等，用于其他工业中。

二、农业领域

随着各种新技术在农牧行业中的推广，也促进了这一领域特种纸的应用。用于农牧业领域的特种纸，主要包括育苗纸、育果袋纸、纸地膜、育草纸、蚕种纸和保鲜纸等。

① 育苗纸是指用来遮盖苗床以保护和促使秧苗生长的农用加工纸，属吸收型纸。育苗纸具有抗水、保温、抗寒和透过紫外光等特性；在湿状态下可以折叠，并具有一定的挺度；不含对种子有害的化学药品。育苗纸以强韧的牛皮纸为原纸，通过油液涂布或用油液浸渍的方法加工，再经干燥而成。常用的油液为桐油、亚麻仁油等干性油，再加入适量催化剂以及微量防腐剂等。

② 育果袋纸也称为水果套袋纸，分为内袋和外袋，外袋纸又分为内层和外层，内层为

黑色，外层一般为本色；内袋纸为黑色。为防止风雨的破坏，水果套袋纸要求较高的湿抗张强度，较高的透气度。由于这些特殊的要求，纤维原料配比和选择合适的助剂是其技术要点。

③ 纸地膜是以植物纤维为基本原料，在纸浆内添加湿强剂、防腐剂、透明剂等助剂，采用常规造纸工艺抄制出原纸，然后对其进行加工处理，使纸张具有地膜所要求的机械强度、透光、透水、保温、增温、保墒性或其他功能。它除了具备聚乙烯地膜的一般作用外，还具有一定的耐水性、防腐性、透气性、透水性、农作物侧根穿透性及抱土性能，既能保持水土、集中养分、防止土壤板结又能预防病虫害、抑制和清除杂草。

④ 育草纸主要用于工厂化草苗培育生产。在纸上撒种覆土，成苗后可整卷运输和移植栽培，是环保绿化产业的主要原材料。育草纸具有定量低、透气疏松、干湿强度好的特点。

⑤ 蚕种纸是蚕种产卵及孵化过程的重要材料，种蚕繁殖时在蚕种纸上产卵，蚕种纸作为蚕卵载体；蚕卵孵化时，先将粘附有蚕卵的蚕种纸浸泡于消毒液中，停留一段时间后，用清水漂洗、晾干，置于蚕房或野外养蚕区内等待蚕卵孵化。蚕种纸应具有较高的抗张强度，在浸酸过程中及幼蚕孵化之前始终具有一定的强度和挺度；同时具有较高的紧度和抗水性，在浸酸过程中，尽可能少地吸收处理液，利于后期漂洗中纸页完整；另外，蚕种纸还应具有强韧、紧实的外观特征、表面略微粗糙，利于蚕卵附着。

⑥ 保鲜纸是将多种天然植物、中草药粉液涂布在专用果品包装上制成的。原料多采用百部、甜茶、虎仗、甘草和良姜等十几种中草药，将其筛选、粉碎，调成粉末液，然后通过涂布（或表面施胶）的方式加工而成。

三、科研领域

科研文教领域使用的特种纸，主要有 pH 试纸、化学分析滤纸、晒图纸。

四、生活领域

生活家居类用纸，如食品保鲜纸、咖啡过滤纸、吸尘器套袋纸、灯罩纸、纸巾纸、擦手纸、厨房用纸、口罩纸、纸杯、吸尘器集尘袋纸、食品包装纸、玻璃纸、液体食品复合软包装纸、无尘纸、扑克牌纸板、蜡光纸、工艺礼品纸。另外，还包括医疗卫生类特种纸，如测温纸、水溶型纸、血糖等检测试纸。

第六节　特种纸的发展趋势

特种纸是造纸工业领域的高新技术产品，目前已发展成为现代包装、信息、生物、电气、建筑、建材与装潢等行业不可缺少的基础材料，广泛应用于工业、农业、医疗、食品等许多领域，发展势头迅猛。随着中国经济的快速发展，市场对特种纸的需求越来越大，特种纸在多个领域发挥着不可或缺的作用，其品种越来越多，使用范围日益扩大，特种纸行业的发展前景非常广阔。

一、特种纸行业的特点

1. 独特技术和特殊设备，附加值较高

生产附加值较高的特种纸，需要特定的原料、辅料，独特的加工手段，专门的制造技

术，特殊的设备。如斜网纸机、帘式涂布，纸机一般是小型纸机。具有技术难度大、加工工序复杂、控制精度高等特点。

2. 市场容量较小，不适应大规模生产

特种纸产品，性能独特，往往面向特定的、专业化的客户群体，即针对性强、应用面窄、需求量小，市场容易饱和，行业发展带有明显的需求催生特点，但其应用领域不断扩大。

3. 生命周期变化越来越快

特种纸的产生就是满足特定用途，由于新技术不断涌现，特种纸的生命周期变化越来越快。如打字蜡纸、复写纸已被电脑制版和无碳复写纸取代；在原材料优劣的比较方面，如纸与塑料、纸与无纺布之争，特种纸也可能被其他材料取代。

二、特种纸行业的现状

1. 新原料新技术不断出现

特种纸的技术进步，离不开相关行业的发展，这其中既包括制备特种纸的相关加工设备、纤维原料、功能化学品的技术发展，也包括应用市场的发展变化。近年来，特种纸的原材料不断丰富，一些高性能的化学纤维不断涌现，如高强高模、耐腐蚀、抗燃的化学纤维，可溶性的陶瓷纤维等，为高新功能特种纸的开发奠定了基础；在加工技术方面，帘式涂布、热风穿透干燥等依赖进口的设备已实现了国产化，辐射固化等新的加工处理技术得到了应用，都为特种纸的技术进步提供了支撑。

2. 应用领域不断扩大

在复合材料领域的应用是特种纸一个新的市场，采用碳纤维等高强度纤维与热塑性纤维混合抄造的特种纸被称为热塑性复合材料预浸材。将此预浸材多层叠加在一起，再经过热压就可以制备出不同形状的部件。造纸法生产热塑性复合材料，具有生产效率高、成本低等优点，未来将在汽车、航空、轮船等各类零部件及建筑方面的应用前景十分广阔。

3. 纳米纤维素的应用

纳米纤维素纤维作为一种源于纸浆的新材料，受到了国内外造纸行业的高度重视，在制备技术和应用方面都进行了大量的研究。特别是日本、加拿大的主要造纸企业纷纷与各大学密切合作，建立了多条纳米纤维素纤维规模化的生产线，并使纳米纤维素纤维在特种纸等很多领域得到了实际应用，日本在纳米纤维素纤维的开发应用方面处于国际领先地位。

三、特种纸行业的未来

1. 市场需求量增长，未来前景广阔

中国特种纸的产量占纸与纸板总产量的比例为5%，而全球这一数字为6.2%，因此我国特种纸在纸张中的比重还将会逐步增加，发展空间广阔。尤其是与人们生活密切相关的产品，如液体包装纸、无菌包装纸、装饰用纸、数码原纸、防油原纸、过滤用纸、艺术纸等品种。

2. 品种增加，向功能化方向发展

特种纸的特殊用途，决定了其使用范围不断扩大，行业未来将会出现越来越多的细分品种，并且向功能化、环保概念发展。例如净化空气的壁纸、发光发声的墙纸、防火耐燃纸、阻隔类功能性包装用纸等。

3. “走出去”，抢占国际市场

“一带一路”国家战略的实施，将加速特种纸产品、特种纸生产企业“走出去”。我国某些特种纸产品，如装饰原纸、耐磨纸、绝缘纸板、美纹纸、格拉辛底纸、色卡纸等，其生产技术与装备已达国际先进水平，产品质量过硬，完全可与国际产品媲美。海外投资、海外并购，是我国特种纸企业化解局部性产能过剩、拓展生存空间的重要举措。

4. 国内市场竞争日益加剧

特种纸产品的高利润，吸引了越来越多的企业开发这类产品，既有晨鸣纸业、亚太森博、宜宾纸业这样的大型企业，也有众多转型转产的中小企业。每年四五十亿元的投资，新增产能可能上百万吨，难免会造成部分产品的产能过剩。日益激烈的市场竞争，已经导致部分产品价格下降、利润下滑。除了特种纸生产企业之间、贸易企业之间的竞争外，不可避免地还存在特种纸与其他材料（如金属、塑料、纺织品等）之间的竞争。

5. 优化整合、创新发展

我国的特种纸产业以中小企业居多，许多产品的生产原料、技术、装备雷同，档次相当，价格相近。随着竞争的进一步加剧，企业间的优化重组、兼并整合是大势所趋；随着环境保护要求的进一步提高，产业园区发展是未来的趋势；随着企业实力的增强、技术的进步，创新发展是根本出路。创新发展的首要任务是产品创新。因为目前我国市场上的某些产品，仍以进口为主，如碳纤维纸、芳纶纸、皮革离型纸、超级电容器纸、耐高温绝缘电缆纸、高强微皱绝缘纸、屏蔽绝缘纸、半导体隔离纸、高性能电池隔膜纸等，有的即使实现了少量国产，但与进口产品在质量上存在较大差距。

总之，随着人们生活水平和文化水平的提高、科技的进步，特种纸的市场将会不断扩大，特种纸产品是中小企业转型的方向。特种纸生产企业在面临激烈的市场竞争和难得的发展机遇面前，要站稳脚跟并取得长远发展，必须从实际出发，以市场需求为导向，加强技术与产品研发，加快技术创新的步伐，加快产品结构和企业规模结构的调整，积极参与国际市场竞争，扩大我国特种纸的出口，其前景将更好，机遇将更多。我国特种纸行业势必在未来的国际竞争中实现更好更快的健康发展。

习题与思考题

1. 什么叫特种纸？特种纸具有哪些特点？
2. 用于特种纸的纤维有哪些种类？举例说明。
3. 特种纸生产中应用的化学试剂有哪些？
4. 举例说明特种纸有哪些种类？

主要参考文献

[1] 谭国民. 特种纸 [M]. 北京：化学工业出版社，2005. 03.
[2] 刘仁庆. 特种纸的概念 [J]. 湖北造纸，2004 (2)：23-24.
[3] 刘仁庆. 特种纸的分类与品种 [J]. 湖北造纸，2004 (3)：46-47.
[4] 蒋荣棋，冯长龄. 漫谈特种纸的分类和发展 [C]. 中国造纸学会涂布加工纸专业委员会 2005 年涂布加工纸、特种纸技术交流会论文资料集，2005-10：27-30.
[5] 刘仁庆. 特种纸的纤维原料 [J]. 湖北造纸，2005 (1)：43-47.
[6] 聂勋载. 大力开发特种纸原料 [J]. 中国造纸学报，2012 (Z0)：85-88.
[7] 刘仁庆. 特种纸的正料 [J]. 湖北造纸，2005 (2)：44-46.

[8] 刘仁庆. 特种纸的助剂 [J]. 湖北造纸，2005 (3)：40-43.
[9] 陈港，方志强. 特种纸技术发展与造纸化学品 [C]. 2010 (第十八届) 全国造纸化学品开发及造纸新技术应用研讨会，2010：50-54.
[10] 杨金玲，王志敏. 关于特种纸的思考 [J]. 黑龙江造纸，2009 (4)：30-32.
[11] 刘文，肖贵华，李政，等. 特种纸技术发展现状 [J]. 中国造纸，2018，37 (4)：59-64.
[12] 刘仁庆. 特种纸的应用领域 [J]. 湖北造纸，2004 (4)：14-15.
[13] Miia Tähtinen. 全球特种纸产业的发展趋势暨新产品开发 [J]. 中华纸业，2016，37 (12)：22-23.
[14] 龙柱. 特种纸及其发展 [J]. 江南大学学报 (自然科学版)，2007，6 (4)：497-504.
[15] 中国造纸学会特种纸委员会. 特种纸产业发展概况 [J]. 纸和造纸，2016，35 (10)：36-42.
[16] 中国造纸学会特种纸委员会. 特种纸产业发展概况 [J]. 造纸信息，2016 (9)：11-19.
[17] 中华纸业编辑部. 中国特种纸产业的现在与未来 [J]. 中华纸业，2016，37 (12)：7-13.

第二章　特种纸的制造与加工

第一节　概　　述

一、原　　料

制造特种纸所需的原料有很多，主要包括植物纤维、无机纤维、合成纤维、碳素纤维、金属纤维和动物纤维等。

在植物纤维中，对普通造纸而言，针叶木纤维为最佳选择，其次为阔叶木纤维，再次为草类纤维，但对于特种纸制造来讲，其所需的植物纤维中以棉、麻纤维为首选，其次为针叶木纤维，再次为阔叶木纤维等，也可适当掺用一些竹纤维，但为确保产品质量，尽量不用低质量的植物纤维（如草浆、机械木浆等）。

无机纤维主要有玻璃纤维、陶瓷纤维、云母纤维、石棉纤维等。这类纤维的特性是耐高温性好、抗腐蚀性佳，但石棉纤维的粉尘因具有致癌性而被限制使用。

合成纤维原料，即聚合物（树脂），如聚乙烯、聚丙烯、聚苯乙烯及其衍生物，这些物质为特种纸的生产创造了极为丰厚的有利条件，但这类物质主要来源于石油资源，而石油资源不可再生，同时加工后制得产品对环境也会产生不良的影响。

碳素纤维是以有机纤维或沥青或木素为原料，在惰性气体环境中进行高温碳化处理后而制得的一种黑色纤维，具有密度较小、导电性高、耐热性好等优点，应用十分广泛。

金属纤维是利用金属及其合金制取的纤维材料。因其种类、制法、几何形态等不同，其热、电、磁性等性能差异也很明显，故在制造特种纸时应严格控制工艺条件。

动物纤维在造纸上使用的主要有羊毛和蚕丝等，一般来说，在使用这些纤维时还可配用部分植物纤维，以利于纸的成形和抄造。

二、原　　纸

特种纸通常是在原纸的基础上再次加工才能制备，不同品种的特种纸对原纸的要求也不同，因此原纸是进行特种纸后加工的重要基础，而这也使得特种纸所用原纸在生产工艺要求和质量要求（如静态性能、动态性能、电学性能和对加工制造过程的适应性等）也均明显高于普通纸张。

三、化　学　品

在制造特种纸时，通常要在浆料准备阶段或成纸加工过程中向纸浆或纸页内施加某些化学品、添加剂（或化学助剂），赋予产品所需要的性能，使之能够满足某些特别的用途，这些化学品的使用量虽不多，却能收到明显的实际效果。

造纸化学品或添加剂的品种繁多，而且其质量往往因生产厂家和制造方法不同而存在差异。从大的方面来说，主要有填料、胶料、正料、助剂，它们都可以统称为造纸化学品或添加料。

四、加 工 工 艺

多数特种纸是依靠对原纸进行再次加工、处理后而制成的，就其加工方法而论，可以分为浸渍工艺、涂布工艺、复合（层合）工艺、蒸镀工艺、气流工艺和其他工艺等。下面从本章第二节起讨论这几种加工工艺。

第二节　浸 渍 加 工

一、浸渍加工原理

这是最古老的一种加工方式，主要利用原纸的吸收性能，把油类、蜡类、树脂、沥青等液体充分吸收并达到饱和状态，去除多余液体并经干燥后再进行二次加工而制成产品。

二、原 纸 要 求

浸渍加工所使用的原纸包括植物纤维原纸、合成纤维原纸和无机纤维纸等，为适应浸渍加工的工艺要求，其原纸必须满足吸收性好、孔隙率高、湿强度大、组织均匀无纸病等条件。

三、浸　渍　剂

浸渍剂包括油类、蜡类、树脂以及沥青等。油类浸渍剂包括蓖麻油、油酸和机油等，蜡类浸渍剂包括白蜡、甘蔗蜡、糠蜡、蜂蜡、蒙旦蜡、石蜡、地蜡、卡那巴蜡等，树脂类浸渍剂包括酚醛树脂、脲醛树脂和三聚氰胺树脂等，沥青类浸渍剂包括天然沥青（由沥青矿提炼而制得，性质与石油沥青相似，在自然界中存在的形式有沥青脉、地沥青等）和人造沥青（石油炼制的副产品，存在形式有焦油沥青、硬脂沥青、松脂沥青等）。

四、设　　备

适用于浸渍加工的设备有很多，其中用于浸渍的有浅盘浸渍器、深槽浸渍器、单辊浸渍器、双辊浸渍器等，用于浸渍后干燥处理的有水平隧道干燥室和热风漂浮干燥室等。在浸渍加工设备中，浅盘浸渍器和深槽浸渍器均属老式仪器，在此简要介绍单辊浸渍器和双辊浸渍器以及两种干燥设备。

（一）单辊浸渍器

单辊浸渍器如图 2-1 所示，它主要是由转动辊、送纸辊、浸渍槽等部分组成。其主要工作原理如下：利用原纸与浸渍液面之间的距离，形成一个带有吸附力的接触层，连续不断地使纸页吸收浸渍液，从而达到加工之目的。形成接触层的方法有两种：一种是在原纸刚接近浸渍液面时，划开液面，起帮助接触的作用；另一种是下降转动辊的位置，使原纸接触浸渍液面，然后提升转动辊使之恢复到原位，待纸页充分吸收浸渍液后再送往下一个工

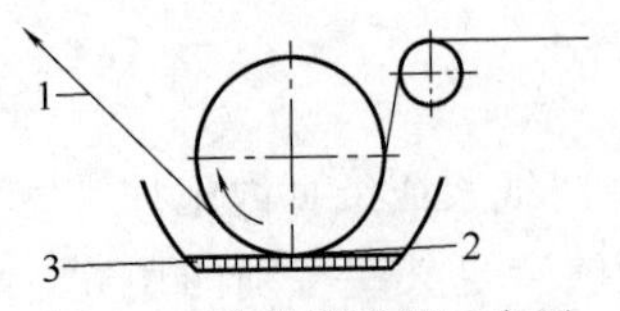

图 2-1　单辊浸渍器示意图
1—纸幅　2—涂料珠
3—槽中液位控制

序。这种设备比较简单，转动辊的转速约 10～15m/min，速度较慢，产量较低。

(二) 双辊浸渍器

双辊浸渍器如图 2-2 所示。该设备的工作原理与单辊浸渍器基本相同，但由于双辊浸渍器中有两个转动辊，且原纸是从两辊中间通过，因此纸张是间接地吸收浸渍液（单辊浸渍器中原纸直接接触浸渍液），而这也导致利用该设备进行加工时的操作难度更大，但同时转动辊速度可以提高，进而加快浸渍速度，在确保成纸质量的同时促进产量的提升。

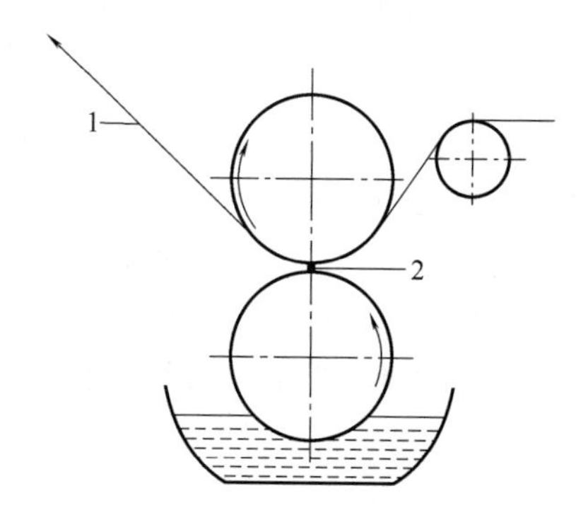

图 2-2　双辊浸渍器示意图

1—纸幅　2—涂料珠

(三) 水平隧道干燥室

部分经浸渍加工的纸页在空气即可自行挥发干燥或利用冷却辊干燥即可完成加工程序，如油毡纸、蜡质包装纸等，而部分浸渍加工纸则需进行热干燥方可满足要求，热干燥的主要目的在于：使纸页中的有机溶剂或水分进行蒸发；使纸页中的树脂或胶乳等在高温条件下于纸页中熟化。

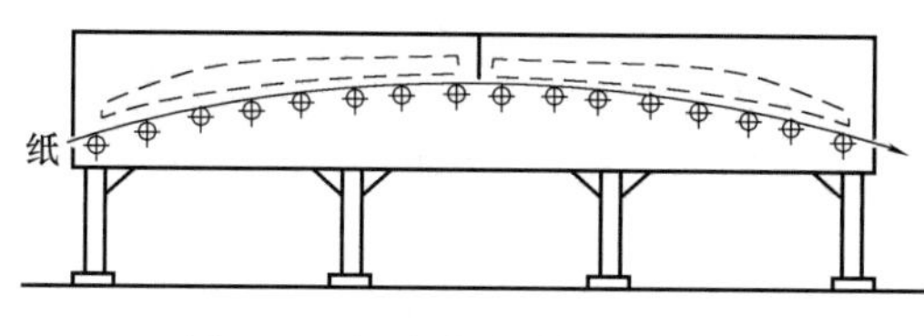

图 2-3　水平隧道干燥室示意图

浸渍处理后的纸页在干燥时多采用热风式的干燥设备，其中最为普通的是水平隧道干燥室（图 2-3），其特点是：隧道能容纳的纸幅长度为 400～800m，可分段调节干燥温度和湿度；干燥时间可根据隧道长度、原纸定量和溶剂含量等参数而具体掌握；要求浸渍纸在干燥前的固含量低于 40%且黏度小于 0.5Pa·s；该设备的容积大，操作方便，但热量损失也比较大。

(四) 热风飘浮干燥室

热风飘浮干燥室（图 2-4）的干燥原理是利用热风在干燥室内托起纸页进行干燥，其主要特点是：纸页不与任何传动元件接触，不会发生粘连问题；浸渍纸在干燥前的固含量在 35%～40%之间，黏度 0.2～0.4Pa·s；整个干燥室内无传递装置，便于清洗。

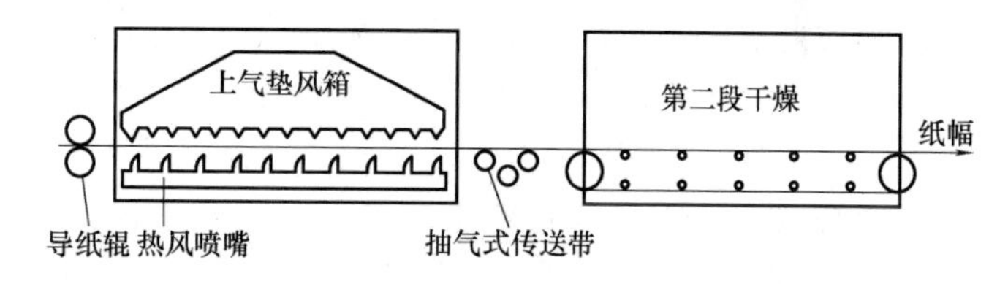

图 2-4　热风漂浮干燥室示意图

五、注 意 事 项

浸渍加工在纸张内部进行，而不是在纸张表面，因此在生产过程中需要严格控制浸渍液的黏度、浸渍温度和浸渍时间等因素。黏度越高，浸渍液的流动性越差，对纸张的浸透难度也就越大；提高浸渍温度可以降低浸渍液的黏度，还可以加快浸渍速率，但过高的温度容易造成浸渍液的分解甚至使纸张焦化；延长浸渍时间，可以使浸渍更充分，但长时间浸渍会导致产量的降低；此外，干燥时也要严格控制工艺，否则容易造成纸张的收缩进而使得纸张出现扭动，影响其性能和质量。可以看出，若要改善浸渍加工纸的质量同时提高产量，在严格控制上述参数的同时，还需要优化设备条件，使其满足生产需求。

第三节　涂布加工

一、涂布加工的定义和种类

涂布指的是在涂布机上将调配好的涂料均匀地涂在纸面上的操作。涂布分为机内涂布和机外涂布两种方式：机内涂布指的是在抄纸机系统装有涂布装置，即涂布过程在造纸机内完成；机外涂布指的是在抄纸机内不配有涂布装置，而是将加工好的原纸送到独立的涂布机内进行再加工，即涂布过程在造纸机外完成。需要指出的是，并不是所有经涂布处理后的纸张都属于特种纸，但部分特种纸也是经涂布加工而制备的。

二、涂布加工原纸要求

用于涂布加工的原纸，主要应满足如下要求：

① 定量波动小，否则在加工过程中容易跑偏，甚至出现平滑度不匀纸病；

② 紧度适中，紧度过大或过小都会给涂布机的运行带来不便，如断纸、卷曲、折叠等；

③ 匀度高，否则容易造成次品，还会降低成纸的印刷性能；

④ 粗糙度适中，粗糙度过高会导致涂层分布的不均匀，影响印刷质量，粗糙度过小则会影响涂布机的正常运行；

⑤ 施胶度适中，施胶度过小容易造成涂布机的脱落，过高则易使纸张卷曲；

⑥ 白度均匀，否则易产生白度不一致的问题；

⑦ 不透明度高，否则容易出现双面透印之弊端；

⑧ 抗张指数高，否则容易增加“断纸”的机会，影响纸张的产量和质量；

⑨ 撕裂度高，否则容易降低涂布和压光等操作质的量，增加能耗；

⑩ 伸缩率适中，过大或过小都容易造成涂布剂掉落等情况，尤其是横向的收缩；

⑪ 表面强度高，否则容易发生鼓泡或纸张分层等现象；

⑫ 水分以6%～7%为佳，水分偏低易导致纸面拱起，水分偏高则会增加涂布加工的难度。

三、涂　布　剂

涂布剂又称涂料，不同类型的涂布加工纸对涂料的要求不同，但不论选择何种类型的涂料，其主要原则大致相同：要满足涂布加工的需要；要保证涂布剂的质量；要维持涂布液的稳定性；要具有与其他助剂的相容性。

涂料一般包含颜料（如高岭土、硫酸钡、硫酸钙、氢氧化铝）、胶黏剂（如淀粉、羧甲基纤维素）、润滑剂（如硬脂酸钙）、分散剂（如六偏磷酸钠、聚氧化乙烯）、柔软剂（如保险粉、聚乙二醇）、缓冲剂（如碳酸钠、磷酸二氢钾）、消泡剂（如磺化油、松节油）、抗水剂（如石蜡液、有机硅）、乳化剂（如平平加、烷基芳基聚氧乙烯醚）、塑化（增塑）剂（如甘油）、防腐剂（如二硫氰基甲烷、氯胺）、硬化剂（如羧基丁苯胶乳）。

在以上涂料中的组分中，颜料和胶黏剂所占比例的总和约75%～85%甚至更高，而其他组分比例很低。

四、设　　备

涂布机主要有辊式涂布机、气刀涂布机和刮刀涂布机三大类，以下分别做简要介绍。

在辊式涂布机中，使用最多的是双面辊式涂布机，在该设备中，原纸通过上下两个涂布辊中间来完成涂布（图 2-5），涂布辊由两个小的计量辊带动，通过计量辊之间调节压力大小来控制涂布量：加大压力，涂料的通过量减少，涂布量小；反之，减小压力，涂料的通过量增多，涂布量大。原纸经辊式涂布机处理，其凹凸不平的表面得到改善，同时纸张平滑度和光泽度提高，印刷适性更好。

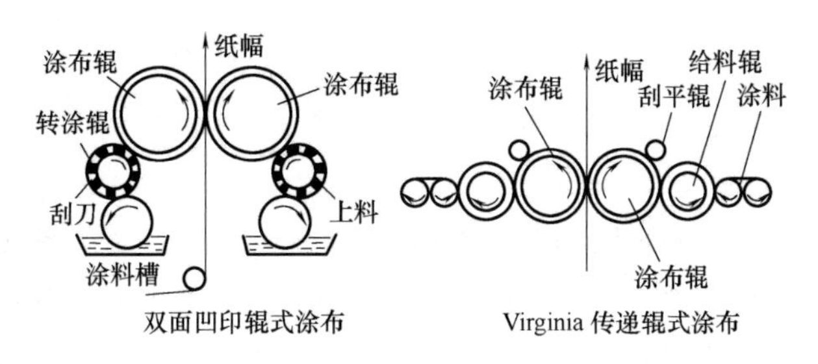

图 2-5　两种双面辊式涂布机原理示意图

气刀涂布机是利用加压喷射出来的空气进行涂布加工（图 2-6），过程如下：涂料通过上料辊涂到原纸上，再从“窄缝”中喷射出带有很大压力的空气（即空气刮刀）吹向纸面以调节喷射角度来控制涂布量，同时把多余的涂料吹掉。它能得到较厚涂布层的涂布纸，但技术难度大，尤其是气刀窄缝容易出现堵塞，或者发生涂料飞溅现象。

刮刀涂布机是采用合金薄刀片对涂布在原纸上的涂布层进行刮净处理（图 2-7），从原理上讲刮刀涂布机与气刀涂布机完全相同，只不过前者用的是有形的钢刀，而后者用的是无形的气刀。刮刀涂布机的优点是可以用于高浓度的涂料的涂布，只要刮刀边缘保持直线状态，涂布面必完好平整，其缺点是刀刃容易磨损，同时刀口容易被杂质卡住。

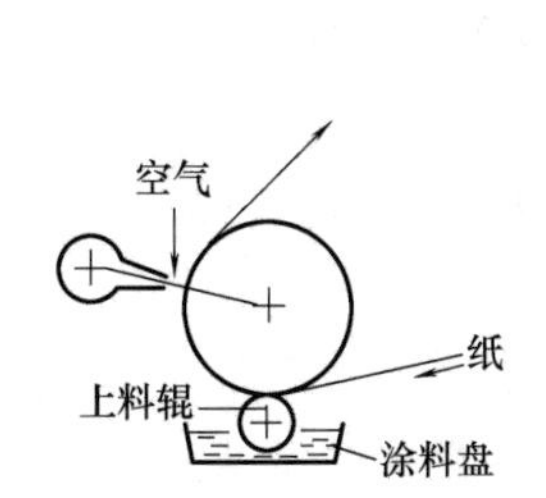

图 2-6　气刀涂布加工示意图

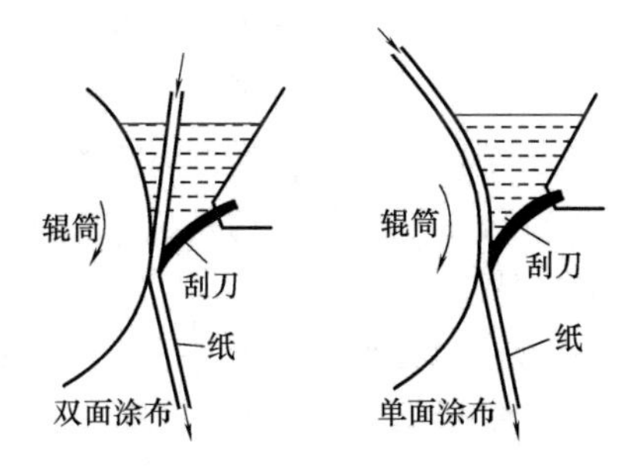

图 2-7　刮刀涂布加工示意图

上述三种涂布机的涂布性能可归纳总结如表 2-1 所示。

表 2-1　　三种涂布机特性比较

类型	涂料量调节	涂布量	涂布浓度	涂布速度
辊式涂布机	辊子压力	薄	中或高	中
气刀涂布机	空气压力	厚	低	低或中
刮刀涂布机	刮刀压力	薄	高	高

在涂布完成后，由于涂布层还处于潮湿状态，若此时纸张与烘缸表面接触的方式，将极容易发生黏缸、破坏涂布层的不良后果，因此涂布加工成纸不能采用烘缸直接干燥的方式，而是采取热风干燥或红外线干燥的措施，或先采用这种方式使涂布层达到一定程度的干度之后，再使用烘缸干燥，热风干燥的设备主要有拱形干燥器和高速热风干燥器两类。此外，尽管干燥后纸张的表面性能较原纸相比已有很大改善，但一般仍需进行超级压光处理，使其平整度、平滑度和光泽度满足产品要求。

第四节 复合加工

一、简 述

（一）复合加工的定义和用途

复合又称为层合，是将两种或两种以上的片状基材黏合在一起而成型的加工方法。复合使用的基材一般为不同的原料，以便取得性能更加优越、使用价值更高的新型材料。在复合基材中，纸基材往往是最重要的一种基材，可以和玻璃纸、塑料薄膜、纺织品和金属膜等材料复合生产满足各种使用要求的复合加工纸。

复合加工纸不仅广泛应用于一般商品和食品的包装，而且还可以加工成各种纸容器而用于液体、糊状及膏状物质的包装，同时还可用于真空包装、充气包装及无菌包装等。如果先在原纸上进行颜料涂布、蒸发镀膜、印刷、压花和染色等加工后再与塑料薄膜复合，还可以极大地改善复合加工纸的外观。随着包装工业和我国社会主义建设事业的发展，我国的复合加工纸将获得更大的发展。

（二）纸张复合加工的作用

纸张复合加工的作用简述如下：

① 提高产品的机械性能，如抗张强度、撕裂强度和挺度等；

② 改善产品的外观性能和光学性能，如平滑度、光泽度等；

③ 赋予产品以防护性能，如防水性能、防油性能、防潮性能和气密性等；

④ 赋予产品一些新的特殊性能，如遮光性、耐热性等；

⑤ 可与纸张复合的基材种类多，可选用不同的复合基材以生产不同质量需求和性能指标的产品。

（三）复合加工纸的分类

根据不同的分类标准，复合加工纸可被分为不同类别，如：根据复合基材种类和复合层数的不同，可分为两层、三层、五层、七层复合加工纸；根据所用复合薄膜材料的不同，可分为塑料薄膜复合加工纸、织物复合加工纸和金属箔复合加工纸等。表 2-2 列出了几种常用的复合加工纸及加工方法。

表 2-2 常用复合加工纸及加工方法

复合结构	加工方法	用途
聚乙烯膜＋白纸板＋聚乙烯膜	挤压法复合	牛奶、果汁、流体食品等的包装
板纸＋铝箔＋聚乙烯膜	湿法＋挤压复合	酒类、食油、饮料等的包装
PE＋白纸板＋铝箔＋PE	挤压＋湿法复合	饮料等流质食品的软包装

续表

复合结构	加工方法	用途
PE＋白纸板＋PE＋铝箔 PE	挤压＋湿法复合	流体食品及流质日化品等的包装
玻璃纸＋PE＋铝箔＋纸＋PP	干法＋湿法复合	奶酪、咖啡、药品、茶等的包装
PE＋防锈原纸＋气相缓蚀剂	湿法复合	机械零件及制品的包装
彩印玻璃纸＋PE	干法复合	糖果和食品的包装
牛皮纸＋PE	挤压复合	防潮包装

二、复合加工纸原纸、薄膜和胶黏剂

（一）原纸

影响复合加工纸质量的因素很多，其中最重要的是原纸的质量要求，不同的复合加工纸对其原纸的质量要求也不同。原纸的质量要求包括两大类：复合加工运行性要求和原纸本身的质量要求，两类质量要求常常是互相关联的，最后都归结为对原纸的质量要求。

复合加工运行性要求指的是原纸在复合加工过程中，必须保证生产正常进行所需要的一些基本性质，如吸收性、尺寸稳定性、抗张强度和撕裂度等。原纸本身的质量要求指的是原纸直接影响复合加工纸质量的性质，如外观、白度、印刷适性、匀度、挺度等。

尽管不同产品对其原纸的要求往往差别很大，但一般而言，其对原纸的表面状况和空隙率的要求均很高，以下做简要介绍：

原纸的表面状况由原纸表面的不规则凹凸程度所决定，凹陷的尺寸不同，对原纸平滑度的贡献也不同。需要指出的是，原纸生产时，应通过良好的成形技术来取得适宜的平滑性而不能仅仅通过压光实现，因为压光得到的平滑性是以松厚度和弹性的损失为代价获得的，成形不好的原纸，尽管压光后平滑度提高，但胶黏剂的吸收均匀性降低，进而影响产品质量。

空隙率指的是原纸中空隙与原纸的总体积之比，一般来说，复合加工纸原纸中的空隙率可以超过40％，甚至高达65％以上。原纸空隙的大小、数量、分布和空隙连通情况与抄纸使用的纤维原料有关，也和生产的工艺条件等有关，同时这四项因素对胶黏剂的吸收性都有很大的影响。

（二）薄膜

许多薄膜材料可用于生产复合加工纸，常见的有玻璃纸、金属箔和各种塑料膜，其中用量最多的是塑料膜，不同的复合加工纸薄膜的性质有很大的差别，必须根据产品的使用性能和质量要求来合理选用。以下简要介绍复合加工纸常用的薄膜性材料。

1. 玻璃纸

玻璃纸是使用植物纤维材料，经过精致、碱浸、黄化制成黏胶溶液，然后喷出凝固成形，经漂、洗、脱盐、软化而得到的纤维性薄膜材料。玻璃纸拥有透明度高、光泽度高、防渗漏、防油、耐溶剂性、挺度高、可生物降解，与纤维有良好的相容性以及优良的印刷适性等优势，因此是良好的复合材料，但其缺点也很明显，如易受温、湿度的影响，耐冲击和边缘撕裂性能较差等。

2. 金属箔

与纸基复合的金属箔很薄，通常采用压延性能好的金属，如金、银、铝等材料加工制得。考虑到经济因素，大多用铝箔。制造时，先将高纯度的铝锭铸成适宜压延制箔的坯材，然后根据需要的铝箔的厚度分多次冷压成型。每次的压延率一般为50％，故如果压延箔的厚度为数微米，则通常需要压延六至七次。箔的压延通常是在张力的作用下高速压延成型，压延速度可达千米。

作为复合材料，金属箔的优点是极高的挺度、极高的防潮性能、极高的气密性能，此外漂亮的外观也是金属箔复合材料的一个独特的优势。

3. 塑料膜

用于复合加工纸的薄膜应具有很好的防水性、防油性、透气性、挠曲性、防潮性、气密性、热封性、适印性、染色性以及光学性能，具有与原纸良好的结合性能和机械强度，同时还应是无色、无味、无毒的材料。复合用的塑料薄膜大多使用聚烯烃的高分子材料，如聚乙烯、聚丙烯、聚丁烯等，也使用一些非聚烯烃的高分子材料，如聚酯、聚氯乙烯、氟树脂共聚物等。表 2-3 为几种常见塑料薄膜的性质，可根据复合加工纸的产品质量要求加以选用。

表 2-3　　几种常见塑料薄膜的性质

项目	聚乙烯低密度	高密度	聚丙烯延伸	未延伸	聚酯	防潮玻璃纸	铝箔
相对密度	0.915	0.95	0.905	0.89	1.37	1.44	2.69
透明度	半透明	半透明	透明	透明	透明	透明	不透明
抗张强度/MPa	25.0	70.0	210.0	42.0	120.0	127.0	1.0
伸长率/%	600	500	100	500	130	50	有延性
冲击强度/MPa	11	2	15	2	30	15	强
撕裂强度/mN	400	300	6	330	80	15	强
热封温度/℃	177	155	—	204	204	177	—
耐油脂性	良	优	优	优	优	不透	优
最高使用温度/℃	110	121	135	121	121	191	659
最低使用温度/℃	−51	−51	−51		−62	−18	
适印性	须处理	须处理	须处理	须处理	良	优	特殊油墨

塑料膜的制法有三种：熔融挤出法，包括 T 型塑料模法和吹塑法、压延法和溶液流延法，其中以前两种为多见。压延薄膜又分为结晶性薄膜和非结晶性薄膜两大类，前者如聚氯乙烯、聚苯乙烯、低密度聚乙烯等，后者如聚酯、聚丙烯、高密度聚乙烯等。

作为复合加工材料，塑料膜有很广泛的优点。可以根据不同的复合加工要求来选用不同的塑料薄膜。一般来说，塑料薄膜具有透明度高、强度高、伸长性能好、耐油性好、防护性能高等优点。

（三）胶黏剂

在复合加工纸的生产中，通常使用胶黏剂作为复合介质，将两种或两种以上的基材通过一定的工艺黏合在一起。由于胶黏剂的作用是按照一定的工艺要求将相同或不同的基材黏结在一起，因此胶黏剂的黏合力是最重要的性能。

胶黏剂可以分为无机胶黏剂和有机胶黏剂两大类，有机胶黏剂又可以分为天然胶黏剂和合成胶黏剂两类，天然胶黏剂包括植物胶黏剂和动物胶黏剂两种，合成胶黏剂也称为合成高分子胶黏剂，其中有机合成高分子胶黏剂一般由多种材料复配而成，其成分有作为主体材料的有机高分子原料，此外还有溶剂、乳化剂、增塑剂、偶联剂、增稠剂、固化剂和填料等。

在复合加工纸的生产中，要获得满意的复合加工效果，胶黏剂必须润湿基材的表面，并尽可能快速而均匀地在基材的表面上形成膜。胶黏剂的黏结效果取决于这些基本要求是否被满足，因此除去黏合力之外，胶黏剂的黏度、流变性、黏性、储存稳定性和发泡趋势等的性质对其使用效果同样有十分显著的影响。

此外在多层复合加工纸中，由于需要保证塑料薄膜间的黏结强度，因此必须考虑两种树脂的特性，即在两种树脂间加入第三种能与两者都亲和的物质，或使用一些胶黏剂。表 2-4 列出了两种塑料复合时常用的胶黏剂。

表 2-4　塑料复合时常用的胶黏剂

塑料薄膜	常用黏合剂	塑料薄膜	常用黏合剂
聚乙烯(未处理)	硅树脂的二甲苯液、聚丁二烯	软聚氯乙烯	丁氰酚醛、丁苯胶乳
聚乙烯(已处理)	聚硫与聚酰胺、丁氰酚醛	硝酸纤维素	硝酸纤维素、聚氨酯、氰基丙烯酸酯
聚丙烯(未处理)	硅树脂的二甲苯液	聚酯	丁氰酚醛、酚醛环氧
聚丙烯(已处理)	聚硫与聚酰胺、丁氰酚醛	三聚氰胺	聚氨酯、酚醛环氧
聚苯乙烯	聚硫与聚酰胺、聚氨酯、氰基丙烯酸酯	尼龙	丁氰酚醛、间苯二酚甲醛
聚氨酯	聚硫与聚酰胺、间苯二酚甲醛	醋酸纤维素	聚氨酯、氰基丙烯酸酯
聚碳酸酯	聚硫与聚酰胺、聚氨酯	环氧树脂	间苯二酚甲醛、酚醛、呋喃
硬聚氯乙烯	聚硫与聚酰胺、丁氰酚醛		

三、复合加工方法

复合加工纸的加工原理，可分为机械黏合与化学黏合两类，化学黏合是选用不同的胶黏剂将两种或多种相同或不同的基材黏合成一体，机械黏合是利用基材的粗糙表面及表面亲和力达到互相结合的目的。一般来说，采用胶黏剂可以获得较高的层间结合力。依据加工时所用胶黏剂的种类不同，复合加工纸的加工方法分为湿法复合、干法复合、热熔复合和挤压复合四类。

（一）湿法层合

湿法复合加工主要用于典型的以纸等多孔性的材料为基材的产品的生产，是复合加工纸工业最传统的生产方式，其工作原理如图 2-8所示。

复合加工时，首先通过涂布机或裱糊机将水性胶黏剂涂布在第一种基材的表面，然后通过压辊将第二种基材与第一种基材贴合、压紧、干燥而完成复合加工操作。常用的胶黏剂有改性淀粉、聚乙烯醇、聚醋酸乙烯、聚丙烯酸酯等。

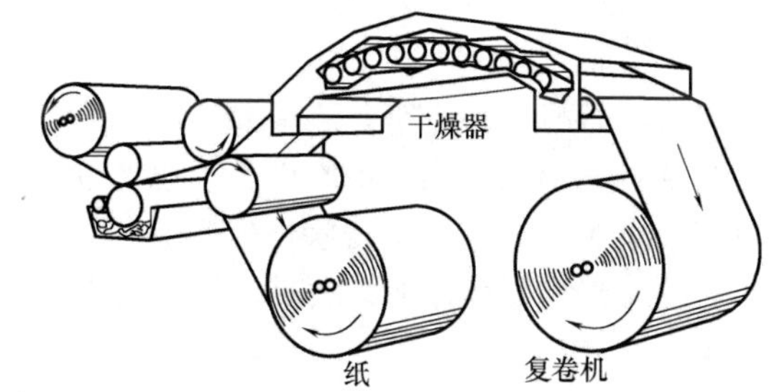

图 2-8　湿法层合设备及工作原理图

湿法层合生产对基材原纸的要求较高，如要求尺寸稳定性好、原纸物性纵横向差小、加工过程中不翘曲和皱折等；湿法复合使用水性胶黏剂，因此在贴合后必须通过基材的空隙把水分完全干燥蒸发脱除，即湿法复合加工时要求基材为多孔性材料，同时还需根据涂布装置的工作性能要求来确定胶黏剂的黏度；湿法复合加工纸的干燥可使用热风干燥、烘缸干燥，也可以使用远红外干燥方式，其中最常见的是热风干燥。

湿法复合成本低、无污染、操作简单，同时胶黏剂用量少，因此适用于大规模生产等，但该方法所用设备庞大，能耗高。

（二）干法层合

干法复合主要用于以金属箔、薄膜等非多孔性材料为基材的复合加工产品。由于复合后两种复合基材间胶黏剂中的溶剂无法蒸发除去，故只能先将胶黏剂涂在一种基材上，接着通过干燥器将溶剂蒸发除去，然后用加热的压辊进行挤压复合，图 2-9 为干法复合加工的工作原理。

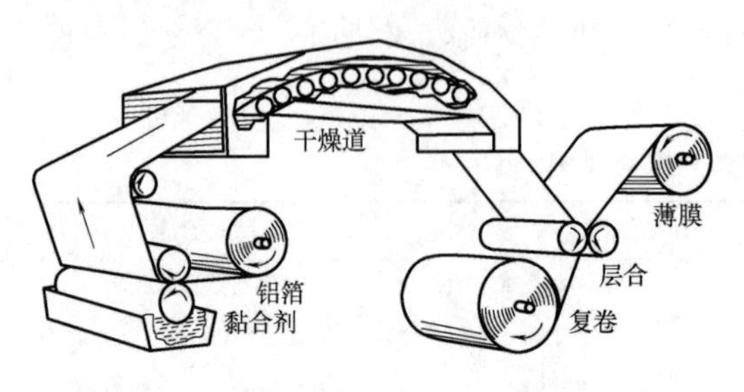

图 2-9　干法复合加工设备及工作原理图

干法复合使用的胶黏剂有醋酸乙烯、氯乙烯树脂和聚酯等。常用的涂布方式有压榨辊式、凹辊式和逆转辊式等，需要注意的是直接辊式涂布头的橡胶背辊必须耐溶剂。逆转辊式涂布对涂料没有特殊的要求，但对设备精度要求较高。

干法复合的适用范围较广，适用于金属箔、玻璃纸和塑料薄膜等各种非多孔性材料的复合。其优点是操作温度较低，塑料薄膜受氧化的程度小，因而可以使其保持良好的热封性。但由于干法复合使用有机溶剂涂布，不仅使加工纸的成本增高，而且易引起火灾和造成对环境的污染，限制了干法复合加工技术的普及。

为了克服有机溶剂带来的问题，发展了无溶剂复合的加工技术。无溶剂复合采用固体胶黏剂代替有机溶剂胶黏剂，解决了干燥时的安全问题并免除了溶剂回收系统，同时简化了生产工艺，降低了生产成本。

（三）热熔复合

热熔复合是将热熔性胶黏剂加热熔化而成为具有一定黏度的液状物体，然后涂于复合基材上，在胶黏剂冷却之前使用冷却辊加压与另一种材料复合，卷取后即得到复合产品。热熔复合的工作原理如图 2-10 所示。

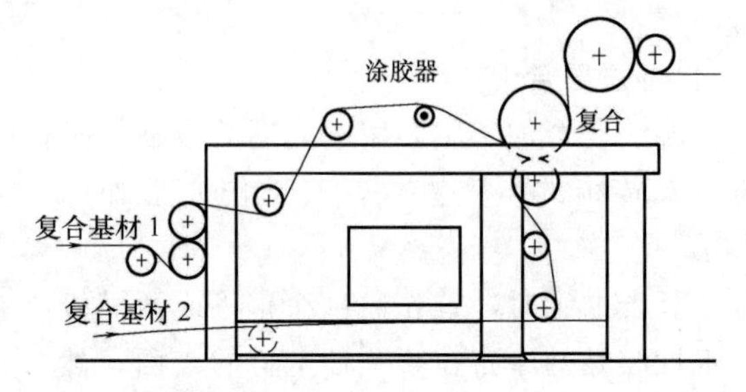

图 2-10　热熔复合设备及工作原理图

热熔复合使用的胶黏剂需在较高的温度下熔化，其黏度一般在 10～20Pa·s，大多采用辊式涂布机进行涂布。热熔复合加工的优点是复合周期短，无须干燥设备，生产安全对环境无污染，适用于高速化生产。其缺点是对操作温度的控制要求较高，对胶黏剂的要求比较严格。

热熔复合适用于铝箔与纸、玻璃纸与铝箔的复合，多用于生产防湿性热封包装纸等产品。

（四）挤压复合

挤压复合是将合成树脂原料置于挤出机头加热使其熔融，并经成膜处理后从机头喷出，喷出的热熔状薄膜在热熔状态下与基材层合，最后通过冷却辊冷却固化后即成为复合成品。挤压复合工艺根据复合时的温度不同而分为热压接式和低温复合式，其流程分别如图 2-11 和图 2-12 所示。

热压接式是最普通常用的挤压复合加工方式，喷出的熔融薄膜与基材在冷却辊和包橡胶的压合辊之间加压、复合，在冷却辊上迅速冷却。基材的性质和熔融薄膜的厚度决定膜的熔

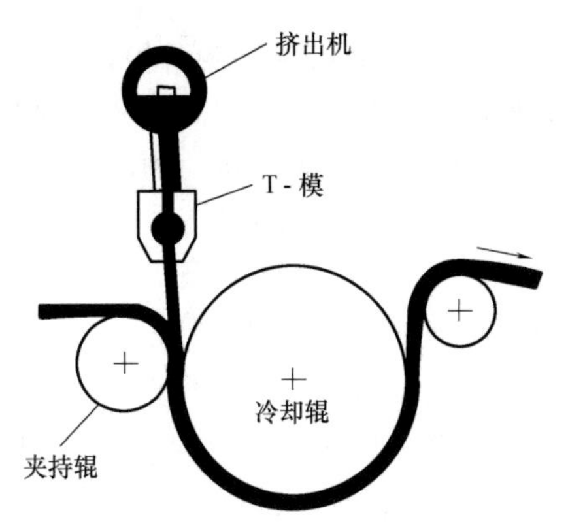

图 2-11　高热压接式挤压复合

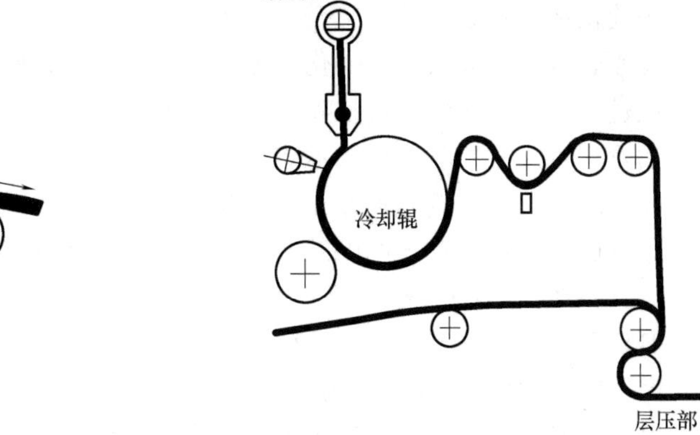

图 2-12　低温复合式挤压复合

融温度，一般为 300～320℃，冷却辊的温度也可根据基材的特性、产品的复合厚度而定，在 5～25℃的范围内调整。

低温挤压复合时，从模缝中出来的熔融薄膜直接与冷却辊接触，在低温下与基材复合，所以基材与薄膜间需要使用胶黏剂进行黏结预处理，熔融树脂的温度在 240～260℃。

挤压复合纸的层间结合可借热熔状态下的压力作用，使薄膜直接与纸的粗糙表面结合，也可通过胶黏剂使其结合，或者采用胶黏促进剂来增强其结合。

四、应用举例

由复合加工而制成的特种纸在商品包装上应用十分广泛，举例如下。

（1）食品包装

在食品工业上使用的复合包装纸很多，如铝箔/蜡/薄纸（口香糖包装）、铝箔/薄纸/蜡（巧克力包装）、铝箔/防油胶黏剂/羊皮纸（奶酪包装）等。一般而言，这些复合包装纸皆具有防水、抗油、耐热等特性，用途甚广，大体上可用于：固体食品，如方便面、各种奶糖、麦片、巧克力、紫菜、茶叶、干果和膨化食品的包装；液体食品，如牛奶、甜酒、果汁、酱油、醋等食品包装；保鲜食品，如生鱼。

在食品包装中最著名的复合包装纸当属瑞典某公司推出的“利乐包”，也就是市面上出售的饮料包装纸盒，该复合纸共有七层，即低密度聚乙烯/苯胺印刷面/复合原纸/低密度聚乙烯/铝箔/沙林树脂/低密度聚乙烯，使包装材料具备完整的阻隔性，确保包装物在保质期内不发生变质。需特别指出的是，所有的用于食品包装的原纸均不可添加荧光增白剂和危害人体的化学物质。

（2）药品包装

过去药品包装偏重于使用塑料和玻璃这两种材料，但随后由于生产成本低、加工速度快、保护药品的性能好等一系列优势，泡罩包装材料获得了较大的发展，而该材料也属于复合包装材料。其主要组成为聚乙烯/镀铝膜/复合原纸/聚乙烯，主要优点有体积小、阻隔性好、防潮防变质效果好以及延长有效期等。目前在这方面使用的复合包装材料的已有不少，如聚偏二氯乙烯/镀铝膜/聚丙烯，聚对苯二甲酸乙二醇酯/镀铝膜/复合原纸/聚乙烯等。如今随着对中医养生的日趋重视，中成药的性状也有了很明显的变化，同时中药制剂的种类也日趋繁多，因此利用复合加工纸实现对中成药的完美包装也是大势所趋。

（3）军用物品包装

在现代化和高技术战争的形势下，随着军队“五位一体”（陆海空、全天候、全方位、大纵深、光磁电）作战系统的变化，军备后勤保障具有的战略、战役地位更加重要，因此需要大力改进军用物品的包装材料和工艺以最大限度地减少军品的损坏和污染，由于军用品的特殊性用途，对军品的防护包装不能仅停留在防潮、防霉、防锈等基础功能上，更需要在防磁、防爆、防生化、防微波等方面加以改良，而通过对特种复合加工纸材料的原料和制备工艺等各个方面的改进，完全可以满足上述要求，而这也是目前的发展趋势之一。

（4）日用杂货品包装

在日用杂货品包装方面也可采用特种复合加工纸，以在许多市场的货架上获得广泛使用的“即时贴”（即复合商标纸）为例，其结构通常分为五层：第一层（面层）是铜版纸，面上印有彩色图案及相关文字、价码等；第二层是胶芯层（不干胶），一般采用丙烯酸树脂胶；第三层是抗黏层（涂有硅橡胶和聚甲基乙氧基硅烷）；第四层是补强层（涂以高压聚乙烯、石蜡和聚氯乙烯等）；第五层为底层，主要由是彩黄牛皮纸或羊皮纸组成，供承载面层纸之用。采用五层复合的结构设计，可以使产品具备较高的定量和强度，同时使其能贴牢货架且能方便揭下，便于使用和货架的清洁。

第五节　蒸 镀 加 工

一、蒸镀加工原理

蒸镀加工是纸加工常用的一种镀膜技术，其加工过程为：先在原纸表面预先涂上一层胶黏剂，再将所需要镀膜的金属（铝、铜、银、金等）加热进行真空蒸发，使金属粒子经冷凝后覆盖在原纸表面而制得成品。一般而言，纸面被蒸镀铝膜的厚度约为 0.25～0.30μm。

二、原纸与配方

在进行蒸镀加工之前，需对原纸进行预处理，即预涂处理，该预处理的主要目的在于改善原纸的局部缺陷以及吸收性和表面电阻性、改善纸张平滑度和紧度，并且增加纸面对金属粒子的亲和力。预涂的涂料又称镀铝漆，常用的有过氯乙烯漆、聚乙烯醇缩丁醛漆等，其中聚乙烯醇缩丁醛漆的使用最为广泛。

该镀铝漆主要由乙醇、松香、聚乙烯醇缩丁醛和增塑剂（常用邻苯二甲酸二丁酯）组成，制备方法如下：将预先用乙醇充分浸泡（至少 30min）的邻苯二甲酸二丁酯加入反应釜，同时开动搅拌器并调至 100r/min 的搅拌速度。随后将混合体系在 30min 时间内由室温加热升温到 65℃，保温 2h，再加入块状松香（规格 2～4cm）。继续反应 30min 后加入同温度的邻苯二甲酸二丁酯，保温 1.5h，测定固含量至满足要求，最后加冷水调节产物黏度并用 120 目的筛选设备充分筛选后得到产品。该镀铝漆的最佳使用浓度（固含量）为 30%～33%，最佳使用黏度为 20～40Pa·s，最佳涂布量为 2～3g/m^2，研究表明，经上述工艺预涂后制得预涂纸最有利于后续加工的顺利进行。

三、蒸 镀 方 法

传统的蒸镀加工工艺通常采用间歇式和半连续式制备蒸镀成纸，但因操作烦琐以及成品质量难以保证的缘故，目前这两种方法均已被淘汰，如今多数使用的是连续式真空蒸镀法（真空镀铝法），即在高度真空的条件下，加热某种低熔点的金属蒸镀材料（如铝）使其迅速蒸发、扩散并沉积到被镀部件的表面而完成薄膜镀层的过程，真空蒸镀法可有效改善被镀部件表面的反光性、抗蚀性和美观性性能等。该方法最初用于机械部件的表面加工，如玻璃板背面镀层制造反光镜等，随后才引用到造纸工业中，并形成独自的系统。

真空镀铝法的关键设备是真空镀铝机，其主体结构包括钟罩式的真空室、铝材蒸发装置、放纸和复卷纸装置、冷却水循环系统以及其他附属设备，如供油泵、传动装置等（图2-13）。利用真空镀铝机制备加工镀铝纸时，先把定量 $40g/m^2$ 的镀铝原纸通过辊式涂布机，在纸的表面涂布一层镀铝漆，在 80～120℃的温度下缓慢干燥，并使该涂布纸的含水率下降至 3%以下，然后把此纸卷置于真空镀铝机内，开动真空镀铝机，通过电加热提高温度到 1200～13000℃，同时真空抽吸设备促使密封的真空室内的真空度达到规定值，在该条件下，置于设备内部的高纯度铝丝（直径约 1mm）逐渐熔化气化，进而布满整个真空室的空间，而靠近原纸（包在冷却辊上）的气态铝遇冷并受到镀铝漆的吸附而附着到纸面上，由于放纸和复卷纸辊的回转速度较为缓慢，附着在纸面上的铝十分稠密，形成在原纸上涂有一层均匀而光亮的铝膜的效果，即此时纸、铝“合二为一”，得到满足使用要求的成型镀铝纸，最后还要对成品进行再加工，以利于纸面平整，防止纸面卷曲，并便于分切和包装。

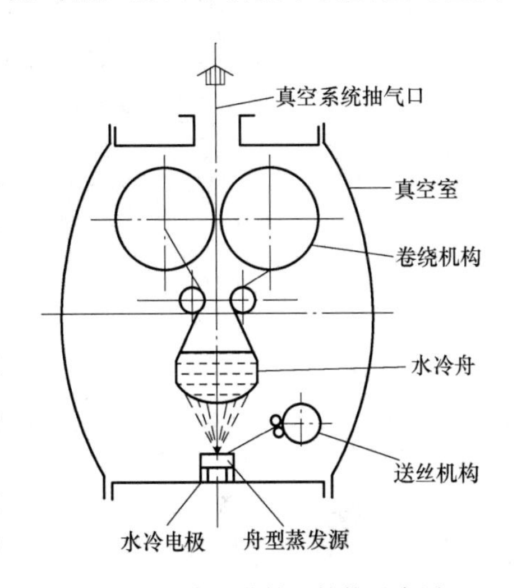

图 2-13　真空蒸镀机结构示意图

在上述过程中，由于乙醇属于易燃物，因此在制备镀铝漆时要避免明火，同时将容器加盖，避免对金属容器外壁的敲打，以防火灾的发生。此外，冷却辊的转速、真空室的真空度和蒸发温度是影响镀铝效果的最关键因素，如在转速和真空度一定的条件下，蒸发温度越高，铝蒸发的速度越快，镀铝层的厚度越大，这会在很大程度上增加成本，因此需根据不同产品的要求选取合适的工艺，以免产品质量的降低。

一般镀铝纸的表面为银白色，外观平滑光亮，显得十分单调，这也在很大程度上限制了镀铝纸的使用，于是便有相关人员开发出有纹路或印有隐形图案的镀铝纸，甚至研制镭射镀铝纸，在光照时可以显现七彩斑斓的颜色，改善纸张的外观，这也利于镀铝纸适用领域的拓宽。

在经济、环保方面，废镀铝纸理论上可以实现全回收，如可以采用干法分离把铝和纸浆纤维分别提取，实现循环利用的目的，在节约原料成本的同时减少环境污染，因此镀铝纸的制备工艺属于绿色生产的范畴。

第六节　气流加工

一、生产原理

一般而言，气流加工指的是将纤维在空气介质（不添加水）中经过吹散、疏理而制成纸张的加工方法，其基本原理是：先将纤维进行预处理，并在某一空间中使之呈气悬浮态（纤维和空气的悬浮物)，然后利用真空产生的压力差使混同在空气中的纤维向一个网笼流动并包裹在网笼的外侧，将空气从网笼内被抽出，完成后调整气流和压力差，使贴附在网笼外面的纤维成型，最后经过干燥法或热熔法黏接而制得成品。

二、生产流程

气流加工的产生可以追溯到20世纪的30年代，其老式的生产流程如图2-14所示：纤维喂料设备进入纤维分散器，充分分散后纤维经鼓风处理后形成气悬浮态（未充分分散的纤维经纤维分级器回到纤维分散器中循环回用)，随后悬浮状的纤维于成形设备（如网笼）中处理制得均一的纤维成形层（纸张)，在其表面喷淋黏结剂，将成形的纸张于干燥设备中充分干燥，最后经卷纸机卷曲后制得成品。该方法需要添加黏结剂以促进纤维成形，这在很大程度上增加了生产成本，需要对其进行改进和优化。

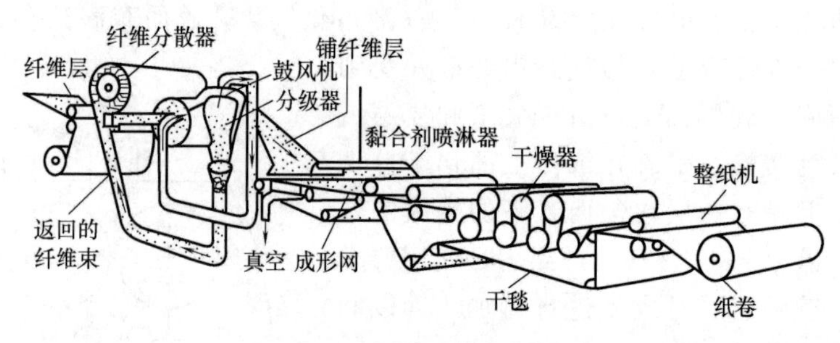

图 2-14　气流加工的老式流程

目前常用的气流加工系统有纤维分散和计量系统、成形系统、热压系统和干燥卷取系统等，其主要设备有撕碎机、分散机、成形器和对流辐射干燥设备等，以图2-15为例介绍其主要生产流程：先将浆板投入加湿器内，通入蒸汽进行调湿，随后在撕碎机中把浆板打散，利用热交换器的热空气在对流式干燥箱内使纤维分散，用过的空气经风机排空，分散的纤维在分散机中受空气吹拂飘浮，并在风机中再进一步飘浮分散而成气悬纤维，随后纤维在喂料机中与蒸汽混合后，用高速气流把纤维推向成形器，同时不停循环转动的网部（用调压缸调

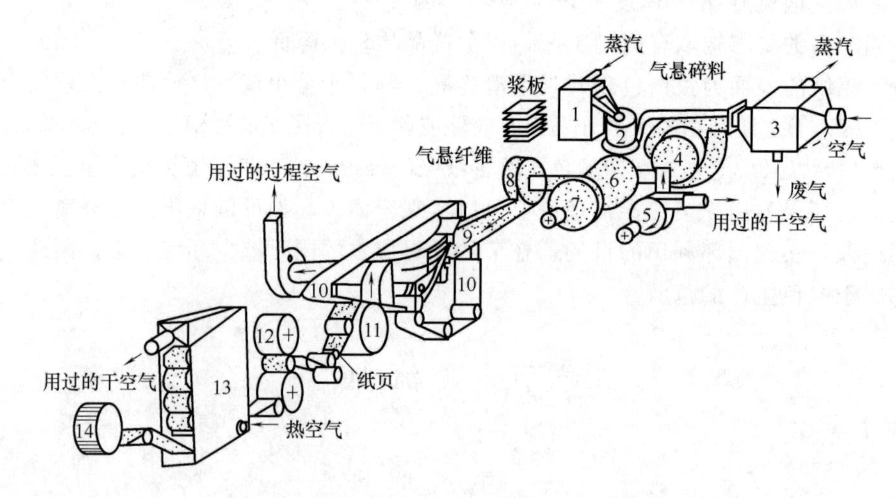

图 2-15　现代气流加工法无水造纸工艺流程示意图

1—加湿器　2—撕碎机　3—热交换器　4—对流式干燥设备　5—风机　6—分散机　7—风机　8—喂料机
9—成形器　10—网部　11—调压缸　12—热压辊　13—对流辐射干燥器　14—卷取机

整网速）以接收平铺下来的纤维并形成纸幅，然后用热压辊处理以提高成形纸页的紧度，最后在对流辐射干燥器中干燥，由卷纸机卷曲后完成生产过程。

三、气流加工法的优点

气流加工技术的主要优点如下：

① 用水量低（只需少量蒸汽）；

② 不排出固态或液态的污染物；

③ 对大气无污染；

④ 生产过程比较简化，投资成本少；

⑤ 能耗只有湿法造纸的 1/3 或 1/2；

⑥ 可以抄造定量为 40～120g/m^2 的纸张；

⑦ 车速可达 2000m/min

⑧ 可以生产多种种类的特种纸。

第七节　其他加工法

除了上述六种加工方法外，还有静电植绒法和薄膜拉伸法，对应的产品分别为静电植绒纸和薄膜合成纸。

一、静电植绒法

静电植绒法的原理是用导电溶液处理纤维（绒），在调整含湿率后通入高压电流使纤维受正极影响而带有正电荷，同时在设备的特定距离处设置负电极，利用静电场作用，使纤维被“植”在基纸上而制得成品，其流程简述如下。

按照规定的要求将基纸裁切成一定的宽度，然后将基纸传送到涂布装置使其单面涂上胶黏剂，另外把加工好的带色绒毛纤维通过传送网送入植绒机中，随后利用在高压电的影响下使其带负电荷，而基纸则带正电荷，根据静电场中异性相吸的规律，带有负电荷的绒毛纤维飞向阳极，被带有正电荷的基纸所吸引，并通过纸上的胶黏剂使绒毛纤维植立，未被黏住的多余下的绒毛纤维，经过振动器的震动作用而下落并回收利用，最后将绒层和基纸干燥，得到成品（图 2-16）。

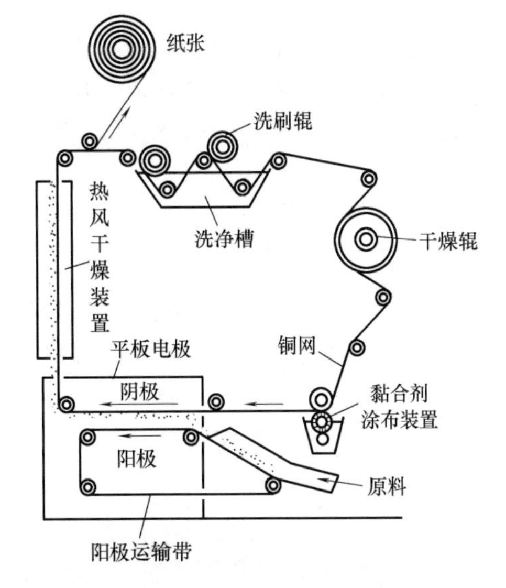

图 2-16　静电植绒纸生产流程

植绒纸具有手感柔和、质感丰富、耐湿擦性和耐持久性好等优点，主要用途有制作奖品、礼品的包装材料、商场橱窗的装潢布置、宾馆、写字楼、饭店、住宅、歌舞厅、展览中心等建筑内的广告或装饰物等。

二、薄膜拉伸法

薄膜拉伸法合成纸过去曾被称为化工薄膜纸、

塑料纸、聚合物纸等，它是使用高分子化合物为主要原料（不用植物纤维），并经过“纸状化”处理而制成的类似纸的产品。该方法所用高分子化合物包括聚丙烯、聚乙烯、聚氯乙烯、聚苯乙烯等，这与传统上用植物纤维抄造的普通纸是完全不同的。

薄膜拉伸纸的特性如下：质轻、弹性好、表面平滑度好、耐水性好，绝热性好、保温性均佳、尺寸稳定性好、抗张强度高、撕裂强度高、耐虫蛀等。由于具有上述许多优点，该类纸张在印刷出版方面，合成纸可印制耐水报刊、书籍、航海图、户外海报、电话簿、宣传挂图、年历等，还可用于制作礼品包装袋、饮料盒、购物袋、冷冻食品包装标签、鱼肉包装垫纸、商品捆结带等，此外还可制作彩色壁纸的原纸、茶几面板层贴纸、推拉门隔扇用纸、打孔卡、行李货物标卡、参观券、书签和名片等。

薄膜拉伸纸的制备方法简述如下：第一阶段与塑料薄膜的加工相同，即把高分子化合物通过熔融、挤压、成膜，沿不同的轴向进行拉伸（图 2-17），加热延伸后所得到的薄膜呈透明状，不宜用来印刷或书写文字，故第二阶段是将上述薄膜加以“纸状化”处理，即利用加填料、涂布、压纹等方式，提高产品的不透明性，最后得到成品。

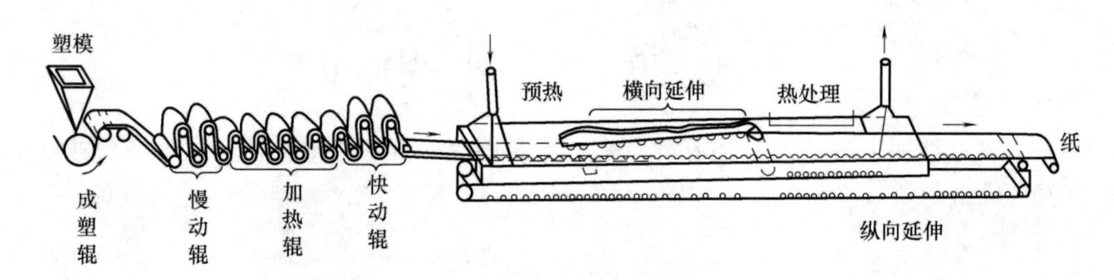

图 2-17　薄膜拉伸纸生产流程

课内实验

原料组成、涂料配比以及涂布工艺对手抄纸涂布性能的影响。

选择不同种类的浆料（如漂白针叶木化学浆、漂白阔叶木化学浆、漂白竹类化学浆）并制备手抄片，随后配制不同化学品组成的涂料并制定不同的涂布工艺（涂布量、涂布时间、涂布温度等）进行纸张涂布操作，完成后检测纸张的相关性能并进行涂布前后的性能对比，以表征涂布效果。实验可设计成不用纸浆原料、不同涂料配比、不同涂布工艺等方案，在教师的指导下，由学生分组完成实验操作和实验报告等内容。

项目式讨论教学

如何根据复合纸的性能指标确定复合材料的类型以及复合加工工艺？

教师指定典型复合加工纸的关键指标，并以小组讨论项目的形式布置给学生，要求学生自由分组并在课外查找相关资料，经过小组讨论后形成完整的幻灯汇报材料，主要包括特种加工复合纸的种类、复合材料的种类和特点以及复合加工工艺制定等内容，最后在课堂上讲解和讨论，并以此作为重要的课程考核指标。

习题与思考题

1. 为什么原纸的质量和性质对涂布过程和成品质量有决定性影响？
2. 原纸的紧度、透气度、吸收性（施胶度）和平滑度是如何影响涂布及涂布纸质量的？

3. 为什么定量、厚度均匀是涂布原纸是最基本的要求?
4. 原纸的平整度和形变是如何影响涂布加工过程和涂布成品质量的?
5. 与普通瓷土相比，煅烧瓷土有什么优缺点?
6. 常用胶黏剂有哪些?为什么合成胶乳逐渐成为颜料涂布纸的主体胶黏剂?
7. 按作用机理来分，颜料有哪些常用分散剂?其各自的作用机理是什么?
8. 涂料中泡沫产生的原因是什么?泡沫对涂布作业和涂布纸质量有什么影响?
9. 常用的涂层抗水剂有哪些?各自作用的机理是什么?
10. 请介绍几种常用的涂料制备方法，并说明其特点和适用性。
11. 涂料常用的质量指标有哪些?请说明各指标的含义。
12. 什么是涂料的保水性?涂料保水性对涂布作业和涂布质量有何影响?
13. 什么是牛顿型流体?什么是非牛顿型流体?非牛顿型流体通常包括哪几种流型?
14. 什么是机内涂布和机外涂布?各有什么优缺点?
15. 机外涂布的涂布机由哪几个部分组成?各组成部分的作用是什么?
16. 您在日常学习和生活中，都接触过什么特殊涂布加工纸?是否注意到他们的使用特点?
17. 胶乳涂布常用设备由哪几部分组成?各部分的作用是什么?
18. 真空镀膜的原理是什么?都有哪些成膜材料?二次镀膜的目的是什么?
19. 纸和纸板通常可以与哪些片状材料复合，所得复合加工纸的特征如何?
20. 复合加工纸的分类方法有哪些?
21. 复合加工纸常用胶黏剂有哪几种?各有什么特点?
22. 常用的复合方法有哪些?试说明其流程、特点，使用的胶黏剂品种。
23. 试说明浸渍加工的目的，常用的浸渍剂有哪些?
24. 说明浸渍加工纸的种类与用途。
25. 影响浸渍加工纸质量的因素有哪些?并说明这些因素的影响规律。
26. 合成纤维可以分为哪几大类，各具备哪些特点?
27. 分散剂改善纤维在水介质中分散的主要作用机理?
28. 多层成形技术一般应用于哪一类特种纸的成形，其优点在于?

主要参考文献

[1] 张运展. 加工纸与特种纸（第二版）[M]. 北京：中国轻工业出版社，2005.
[2] 张美云，陈均志. 纸加工原理与技术 [M]. 北京：中国轻工业出版社，1998.
[3] 卢谦和，主编. 造纸原理与工程 [M]. 北京：中国轻工业出版社，2004.
[4] 韩红生. 涂布原纸的质量控制 [J]. 中国造纸，2008，27（8）：48-51.
[5] J. P. Casey. Pulp and Paper Chemistry and Chemical Technology [M]. 3th ed. New York，USA，John Wiley &. Son，1981.
[6] 李群，主编. 加工纸 [M]. 北京：化学工业出版社，1999.
[7] Esa Lehtnen. Pigment Coating and Surface Sizing of Paper：Papermaking Science and Technology（Vol. 11）[M]. Helsinki，Finland：1999.
[8] Garey C. L.（Ed）. Physical Chemical of Pigments in Paper Coating，TAPPI PRESS，1977.
[9] Eiroma E.，Huuskonen J. “Pigment Coating of Paper and Board” in Paper Manufacture [M]. Book 1（in Finnish）. A. Arjas，Ed.. Turku：Teknillisten tieteiden akatemia，1983.
[10] Bown R. A review of the influence of pigments on papermaking and coating [C]//FRC 1997 Fundamental Conference

Proceedings. Cambridge, UK: FRC, 1997.
[11] Eriksson U., Rigdahl MDifference in Consolidation and Properties of Kaolin-based Coating Layers Induces by CMC and Starch [C]//Advanced Coating Fundamentals. Atlanta: TAPPI PRESS, 1993.
[12] Karunasena A., Brown R. G., Glass J. E.. Polymers in Aqueous Media; Perormance Through Association [C] //Advances in Chemistry Series 223 (Glass, J. E. Ed.) American Chemical Society. Washington, DC, 1989.
[13] Kearney R. L., Maurer H. W., Eds.. Starch and Starch Products in Paper Coating [M] Atlanta: TAPPI PRESS, 1990.
[14] Oittinen P. The interactions between coating pigments and soluble binders dispersions [C]//1981 Coating Conference Proceedings. Atlanta: TAPPI PRESS, 1981.
[15] 胡开堂，杨念椿．涂料保水性理论及测定 [J]．天津造纸，1989，(2)：50-59.
[16] 曹振雷．刮刀涂布过程的流动特征初探 [J]．上海造纸，1995，(4)：163-167.
[17] 盖恒军，胡开堂．涂料的流变性对最终涂层性质的影响 [J]．国际造纸，2002，21 (5)：37-39.
[18] 胡开堂，杨念椿，张维薰．涂布纸颜料表面电荷状况对颜料分散行为影响的研究 [J]．中国造纸，1988，7 (4)：26-32.
[19] 王海松，刘金刚．涂布技术的最新进展 [J]．国际造纸，2003，(5)：6-9.
[20] 冯明仁，刘延春，郭义．pH 值对涂料及涂布纸性能的影响 [J]．中国造纸，2007，26 (2)：71-72.
[21] 曹振雷．颜料涂布纸和转移辊式涂布 [J]．国际造纸，1998，(6)：1-4.
[22] 王亮．不同涂布技术对纸张表面特性的影响 [J]．造纸化学品，2008，(4)：59-64.
[23] 曹邦威，编译．新纸张涂布与特种纸年鉴 [M]．北京：中国轻工业出版社，2003.
[24] J. P. 凯西．制浆造纸化学工艺学 [M]．3 版．北京：轻工业出版社，1988.
[25] 中国造纸协会，编．中国造纸年鉴 2008 [M]．北京：中国轻工业出版社，2008.
[26] 饶勤福．特种纸系列介绍 [J]．商情周刊，2004 (1) -2004 (10)，连载.
[27] Antti. S. Brian A., Papermaking Science & Technology [M]. Book 12-Paper and Paperboard Converting. Finland: TAPPI and the Finnish Paper Engineers' Association, 2002.
[28] 制浆造纸手册编写组．第十一分册・加工纸 [M]．北京：轻工业出版社，1998.
[29] 刘武辉主编．纸包装印刷技术 [M]．北京：化学工业出版社，2003.
[30] 李宁春，陈文明．国产原纸用于浸渍生产的关键措施 [J]．林产工业，1996，23 (3)：34-35.
[31] 刘存芬，陈智仁，潘敏．纸容器原纸对加工成型性能的影响 [J]．中国造纸，2008，27 (2)：44-46.
[32] 曹邦威，译．纸张涂布与特种纸 [M]．北京：中国轻工业出版社，2005.
[33] 詹怀宇，李志强，蔡再生．纤维化学与物理 [M]．北京：科学出版社，2005.
[34] 西鹏，高晶，李文刚．高技术纤维 [M]．北京：化学工业出版社，2004.
[35] 曹同玉，刘庆普，胡金生．聚合物乳液合成原理性能及应用 [M]．2 版．北京：化学工业出版社，2007.
[36] 赵德仁，张慰盛．高聚物合成工艺学 [M]．北京：化学工业出版社，1997.
[37] 冯圣玉，张洁，李美江，等．有机硅高分子及其应用 [M]．北京：化学工业出版社，2005.

第三章　信息用特种纸

第一节　无碳复写纸

一、概　　况

（一）复写纸的发展

1. 普通复写纸

最早的复写纸是有碳复写纸。19 世纪初，英国的韦奇伍德，在伦敦经营一家文商店。他常用铅笔给他的固定客户写信，介绍商店里新进的几种文具。这些信的内容几乎一样，他机械地写着，有些厌烦。“能不能同时写成两封、三封信呢?”看着后一张纸上留下的上一张纸的字痕，韦奇伍德脑中突然冒出了这个念头。要实现这个念头不很难，韦奇伍德很快就琢磨出了方法：将一张薄纸放在蓝墨水中浸润，然后夹在两张纸中间使之干燥而成复写纸。书写时，可将复写纸衬在一般纸之下，从而获得复制件。1806 年，韦奇伍德获得了他的“复制信函文件装置”的专利权。韦奇伍德的发明问世时，英国的商业活动已很发达，复写纸大有用武之地。眼看他的发明大受欢迎，韦奇伍德干脆办了一家工场，专门生产这种特殊纸张。后来，法国人改用松烟的方法制造复写纸。大约到 1815 年，德国人再进行革新，加上以热甘油中提炼的染料，经细研磨，涂于韧性的薄纸上制成新的复写纸。以后人们又在这种复写纸的涂料中加入蜡料，以降低黏度，这就是我们常用的普通复写纸了。如图 3-1。

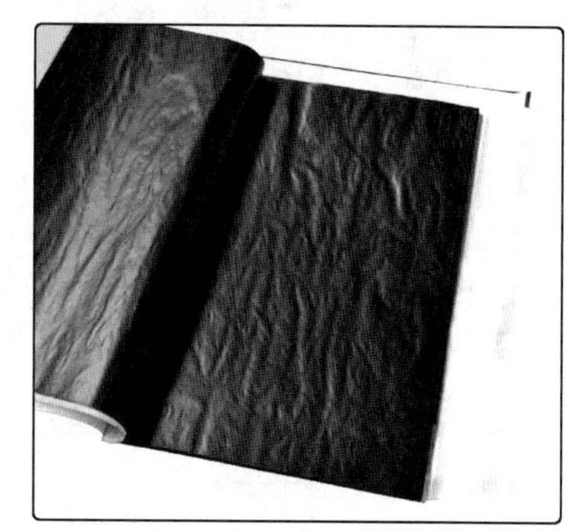
图 3-1　普通复写纸

普通复写纸，又称拓蓝纸，属于机械转移型复写纸，是复写纸的第一代。因为碳素靠书写时的压力转移到副本上去，故其是一种专复副本的纸张，国外一般称为“一次碳纸”。现在通常这样制作：在滚筒涂布机上以热熔法将涂料涂布于原纸而成。原纸要求组织均匀，强度大，表面平滑，无孔眼，有一定吸油性的薄纸。涂料的组成是：染料、油、蜡、树脂等。涂布工艺有单面和双面涂布（双面涂布为主），颜色有红、蓝、紫、黑等（蓝色为主）。拓蓝纸具有以下优点：耐多次复写，保存期长。缺点主要是：弄脏上下层纸张和衣物、手等。使用前要夹入，用后取出，使用不方便，又费时费力。多层复写会加厚纸层，给打印机造成操作困难。

2. 印刷有碳复写纸

印刷有碳复写纸，也属于机械转移型复写纸，是复写纸的第二代，也是“一次碳纸”。它是在纸的背面需要复写的地方印刷上有碳复写油墨，不需要复写的地方不印刷有碳复写油墨。原纸可以是专用纸也可以是普通印刷纸。复写油墨的组成一般是：颜料、蜡和由树脂、油等配制的连接料。印刷有碳复写纸和普通复写纸比较优点主要是：清洁美观，不用夹取复写纸，省时省力，污染和脏手少，可以防伪。它与无碳复写纸相比具有存放时间久、成本低、复写能力高等优点。其典型的应用就是飞机票的票据。又分为加热印刷有碳复写纸和常温印刷有碳复写纸（为主）两种类型。

3. 无碳复写纸

无碳复写纸（Carbonless Copy Paper，简称 CCP），又称压敏记录纸，是一种新颖的复写纸，其特点是，在复写纸的上层写字，不用垫涂了油墨的复写层也能复写。最初是由美国 NCR 公司于 1954 年发明的，是针对有碳复写纸的缺点开发的，改善了有碳复写纸复写时污染的问题：容易脏手、衣服和纸面等。由于是美国 NCR 公司发明的，人们也叫 NCR 纸。

（二）无碳复写纸概述

1. 定义和特点

无碳复写纸是一种隐色复写纸，具有直接复写，直接显色的功能。它的显色主要是：在外力作用下，使微胶囊中的压敏色素——无色染料的油溶液溢出与显色剂接触后发生化学反应，从而起到复写的作用。主要用于多联表格、票据、连续财票、一般业务财票等，具有以下特点：

① 复写时，免垫复写纸，直接书写方便省时，复写联数 2～6 页，电动打印 2～10 页，可以极大地提高工作效率，适应现代化的需要。

② 副本字迹清晰、鲜明，不褪色，能防止涂改、仿造。

③ 不污染手指、衣物和其他文具纸张，保持清洁干净。

④ 具有各种颜色，易于识别处理。纸质优良，表面平滑顺畅，比 28g/m^2 彩打纸结实，不易损坏，印刷色彩艳丽。

⑤ 不含有害原料及异味，安全可靠，显色后图文蔽光可保存 15 年以上。

2. 无碳复写纸的结构、功能和分类

无碳复写纸利用化学及压力转移的方式使微胶囊包覆的电了供给型发色剂无色染料与电子接受型显色剂反应，从而完成对手写稿和计算机打印的多层复制。NCR 纸从结构上分为上纸（CB），中纸（CFB）和下纸（CF）。图 3-2 是无碳复写纸的结构：多层型无碳复写纸。多层型无碳复写纸是将包裹无色染料（也叫压敏染料）的微胶囊涂在纸张背面，称为 CB（Coated Back）；显色剂涂料涂于下页纸的正面称为 CF（Coated Front）。一般使用时，在第一页纸（CB）的背面涂上 CB 涂料，第二页纸（CFB）的正面涂上 CF 涂料，背面涂上 CB 涂料，第三页纸（CF）的正面图上 CF 涂料，然后将这些纸依次堆叠。在第一页纸正面用力书写，利用其产生的压力可获得复制品。还有一种类型是自载型无碳复写纸（self-contained，简称 SC），它则在原纸表面把微胶囊与显色剂混合后进行涂布，因此它能单独显色。

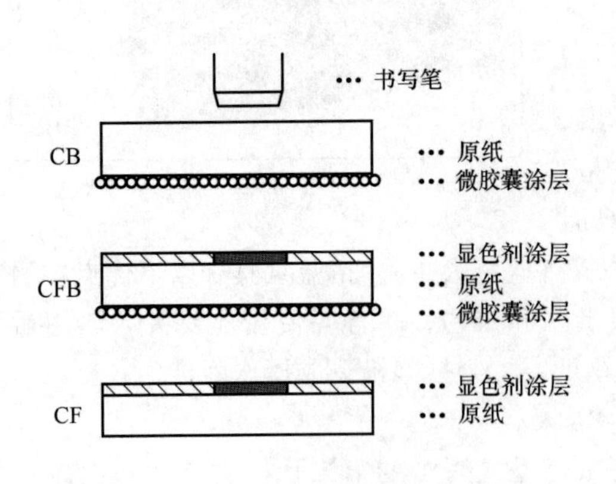

图 3-2　无碳复写纸结构示意图

无碳复写纸按规格可以分为卷筒纸（reels）和平板纸（sheets）。卷筒纸的宽度可从 160mm 至 1940mm，平板纸的尺寸可从 420mm×530mm 至 1420mm×1420mm。常用平板纸尺寸为 787mm×1092mm 和 880mm×1230mm。或者根据用户要求分切一些特殊尺寸规格的纸张。

无碳复写纸按定量分一般有 45g/m^{2}CB 纸、45～47g/m^{2}CF 纸和 50～52g/m^{2}CFB 纸等；按纸颜色分有红、黄、绿、蓝、白五种；按显色的色迹分有蓝、黄、橙、黑、红等颜色。

3. 无碳复写纸显色原理

在无碳复写纸中有两种涂层：含有发色剂的 CB 层和含有显色剂的 CF 层。发色剂是一种特殊的无色染料，已溶解于不挥发的载体油中，被 3～7μm 的微胶囊包封起来。用力书写和打印的冲击压力可将微胶囊压破，使无色染料溶液流出与显色剂接触，发生化学反应呈现有色图文，从而达到复写的目的。在以两张纸页复写时，最上面用 CB 纸，下面用 CF 纸，三层及以上复写时，最上面用 CB 纸，最下面用 CF 纸，其余均用 CFB 纸，既 CB+CFB+CFB+……+CF，即可构成需要的三层以上的多层复写。颠倒纸的顺序或正反面，不能复写。

4. 用途

无碳复写纸多应用于单据上。现在发票、合同、条约等有法律效应的正规单据已全部用上了无碳复写纸。传统的单据只是普通的纸张，所以必须要在单据下面加上一张复写层。而无碳复写纸，则是用特殊的纸张装订的。

在使用由无碳纸印制出来的单据时，一般都配有一小块纸板隔在联单上，以免书写用力过大而造成垫在下面的其他联单被复写到。

二、基本生产工艺及设备

（一）无碳复写纸生产工艺流程

无碳复写纸在国内外都已经大量生产和使用。自 1987 年上海感光复印纸厂从南斯拉夫引进第一台无碳复写纸设备和生产技术后，现在已有多家工厂生产。世界无碳复写纸在 20 世纪七八十年代发展迅速，90 年代末增长趋缓，2001 年全世界产量约 300 万 t。我国无碳复写纸在 20 世纪 80 年代起步，90 年代发展迅速。目前生产工艺已经稳定。图 3-3 为无碳复写纸代表性的生产工艺流程。

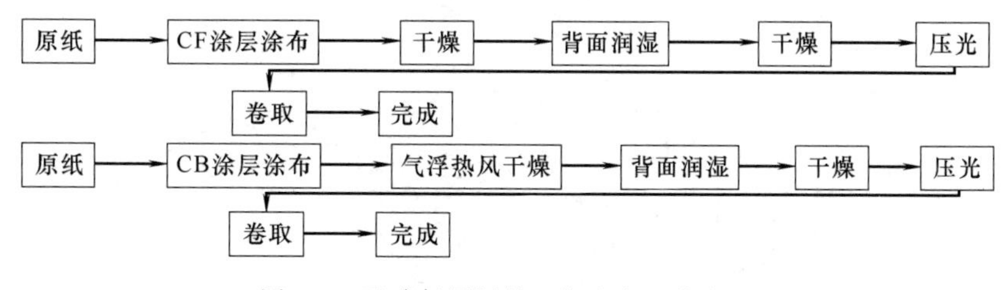

图 3-3　无碳复写纸的一般生产工艺流程

1. CF 纸的涂布及涂布设备

CF 纸的涂料多为水性涂料，其黏度较小。其涂布方法与普通涂布纸相同。应用的设备主要为气刀、辊式或刮刀涂布机。也可在制造 CF 原纸的抄纸机上机内涂布。气刀涂布头用 CF 涂料的固含量大约 20%～35%，辊式涂布头用 CF 涂料的固含量大约 40%，刮刀涂布头用 CF 涂料固含量一般为 55%～60%或更高些。CF 涂层的涂布量一般在 4～7g/m^2。CF 涂料用不同的显色剂，涂布量要求不同。

2. CB 纸的涂布及涂布设备

CB 纸的涂料中含有微胶囊，微胶囊中包覆压敏色素——无色染料和有机溶剂油，微胶囊受压易破，因此涂布设备多采用气刀涂布机。也有用凹版辊式涂布头的。用于气刀涂布头的 CB 涂料的固含量为 25%～30%，用于凹版辊式涂布头的 CB 涂料的固含量为 35%～40%。当然，固含量和涂料黏度要适合涂布头的设备要求。也有厂家采用帘式涂布头生产的。

3. CFB 纸的涂布及涂布设备

CFB 纸的涂布顺序为先涂 CF 层，等其干燥压光后，在纸的反面涂 CB 涂料。涂布设备同 CB 纸的涂布。

另外，CB 涂料由于含有微胶囊，一般固含量低于 CF 涂料，不易干燥，再加上原纸定量低，因此生产的无碳纸，在下机后容易翘曲。措施是涂布设备带有背面涂水润湿或喷蒸汽功能，使纸的两面收缩一致。

（二）无碳复写纸关键设备

无碳复写纸设备和技术在美国、欧洲、日本已经很成熟，我国投产的大部分都是引进的设备和技术，如湛江冠豪和苏州金华盛等。保证无碳复写纸质量的关键，除选用可靠的原材料及先进的涂料配方工艺之外，选用先进的涂布设备是极为重要的。目前，国内生产的该产品涂布设备都不太过关，特别是幅宽和车速方面，需从国外进口原机设备，进口原机虽涂布性能较好，但价格稍贵，如湛江冠豪和青岛造纸厂都是引进的瑞士 BMB 公司的涂布机、气刀或软刮刀、帘式涂布头。

1. 涂布头

涂布头是涂布机的关键，它控制涂布量和涂布均匀性。可以采用凹版辊式涂布头、气刀涂布头或帘式涂布头、刮刀涂布头。目前国内生产无碳复写纸的设备以气刀涂布头为主。如图 3-4 所示。

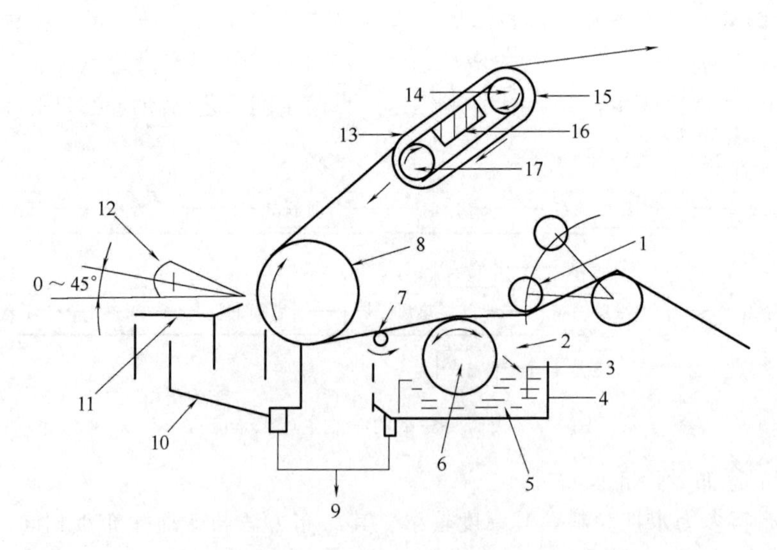

图 3-4　典型气刀涂布头

1—压纸辊　2—刮刀　3—泡沫堰板　4—进料区　5—涂料槽　6—上料辊　7—匀料辊或计量棒　8—背辊　9—回料　10—气料分离器　11—定流板　12—气刀　13—吸风传送带　14—胶带传送辊　15—打孔胶带　16—吸风箱　17—张紧辊

涂布头可选用计量棒预计量，计量棒预计量可以保证涂布均匀性，减轻气刀的压力。因计量棒制造技术、材质要求较高，引进日本件，以保证涂布质量。相当部分国外机没有此装置。来自涂料槽的涂料，经供料和上料系统转移到原纸表面，纸面上过量的涂料经过计量辊被气刀吹落到气料分离器中，分离后的涂料回流到涂料槽再用。涂布量与气刀压力有关，还与气刀安装的角度、刀与纸的距离、刀缝的宽度等有关。以下为气刀的典型工艺参数：刀距6～10mm，安刀角0°～45°，刀缝宽0.4～1.5mm，风压9～20kPa。

气刀涂布机车速高时，随气刀风压增高和风量增大，溅料会变得严重，这需要合理设计回流槽，而且回流的涂料进入料槽前必须经过气液分离器以除气。另外，气刀涂布机操作时还要解决气刀计量时气流对涂料中颜料颗粒的选分作用。也就是气流将会有选择地优先吹去涂料中颗粒较大的颜料，从而导致涂料槽中大颗粒增多。气刀涂布机可用于CF、CB和CFB纸的生产。

涂布头要保证CF和CB涂料涂层均匀。需要气刀气流压力适当和稳定，需要纸面上的涂层能形成均匀的滤饼，需要涂料有合适的黏度、固含量和保水值，这样气刀涂布机的涂层厚度是均匀的，但是会保留纸页表面的不平性，这也是气刀区别于刮刀的主要特点。

对于CF涂层，也可采用辊式涂布头或刮刀涂布头进行涂布作业。刮刀涂布机适合涂料固含量高，达50%～70%，车速高，涂层表面平滑度和光泽度高。刮刀涂布头又分为硬刃刮刀、软刃刮刀和刮辊式等方式。软刃刮刀涂布头示意图如图3-5所示。硬刃刮刀，将过量涂料从纸面上刮下，使涂层平滑。控制涂布量精度低，而且涂层容易出现刮刀条纹。适合涂布量较大的纸张涂布。软刃刮刀，有拖刀式、斜角软刃，弯曲刮刀等形式。一般车速300～600m/min，涂布量8～25g/m²，固含量50%～70%，黏度1～5Pa.s。刮刀用弹簧钢制成，刀与衬辊切角0°～60°，一般采用45°。斜角软刃刮刀和弯曲刮刀优点是：既可涂毛涂层面也可涂高涂层平滑度和光泽度，适合涂料黏度和固含量高、车速高、涂层平滑、光泽度高。但是不足之处是涂布量少，原纸涂料及流变性不好时，涂层易于产生线状刮刀条纹，对刮刀要求高，寿命短。适合机内机外低定量涂布。适合无碳复写纸CF的机内机外涂布和热敏纸的涂层涂布。图3-6是斜刃刮刀和弯曲刮刀工作原理示意图。

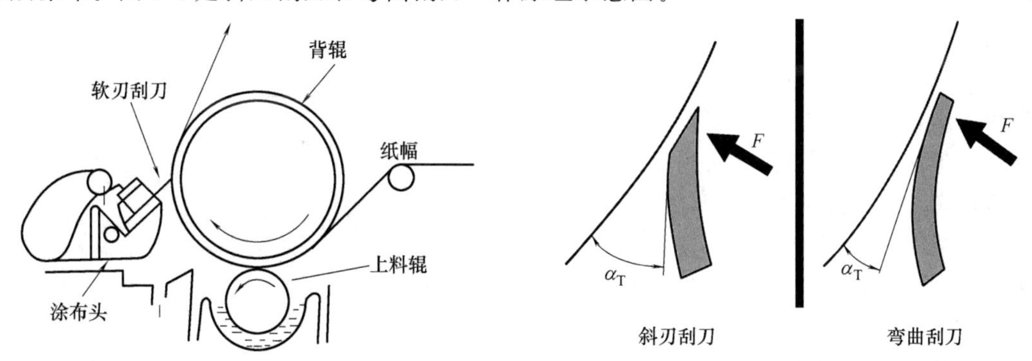

图3-5　斜角软刃刮刀涂布头示意图　　图3-6　斜刃刮刀和弯曲刮刀工作原理示意图

图3-7是湛江冠豪的BMB涂布头的Speedroll施涂器示意图，用于生产无碳纸和热敏纸。采用Speedroll涂布器上料，计量棒预计量，气刀方式涂布。

2. 干燥装置

无碳复写纸采用固含量较低的水性涂料，特别是CB涂料，因此需要通过干燥道蒸发的水量不少。一般生产无碳复写纸需要气浮式热风干燥方式。气浮式热风干燥是国际上较先进

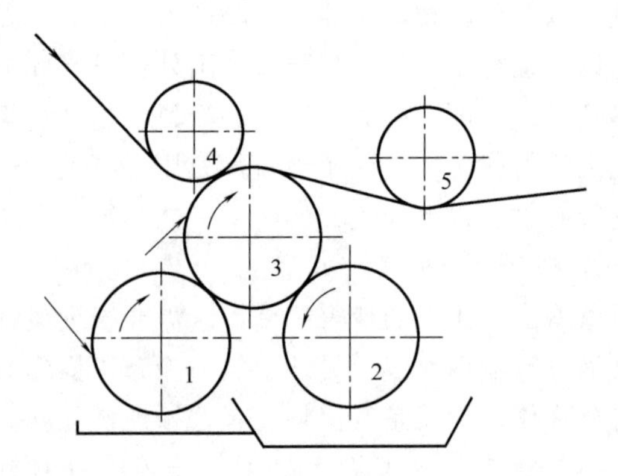

图 3-7　BMB 的 Speedroll 涂布器
1—计量辊　2—浸渍辊　3—施涂辊
4—包角辊　5—包角辊

的干燥方式，较托辊式干燥有纸页变形小，减少涂料的转移，热效率高，箱体小，操作方便等优点。干燥箱一般分为 3～5 段，为设计适宜的干燥曲线提供了良好的设备条件。干燥道内上、下两侧配置热风喷嘴箱，每个喷嘴箱上开有两条缝形喷嘴，经蒸汽加热的热空气，由离心机从热风循环装置送出．经喷嘴高速喷向纸幅，纸幅以正弦曲线形在上、下喷嘴箱间漂浮前进，水分蒸发，完成干燥。

3. 背面润湿

纸页经过涂布头后，便进入了干燥箱，涂料中的水分迅速蒸发，由于纸页一面有湿的涂料一面没有，造成了纸页中纤维组织的收缩不一致性，从而引起了成品纸的卷曲和变形，影响了后加工工序（成品纸的印刷、打孔和配页等）。因此，涂布过程中纸页的水分要保持基本一致。

纸幅在涂布特别是干燥过程中，由于纤维和水分子结合的平衡系统遭到破坏，造成纸面内部水分子分布不均匀，内应力不一致，引起各部分收缩或膨胀率不一而产生翘曲或起皱；由于纸页在纵向牵引下运行，干燥时横向收缩大于纵向，当外加张力消失后，纸页横向有伸长的趋势。特别是单面涂布，干燥后纸幅会产生向涂布面翘曲的趋势。解决办法是在干燥之后，对纸幅进行润湿整饰，采用润湿装置实施调整，即在出干燥道后对纸幅未涂布面施以适量清水或胶液以抵消纸幅向涂布面翘曲的趋势。润湿由浸渍辊（又叫上水辊）、施涂辊（又叫涂布辊）和背辊（又叫控制辊）所组成，图 3-8 是 BMB 涂布机背面润湿装置示意图。

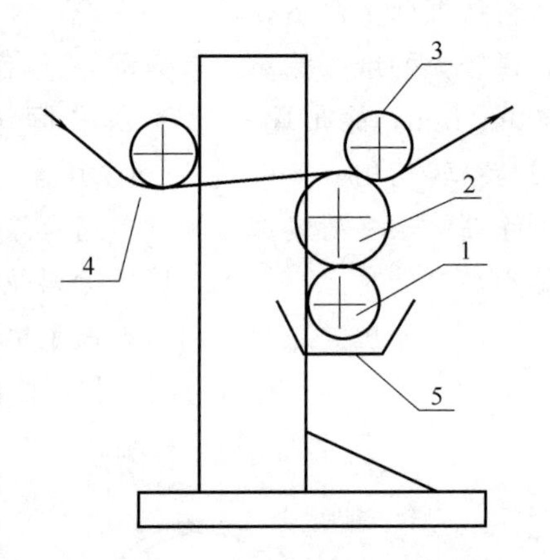

图 3-8　背面润湿示意图
1—浸渍辊（表面包胶）　2—施涂辊（亲水）　3—背辊（表面包胶）
4—放纸辊　5—水盘（不锈钢）

工作时浸渍辊从水位稳定的贮水盘内带上水层，水量由浸渍辊、施涂辊的转速及间隙决定，通过压区时转移到施涂辊表面，进而涂到纸幅上。施涂辊表面镀层具有亲水性，能精确地转移厚度 3～15μm 的水膜。浸渍辊、施涂辊均不带中高，为了补偿因挠度引起的压力差异、通过调整交叉度，获取全幅纸面水分的均匀一致。

国内外也有不少厂家使用喷蒸汽的方法来湿润纸页背面，减少变形。这样，不可避免地造成了厂房内蒸汽弥漫，湿度大，既影响成纸，又浪费了能源。

4. 烘缸

纸页润湿后，还需要干燥，需要烘缸对纸页“烫平”，来进一步均匀纸页内部的水分。一般是由 2～4 只低温烘缸及一条干毯、导毯辊、伸展辊、校正辊等组成。烘缸部的作用是为了提高纸张的平整度和降低纸的翘曲情况。另外还对经过背面润湿装置的纸页进一步干燥。一般设置 1～2 只冷缸组成，安装在烘缸及压光机之间，它可调节纸页进压光机前的温度。

5. 压光

国内一般用 2～3 根冷铸铁辊组成的硬压光机进行压光处理，对纸页进行整饰，以解决 CF 纸涂层的表面平滑度。硬压光线压比较高，导致 CF 纸紧度大，现在新引进的涂布机大都采用软压光，只需采用轻低的线压力，涂布纸就可达到较高的平滑度。

(三) 无碳复写纸所用 CF 和 CB 涂料

影响无碳复写纸质量的主要因素是原纸和涂料，无碳复写纸的显色机理是：当配联（一般上底层用 CB、CF 纸，中间层插入 CFB 纸）好的无碳复写纸受到外来压力时，涂在上一层纸背面的 CB 涂层内的微胶囊破裂，胶囊内的无色染料液体流出与下一层纸正面（CF 面）的显色剂接触，发生反应而显色，得到复制品或相同的记录文件。因此 CB、CF 涂料性能将是影响无碳复写纸质量的关键因素。

优质的无碳复写纸必须同时具备下列条件：a. 发色速度快；b. 明亮且深的显色字迹；c. 良好的耐油、耐光、耐水性，经久不褪色；d. 良好的耐污染性和保存安定性；e. 良好的强度和印刷适应性；f. 成品无臭味和没有毒性；g. 多联复写字迹清晰。但是纸的发色速度和纸的耐污染性是对立的、矛盾的，发色速度越快，纸的污染性也越强。因此必须很好地处理好两者的矛盾，找到发色速度快、污染性又小的最佳配方。

无碳复写纸涂料指的是 CB 涂料和 CF 涂料。CB 涂料主要由微胶囊、间隔剂、胶黏剂等组成；CF 涂料主要由显色剂、填料、胶黏剂、助剂等组成。因此影响 CB 涂料质量的主要因素是微胶囊的质量及用量，影响 CF 涂料质量的主要因素是显色剂的质量及用量。

1. CF 涂料

CF 涂料质量对无碳复写纸的质量尤其是无碳复写纸的显色性能、耐光性、污染性、掉粉等影响最大。CF 涂料主要由显色剂、颜料、胶黏剂、助剂等组成。其中最为主要的成分是显色剂。

(1) 显色剂

无碳复写纸用显色剂主要有活性白土、酚醛树脂和烷基水杨酸锌树脂。分别简述如下：

① 活性白土。活性白土与无色染料结晶紫内酯（CVL）发生化学反应而显示蓝色。常用膨润土中的主要成分蒙脱石经酸化和活化而制成活性白土。其主要化学成分为：$SiO_2+Al_2O_3+Fe_2O_3+TiO_2+MgO$。天然的膨润土对 CVL 几乎没有发色能力。经酸活化后可发生 Fe^{3+} 和 Ti^{4+} 离子的溶解，层间离子交换。当其结构单元失去一对 Al^{3+} 和两对 OH^-，整个晶体结构层与周围和 H^+ 形成 Lewis 酸，具有较强的接受电子能力，而 CVL 恰恰可以提供电子，CVL 内酯环的 C—O 键断裂，电子云重排，形成大 π 键的醌式结构有色基团，在 609.8nm 处有最大光反射吸收。由于活性白土存在流变性差、形成的图像密度低、耐光性差、对湿气敏感、对涂布设备磨损快等缺点而被酚醛树脂和烷基水杨酸锌树脂所代替。

② 酚醛树脂。早期使用对苯基苯酚，后来改性，如烷基酚醛树脂和与锌螯合的酚醛树脂。通过改性的酚醛树脂，其显色效果和耐光性增强，因此得到广泛使用。但单独使用酚醛树脂其发色速度还不能完全达到要求，尤其是在低温时更加明显。酚醛树脂可与 CVL 反应但不与 BLMB 发生反应。目前厂家使用的酚醛树脂有：河南新乡 980H，台湾 CD-145C，美国 HRJ-13205 等。

③ 水杨酸锌树脂。目前使用的水杨酸锌树脂一般是烷基水杨酸锌树脂，是以烷基水杨酸为基础，用锌盐改性得到的螯合物。其特点是发色速度快，密度高，但也有一个明显的缺

点是耐光性差。因此，有的厂家将烷基水杨酸锌树脂和酚醛树脂配合使用。烷基水杨酸锌树脂用量越大，发色速度和显色密度越好，但产品耐静、动摩擦能力越差，产品的污染性也越大。目前常用的烷基水杨酸锌树脂有：湛江 LK-108C，也有进口的日本烷基水杨酸锌树脂和韩松烷基水杨酸锌树脂等。

以上三种显色剂的使用量，以 1994 年为例，占比如下：活性白土 38%，酚醛树脂 44%，水杨酸锌树脂 18%。中国现在大都用水杨酸锌配比酚醛树脂。欧洲主要用活性白土，美国主要用酚醛树脂，日本和我们差不多。表 3-1 是这三种显色剂的比较。

表 3-1　　三种显色剂性能比较

	活性白土	酚醛树脂	烷基水杨酸锌树脂		活性白土	酚醛树脂	烷基水杨酸锌树脂
涂料流动性	差	好	好	耐光性	差	较强	差
涂布量	高	较高	低	保存期	差	良(略有反黄)	优
发色速度	快	慢	快	耐湿性	弱	强	强
显色效果	差	较好	好	耐腐蚀性	高	低	低

（2）胶黏剂

用于无碳复写纸 CF 涂料的胶黏剂有聚乙烯醇（PVA）、丁苯胶乳、丙烯酸胶乳和改性淀粉、CMC 等。虽然聚乙烯醇的黏结强度最大，是丁苯胶乳的 1.5～2 倍，淀粉的 3～4 倍，但由于聚乙烯醇对水敏感，成膜性强（对无碳复写纸的显色效果会造成影响），成本高，易受酸、碱的影响，在高剪切的速度下存在流变等问题而不单独使用。丁苯胶乳有良好的黏结力和耐水性，涂布纸经压光后容易得到平滑度和光泽度高的纸，但丁苯胶乳也存在流动性、稳定性差和 pH 低于 6 时会产生沉淀等缺点而不单独使用。淀粉虽然黏结强度较低，但由于其不会形式薄膜以及保水性好而得到广泛使用。用于无碳复写纸的胶黏剂通常由二到三种胶黏剂（聚乙烯醇、丁苯胶乳、改性淀粉、CMC 等）混合起来使用，这样可以使得系统具有高强度且含有开放的表面状态，最大限度地降低因胶黏剂的成膜性对显色效果的影响，同时因有淀粉的存在可以帮助在干燥过程中维持涂料的含水量（保水性）。

（3）颜料

用于 CF 涂料的颜料料主要是高岭土和碳酸钙。高岭土的粒径 2μm 以下的要求达到 70%以上。碳酸钙常用轻质碳酸钙，粒径在 0.1～1μm。碳酸钙可提高纸的不透明度、白度和油墨吸收性。但由于碳酸钙容易被干燥以及其要用较多的胶黏剂（由于其表面积大），因此在实际生产中很少单独使用，一般和高岭土混合起来使用，用量为高岭土的 20%～80%。

（4）助剂

用于 CF 涂料最主要的助剂有：消泡剂、润滑剂和分散剂。消泡剂可抑制涂料泡沫和防止染色纸“鱼眼”的产生。润滑剂可以减少涂布纸掉粉现象和涂布纸折叠时引起的龟裂和剥皮等质量问题。分散剂可防止涂料沉降、凝聚，增进光泽度和黏度安定性。这些助剂的用量少，使用和一般性涂布纸相同。

（5）CF 涂料配方举例

CF 涂料可以是涂布机常用的水性涂料，也可以制成溶剂型涂料（印刷机用）。常用水性 CF 涂料配方如下：

① 活性白土型。水适量；瓷土 50 份；碳酸钙 20 份；活性白 130～140 份；分散剂适量；糊化淀粉适量；PVA 和胶乳适量；其他如消泡剂和 NaOH 等适量。水的多少是为了分散颜料和调节固含量。总胶黏剂用量对颜料大约 14%～16%，量的多少由结合强度和掉粉

程度决定。分散剂、NaOH 和其他助剂等的用量和一般涂布纸相同。

② 酚醛树脂型。瓷土 50 份；碳酸钙 20 份；酚醛树脂 30～40 份；水适量；分散剂适量；糊化淀粉适量，PVA 和胶乳适量；其他：如消泡剂、NaOH 等适量。

③ 水杨酸锌树脂型。瓷土 50 份；碳酸钙 20 份；烷基水杨酸锌树脂 21～25 份；水适量；分散剂适量；糊化淀粉适量；PVA 和胶乳适量；其他：如消泡剂、NaOH 等适量。

先将颜料（包括活性白土）分散于水中（加入 NaOH 和分散剂），然后倒入胶黏剂和显色树脂，视固含量补加水分。视黏度和保水值可加入适量 CMC。视泡沫情况加入少量消泡剂和防腐剂。调节 pH 至 8.0～8.5。所用涂布方式不同，固含量和黏度要求不同。

2. CB 涂料

CB 涂料主要由微胶囊、间隔剂和胶黏剂等组成。CB 涂料的质量特别是微胶囊质量是影响无碳复写纸质量的关键因素，CB 涂料的固含量一般在 20%～35%。在 CB 涂料中，微胶囊一般占 35%～65%，CB 纸微胶囊的用量，生产厂家基本上采用较低配比，用在 CFB 纸上的微胶囊，生产厂家一般按较高比例配比，这样做既可满足质量或客户要求，又可降低生产成本。在 CB 涂料中加入微胶囊的量越多，显色效果越好，但生产成本和纸的污染性也越大。

（1）间隔剂

其目的是保护微胶囊，防止微胶囊在涂布过程、运输过程、印刷过程、包装过程中受外力影响而过早破裂。用于保护胶囊的间隔剂主要有小麦淀粉和纤维素两种，小麦淀粉的颗粒大都呈球形，其间隔效果比纤维素好，价格也比纤维素低，获得了国内外厂家大量使用。间隔剂质量优劣的一个重要指标是粒子直径（粒径）的大小，一般要求粒径在 15～25μm 范围的应占 80%左右，100%分布在 5～35μm，平均粒径 17～20μm，大于 40μm 的粒径不能有。很小粒经的间隔剂起不到保护微胶囊的作用，粒径太大，不但在涂料中容易沉淀，而且显色的文字会产生间断，影响显色效果。因此间隔剂的粒径要求比较严格。另外，间隔剂的杂质含量要少，特别是蛋白质含量不能高（质量较好的小麦淀粉的蛋白质含量一般在 0.3%以下），蛋白质含量越高，涂料越容易变质、发霉或起泡，尤其是夏天更加明显。间隔剂的用量也要适中，不能太多或太少，太多会影响显色性能，太少起不到保护胶囊的作用。在实际生产中，间隔剂的用量通常为微胶囊用量的 40%左右。常用澳大利亚进口的 LS. 828。

（2）胶黏剂

CB 涂料的胶黏剂一般用丁苯胶乳和改性淀粉，也有加入少量 PVA 和 CMC 的。胶黏剂的作用是将微胶囊和间隔剂与纸黏结在一起，胶黏剂用量一般为 16%左右（绝干比，对涂料量）。用量的多少要视胶黏剂类型和表面强度而定。用量太大，会影响显色，用量太少，表面强度不够。CB 涂料的固含量不可能太高，CB 涂料只能用气刀涂布，也有用凹版辊式涂布的，不能用刮刀涂布。

（3）CB 涂料参考配方

水适量；微胶囊 100 份（40%固含量）；小麦淀粉 16 份；糊化淀粉＋胶乳适量；其他：必要时加入少量消泡剂等。水的多少是为了调节固含量。搅拌下在水中加入间隔剂，微胶囊，然后加入胶黏剂，调节固含量和黏度。

三、微胶囊技术

微胶囊是无碳复写纸关键的材料，它与复写字迹的清晰度及副本联数直接关联，而且在涂料生产成本中占60%～67%的比重。囊壁的形成，囊壁壁厚的控制，乳化情况，平均粒径及其分布状态，以及它们之间有无粘连等问题，都直接影响微胶囊质量。微胶囊直径一般分布在3～8μm，平均粒径4～6μm。颗粒过大或壁薄，都易破裂，在生产及运输过程中显色。反之，则要用较大的压力才能压破，势必影响其复写质量及副本联数。由于对它的质量要求高，生产过程中各步反应较难控制，许多国家还在对其不断开发研制、改进，以此作为提高无碳复写纸产品质量的主攻课题。无碳复写纸用微胶囊的一般特性如下：

① 必须是压敏型的（不是热敏或缓释型的）。

② 为使染料溶液能长期稳定地保存于胶囊中，胶囊对有机溶剂油的包封必须是均一完全的，并且微胶囊囊壁密封性好。

③ 为使其在保存与操作时没有污染并在使用时能最大限度地发色，要求胶囊壁厚均匀可控，粒经小，粒径分布窄，并能容纳适当的染料溶液量。

④ 制备过程简单，胶囊乳液浓度高且黏度低。

⑤ 有机溶剂对无色染料的溶解度高，黏度低，流动性好，特别是低温下的流动性要好。

⑥ 无色染料全部包在微胶囊中，不能有少量在微胶囊乳液中

商品和自制的微胶囊的固含量一般在40%～50%，主要由有机溶剂、无色染料、壁材、芯材和乳化剂或保护胶体组成。

（一）微胶囊的基本形态和分类

基本形态：制备微胶囊的技术方法不同，以及囊芯、囊壁材料不同，微胶囊的结构和形状变化较大，一般多呈球形，但也有的是谷粒、豇豆及无定形颗粒等形状。囊芯可以由一种或多种物质组成。壁材可有单层、双层和多层之分。微胶囊两种最基本的形式为单核微胶囊和多核微胶囊，在此基础上还有一些其他类型的微胶囊，诸如：多壁微胶囊，不规则形微胶囊，微胶囊簇，多核无定形等，如图3-9所示。无碳纸用的微胶囊大都是单核单壁圆形微胶囊。

图3-9 微胶囊的各种结构

微胶囊按用途主要可分为下列几种类型：

① 缓释型微胶囊。该微胶囊的壁相当于一个半透膜，在压力差或浓度差存在条件下，可使芯材物质透过以延长芯材物质的作用时间。

② 压敏型微胶囊。此种微胶囊包裹了待反应的芯材物质，当压力作用于微胶囊超过一定极限后，囊壁破裂而流出芯材物质，芯材物质由于环境的变化而与其他物质产生化学反应而显色或者出现别的现象，如无碳复写纸等。

③ 热敏型微胶囊。由于温度升高而使壁材软化或破裂释放出芯材物质，或芯材物质由于温度的改变而发生分子重排或几何异构产生颜色变化。

④ 光敏型微胶囊。由于照射光的波长不同，壳壁破裂后，芯材中的光敏物质选择吸收特定波长的光，发生感光或分子能量跃迁而产生相应的反应或变化。

⑤ 热膨胀型微胶囊。壁材为热塑性的高气密性物质，而芯材为易挥发的低沸点溶剂，随着温度升高到高于溶剂的沸点时，溶剂蒸发而使胶囊膨胀，冷却后胶囊依旧维持膨胀前的

状态。

（二）微胶囊的组成

微胶囊是由天然或合成高分子制成的微型容器。微胶囊化是指用涂层薄膜或壳壁材料包覆微小的固体颗粒、液滴或气体。微胶囊是由被包囊材料（囊芯）和包囊材料（囊壁）组成的。包于内部的材料称作活性物、活性剂、芯材、内相或核。包囊材料称作壁、壳、涂层或膜。

微胶囊实际上是一些小的粒子，这些小的粒子是由一种壁材的物质包裹住另一种芯材的物质所组成。作为微胶囊的芯材可以是气体，也可以是液体或固体，壁材则可以是亲水性的高分子材料，也可以是疏水性的高分子材料，微胶囊所用的典型芯材和壁材原料列于表 3-2 和表 3-3 中。

表 3-2　微胶囊化用芯材原料

材料类型	举　例
溶剂	苯、甲苯、环己烷、氯化酚类、石蜡、酯类、醚类、醇类
增缩剂	邻苯甲酸酯类、磷酸盐类、己二酸类、硅氧烷类、氯化碳氢化合物，酸、碱类硼酸、烧碱、胺类
催化剂	焙固剂、氧化剂、游离基引发剂、还原剂
着色剂	颜料、染料、无碳纸用隐色染料
黏合剂	多硫化物、丙烯酸酯类、异氰酸酯、环氧树脂、热敏黏合剂
香料	薄荷油、香精
食物	油类、脂肪类、调味品类、香味品等
农业化学品	除草剂、杀虫剂、肥料
医药用品	阿司匹林、维生素、氨基酸等
记录材料	复印色粉、调色剂、偶合剂、显色剂、卤化银、固着剂、墨水类、彩色摄影化合物、液晶等
防锈剂	铬酸锌、其他相关物质
其他	净洗剂、漂白剂、阻燃剂、还原剂等

表 3-3　微胶囊用壁材原料

材料类型	举　例
天然	阿拉伯树胶、明胶、琼脂（糖）、麦芽糖糊精、海藻酸盐、葡萄糖、脂肪类、脂肪酸类、十六醇、糖浆、谷蛋白类（面筋）、白蛋白、虫胶、淀粉类、酪朊、硬脂酸甘油酯、蔗糖、蜡类等
半合成	纤维素醋酸酯、纤维素醋酸酯-丁酸酯、纤维素醋酸酯-苯二甲酸酯、纤维素硝酸酯、乙基纤维素、羟丙基纤维素、羟丙基甲基纤维素、羟丙基甲基纤维素苯二甲酸酯、甲基纤维素、CMC、十四烷基醇、棕榈酸甘油酯、硬脂酸甘油酯等
合成	丙烯酸聚合物及其共聚物、聚乙酸乙烯酯、羧基乙烯基聚合物（carbopol）、聚酰胺类、聚对苯二甲酸酰胺、聚乙烯醋酸酯-苯二甲酸酯、聚对苯二酯 L-赖氨酸、聚芳基砜类、聚甲基丙烯酸甲酯、聚己内酯、聚乙烯吡咯烷酮、聚二甲基硅甲烷、聚氧乙烯类、聚酯类、聚羟基乙酸、聚乳酸和共聚物、聚谷氨酸、聚赖氨酸、聚苯乙烯、聚苯乙烯丙烯腈、聚酰亚胺酯、聚乙烯醇等

从表看出，无论是亲水性还是亲油性，大多数气体、液体和固体均可被包囊。天然高分子包囊材料具有无毒、成膜性好、稳定性好的特点，缺点是机械强度差，原料质量不稳定；半合成高分子包囊材料特点是毒性小、黏度大、成盐（树脂）后溶解度增加，缺点是易水解，不耐高温、耐酸性差，且需临用时配制；合成高分子的特点是成膜性能好、化学稳定性好。膜的性能可通过多种手段调节。

1. 芯材和壁材

无碳纸用微胶囊的芯材是无色染料，如（结晶紫内酯）（CVL）和（苯酰亚甲基蓝）(BLMB)。用BLMB的胶囊涂布的纸，放一段时间后会产生发蓝现象，且不与酚醛树脂发色，现在逐渐被（二芳基咔唑甲烷）（SRBP）代替。CVL显色能力强、深度好、速度快，但耐光性差，而第二发色体（BLMB或SRBP）显色速度慢，但显色后，牢度很强，不容易褪色。因此在实际生产中通常用两种发色体（CVL和SRBP）混合起来使用，起互补作用，无色染料（CVL）在有机溶剂中的浓度一般控制在8%以下，SRBP的用量控制在1.0%以下（对有机溶剂)。另外微胶囊大小以及囊壁的强度对无碳复写纸的显色和污染性也有很大的影响。不同方法生产的微胶囊囊壁的强度不同，氨基树脂法生产的微胶囊囊壁强度较强，聚氨酯法生产的微胶囊囊壁强度一般，而明胶法（又称凝聚法）生产的胶囊囊壁强度较差，而且吸湿和渗透性厉害，现已淘汰。胶囊的粒径一般控制在10μm以下，且5～6μm粒径的应占多数，过大的粒径容易破，纸面容易泛滥，严重时会影响正常生产和使用，但粒径过小也不好，粒径过小微胶囊不易破裂，降低显色效果。

生产无碳纸的微胶囊，开始使用明胶方法，壁材是明胶。由于明胶的渗透性，后来纷纷改用聚氨酯方法，用聚氨酯作为壁材。现在，厂家大都使用氨基树脂作为壁材，尤其是密胺甲醛树脂，其控制、工艺、制备、乳化、粒经及其分布、密封性、游离甲醛、使用状态等都优于脲醛树脂，被广为应用。脲醛树脂作为壁材基本被放弃。

2. 有机溶剂

目前，国内外作为无色染料有机溶剂的主要有二芳基乙烷（SAS296）、二异丙基萘（KMC），结构式见图3-10。其中SAS296具有特殊的气味，有国产，KMC价格贵些，中国主要依赖进口。

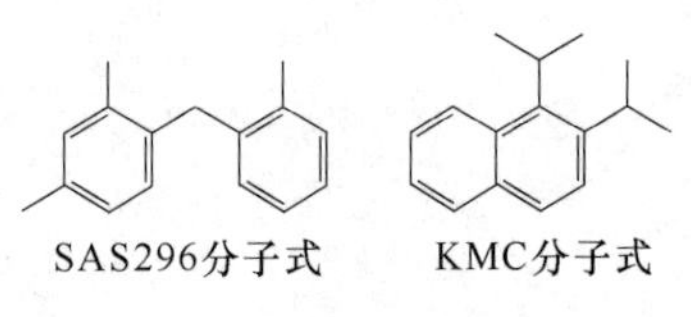

图3-10　SAS296和二异丙基萘结构式

3. 无色染料

无色染料是微胶囊的最主要材料，关于无色染料的专利有上千种，目前工厂最为常用的还是最早的CVL、BLMB和SRBP以及DCF系列如red-DCF，green-DCF。无色染料分为压敏性和热敏性。

压敏性无色染料较早使用的是三苯甲烷及其内酯类化合物，如结晶紫内酯（CVL），20世纪70年代后，开始用荧烷系化合物。压敏染料其化学结构主要有6类：三芳甲烷苯酞系、酚噻嗪系、吲哚啉氮杂苯酞系、三芳甲烷系、吲哚啉苯酞系及荧烷系。目前，无碳复写纸常用的无色染料主要为苯酞类和荧烷类，以这两大类的生产和发展为主，其结构通式主要有两类，见图3-11。

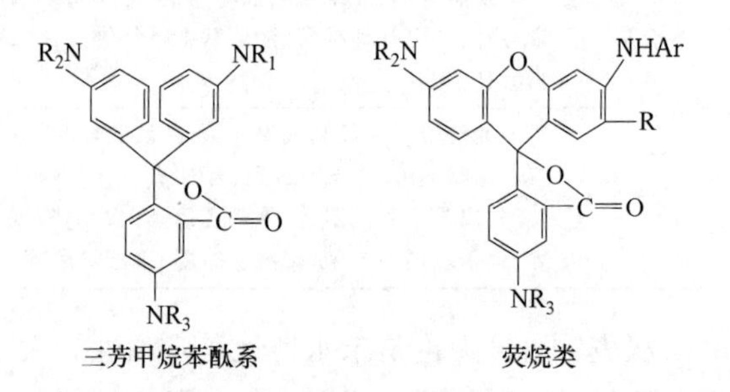

图3-11　无色染料结构通式

在实际应用中，高质量的无碳复写纸都采用混合染料制得，其原因，一方面是CVL的发色速度最快，但耐老化不理想，若想CVL的耐老化好，与发色速度较慢的压敏无色染料混合，就可得到快速发色，显色密度优良，又能耐老化的图文。另一方面是，显示黑色字迹的无碳复写纸，根据颜色的红、黄、蓝三原色，其微胶囊的无色染料只有采用红、黄、蓝三种或三种以上的染料混合才能满足。市场上也有显示黑色字迹的商品染料(如PSD-150)，但一般都是生产微胶囊的厂家自己配色的。

压敏染料通常是无色的内酯化合物，为 lewis 碱。当遇到 lewis 酸，其内酯环断裂，分子结构中共轭链增长，增加了 π 电子的离域性，从而选择性地吸收可见光，呈现相应的颜色。由于胶囊的壁材有一定的承压限度，超过这一限度，囊壁破裂，染料发色体流出与酸性显色剂相遇而显色。压敏无色染料显色机理通式如图 3-12。

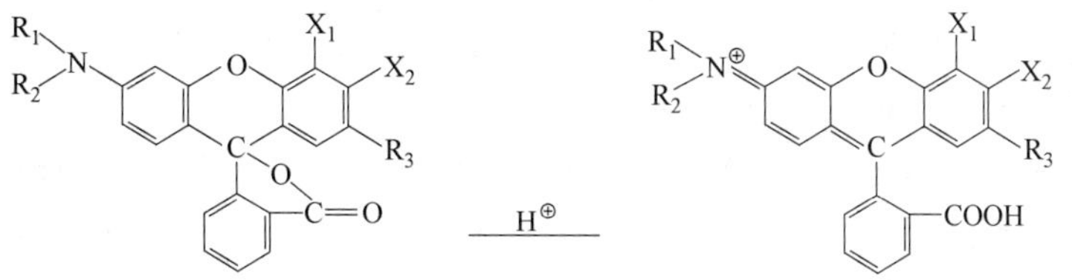

图 3-12　压敏无色染料显色机理通式

其中，R_1，R_2 为—CH_3，—C_2H_5，苯基，环烷基等；X_1，X_2 为氢、烷基、卤素、环氧基等；R_3 为烷基、烷基取代苯胺基、卤素取代苯胺基等。

发色剂的颜色主要有蓝发色和黑发色二种。这类化合物一般是以三芳甲烷苯酞或荧烷为母体，其苯环的间、对位是烷基、芳氨基或氢。目前无碳复写纸中，欧洲 70％采用蓝发色，美国 60％采用黑发色。而日本 85％采用蓝发色，这主要来自历史的原因。一般表格用电脑打印的为蓝发色，手写的为黑发色。我国绝大多数是使用蓝发色。用于蓝发色的发色剂最早被开发的是苯酞系的 CVL，至今仍是世界上用得最多的发色剂。CVL 具有发色快、价廉等特点，今后仍是蓝发色的主要发色剂。显蓝色的微胶囊仍在大量使用。CVL 的结构和发色、褪色机理见图 3-13。CVL 染料发色剂是一种内酯结构的隐色染料，为 lewis 碱，当遇到 lewis 酸，其内酯环断裂，分子结构中共轭链增长，增加了 π 电子的离域性，从而选择性地吸收可见光，呈现蓝色。这个反应在一定条件下是可逆的，使显像褪色。除了 CVL 大量使用，还有 BLMB、DCF 系列、PSD 系列、B 系列等也有应用。

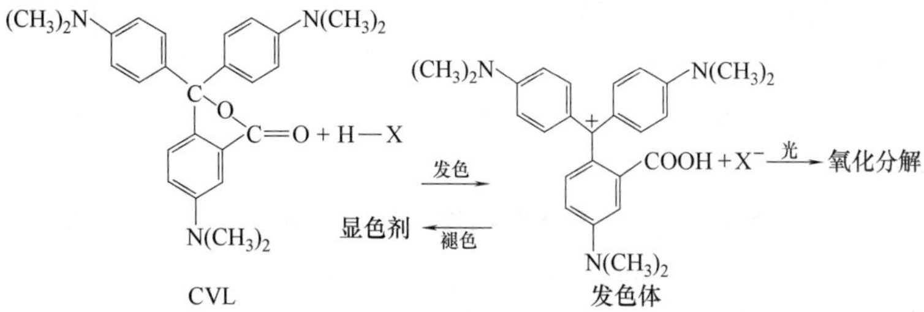

图 3-13　CVL 的分子结构和发色机理

除了 CVL 大量使用，还有酚噻嗪系的 BLMB、DCF 系列、PSD 系列、B 系列等也有应用。酚噻嗪系的代表是（无色苯酰亚甲基蓝）(BLMB)，其结构式如图 3-14。

BLMB 耐光、耐老化、耐水，但显色速度慢，对酚醛树脂不反应，因此一般不单独使用，常与 CVL 配合使用，以弥补 CVL 耐老化差的问题。常用荧烷系的代表是 PSD 系列，能显示红色、黄色、绿色、橙色和黑色（黑色常用 PSD-150）。基本结构见本节图 3-11。取代基不同，显色不同。PSD 系列是显示黑色字迹的重要染料。其耐老化性好。

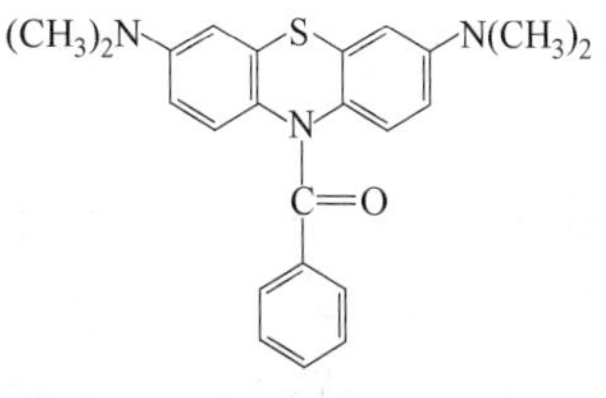

图 3-14　BLMB 结构式

4. 乳化剂或保护胶体

乳化剂或保护胶体在聚合微胶囊制备过程中起着举足轻重的作用。宏观上说，乳化剂具有三种作用：

① 降低体系中两相的界面张力，便于油相分散成 O/W 的细小液滴。

② 能在液滴表面形成保护层，防止液滴凝聚，使乳液稳定。

③ 增溶作用，使油相芯材溶于胶束内。

对于形成稳定的微小液滴乳液，形成双电层结构，对于吸附壁材在油相液滴表面聚拢、富集和沉积，乳化剂或保护胶体至关重要。

众所周知，油水是不相容的。当把油性的芯材（如 CVL 油溶溶液、香精等）加入水中后，芯材通常浮在水面。单凭机械搅拌作用只能形成极不稳定的分散液，尽管也可以把油相芯材分散成小液滴，但被分开的油滴马上又会凝聚成大颗粒，难以达到微胶囊粒径的要求，这是因为油水之间的界面张力很大，水不能降低界面张力对油进行乳化。加入乳化剂，情况改变了。乳化剂降低了液滴的油水两相的界面张力，易于油滴乳化成 O/W 的微小液滴，并且在油滴表面形成保护层，防止凝聚，形成稳定的乳化液。另外，若不使用乳化剂，便不能有稳定的芯材乳化体系的双电层结构，不能形成稳定的水包油 O/W 的乳液，没有乳化液滴粒子的负电场对壁材的吸引力，使得壁材在芯材液滴表面的原位聚合无法进行。也就是说，单凭油滴对壁材的范德华力吸附是不够的，不能保证壁材在油滴界面缩聚而不在水相中沉淀出来。因此必须加入适当的乳化剂，以形成粒径大小合适的较稳定的乳化分散液，并且使得壁材在芯材油滴界面原位缩合。这是原位聚合乳化剂或保护胶体的作用机理。

对于界面聚合或复合凝聚方法，乳化剂或保护胶体的作用机理不同。

（三）微胶囊的制备方法

虽然最早应用工业化微胶囊的产品是无碳复写纸，但是把芯材放入壁材来制备小粒子的概念要追溯到 20 世纪 30 年代的喷射-干燥过程。由于微胶囊的包囊材料主要为高分子材料，因此高分子材料的制备方法一般地也适用于微胶囊的制备。微胶囊制备的关键在于包封囊芯构成膜，有时还需使膜固化。为了实现包囊化，包囊膜的界面张力应小于囊芯物的界面张力，而制造微胶囊的具体技术取决于所用高聚物材料的性质。

用于制备微胶囊的方法很多，目前文献报道的大约有 200 多种，这些方法在细节上各不相同。根据成膜（壁）方法分类，可以将微胶囊化的制备方法分为 7 类：相分离法、聚合反应法、喷雾干燥法、离心挤压法、气体悬浮包裹法、静电沉积法和盘涂法。大多数研究者则把胶囊化过程分为化学法、物理及机械法和物理化学方法 3 大类型。化学法包括界面聚合法、原位聚合法；物理法包括溶剂蒸发或溶液萃取法、空气悬浮法、喷雾干燥法、真空蒸发沉积法、静电结合法、融化分散与冷凝法、流化床法和多孔离心法等；物理化学法包括相分离法、干燥浴法等。国内外常用于制备无碳纸微胶囊的方法简介如下：

1. 相分离方法

相分离的基本原理是利用聚合物的物理化学性质，即相分离的性质。此过程也称之为凝聚，是先将芯材乳化或分散在溶有壁材的连续相中，加入另一种物质或壁材的不良溶剂，也可采用其他手段使壁材的溶解度降低而从连续相中分离出来，包裹在芯材物上形成微胶囊。下面用图 3-15 来说明凝聚相分离法制备微胶囊的具体过程。

图 3-15（a）囊芯分散在含有壁材的胶体溶液中，通过机械搅拌等方法形成一个稳定的、分散相呈细小颗粒的分散体系。图 3-15（b）根据壁材胶体溶液的性质改变各种条件，使连续相发生相分离，产生两个新相，一个是不连续的壁材丰富相，一个是连续的壁材缺乏相，

使原来的两相体系转变成三相体系。图 3-15（c）由于壁材丰富相微粒的热力学不稳定性，该相微粒会在囊芯分散相表面聚集。图 3-15（d）（e）壁材逐渐把囊芯包裹，沉积在囊芯表面的壁材形成连续的包膜，再经固化而形成微胶囊。

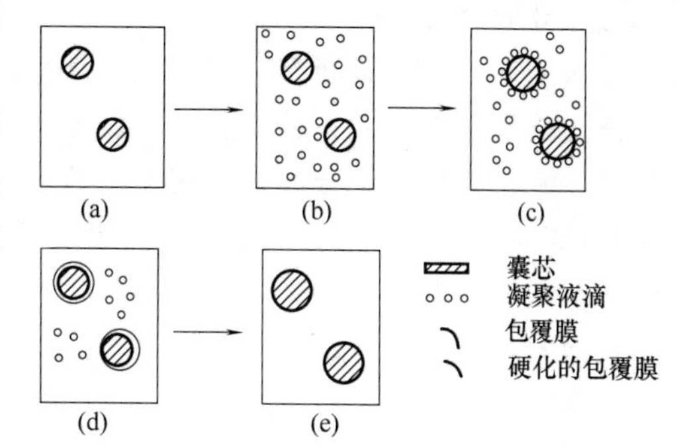

图 3-15　凝聚相分离法制备微胶囊的过程

根据制备介质的不同，相分离法分为水相分离法和油相（有机相）分离法。对油溶性固体或液体进行微胶囊化称为水相分离法，它可分为单凝聚和复凝聚。单凝聚是以一种高分子材料为壁材（如明胶），将芯材物质分散在壁材溶液中，然后改变外相条件（如 pH），致使体系中壁材的溶解度降低而凝聚出来沉积在芯材微粒的表面而形成微胶囊。复凝聚是用两种具有相反电荷的高分子材料作壁材（如明胶和阿拉伯树胶），将芯材物分散在一种壁材的水溶液中，在一定条件下，加入第二种壁材溶液，带相反电荷的高分子材料互相吸引，溶解度降低，自溶液中凝聚析出来，沉积在芯材表面而形成微胶囊。对于水溶性或亲水性物质的微胶囊化则称之为油相（有机相）分离法，它是指在某一种聚合物的溶液中，加入一种对该聚合物为非溶剂的液体，引起相分离而将芯材物包裹成微胶囊。

明胶，阿拉伯胶，乙基纤维素是在高分子材料中最普遍用相分离技术来制备微胶囊的物质，其他材料应用较少。明胶和阿拉伯树胶为水溶性的高分子材料，在微胶囊化技术中称为亲水性胶体。乙基纤维素可以在非水溶剂（如环己烷和二氯甲烷）中溶解，为疏水性胶体。凝聚相分离胶囊化有两种解释机理，其一是：芯材液滴或粒子逐步被新形成的凝聚核所覆盖［图 3-16（a）］，另一种说法是：相对大的凝聚液滴或较大范围的凝聚物首先被形成，然后是芯材液滴或粒子的大块胶囊化［图 3-16（b）］。如果芯材物质在凝聚开始时的混合物中就已经出现，并且体系被充分混合且很稳定，则逐步的表面沉积是主要的机理。相反，如果芯材物质是在凝聚过程完成后加入，或者体系不够稳定，搅拌不够充分，则大块胶囊化机理占主导地位。图 3-16 为可能的形成机理示意图。

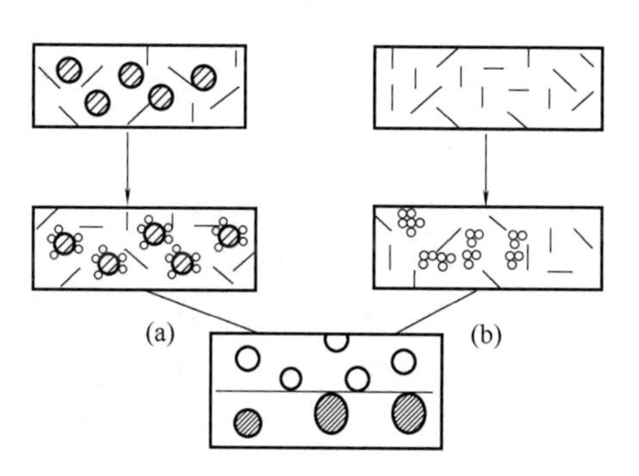

图 3-16　凝聚相分离法制备微胶囊形成机理示意图

通过凝聚相分离法制备微胶囊，单核或多核的形成取决于核/壳（芯/壁）比率、芯材液滴或粒子的尺寸、加入稳定剂的性质和浓度及搅拌速度。此外，凝聚相的黏度、温度对最终微胶囊产品的形态也有影响。

胶囊壁厚度、粒径、粒径分布，壁材结构及空隙率是该项技术制备微胶囊的重要特征参数。

2. 聚合反应方法

聚合反应法就是化学法，代表性的是界面聚合和原位聚合。此两种方法是以单体作为原料，利用合成高分子材料作壳壁的方法，具有工艺简单、材料来源广泛、制备时间短、可以获得具有多种不同性能的壳壁的优点。

（1）界面聚合

自从1957年美国杜邦公司利用界面缩聚反应制备聚酰胺取得工业上成功之后，界面聚合即被开发应用于制备各种微胶囊。此方法是将两种发生聚合反应的单体分别溶于水和有机溶剂中，并把芯材溶于分散相溶剂中。然后，把这两种不相混溶的液体加入乳化剂以形成水包油O/W或油包水W/O体系。两种聚合反应单体分别从两相内部向乳化液滴的界面扩散，并迅速在相界面上反应生成聚合物将芯材物质包裹形成微胶囊。

若微胶囊化的芯材为水不溶性（油溶性）液体，其胶囊化工艺是：一种多官能团的异氰酸盐被溶解在芯材中，混合液被分散到含有分散剂的水中形成一定的液滴规格，另一种多官能团的氨反应剂被加入到该分散液中，则在液滴的表面导致迅速的聚合反应。若被胶囊化的芯材为一种亲水性的液体，则上述的反应添加顺序就要改变，即将水溶性的氨溶解于芯材物形成的混合液，然后被分散到一种水不溶性的溶剂中，并形成一定的液滴规格，将溶剂可溶的异氰酸盐加入到该有机相中，在界面则迅速地发生聚合反应而产生胶囊外壳。当芯材为固体时也同样可以通过界面聚合反应胶囊化，但它不同于液体的胶囊化。在一般情况下，自由基反应的乙烯基单体常用作固体的胶囊化壁材，胶囊化过程中，作为芯材的固体粒子同分散剂一起被分散到液体介质中，然后加入乙烯基单体到该体系中，以氧化还原引发体系引发自由基聚合。这种胶囊化的成功之处在于强迫聚合物在固液界面沉积，而不是让它在整个液体介质中沉积。

界面聚合反应的技术特点是（如图3-17所示）：两种反应单体分别存在于乳液中不相混溶的分散相和连续相中，而聚合反应是在相界面发生的。此法虽简单，但对包囊材料的要求较高，包囊单体必须具备高的反应活性。另外，由于界面聚合反应速度高，所以对于最终产品性能较难控制。

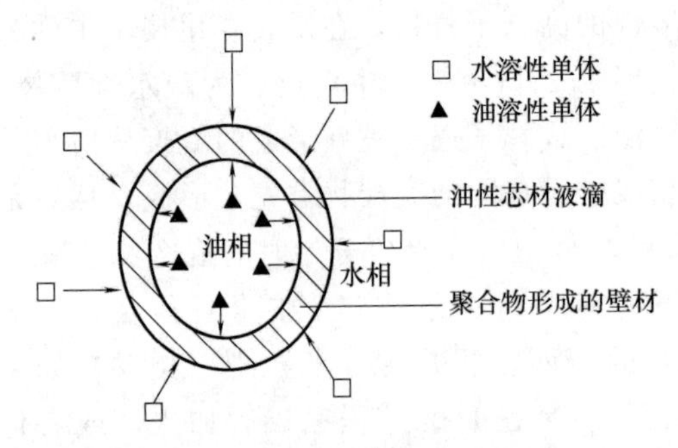

图3-17　界面聚合制备微胶囊原理示意图

在聚合反应过程中，反应速率、聚合物的相对分子质量、结晶度、高聚物本身的性质对最终的产品微胶囊都有较大的影响。由于在不同条件下形成的壁拥有不同的结构将导致不同的扩散性能，要获得较好的囊壁密封性，就必须有较厚的壁，相应需用较高浓度的单体，而在较高聚合速度下形成的壁具有较高的无定形部分，无定形含量高的聚合物壁要比无定形含量低而结晶度高的壁密封性更低，当然扩散性能更好。

此外，平均液滴尺寸、容器直径、搅拌器直径、搅拌速度、液滴黏度、悬浮介质黏度、所用稳定剂的种类及其浓度对最终微胶囊的形态结构也有较大影响。粒子尺寸、粒径分布、壁厚、交联密度、孔隙率、可膨胀性是用界面聚合所得微胶囊的重要特征评价。

可以进行界面聚合的化合物很多，常用的主要有：溶于水相的单体是二元胺、环氧氯丙烷、甲醛、四元胺，溶于有机相的单体有二元酰氯、二元氯代甲酸酯、二异氰酸酯、二元酚等，所生成的缩聚产物是聚酰胺、聚脲、聚氨酯、聚酯、环氧树脂、酚醛树脂等。

某些缩聚反应在形成聚酰胺或聚酯的同时，会释放出盐酸，这显然对那些遇酸会变色的物质的微胶囊化是不合适的，如无碳复写纸用的无色染料CVL和BLMB等。这可以用加聚反应形成不释放盐酸的聚氨酯的界面聚合方法来包囊这些遇酸易变色的材料。

（2）原位聚合

在界面聚合法的工艺中，胶囊壳壁是通过两种单体的聚合反应而形成，参加聚合反应的单体至少是两种，一种是水溶性的，另一种是油溶性的，溶解性能不同，两种单体分别位于芯材液滴的内部和外部，并在芯材液滴的表面上反应形成聚合物薄膜，所以胶囊外壳是通过单体聚合形成。原位聚合（in situ polymerization）法是一种和界面聚合法密切相关的胶囊化技术。在原位聚合的胶囊化过程中，并不是把反应性单体分别加到芯材相和介质相中，而是把单体与引发剂全部加入分散相或连续相中，即单体和引化剂全部位于芯材的内部或外部。由于单体在某一相中是可溶的，而生成的聚合物（壳壁）在整个体系中是不可溶的，所以聚合物一旦生成就会沉积在芯材液滴表面。或者单体与催化剂由于热力学因素的作用而向芯材液滴和连续相的界面上富集，而使聚合反应主要地在芯材界面上进行。在芯材界面上，聚合单体产生缩聚的预聚体，沉积在芯材物的表面，形成聚合物壁膜。由于交联及聚合的不断进行，最终形成有足够强度的固体胶囊外壳，覆盖住芯材液滴的全部表面。如图 3-18 所示。

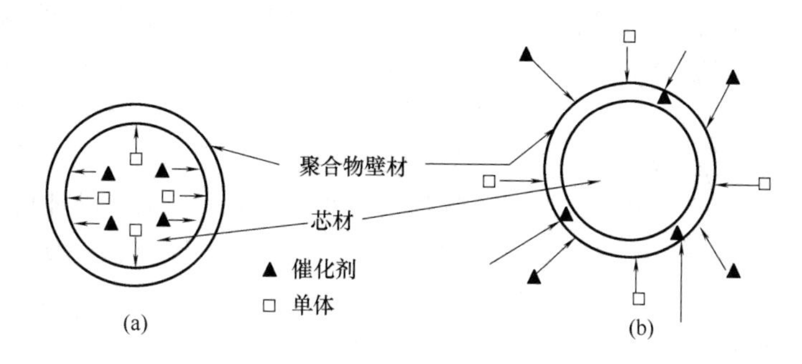

图 3-18 原位聚合反应中单体催化剂的位置

（a）单体、催化剂均在囊芯液滴内部 （b）单体、催化剂均在囊芯液滴外部

原位聚合可采用水溶性或油溶性的单体或单体混合物，有时用低相对分子质量聚合物或预聚体作反应原料代替单体。许多高分子合成反应，如均聚、共聚和缩聚反应都可用于原位聚合法制备微胶囊。在发生原位聚合反应之前，芯材必须被分散成细粒或被溶解，并在形成的分散体系中以足够稳定的分散相状态存在。此时发生原位聚合反应的单体在分散体系中的位置可能有两种情况，即在连续相介质中或在分散相芯材中。当单体在分散相芯材中时，囊芯必须是液态，而且能溶解单体和催化剂。聚合反应开始后，单体逐渐聚合，随着聚合物相对分子质量逐渐加大，它在囊芯中溶解度逐渐降低，以致最后不能溶于芯材相而从其溶液中分离并沉积在相界面形成包覆膜。随着聚合反应继续进行，包覆膜逐渐加厚，直至单体耗尽，形成微胶囊。这种情况如图 3-18（a）所示。当单体在连续相介质中时，作为分散相的芯材可能是液体也可能是固体粉末，而此时溶解或分散在连续相中的单体和催化剂是在囊芯的外部，如图 3-18（b）所示。

使用原位聚合法制备微胶囊技术的最初例子是对各种不溶于水的液体的胶囊化。胶囊外壳的形成可通过在酸性 pH 条件下的脲或尿素与在液体介质中的甲醛反应而制得。三聚氰胺和甲醛在液体介质中也产生相似的胶囊化反应。在液体介质中添加阴离子聚合物对原位聚合过程有明显的影响。与其他微胶囊化方法相比，原位聚合法成球状胶囊相对容易，壁膜厚度及内包物含量可控制，收率较高（废品率低），成本较低，易于操作控制，易于工业化等。

与界面聚合法相同，粒子尺寸、粒径分布、壁厚、交联密度、孔隙率、可膨胀性是用原位聚合所得微胶囊的重要特征评价。

原位聚合制备微胶囊的工艺可以在三种介质条件下进行：水溶液介质，有机液体介质和气体介质中。例如，若要对非水溶性（油溶性）的芯材微胶囊化，就要用水作为微胶囊化的介质。此种条件下的微胶囊化通常需要几个小时，因此必须稳定的保持芯材的分散状态。并首先将亲油性的单体与亲油性的芯材混合，高速剪切使其呈微滴状，然后从水溶液介质提供水溶性的单体。或者，在乳化形成微滴状后，加入水溶性的单体或预聚物。尿素或三聚氰胺与甲醛的缩合物就可用作水溶性的预聚物。形成酚醛树脂的多羟基酚与醛类也可以作为水溶性单体。

以尿素-甲醛或蜜胺-甲醛预聚物作为原料来制备微胶囊，该工艺所制备的微胶囊包括形成胶囊壳壁的氨基塑料（脲醛树脂或三聚氰胺甲醛树脂）和液体囊芯。这些胶囊用于包裹染料、香料、农药化学品等是比较合适的。胶囊具有氨基塑料的优点和特点，囊壁具有韧性且对所包的染料的非水性溶液具有不渗透性，胶囊密封性能好，在与含显色剂的介质接触时，不存在破裂或泄漏现象。这种囊壁耐热、耐酸碱、强度大、渗透性低、反应不可逆、壁膜较薄、包囊物多等。三聚氰胺甲醛树脂在这些方面比脲醛树脂更为优越。

在采用原位聚合法制备微胶囊时，随着缩聚反应的进行，当聚合产物的相对分子质量达到一定程度后会从水溶液中结晶出来。为了防止快速地进行相分离，必须要控制聚合物的浓度。控制方法包括频繁的临界稀释以保持适当的聚合物浓度，但此方法商业价值低，产品质量差。在美国 NCR 采用羧酸类高分子作为乳化剂对脲醛树脂制备微胶囊做出重大改进后，研究者把注意力集中在乳化剂上。乳化剂的作用是非常大的。所采用的乳化剂主要有马来酸酐、丙烯酸、甲基丙烯酸、乙烯类单体（如苯乙烯、乙烯、乙烯醇、醋酸乙烯酯、甲基丙烯酸胺、异丁烯、丙烯酸酯、甲基丙烯酸酯、丙烯腈等）的共聚物。最近，专利中还提出用异丁烯-苯乙烯-马来酸酐共聚物、异丁烯-苯乙烯-丙烯酸甲酯-马来酸酐共聚物或用乙二醇单烷醚部分酯化马来酸酐-苯乙烯共聚物作为乳化剂来改善包囊性能的方法。

（四）微胶囊制备实例

1. 利用界面聚合制备微胶囊

主要配方：有机溶剂 200kg；CVL9.5kg；BLMB3.0kg；Red-DCF 少量，保护胶体 PVA 20kg；水 400kg；乙酸乙酯 20kg；聚亚甲基苯基异氰酸酯 25kg；二乙基三胺 2kg。

制备工艺：首先制备油溶无色染料，把 CVL 等倒入反应釜中，反应釜中预先放入有机溶剂，加热至溶解。然后制备保护胶体溶液。把油溶无色染料倒入保护胶体溶液，加入油性的壁材异氰酸酯，乳化 10min 至达到粒径要求，然后迅速加入二乙基三胺。界面聚合很快，几分钟就可完成，然后加热至 80℃ 2h，以便反应完全。调节 pH 至 8.5～9.0，得到 40%左右固含量的微胶囊。微胶囊粒径要求：大部分集中在 5～6μm。

2. 聚合法制备微胶囊（三聚氰胺甲醛树脂作为壁材）

主要配方：有机溶剂 200kg；CVL9kg；BLMB1.5kg；Red-DCF 少量；保护胶体 10kg；水 200kg；甲醛 9kg；三聚氰胺 5.5kg；水适量；NaOH 适量。

制备工艺：首先制备油溶无色染料，把 CVL 等倒入反应釜中，反应釜中预先放入有机溶剂，加热至溶解。然后制备保护胶体溶液。把油溶无色染料倒入保护胶体溶液，高速乳化，乳化 10～15min 至达到粒径要求，然后加热，加热至 90℃ 3h。然后调节 pH 至 8.5～9.0，终止反应，得到 40%左右固含量的微胶囊。微胶囊粒径要求：大部分集中在 5～6μm。如果粒径大，要加入适当乳化剂以帮助乳化或提高乳化转速。

目前，使用三聚氰胺甲醛树脂作为微胶囊囊壁的厂家较多，除了它比脲醛树脂易于微胶囊化外，主要是因为制备脲醛树脂微胶囊保护胶体 EMA-31 已经因为环保的要求而无厂家生产了。

3. 脲醛树脂作为壁材

配方：EMA-31 3kg；水 57kg；尿素 4.4kg；水 15kg；NaOH 适量至 pH3.3；无色染料油溶液 74kg；甲醛 11kg。

制备工艺：高速乳化 10～15min 至合格粒经，在 50～70℃，保温 5～6h 至反应完全，调节 pH 至 9，冷却。

四、无碳复写纸技术要求

无碳复写纸的质量检测主要有以下几个反面：

① 外观质量采用目测。

② 显色实验：按照国标，主要检测纸的表面 pH、显色灵敏度、耐光性、定量、定量偏差、紧度、亮度、不透明度、平滑度、横向伸缩率、耐摩擦性，显色密度、翘曲，尺寸偏差、交货水分、接头。抽样方案采用正常检验二次抽样方案，检查水平为一般检查水平 I。

③ 抗有机溶剂性：分别用甲苯、丁醇、石蜡油等滴在纸面上，污迹淡者为好。

④ 翘曲度：按照国标 GB/T 16797—2017 附录 A 进行。

⑤ 耐摩擦性：按照国标 GB/T 16797—2017 附录 B 进行。

⑥ 显色密度、显色灵敏度和耐光性：按照国标 GB/T 16797—2017 附录 C 进行。

国家标准中无碳复写纸的技术指标见表 3-4。

表 3-4　　无碳复写纸的技术指标（GB/T 16797—2017）

<table>
<tr><td colspan="3" rowspan="3">项目</td><td rowspan="3">单位</td><td colspan="4">规定</td></tr>
<tr><td colspan="3">CB 纸、CFB 纸、CF 纸</td><td rowspan="2">自感纸（SC、SC/CB）</td></tr>
<tr><td>优等品</td><td>一等品</td><td>合格品</td></tr>
<tr><td colspan="3">定量</td><td>g/m^2</td><td colspan="4"><50.0
50.0～60.0
>60.0，≤90.0</td></tr>
<tr><td rowspan="2">定量偏差≤</td><td colspan="2">CB 纸、CF 纸、SC/CB 自感纸</td><td rowspan="2">%</td><td>±5.0</td><td colspan="3">±6.0</td></tr>
<tr><td colspan="2">CFB 纸、SC 自感纸</td><td>±6.0</td><td colspan="3">±7.0</td></tr>
<tr><td colspan="3">紧度　≥</td><td>g/cm^3</td><td colspan="4">0.70</td></tr>
<tr><td colspan="3">D65 亮度[a]</td><td>%</td><td colspan="4">75.0～92.0</td></tr>
<tr><td rowspan="2">不透明度≥</td><td colspan="2"><50.0g/m^2</td><td rowspan="2">%</td><td colspan="4">60.0</td></tr>
<tr><td colspan="2">50.0～90.0g/m^2</td><td colspan="4">70.0</td></tr>
<tr><td colspan="3">平滑度（CF 面）　≥</td><td>s</td><td>50</td><td>40</td><td>30</td><td>5</td></tr>
<tr><td colspan="3">表面 pH（CF 面）</td><td>—</td><td colspan="4">6.0～9.0</td></tr>
<tr><td colspan="3">横向伸缩度　≤</td><td>%</td><td>3.0</td><td colspan="3">3.8</td></tr>
<tr><td rowspan="2">耐摩擦性</td><td colspan="2">动态（ΔE）　≤</td><td rowspan="2">—</td><td colspan="4">5.0</td></tr>
<tr><td colspan="2">静态</td><td colspan="4">合格</td></tr>
<tr><td rowspan="3">显色性能　≥</td><td rowspan="2">显色密度</td><td>蓝色字迹纸</td><td rowspan="2">—</td><td>0.85</td><td>0.75</td><td colspan="2">0.65</td></tr>
<tr><td>黑色字迹纸和其他颜色字迹纸</td><td>0.70</td><td>0.60</td><td colspan="2">0.50</td></tr>
<tr><td colspan="2">显色灵敏度</td><td>%</td><td>85.0</td><td>80.0</td><td colspan="2">75.0</td></tr>
<tr><td rowspan="2">耐光性　≥</td><td colspan="2">蓝色字迹纸</td><td rowspan="2">—</td><td>0.60</td><td>0.50</td><td colspan="2">0.40</td></tr>
<tr><td colspan="2">黑色字迹纸和其他颜色字迹纸</td><td>0.50</td><td>0.40</td><td colspan="2">0.30</td></tr>
<tr><td colspan="3">交货水分</td><td>%</td><td colspan="4">6.5±2.0</td></tr>
</table>

注：[a] 彩色纸不考核 D65 亮度。

五、生产质量控制

(一) 原纸

原纸质量直接影响无碳纸的质量和涂布后的涂层质量。如机械强度、不透明度、平滑度、伸缩性、印刷适印性等。原纸影响产品质量的主要因素如下所述。

1. 定量

原纸定量越大，纸页越厚，涂布时产生翘曲及泡泡纱等外观纸病的可能性越少，涂布过程中 CB 涂料和 CF 涂料互相渗透而引起的自显色情况越少。原纸定量越高越厚，纸复写的份数越少。厂家一般选择 $45g/m^2$ 的原纸涂布 CF 和 CB，选择 $40g/m^2$ 涂布 CFB，使涂布后的无碳纸的三层定量一致，都在 $50\sim52g/m^2$。

2. 平滑度

原纸平滑度越高，一般来讲涂布后的产品的平滑度相时也越高，有利于使用和印刷。若 CF 涂层反面没有压光的话，应尽量选择正面平滑度高一些的原纸。涂布 CB 时，涂料涂覆纸页反面，原纸反面平滑度太高的话，反而不利于胶囊颗粒的嵌入，CB 面不压光，不应选择反面平滑度很低的原纸，反面平滑度选择 30～50s 为好。

3. COBB 吸水性

原纸要有一定施胶度。施胶度越高，吸水性越差，相同工艺条件下，涂布量越低，辊式涂布的产品网纹越明显。而施胶度太低，吸水性太高，原纸经涂布后又易变形，纸面易产生泡泡纱、活折子、沟痕等外观纸病。原纸一般采用施胶度在 1.2mm（划线法），COBB 值在 $20\pm2g/m^2$。

4. 机械强度

抗张强度太低，涂布运行中容易断头。

5. 表面强度

原纸表面强度低，涂布后的涂层表面强度也低，致使印刷时产生糊版，影响印刷质量及印刷效率。原纸表面强度低，对辊式涂布影响较大，但同样会影响其他涂布方式的产品质量。原纸所掉的纸毛、纸粉，易于黏附在胶辊表面和涂层表面，产生漏涂或影响涂层质量，使显色效果下降，降低产品质量。涂 CFB 纸时，先涂 CF 时掉在辊子上的纸毛、纸粉由于夹带 CF 涂料极易在 CFB 的 CB 面形成显色点而污染纸面。

6. 透气度及针眼

特别是在涂 CFB 纸时，原纸的透气度越大或纸页上有针眼存在，则两种涂料渗透接触的可能性越大。通过针眼接触，更容易引起自显色而污染纸面。故选择原纸时，以无针眼、透气度小于 250mL/min 为好。

一般厂家都选择略高于国标的标准。质量指标总的要求：要有一定的机械强度，较高的表面强度、吸收性能、湿强度及较好的尺寸稳定性；纸张的纤维组织应均匀，纸的切边应整齐、洁净；纸面应平整，不应有砂子、硬质块、褶子、皱纹、裂口、孔眼等影响使用的外观纸病；还应具有一定的平滑度，有利于书写、印刷等。不透明度不应低于规定指标，防止透印。

(二) CF 和 CB 涂料和涂布量

CF 涂料最主要的是显色剂，CB 涂料最主要的是微胶囊。好的配方和工艺条件，对配制出经济适用的涂料和无碳复写纸的生产至关重要。

1. 微胶囊

微胶囊是CB涂料的关键成分，它与复写字迹的清晰度及副本联数直接相关。微胶囊应与显色剂反应迅速，显出的颜色鲜艳，经光老化，避光长期贮存显色图文清晰。影响微胶囊质量的主要因素是无色染料的选择、囊壁和壁材的反应（壁材的反应决定着微胶囊的许多性质如囊壁的密封、压敏性能等）、囊壁壁厚（决定压敏性和是否容易破裂）、乳化（决定双电层的形成、粒径及其分布）、颗粒直径和粒径分布（决定芯材释放速度的均一性和色相、显色密度、色泽深度等的一致性），微胶囊形状和结构等。微胶囊质量直接影响无碳复写纸的质量。无碳纸工厂一般选用的微胶囊直径分布大都集中在4～6μm，香料工厂选择的粒径要小些，以有利于微胶囊向基材内部的渗透，有利于提高黏结牢度及基材织物手感。生产无碳纸，如果颗粒壁薄而颗粒过大，在涂料配制、生产及成品纸转运过程中易破裂显色。反之，则要用较大的力才能压破，使显色效果下降，影响复写质量及副本联数。

2. 显色剂

显色剂是CF涂料中的重要成分，分无机和有机两种类型。无机类主要是活化白土，有机类主要是酚醛树脂和水杨酸锌树脂系列。目前国内大多采用改性酚醛树脂和改性水杨酸锌树脂混合使用来配制CF涂料，用以改善单独使用的缺点。这样的CF涂料其流变性、涂层的平滑性、光照稳定性、显色灵敏度及显色密度，均能达到国标技术要求。

3. 胶黏剂

理论上一般涂布纸用的胶黏剂都可作为CF和CB涂料的胶黏剂，因为胶黏剂在涂布过程中最基本的功能是黏合涂料和将涂料黏附在纸上，保证涂层强度和表面结合强度。但一般选用变性淀粉和合成胶乳混用，丁苯胶乳有良好的成膜性和黏合强度，但透气性差影响显色、且保水值差。合成胶乳可选用丙烯酸胶乳。变性淀粉透气性好但成膜性差保水值好，要与合成胶乳配用。PVA黏合强度大，但是成膜性很强。CF涂料和CB涂料由于涂料特性不同，胶乳和变性淀粉的比例也不同。胶乳会降低CB涂料的保水性而造成黏辊，所以在CB涂料中一般不用丁苯胶乳。CF涂料可根据CF纸表面强度、显色密度的情况，相应增加或减少胶乳在胶黏剂中的比例。也可加入些CMC以调节黏度和保水值。

4. 涂料固含量

涂料固含量的大小和黏度取决于涂布方式。不同涂布方式对涂料固含量要求不同，一般气刀涂布涂料固含量为25%～35%，而凹版辊式涂布涂料固含量为40%左右。刮刀涂布头适合的涂料固含量高。

5. 涂料温度及黏度

涂料的温度一般是室温。

涂料固含量和黏度应保证在涂布头的适应范围内。温度低，则黏度高，涂料流变性差，容易造成涂布漏涂及涂布量下降等质量问题。

6. 涂布量

涂布量高，显色密度增加，但制造成本会增加。涂布量低，显色密度下降，影响显色效果。CF涂料显色剂不同涂布量不同：若用活性白土，一般绝干涂布量在6～7g/m²，若用酚醛树脂+改性水杨酸锌树脂，一般绝干涂布量在4～6g/m²。CB涂布量一般在4～6g/m²。

（三）涂布设备

生产CF，可在原纸机上加机内涂布，机外涂布设备气刀、刮刀、帘式、辊式涂布机等都可采用。生产CB和CFB，采用机外涂布，一般采用凹版辊式、气刀涂布头。干燥部采用气浮热风干燥，采用背面润湿涂水装置，2～4 个烘缸，自动放卷和收卷，表面卷取。

六、常见纸病和失敏处理

(一) 无碳复写纸常见纸病

无碳复写纸生产的目的是手写和印刷、打印使用，印刷一般采用胶版印刷。现在，用户对其质量的要求也越来越高。无碳复写纸的外观、显色效果、保存期、影响印刷的掉粉、掉毛纸病等都将直接影响其使用。因此掌握造纸过程中产生的各种纸病和起因才能更好地解决问题。下面主要概述了无碳复写纸常见质量问题、产生原因及解决方法。

1. 涂布不均匀或漏涂

涂布不均匀是指纸张在涂布过程中，造成纸页涂布面局部涂料稀少，严重的甚至漏涂，使无碳复写纸降低甚至丧失显色功能。是一种严重的纸病。涂布不均匀或漏涂这种纸病，诱发因素多。其主要原因有以下几个方面：

① 原纸的均一性。均一性差的原纸，会造成涂布后涂布量不均，干燥不均，变形不一致。

② 涂料。涂料中含有杂质或气泡会影响涂料在施涂辊上的成膜均匀性，杂质或气泡会随着涂料流动、转移而涂覆到纸面上，形成涂布不均匀或漏涂；如果涂料成膜性不佳，会导致涂料在施涂辊上形成的料膜易破、易裂，引起涂布不均匀或漏涂，进而影响纸张质量。另外，涂料和固含量、黏度等和涂布头不适配也是原因。

③ 空气冷却器。为避免气刀吹出的热风对涂层产生热效应，在从空气压缩机至气刀的输气管路中，要装配空气冷却器。热空气中的水蒸气在被冷却的过程中，会放出热量，变成冷凝水。若冷凝水不能有效分离，则冷凝水随压缩空气一起吹到涂布纸面上。

④ 从涂布工艺。涂布头工艺参数设置不当。

⑤ 涂布头施涂辊。该辊亲水性处理工艺实施不好，造成亲水性不良，形成的涂料膜不均匀，有破裂。

2. 掉毛、掉粉

使用掉粉、掉毛的纸张使印刷的质量低劣，印刷品线条、图案不够清晰。另外纸张的粉尘过多，造成印刷时容易糊版，需频繁停机清洗印版和辊筒。掉毛、掉粉现象产生的原因如下：

① 原纸表面强度的影响。原纸出现的局部单根纤维和填料粒子撕落（原纸掉毛），就会导致涂层出现局部脱落。

② 涂料性能影响。无碳复写纸表面强度低主要是涂层表面的脱落，因此涂料中胶黏剂黏结强度直接影响涂层和其与原纸的结合强度。

③ 颜料没有很好的分散、易沉降涂料中有杂质。

④ 印刷速度高、印刷压力大或使用浓而黏的油墨。

3. 蓝点或泛滥

一般发生在 CFB 纸的 CF 面，生产、包装运输、使用时都会发生。造成 CFB 纸 CF 面出现蓝点因素较多，一般综合起来有如下几个方面：

① CF 纸在由 CB 纸转料生产时如果流程清洗不干净，涂布开始时也会出现少量的蓝点。

② 卷取时因速度差造成蓝点，这种情况一般发生在卷取初时较多。

③ 涂布时，涂料从纸幅两边飞溅到纸的 CF 面干燥受压而产生。

④ CB 面微胶囊破裂，无色染料流出透过原纸在 CF 面产生蓝点。

⑤ 微胶囊囊壁薄且易破裂，或囊壁密封性不好有缓释现象，涂布过程中无色染料渗透到 CF 面。

⑥ 原纸有针眼、透明帘等质量纸病。

4. 翘曲和伸缩

无碳复写纸一般采用 40～45g/m^2 原纸，纸页在生产过程中易产生不同程度变形、伸缩，特别是原纸质量差的情况下更易变形，伸缩率可达 0.6%～0.8%，造成产品平整性和尺寸稳定性差等问题，无法在电脑票证轮转机上印刷、打孔、配页等，造成损失。产生翘曲的原因有以下几个方面：

① 原纸本身存在的翘曲是影响无碳复写纸翘曲的主要原因。

② 涂布作业干燥温度不合理。气浮式热风干燥，纸页在上下热风喷嘴间以正弦曲线飘浮前进。原纸涂布湿润后，由于上下纸面含水量差别大，若温度控制不好，干燥温度过高，蒸发过快，纸页变形收缩大。反之，涂料未干，成纸含水分大，纸页易起皱。

③ 纸幅张力控制不稳定。

④ 涂布纸因环境干湿度变化而导致水分变化，产生翘曲或不平整。

⑤ 成纸水分与大气湿度相差大。成纸水分含量一般在 6%～7%，纸张裸露在空气中，必然与空气中水分逐步平衡。

⑥ 成纸温度过高。纸页整饰后卷取成卷，成纸温度高，水分不易散发出去，温度不易降低，易吸湿，伸缩变形。

5. 存在针眼或针孔、透明帘

这主要是原纸的问题，或者涂布不均匀、有漏涂等纸病。

（二）失敏处理

无碳复写纸的失敏处理也叫脱敏处理。无碳复写纸成纸以后，在纸的整幅纸面上都具有复写作用。然而，在无碳复写纸的使用中，有的希望纸面的某些部位不必具有复印能力。因此，需对成纸进行失敏处理，使其在一些特定部位失去复印功能。一般采用印刷油墨里加入失敏剂，印刷时印在无碳纸 CF 面上。

1. 失敏剂

用于票证印刷的无碳复写纸正面的涂层是显色剂涂层。显色剂的化学活性很强，它能吸附各种各样的物质。这些物质有的不产生显色反应，也有显著阻止吸附发色剂的。我们把能使显色剂失去显色反应能力的化合物称为失敏剂。失敏剂有暂时性和持久性两种。以白土为显色剂而制得的复写纸，发色后不久，如果一沾上水或酒精，颜色就会自行消失，但干燥后又会重新发色。但若遇上相对分子质量较大的胺类，如胺、二胺、十二烷基胺、双十二烷基胺；季铵化合物，如氯化三甲基铵盐；聚羟基化合物，如甘油、聚乙二醇；氮苯盐和非离子型活性剂等不挥发性化合物时，失敏现象将持续很久。在这里，前者的水和酒精是暂时失敏剂，而后者为持久失敏剂。

2. 失敏剂的使用

上述几种失敏剂配以蜡和油类等辅助剂即可使用。失敏剂多与印刷油墨相配合，通过套版印刷，在无碳复写纸上的某些部位印上失敏油墨，这些部位便成为不能复写记录的部分。但上述失敏剂多数是有吸水性的，这既影响印刷油墨的干燥，又易使纸变黄。现发现的许多高相对分子质量的失敏剂，都能克服上述失敏剂的缺点，都属于专利产品。国内施敏剂大都采用高分子铵盐类。

失敏油墨：一般配方是颜料（染料）＋连接料＋氯化三甲基铵盐。如50份亚麻油清漆和树脂胶黏剂，加入25份1，4，4-三甲基-2-噁唑啉和10份绿化十二烷基三甲基铵盐，必要时加入硫酸钡和钛白粉。

第二节　防　伪　纸

一、概　　况

防伪纸是指在制作过程中形成防伪功能或与其他防伪技术结合后具备防伪功能，客观上起到防止伪造作用，在一定范围内能准确鉴别真伪，并不易被仿制和复制的纸产品[1]。换句话说，防伪纸是以防伪为目的，采用了防伪技术而制成的，具有防伪功能的特种纸类产品，也是防伪技术在纸类制造业中的深化运用，是防伪技术产品的一个重要门类。

（一）分类

防伪纸是一个比较宽泛的概念，包括运用各种技术生产的以防止伪造为目的的纸张。纸张防伪及其防伪技术是多学科交叉技术的产物，也是各领域新技术和制浆造纸技术完美结合的产物。因此，防伪纸的种类很多，此处主要借鉴《GB/T 22467.1—2008 防伪材料通用技术条件　第1部分：防伪纸》中根据防伪技术的不同，可将防伪纸大致分为以下几类：水印防伪纸、安全线防伪纸、嵌入物防伪纸、防涂改纸、防复印、全息防伪纸和其他防伪纸。

1. 水印防伪纸

水印纸是在原纸形成过程中，通过特殊的水印设备使原纸的纤维分布成型，在可见光透射条件下能显示出水印图纹的纸张。水印纸自13世纪意大利造纸专家发明后一直沿用至今，是最常用的一种防伪纸，已成为防伪领域不可或缺的一部分。水印纸的生产原理是利用了纸张的光学特性。一般纸张的内部会存在3个界面：纤维—空气界面、填料—空气界面和纤维填料界面，这3个界面的折射率相差越大，散射和漫反射越强，纸张越不透明。在湿部采用带有特殊纹路图案的滚筒压印湿纸页，纸张的特定部位变薄，相应的纤维密度增大，空气减少，散射和漫反射能力降低，纸张透明度增大，产生水印效果。

根据水印所在位置的不同可分为固定水印、半固定水印和不固定水印（满版水印）。固定水印是指水印图纹固定在纸张版面的某一特定位置上。生产工艺和技术难度较大，多用于钞票、护照、证件等防伪要求较高的产品上；半固定水印每组水印间的距离、位置均固定，各组水印在纸上呈连续排列，也称连续水印，这种水印多用于专用纸张；不固定水印也称满版水印，水印图案分布于纸张或票面的满版，满版水印的生产难度最低。具体使用根据不同用途和具体需要而定，目的是凸显特色，与众不同。

按水印形成工艺的不同可分为黑水印、白水印和黑白水印。白色水印是将纸层减薄形成图像，应用比较广泛。黑水印是将纸层按要求加厚或减薄使之具有阶调而形成图像的技法，一般纸张不会使用，但各国的钞票几乎都使用了这一技术。

随着科学技术的发展，防伪水印纸的生产也由长网制造发展到圆网制造。圆网制造的水印纸相比长网制造具有更多优势：

① 水印清晰度好，难以伪造。圆网纸水印可呈现多达15个灰度层次；圆网纸黑水印区

的厚度可达 40μm，纸张本身的厚度约为 15～20μm，对比明显，而长网纸的厚度没有明显不同；

② 采用圆网能获得长网纸所不具备的附加防伪技术，如可以在圆网上施加安全线等。

③ 圆网的模制过程可以获得更清晰、细节更完美的水印图案。长网水印是通过刻纹的钢辊与湿纸页表面相压而形成水印，是一种压制处理过程。长网纸机速度快几乎没有时间让纤维进入到刻纹的深处。而圆网纸机上，水印是通过纤维在水印图案表面的堆积而形成的，水印图案与纸张同时成形，是一种模制过程，纤维可以填充到水印图案的峰与谷中，形成非常清晰、细节美好的水印[5]。

近些年随着相关科技的发展出现了一些新型的水印纸，如化学水印纸、电子水印纸和数字水印纸。化学水印纸是将化学物质印刷在纸上所制成的水印纸；电子水印纸是随电子科技的发展而出现的，一种称为“微巴”的系统利用混沌理论将数据编成密码加入到文件的背景中，这种“微巴”肉眼看不见，但用扫描仪可阅读、破解其密码。只有原始的印版才能印制“微巴”，任何精密的印刷设备均不能复制或只能印出一些模糊不清的图像。这种“微巴”可以很容易隐藏在货币、股票等有价证券的水印、图像背景中，所以称为电子水印，这其实是隐藏在图案下的一种电子暗记，和传统意义上的水印完全不同。

另外，随着数字印刷技术和电子出版技术的发展，促进了数字信息防伪技术的发展，数字水印已在各国的新的防伪材料中获得广泛应用。数字水印和传统的纸张水印有着不同的概念，其基本原理是利用了图像中的随机噪声，在图像像素的光照信息内作一些修改，称为加一些“水印能”。在平淡区域这种“能”加得少一点，在细节区域加得多一点，使观察者无法察觉。用数字化技术将图标直接隐藏在静止图像、运动图像或其他数字化传播媒体中的技术称为数字化水印技术。

2. 安全线防伪纸

安全线防伪纸是指在原纸形成过程中，将安全线埋入（全埋）或半埋入（开窗）原纸内部，形成具有防伪功能的纸张。安全线防伪的表现形式有全埋和开窗两种。全埋安全线纸可以在纸机上一次成型，也可以通过复合成型。安全线最常使用的是金属线和塑料线，这种安全线还可以采用磁性涂料涂覆、施加染料、加印缩微字母、局部镀金属、加网孔等措施，制成磁性安全线、荧光安全线、缩微字母安全线等。近些年还出现了热敏安全线和激光全息安全线，热敏安全线是在室温下呈粉红色不透明的一条线，用手指摩擦局部加温只要达到37℃，局部就显现出缩微印刷的文字。而激光全息安全线不仅能改变颜色还能变换图像。安全线可以有不同的宽度、厚度、颜色，也可以增加文字、印刷等，形状有直线、波浪形、锯齿形等，安全线的类型很多，选择时既要考虑满足使用要求又要体现不同的特性。

安全线是各国钞票防伪研究和应用的重点，如英国采用的开窗式透射安全线，中国百元人民币的光变镂空开窗安全线；法国的部分镀铝安全线，芬兰的荧光安全线等。随着科技的不断发展，安全线的形式也会越来越多，可以实现一线多重防伪。

3. 嵌入物防伪纸

在原纸形成过程中，加入可见或不可见特殊添加物（包括纤维、颗粒、薄片及其他特殊添加物）的纸，以此构成防伪识别特征。这种防伪纸最早的形式是在纸浆中添加有色植物纤维，随着各种新材料和新技术的不断涌现，添加物的种类也呈现出多样化的趋势。如无色荧光纤维、金属丝、塑料丝、具有光学变化功能的材料及一些特殊的化合物等。

在纸浆中添加彩色化学纤维或荧光纤维，前者用肉眼就能在纸面上看到，后者必须在紫外光的照射下方可显现，其颜色以呈红色、蓝色、橘红色居多，形态可粗可细、可长可短，目前很多国家的钞票采用了这种方式。也有在抄纸过程中将金属丝、表面镀金属薄膜的塑料小圆片、带荧光的金属丝、镀有光学致变材料的薄膜或磁性材料作为防伪纤维插入纸层中，这种防伪纸的特点是用肉眼就可以识别，且复印机难以再现，防伪性能好。

另外，在纸浆中或在纸张表面施胶时加入特殊的化合物，当这种化学加密纸上涂以特定的化学试剂后，可显色、显现荧光或起特征化学反应。还可利用生物免疫学抗原与抗体特异组合的原理，在纸张的特定部位加入抗原物质，检测时使其与相应的抗体结合并显色，以实现防伪目的。

4. 防涂改纸

以纸为基材，经化学处理后形成的纸张。纸面所载信息经化学涂改后有明显变色痕迹（国外同类纸张称为化学敏感性纸张）。

5. 防复印纸

随着现代复印技术的发展，复印机的功能正向着高速、高品质、多功能、复合化及彩色化发展，因此文字文献、有价证券、票据等都有可能被违法复印伪造，所以防复印纸在防伪技术和现代军事、公安、国防等领域也有广泛的用途。

防复印的目的是让复印后的文字、图形、信息内容成为完全不能辨认或使复印件的内容一目了然知道是伪造的。目前开发出的防复印纸主要有以下几种：

（1）光敏型防复印纸

在纸基上涂上光色互变物质，在复印机光源照射下，该物质变成深色（黑或深蓝色），使背景和图像的反差减少而不被复印。离开复印机，背景再度恢复。这类纸张光色互变原料制备复杂，作为防复印材料成本较高。

（2）热敏型防复印纸

在纸基上涂上常温时无色，遇热变色的热敏型材料，复印时由于复印机发热而呈色，使图像部分和背景的反差消失而不能复印。当恢复到常温时又消色，背景部分又变成原来无色的状态。这类纸张变化敏感，几秒钟内变色。但由于该类纸对温度十分敏感，对纸张的使用要求较高。

（3）荧光型防复印纸

在造纸过程中添加荧光助剂或采用荧光纤维。复印过程中利用荧光物质发射波长的长短，使复印件变成全黑色或全白色，达到防复印的目的。这类纸张的防伪功能主要是靠荧光助剂来实现的，荧光助剂种类多，供选择的范围大，易操作。但荧光助剂的需要量大，造成成本上升。另外，荧光寿命短，很容易失去防伪效果。

（4）光漫反射型防复印纸

这种纸是通过在纸基上涂一层直径很小而折射率较大的材料。如铝粉、二氧化钛，通过纸面的漫反射来覆盖或减少纸与图像的反差，使复印件呈现黑色而达到防复印的目的。这类纸张有较好的防复印效果，缺点是影响阅读效果。

（5）偏振光型防复印纸

这种纸是利用光干涉原理，将偏振片制成膜覆盖在纸基上。在复印时，由于偏振作用，减少了字与纸对感光鼓的反差，防复印的结果是印品呈现全黑色。这种纸防复印效果好，但应用不方便，读文件需通过另一偏振片，且其抗潮湿、耐高温性等方面较差。这种类型的纸，目前基本上已被淘汰。

（6）利用底色花纹印刷，隐藏文字、花纹、图案的防复印纸

在纸上印有阅读或辨认时几乎没有任何障碍的底色花纹，这是一种极细的网点花纹或隐藏的文字、图案印刷，复印时，“不可复印”“无效”“作废”等花纹或隐藏的文字、图案就鲜明地呈现出来。从而达到防复印的目的，这也是一种比较老的防复印的方法。

6. 全息防伪纸

以纸为基材，经涂布、模压或转移等工艺获得全息图案，具有防伪功能的纸，分转移型和非转移型[2]。利用全息防伪技术和专用设备，将全息图像部分转移或全部转移到纸张上，称为转移型全息防伪纸；利用全息防伪技术和专用设备，将全息图像直接制作在纸张的特定位置，称为直镀法，即非转移型全息防伪纸。

目前应用较多的是激光全息防伪纸，把全息图案直接制作在纸张上，除去了塑料信息层，因此很少有被复制的可能。激光全息防伪纸张上的图案可根据商家要求设计、制版，生产出商家需要的不同质地、不同定量的纸张，如铜版纸、卡纸、纸板，并且还可以像普通纸一样再进行胶印、丝网印刷等，既可靠又方便。激光全息防伪纸的价格只略贵于普通复合金银卡纸，只相当于全息防伪商标价格的 1/10，且省去了贴标签的人工费用，因此易被商家接受。直接用这种激光全息防伪纸张包装的产品，既可起到防伪作用，又十分美观。并且激光防伪全息纸张废弃后可在泥土中风化，不会造成环境污染，因此，它将逐渐取代含有塑料膜的激光全息产品。

7. 其他防伪纸

利用其他防伪技术实现防伪功能，且具有独立使用功能的纸张。如离子介质特种防伪纸，磁性防伪纸，热感防伪纸等。

（二）防伪纸的特点

防伪纸是防伪技术在纸类产品制造过程中的深化运用。集各种防伪技术和纸的制造工艺于一身，在纸类材料上呈现各种防伪功能，以达到保护标的物的目的。防伪纸归根到底是一种防伪纸产品，一般具有以下特点：

① 防伪技术的专一性。防伪纸张原本就为了防止伪造，因此在采用防伪技术的时候，就针对其防伪的对象设计专一的措施，如一些专用的水印图案，特殊的安全线以及各种防伪技术的综合体等措施。

② 产品难以伪造。

③ 生产成本较高。防伪纸张属于高档纸张产品，其原料、加工工艺、抄造费用、防伪手段等方面决定其生产成本较高。

④ 产品附加值高。高级防伪纸还具有技术含量高及附加值高等特点，经济效益要比普通纸和纸板高。

二、防伪纸的质量指标

防伪纸首先是一种纸张材料，对其基本的物理特性指标的要求见表 3-5；同时又具有防伪功能，对其防伪识别特征的要求见表 3-6。

三、安全线防伪纸生产工艺

安全线防伪纸主要包括全埋和开窗两种，此处以单面开窗安全线防伪纸为例探讨其生产工艺过程。安全线防伪纸的生产过程一般包括 3 个阶段：

表 3-5　　防伪纸物理特性指标要求

序号	项目名称			单位	指标要求
1	定量偏差			%	±4.0
2	横幅定量差		≤	%	6.5
3	相对横幅厚度差		≤	%	8.0
4	亮度(白度)		≥	%	80
5	印刷表面强度正反面均		≥	m/s	1.0
6	横向伸缩率		≤	%	2.8
7	尘埃度	0.3～1.5mm²	≤	个/m²	100
		＞1.5mm²	≤		0
8	交货水分			%	6.0～8.0

注：用于凹版印刷的产品，可不考虑印刷表面强度；用于轮转印刷的产品，印刷表面强度分别降低 0.2m/s。

表 3-6　　防伪识别特征的具体要求

序号	产品名称	项目名称	指标要求
1	纤维防伪纸	物理结构	特殊添加物在纸中的物理结构应稳定牢固且分布均匀
		特征及数量	特征及数量应满足在标的物上准确无误辨别的要求，特殊添加物上承载的防伪信息借助专用仪器应能准确无误的识别。一般为每 100cm² 中不少于 10 个
2	水印防伪纸	水印图文	水印图文在可见光透射条件下应清晰可辨，水印图文的数量与大小应保证在标的物上至少有一个完整的图文单元
		固定水印	固定水印纸图文在纸页中显现位置与设计水印版图的要求偏差应在±5mm 之内
		半固定水印	半固定水印纸图文在纸页中显现位置其左右两边与水印纸设计版图的要求偏差应在±5mm 之内
		满版水印	水印图文在可见光透射条件下应清晰可辨
3	安全线防伪纸	结合牢固	安全线与纸应结合牢固，在裁切和非破坏性实验时，安全线不应与纸发生剥离，裁切端应整齐、无翘起。开窗式安全线间隔应均匀
		特征要求	安全线上承载的防伪信息借助专用仪器应能准确无误的识别
4	防涂改纸	变色痕迹	纸面所载信息经处理后仍保留其原有信息，化学处理后保留明显痕迹，且信息不可更改，痕迹不可逆转
5	复写防伪纸	耐摩擦性	符合 GB 16797—2017 第 5.1 条要求
		显色灵敏度	符合 GB 16797—2017 第 5.1 条要求
		蓝印显色密度	符合 GB 16797—2017 第 5.1 条要求
		耐光性	符合 GB 16797—2017 第 5.1 条要求
6	全息防伪纸	衍射效率	≥5%
		信噪比	≥10∶1
		专用加密标记	全息防伪纸除通用版(如光柱版、素面光栅版、花版等)的图案外，还应有客户专有图文版面，专有图文版面中必须以专用防伪标记加密
7	其他防伪纸	特征要求	纸上所载防伪识别特征通过目测或借助专用仪器可准确无误的识别

① 设计。设计是基础，主要是对安全线的排列方式、植入方法和定位要求进行设计。

② 制网。这个阶段是对安全线进行定位，对最终产品定型，是生产过程的关键和核心。

③ 造纸。这个阶段既是制造产品的过程，也是对前面两个阶段进行检验的过程，必须严格控制工艺条件，做到安全线线距合理，开窗干净利索。

常用的工艺流程如图 3-19 所示：

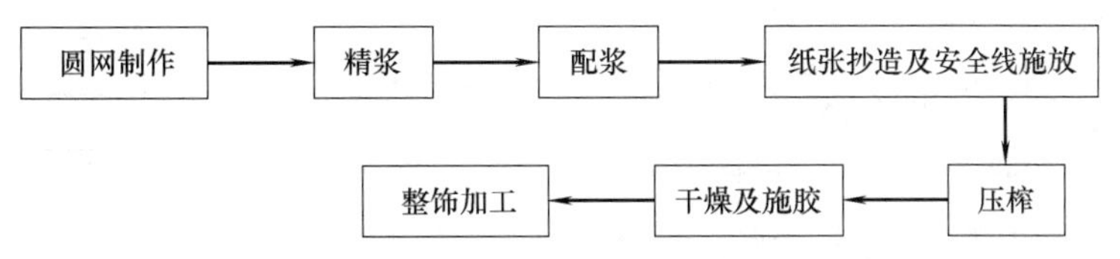

图 3-19 常用安全线防伪纸生产工艺流程

（1）圆网制作

首先采用 70 目、方孔的铜网压制铜网凹槽，凹槽周边不能有断丝，压槽深度根据生产纸张定量要求一般控制在 1.0～2.0mm，如生产 $80g/m^2$ 的纸，压槽深度为 1.35mm。铜网凹槽压制要整齐，凹槽的底部尺寸偏小，上边开口部位尺寸要偏大；压制的长方体凹槽各边部的拐角处要圆形过渡、不要有死角，这样不易挂浆。铜网凹槽压制完成后的示意图如图 3-20 所示。铜网凹槽制备完成后，焊成筒状套在圆网笼上，再采用焊接将铜网和圆网笼固定在一起，制网就完成了。如图 3-21 所示。

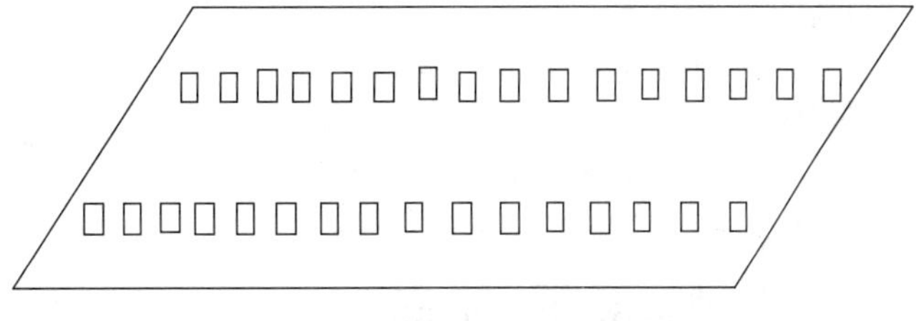

图 3-20 凹槽铜网展开示意图

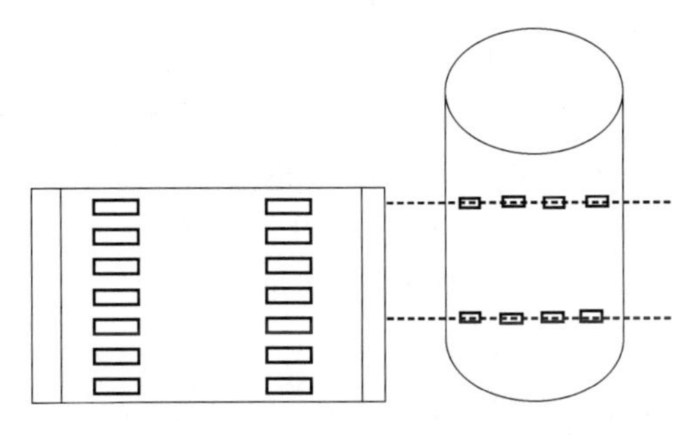

图 3-21 凹槽铜网和圆网笼焊接完成示意图

（2）精浆和配浆

生产高档安全线防伪纸时用 100% 棉浆，打浆度 65°SR。一般安全线防伪纸采用针叶木浆和阔叶木浆生产，针叶木浆：阔叶木浆＝30：70。可分别打浆，也可混合打浆。

（3）抄纸

安全线防伪纸是在圆网纸机圆网部的浆槽内成形的，通过放线器将安全线送入网槽并贴附在网笼的铜网凹槽上，与网笼上的铜网同步运转。运转中的铜网表面形成湿纸幅、浆料充满铜网，形成对安全线半包埋的纸张结构。生产原理如图 3-22 所示。由于网笼上铜网的凹槽是断续且均布在铜网的圆周上，而安全线是连续的沿着圆网的周长覆盖在铜网和间断的凹槽上，这样紧贴在铜网面上的安全线就被置在了铜网和湿纸幅之间，即安全线在湿纸幅的表面形成安全线的镂空开天窗部分，形成的结构是：铜网—安全线（成纸后镂空开天窗部分）—湿纸幅。网笼铜网凹槽上的安全线下面有凹空的间隙不与凹槽底侧的铜网接触，此时凹槽中已充满了浆料，这样就把安全线夹在了凹槽内的湿浆与安全线外侧的湿纸幅之间，形成的结构是：凹槽底侧的铜网—凹槽中的浆—安全线—湿纸幅。这样就得到了开窗安全线防伪纸的湿纸幅，如图 3-23 所示（铜网凹槽中抄出的浆块称为凸起埋线浆块）。

带有安全线的湿纸幅经自然脱水浓缩后，网笼上的湿纸幅旋转到伏辊处，进一步脱水。

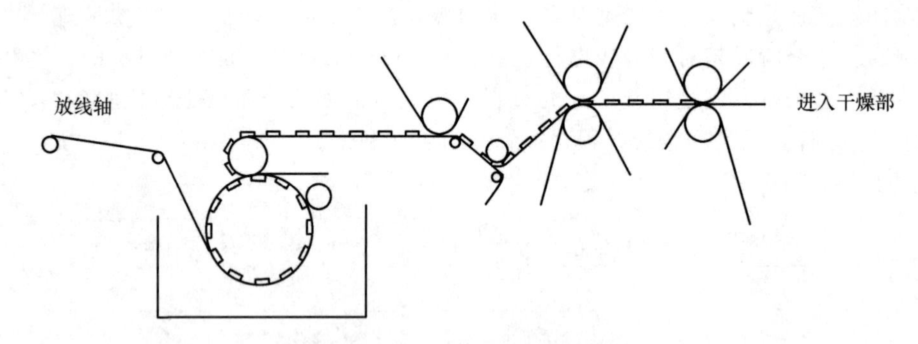

图 3-22 安全线防伪纸生产原理简图

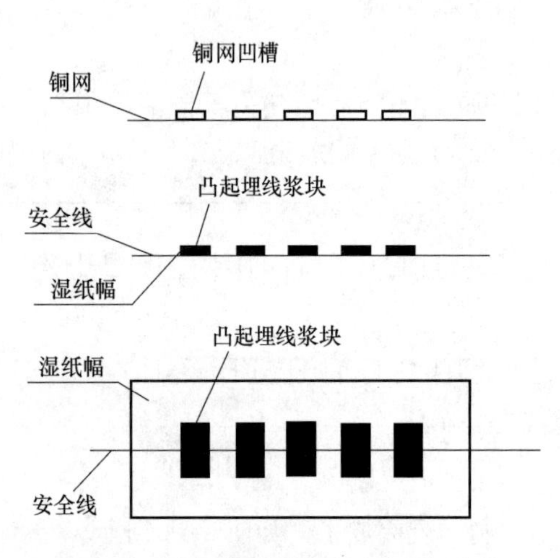

图 3-23 开窗安全线防伪纸的湿部成形

此处最好采用真空伏辊，否则，容易出现压在安全线上的凸起浆块下滑的现象，导致安全线处形成的开天窗部分出现毛边，生产出来的纸张安全线周围看上去很不美观。

（4）压榨

湿纸幅离开伏辊进入压榨部，湿纸幅的表面结构如图 3-23 所示。沿着湿纸幅的安全线上有一排排整齐的凸起的长方形浆块，在凸起的长方形浆块之间是镂空的安全线。此时，凸起的长方形浆块含水量比其下面的湿纸幅要大，在进压榨后如何使之不变形而平压在安全线的上方是配置压榨设备和工艺操作的一个关键，若配置不当则凸起埋线浆块就会被压花。

凸起埋线浆块压榨脱水时，若压榨时有横向脱水，就有压花的可能，横向脱水越大，压花的可能性就越大。保证凸起埋线浆块处不发生横向脱水是压榨部运行的关键。实践证明，凸起埋线浆块的周围按流动控制型压榨配置设备及操作更有利于防止压花的现象。可采用双毯正反脱水、大直径压辊、较软的胶层和压缩性大的毛毯配置及逐渐加压的运行方式。

（5）干燥

干燥过程中防止安全线部位出现褶皱和安全线脱离是要特别注意的一个问题。对于趋向于黏状打浆的浆料，要求湿纸端的烘缸温度越低越好，而且整个干燥过程的温度提高也要缓慢。当然对于趋向于游离状打浆的浆料，在干燥过程中，烘缸的升温速度控制上要宽松得多。

四、防伪油墨

普通印刷用油墨是由色料、连结料和油墨助剂三部分组成的。防伪油墨是在油墨中加入特殊性能的防伪材料，经特殊工艺加工而成的具备防伪功能的特种印刷油墨。广泛应用在商业票据、票证、产品商标和包装上。这类防伪技术的特点是实施简单、成本低、隐蔽性好、色彩鲜艳、检验方便，是各国纸币、票证和商标的首选防伪技术。防伪油墨的类型主要有：光学可变防伪油墨、紫外激发荧光防伪油墨、日光激发变色防伪油墨、红外激发荧光防伪油墨、热敏变色防伪油墨、压敏防伪油墨、磁性防伪油墨、其他防伪油墨。

1. 光学可变防伪油墨

采用能发生光学干涉作用的多层光学薄膜，以片状粉末形态作为分散材料制作的油墨，其印迹在光线入射角分别为90°和30°时，呈不同颜色。用此墨印刷的图案及标记，在普通光线下，不仅有绚丽的干涉色调和金属的光泽效应，而且有神奇的转角变色功能。当我们转动印刷物平面角度时，就可以清晰地看到图案或标记的颜色（反射色）会随转动角度的变化而改变。

2. 紫外激发荧光防伪油墨

紫外光照射下能发出荧光的油墨。根据激发光源的波长不同，可分为短波紫外线激发荧光防伪印刷油墨（激发波长254nm）和长波紫外线激光荧光防伪印刷油墨（激发波长为365nm）。荧光防伪油墨中的防伪成分是荧光颜料，荧光颜料属于功能性发光颜料，被光（含紫外光）照射时，能吸收一定形态的能，不转化成热能，而是激发光子，以低能可见光形式将吸收的能量释放出来，从而产生不同色相的荧光。当光照停止后，发光现象消失。

3. 日光激发变色防伪油墨

在自然光下，油墨的外观颜色能发生显著的变化，在无日光照射条件下外观颜色恢复到油墨本身的颜色且可逆。这种油墨称为日光激发变色防伪油墨。这种油墨从表面上看是由于太阳作用而变色，实际上也是受紫外线照射而变色的。

4. 红外激发荧光防伪油墨

利用对红外线具有不同吸收特点的材料制成，在红外光照射下能发出荧光的油墨，并能通过仪器检测识别其印迹。

5. 热敏变色防伪油墨

热敏防伪油墨是在温度变化时，能发生变色效果的油墨。根据变色所需温度的不同，可以分为手温型变色防伪油墨和高温变色防伪油墨。手温型变色防伪油墨是指在34～36℃温度下，能发生变色效果的油墨。按照变色方式的差异，又可分为单变色可逆，多变色可逆和多变色不可逆热敏防伪油墨。

6. 压敏防伪油墨

在压力作用下，出现颜色变化的油墨。在油墨中加入特殊化学试剂或变色物质而制成。用这种油墨印刷成的有色或隐形图文，当用硬质的物件或工具摩擦、按压时，即发生化学的压力色变或微胶囊破裂，染料显漏而出现颜色。可根据用户的要求选择显示的颜色并设计暗记。

7. 磁性防伪油墨

磁性油墨是采用具有磁性的粉末材料作为一种功能成分所制作的油墨。现阶段主要用于印刷银行票证的磁性编码文字和符号，具有记录和存储信息的功效。将印有磁性编码的票证投入磁码识读器中可辨识真伪。将其使用在包装装潢上，具有较强的防伪性。

8. 其他防伪油墨

防伪油墨是在制作过程中，形成防伪功能或与其他防伪技术结合后具备防伪功能的油墨。随着科学技术和防伪技术的不断发展，防伪油墨的类型也越来越多。如生化反应防伪油墨、防涂改防伪油墨、液晶防伪油墨等。

生化反应防伪油墨中混入了能产生生物化学反应的物质。先用此油墨在包装品及需要防伪的印品上做一个肉眼不可见的标记，然后，依据配方有针对性地选择化学试剂，当采用微热、润湿、摩擦等方法操作时，就会显露出文字或图案，该油墨中化学成分较复杂，一些绝密文件、重要票证等采用了这种油墨印刷。

防涂改防伪油墨是对涂改用的化学物质具有显色化学反应或印迹变化的油墨。用防涂改油墨印制发票及一切有价证券的底纹，当遇到消字灵等涂改液时，这些底纹消失或变色从而发现涂改的痕迹。

液晶防伪油墨中加进了具有结晶性能的化合物。液晶在微弱电流和温度的影响下，因晶体发生变化而显示出明暗图案与色彩。用这种墨印出的包装装潢品可随着温度的变化产生反应；如果用于印刷日历，将会随着四季温度的变化而呈现不同的色彩，是一种很有生命力的新型油墨材料。

五、生产质量控制

生产质量控制重点集中在安全线的制作、制网、纸张抄造。

(一) 安全线的制作

制作安全线首先要选择印制材料，然后确定安全线的尺寸参数，即安全线的厚度和宽度，最后确定安全线上加载的内容信息及尺寸、排列方式。聚酯类材料尺寸稳定性好，抗张强度高，印刷适性好，是作为安全线的基础材料的最佳选择。在设计安全线时，应根据安全线的应用方式采取相应的技术方案，如光学变色安全线、温变显字安全线。为便于观察，只适用于开窗安全线纸张，而不适用于全埋安全线纸张。

一般来说，安全线的厚度应该不超过纸张厚度的1/4，如厚度为80μm的纸张，安全线应该选用20μm的薄膜，一般为20～25μm，不能超过25μm，太厚会影响纸张厚度的均匀性。安全线的宽度越大，强度越好，但不宜过宽，否则生产困难。安全线的宽度一般在0.8～4mm，但受造纸工艺的限制，国内一般常用的安全线在1.2～3mm，根据各厂家工艺技术水平会有所不同。全埋安全线对线的宽度要求最敏感，因为纸浆与安全线没有亲和力，很容易脱层，所以选择较窄的线更为适宜。开白窗时可适当增加线的宽度，以弥补局部纸张薄的不足，提高纸张强度。根据材料的力学特性，安全线的宽度和厚度应做匹配性调整，宽的安全线可薄一些，窄的安全线应该厚一点，防止安全线在使用过程中因拉伸变形影响使用效果。

安全线中的图文信息设计，一定要考虑信息的辨识效果，包括图文信息单元的尺寸大小、间距等，以及信息单元是否需要翻转镜像等。安全线上图文信息的精细程度受印制条件、薄膜分切精度的限制，同时还应该考虑辨识的方便，过大过小都不可以，只有多个参数匹配才能设计出美观实用的产品。

(二) 制网

铜网凹槽的深度直接影响凸起埋线浆块的定量。凸起埋线浆块定量大，则铜网凹槽的深度就大，反之则小。安全线防伪纸在网槽内成形，由于安全线的存在阻挡了圆网纸机成形时的过滤作用，因而安全线上的浆料定量势必要小于其周边的湿纸幅定量，安全线越宽、抄纸定量越低，对纸张成形时的阻挡作用越明显，这样就造成了安全线部位纸张的强度要小于其周边以外的强度。铜网凹槽形成的凸起埋线浆块除了固定安全线之外，实际上也对安全线部位纸张的低强度起到了加强筋作用。即铜网凹槽压制的深，形成的凸起埋线浆块就厚、挺度大。如果凸起埋线浆块定量小就起不到加强筋的作用，生产出来的纸张，安全线部位的挺度比其周边的纸的挺度小，易在安全线处出现褶皱。

铜网凹槽压制时，凹槽深度的控制要与生产纸张的定量相匹配，深度的大小要以纸张整幅挺度保持一致为原则。一般定量偏高和安全线偏宽的防伪纸，压制的凹槽深度要比定量小和安全线窄的防伪纸凹槽相对深一些。从运行上看，偏深的铜网凹槽操作余地大，但在压制凹槽时越深越容易断铜丝，制作深的铜网凹槽要比浅的铜网凹槽难度大，要求也高。

（三）纸张抄造

这个阶段既是制造产品的过程，也是对前面两个阶段进行检验的过程，必须严格控制工艺条件，做到安全线线距合理，开窗干净利索。

在铜网凹槽处形成的凸起埋线浆块形状要挺硬且饱满、定型好，才能在开窗部位整齐美观。但事实上凸起埋线浆块只能通过凹槽底部单面脱水，含水量高于铜网处形成的纸张，不利于浆块的定型。生产实践表明，成形段越长，凸起埋线浆块成形的质量越好；网笼直径越大，越有利于凸起埋线浆块成形。还可以在湿纸幅离开网槽的浆液面后，在自然脱水的空气段加一个挤水辊，有利于凸起浆块的定型。此外采用真空伏辊对压在安全线上的凸起埋线浆块起到定型作用。定型越好，生产出来的纸的安全线镂空处越整齐美观。

带有安全线的纸在安全线上的凸起埋线浆块压榨脱水时，使其不发生横向脱水是运行的关键。若压榨时有横向脱水，就有压花的可能性，横向脱水越大，压花的可能性就越大，开窗部分毛边越不整齐，尤其对于生产镂空安全线防伪纸而言更是如此。如果使用较宽的安全线生产质量好、要求高的防伪纸，其压榨部的配置设计成真空和双毛毯压榨、垂直双向脱水是必要的。

另外安全线的输送张力也是生产安全线防伪纸的一个重要的影响因素，安全线输送张力的大小主要影响干燥部纸张的平整度。送线张力松紧适度的调控，要求以纸张在干燥时安全线不崩线也不脱线，且安全线的周围不起皱褶为原则。

六、生产实例

（一）实例1：带安全线的防伪标签纸

安全线防伪标签，具有美观漂亮、制作难度大、不易仿造等特点，广泛用于各类酒的瓶标、脖标、盖标等。对打击假冒商品的行为发挥了重要作用。

安全线防伪标签纸必须用圆网纸机抄造，才能将安全线有效地加入纸页中。图3-24为安全线防伪标签纸的生产工艺流程。

采用针叶木浆、阔叶木浆按1∶1的配比混合，以滑石粉为填料生产防伪标签纸。生产过程中要注意安全线的正确选用，安全线不能太宽，太宽则纸张无法抄造；也不能太窄，太窄则容易断线影响抄造过程；更不能太厚，太厚则纸张包不住安全线。一般安全线宽度在1.5～4.0mm，厚度20μm；安全线防伪纸定量不能太低，太低就不能形成完整的纸张，也容易形成纸病，一般定量不低于70g/m^2。定量太高也容易出现“压花”等纸病，一般为70～120g/m^2，根据网部脱水能力的不同，也有达到150g/m^2的。

（二）实例2：3D水印防伪纸

在现有的纸张防伪技术领域中，水印是最常用的防伪手段之一。水印在造纸上的使用，不仅有防伪作用，也具有美观效果，传统水印网工艺分黑水印（纸层加厚）和白水印（纸层减薄）。水印网材质多选用铜网，铜网具有良好的延展性、容易加工成型等优点，且焊接加工简单，在行业里普遍使用。但使用铜网存在以下缺点：铜网图案定型差，经纸机伏辊碾压图案易变形，造成纸张水印不清晰；铜网耐腐蚀差，使用周期短，造成频繁停机，纸机消耗大；传统水印铜网因生产制作周期长成本高，不利于产品推广。

本实例采用具有凹状水印图案的不锈钢面网和具有相应镂空图案的不锈钢衬网复合形成

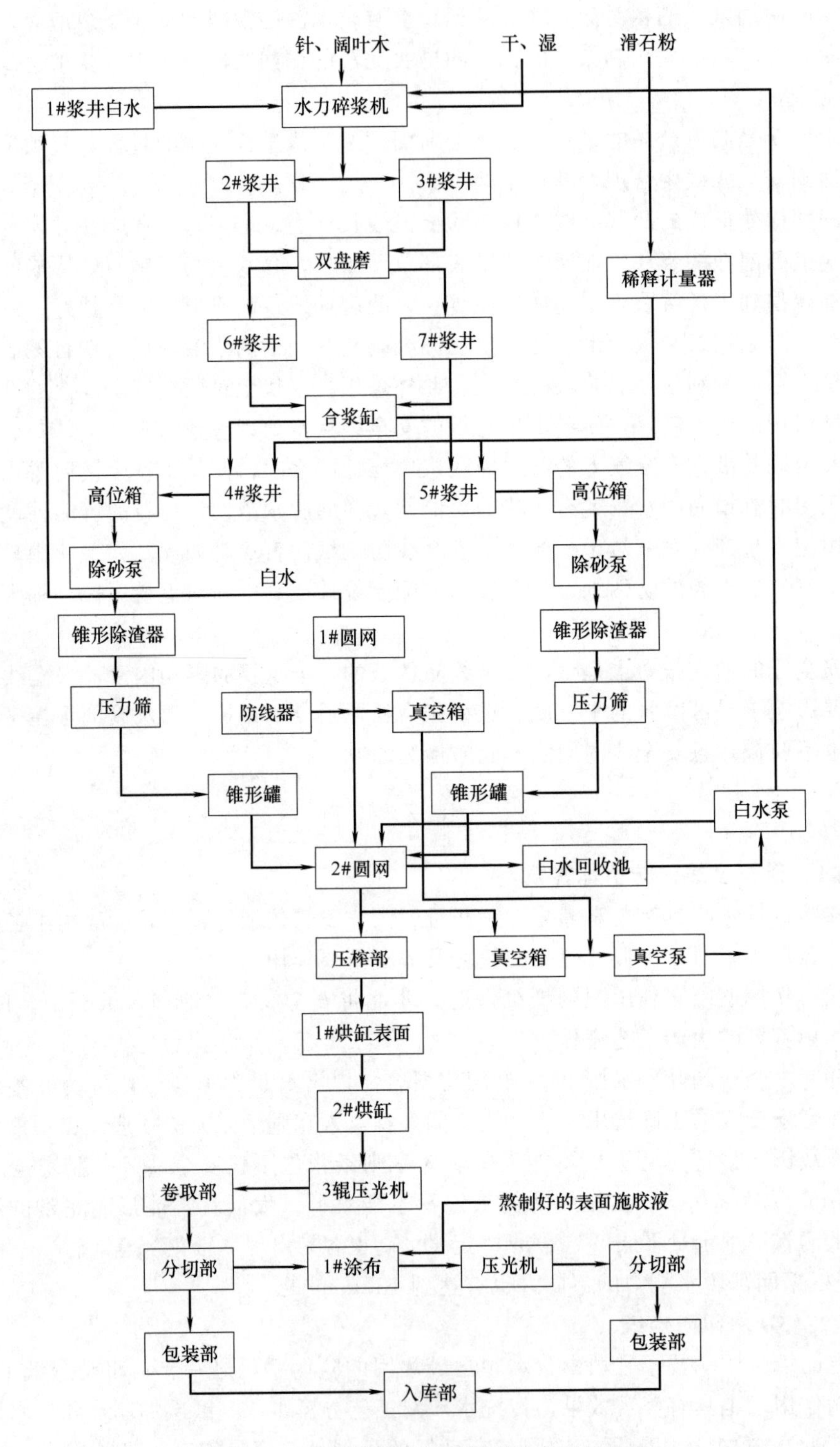

图 3-24 安全线防伪标签纸的生产工艺流程

水印网，通过调整面网图案的凹凸程度配合衬网的层数增加或减少使水印图案呈现 3D 效果，立体感更强，便于识别，利于防伪，是一种环保安全的防伪纸的制造方法。

3D 水印防伪纸采用圆网生产，关键在于水印网的制造，主要包括图 3-25 工艺步骤：

图 3-25　水印网的制造工艺步骤

1. 面网的制作

在不锈钢网上冲压出所需的凹状水印图案，将此面网裁剪成平行四边形，采用螺旋焊接成圆筒状，这样使得面网的网孔为菱形孔，从而改变了纤维的排布方式，增加了纸张横向的抗拉力，且菱形网孔的脱水速度快，提高生产效率；然后在整平机整平，退火后冲压并淬火调质；这样就得到了带有凹状水印图案、菱形网孔的不锈钢面网，如图 3-26（a）所示。

2. 衬网的制作

在另一不锈钢网上切割出与面网凹状轮廓相符合的图案，将此衬网裁剪成平行四边形，采用螺旋焊接成圆筒状，经整平机整平，退火后冲压并淬火调质。这样就得到了带有镂空水印图案、菱形网孔的不锈钢衬网，如图 3-26（b）所示。衬网上切割出所需图案后，对面网冲压凹型图案起到填平支撑作用。一般衬网至少制作一层，衬网的层数应与面网图案的凹凸程度相互配合，衬网层数越多，形成的水印图案的 3D 效果立体感越强。

3. 对花

利用坐标标记，将面网凹状图案与衬网上的镂空图案贴合，使得面网上的图案与衬网上的图案相对应。

4. 复合

将面网与衬网采用点焊焊接的方式复合固定，组成水印网，水印网的上下两面保持平整；图 3-26（c）为面网与衬网复合后的水印网正面示意图，图 3-26（d）为面网与衬网复合后的水印网背面示意图。

图 3-26　水印网的图案

5. 安装

将水印网张紧在网笼上，将网笼放入造纸机的网槽中，得到生产 3D 水印防伪纸的圆网笼。

6. 抄纸

面网与衬网的复合，使得凹型图案处的浆料滤水速度大于非图案区域，凹型图案处为单层钢网滤水，非图案区域为双层或多层钢网滤水。使得浆料滤水速度出现了明显反差，因纤维堆积高低不同，进而提高了水印纸张清晰度，调整面网凹凸程度，衬网的层数增加或减少相互配合，使水印图案呈现 3D 效果立体感更强，便于识别，有利于防伪；且面网和衬网复合而成的水印网的两面均是平整的，在纸机伏辊碾压时，钢网图案不易变形，图案 3D 效果明显；且面网和衬网上的网孔均为菱形，进而改变了纤维排布方式，提高纸张的横向抗拉力。

七、发展与展望

防伪纸是具有防伪功能的纸张，纸张防伪性能的获得是通过在纸张制作或后加工过程中施加了防伪技术而实现的。纸张是载体，技术是不断发展变化的，因此防伪纸的发展趋势就是防伪技术的发展趋势。

科技的发展是一把双刃剑，一方面让人们的生活更加方便和优质，另一方面也使仿造技术同步提升，假冒伪劣现象屡禁不止。这就使得防伪技术有一定时效性，需要不断完善和进步。为了提高防伪技术门槛，现代防伪技术越来越多地融入了当前最先进的技术成果，成为许多学科科技成果的组合和综合应用的结晶。

以目前的发展趋势来看，未来防伪技术会向以下几方面发展：

① 防伪技术综合化，防伪特征集中体现，防伪功能相辅相成。将多种防伪特征集于一身，从而大大提升防伪功能；

② 开发更高技术含量的防伪新技术，挖掘防伪新资源，展示防伪新特征；

③ 更多更好的高安全防伪技术将从防伪集成度极高的钞票等领域走向社会，走向广泛的市场产品；

④ 更高技术含量的激光全息技术将继续在防伪领域发挥重要作用；

⑤ 信息防伪相关技术，尤其是以加密技术、数据库技术、现代通信技术为主的编码技术将走入寻常商家，实现消费者与生产商、销售商之间零距离的商品信息反馈；

⑥ 数字水印技术将得到更多和更全面的发展；

⑦ 生物特征信息防伪技术将得到更广泛的应用；

⑧"易识别、价位适中、难伪造"将成为未来防伪技术产品的共同特点。

第三节 热 敏 纸

一、概 况

热敏纸是在纸的表面给予能量（热能），使物质（显色剂）发生物理或化学变化而得到图像的一种特殊的涂布加工纸。通常是由普通纸张作为纸基，上面涂布一层热敏层，热敏层中包含无色染料、显色剂等物质。在常温下，这些物质之间的化学反应处于"潜伏"状态，当热敏层被热打印头加热时，显色剂与无色染料发生化学反应而变色，形成图文。随着社会信息化的快速发展，热敏纸越发显示出其重要的市场地位，已广泛应用于传真、收银、标签、票券、医学、工业、数码影像等领域。

早期的热敏纸是在支持体上涂布两层，底层是炭黑层，表层是不透明的石蜡层，当纸受热时，不透明的石蜡层熔融透明化，底层的颜色显露出来而构成图像。这种热敏纸是采用物理方法发色的，称为物理型热敏纸；物理型热敏纸又分为熔融透明型、熔融转印型、热升华型及过冷却法等。其中最常用、最具有代表性的是熔融透明型热敏纸如图 3-27 所示，主要应用于医疗上的心电图、脑电图或工业上的一般计测器的画线记录。这种类型的纸表面的蜡层容易被外物碰划而显色，且记录温度高，记录针容易磨损。因此，这种类型的热敏纸在其他行业的应用受到限制。

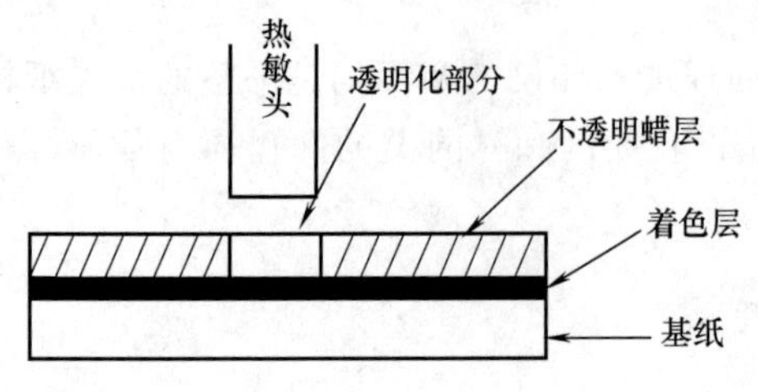

图 3-27　熔融透明型热敏记录纸结构示意图

目前应用最多的是化学型热敏纸，即在热的作用下产生化学反应而达到发色的目的。化学型热敏纸的基本结构如图 3-28 所示，在作为基材的基纸上，涂布有无色染料和显色剂的微粒子构成的显色层。显色层的表面是白色的，从加热体（热敏打印头）施加的热使染料和显色剂熔解接触发色。

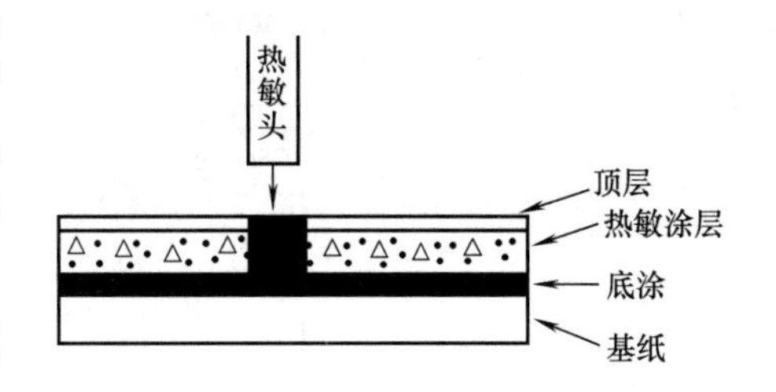

图 3-28　化学型热敏纸结构示意图

热敏纸的分类有很多种，根据发色原理不同可将热敏纸分为物理型热敏纸和化学型热敏纸；根据热敏纸的生产工艺，将热敏纸分为普通热敏纸和特种热敏纸（普通热敏纸是指表面无保护涂层的热敏纸，特种热敏纸指表面有保护涂层，有某些特定要求的热敏纸）；根据应用领域分为热敏传真纸、热敏收银纸、热敏票券纸、热敏标签纸和热敏彩票纸和其他。

目前，行业内比较流行的是按应用领域分类。收银传真类产品一般不需要太高的质量，满足打印信息输出即可，价格属于中低水平。该类产品广泛用于文字处理机、医疗检测和工业检测的打印记录、现金自动支付机、便携式终端打印机等的打印设备。

标签票据类产品质量要求较高，通常要求高的打印清晰度、高的图像保存性和高的环境耐受性等，价格属于中高水平，主要应用于标签、彩票、车船票、证卡和门票等。

其他类热敏纸产品应用范围较分散，用量不大，性能要求也比较特殊，往往是一些个性化、特殊行业或领域用的产品，其价格通常比较高。如膜类基材热敏纸、可擦写热敏纸、双色热敏纸、彩色打印热敏纸、双（多）层打印热敏纸、双面显色热敏纸等。

二、基本生产工艺

热敏纸的涂层结构是由原纸、底涂层、热敏涂层、顶涂层（保护层）等构成。原纸是各涂层的载体，它可以是植物纤维纸也可以是合成纸，目前多数热敏纸采用植物纤维纸作原纸；底涂层的主要作用是隔热、防渗和提高表面平滑度，主要成分是填料和胶黏剂；热敏涂层是形成图像的关键涂层，热敏涂层成分包括无色染料、显色剂、增感剂、润滑剂、填料、胶黏剂，稳定剂等，是决定热敏纸特性的重要部分，通常所说的热敏纸涂料就是指的这部分的涂料及组成；顶涂层位于热敏层的上面，用来提高热敏纸的防油、防水等耐环境性能，提高润滑性防止热敏打印头黏附涂料等。

热敏涂料主要是由热敏染料体系、热敏显色体系和无机填料体系组成的。三个体系需分别研磨、分散，特别是染料和显色剂必须分开分散，将它们分别加入分散剂、胶黏剂和水配成一定浓度，通过研磨、剪切搅拌，分散达到要求后，储存备用。将分散好的染料体系、显色体系和无机填料体系混合在一起，再根据需要加入其他助剂配制涂料备用。但需注意涂料不能过早配制，以防无色染料和显色剂在涂布前发生反应而发色。热敏纸热敏涂料层的生产工艺如图 3-29 所示。

三、热敏纸的质量指标

热敏纸的质量指标包括定量、厚度、白度、平滑度、抗张强度（纵向）、撕裂度（横向）、静态发色特性、动态发色特性、耐热性能、耐湿性能、耐光性能、防水性能、防油性能、防乙醇性能、防摩擦性能等。其中普通热敏纸和特种热敏纸的质量要求是有差异的，特种热敏纸对图像的防水、防油、防乙醇和防摩擦性能提出了具体的要求。详见表 3-7 和表 3-8。

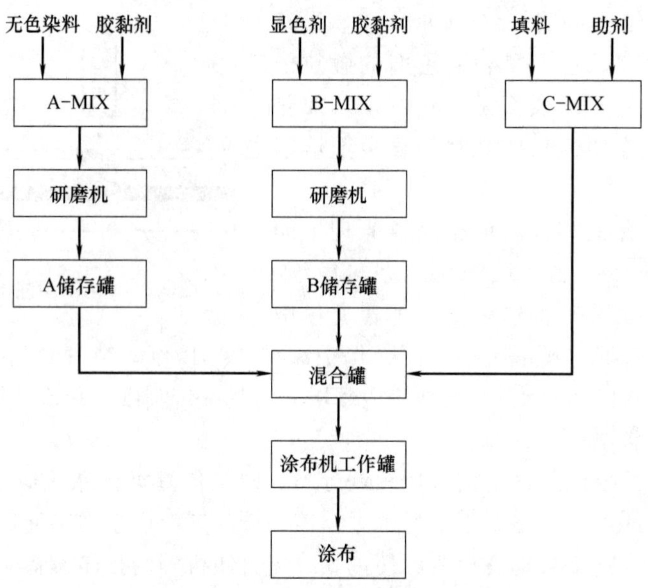

图 3-29 热敏纸热敏涂料的制备

表 3-7 普通热敏纸的质量指标及要求

指标名称			单位	规定
定量			g/m²	50.0～200
定量偏差			%	±6.0
紧度 ≥			g/cm³	0.80
亮度(白度)正面			%	75.0～90.0
平滑度　正面 ≥			s	300
抗张强度　纵向≥	≤80.0g/m²		kN/m	2.00
	>80.0g/m²			2.50
撕裂度　横向≥	≤80.0g/m²		mN	200
	>80.0g/m²			250
静态发色性能	70℃发色　光密度值≤		—	0.25
	饱和发色　光密度值≥			1.00
动态发色性能	显色灵敏度		mj/mm²	10.0
	饱和发色　光密度值≥		—	1.00
图像保存性能	耐光性能	空白部分≤	—	0.25
		显色部分≥		0.80
	耐热性能	空白部分≤	—	0.25
		显色部分≥		0.80
	耐湿性能	空白部分≤	—	0.25
		显色部分≥		0.80

四、热敏涂料及其化学品

热敏涂层是热敏纸形成图像的关键涂层，主要成分包括无色染料、显色剂、增感剂、润滑剂、填料、胶粘剂，稳定剂等，是决定热敏纸特性的重要部分。其中，无色染料、显色剂和增感剂是生产热敏纸的三大主要原料，这些原料结合不同的设备和工艺技术就可制造出各具特色的热敏纸产品。

表 3-8　　特种热敏纸的质量指标及要求

指标名称			单位	规定
定量			g/m^2	50.0～200
定量偏差			%	±6.0
紧度 ≥			g/cm^3	0.80
亮度(白度)正面			%	80.0～90.0
平滑度　正面　≥	≤100g/m^2		s	800
	>100g/m^2			600
抗张强度　纵向≥	≤80.0g/m^2		kN/m	2.00
	>80.0g/m^2			2.50
撕裂度　横向≥	≤80.0g/m^2		mN	200
	>80.0g/m^2			250
静态发色性能	70℃发色　光密度值≤		—	0.25
	饱和发色　光密度值≥			1.10
动态发色性能	显色灵敏度≤		mj/mm^2	9.0
	饱和发色光密度值≥		—	1.10
图像保存性能	耐光性能	空白部分≤	—	0.25
		显色部分≥		1.00
	耐热性能	空白部分≤	—	0.25
		显色部分≥		1.00
	耐湿性能	空白部分≤	—	0.25
		显色部分≥		1.00
图像防护性能	防水性能	图像保留率≥	%	80.0
	防油性能	图像保留率≥	%	80.0
	防乙醇性能	图像保留率≥	%	60.0
	防摩擦性能	图像保留率≥	%	80.0

（一）无色染料

目前，世界上公开报道的热敏染料的结构达3000多种，有60多个系列，常用的品种约20多种，可分为三苯甲烷系、内酯系、荧烷系及其他。

内酯系化合物的代表物是CVL，尽管它有耐光性差，易褪色的缺点，但由于其发色速度快，发色密度大，价格低廉等优点，目前仍然是世界上用量最大的发蓝色品种之一。苯甲酰无色亚甲蓝（BLMB）是一发蓝色的品种，它发色后耐光性好，但发色速度慢，一般与CVL混合使用。荧烷系热敏染料有灵敏度高、发色密度大、稳定性好等特点，特别是在荧烷母体上引入不同取代基可以得到发不同颜色的热敏染料。所以自开发以来，得到了迅速发展。也是当今世界开发热敏染料的主流，占热敏染料总量的2/3，可以获得橙、红、绿、黑等各种颜色，目前行业用的比较多的是ODB，ODB-2。

热敏染料应具有以下特性：染料发色感度与发色浓度高；制成的热敏纸底色白度高，稳定性好；记录画像的稳定性好；常温下稳定，不被空气氧化，不因光变色；不溶于水，成本低。

（二）显色剂

显色剂作为质子给予体与热敏染料在热头加热时熔融而进行显色反应。显色剂一般为固体有机酸性物质，主要分为酚性显色剂和非酚性显色剂两大类。像酚类、羧酸类、苯并三唑、卤代醇等，目前，酚性显色剂的应用范围较广，其显色作用的中枢是酚性的OH基团，根据OH基的数量可以分为一酚基、二酚基、三酚基显色剂。其中，双酚A是目前常用的显色剂，其价格便宜，画像安定性好，但熔点较高，发色感度较低，需要使用增感剂才能达到高感度的要求。近年来研究证明双酚A是一种环境激素，热敏纸企业正在寻求使用其他不含酚型结构的显色剂。

（三）增感剂

增感剂并不参与发色反应，但它对成色剂与显色剂的反应有控制、改善作用。可以使显色速度提高，增加发色感度与发色浓度，提高热敏层的发色灵敏度。常用的增感剂主要有BON，DPE，EGTE，HS3520，Y7等，

增感剂应具有较低熔点（在100℃左右）；与无色染料和显色剂有较好的相容性；在其熔点范围内黏度较低；一般是中性化合物。应根据热敏纸的品种选用不同的增感剂，而有些热敏纸涂料配方无须添加增感剂。

（四）填料

热敏纸涂料中的填料主要作用是降低热敏涂料的成本，增强涂层的膜强度，改善涂布时的流变性，加强打印头的热传递，减少热敏涂料的黏度。最好选用吸油值高、粒径小（约0.2～5μm）、表面活性低不易形成底色的填料，如瓷土、碳酸钙、氧化镁、硅酸氧化物等。

（五）胶黏剂

胶黏剂的主要作用是使涂料有良好的表面强度和印刷性能，胶黏剂还可以在无色染料和显色剂之间形成胶体保护膜，使两者隔离以防过早发生反应。热敏纸常用的胶黏剂有聚乙烯醇（PVA）、甲基纤维素、羟乙基纤维素、CMC、变性淀粉、聚丙烯酰胺、丙烯酸酯、改性PVA等，目前主要使用改性PVA。

（六）稳定剂

热敏纸的记录图像，经过一定的时间或在高温高湿下，会出现图像浓度降低的现象。加入稳定剂可以防止这种情况，稳定剂的作用是提高光照牢度和图像稳定性。其种类繁多，可选用一些塑料或橡胶抗氧化剂。常用的稳定剂有丙烯酸锌、硬脂酸锌、环氧化合物和对酞酸二苯酞等，目前热敏纸用得较多的稳定剂是硬脂酸锌。

（七）润滑剂

为了防止记录时记录纸与加热头的黏着现象和提高适印性，必须降低纸张表面的摩擦因数，常用的润滑剂有硬脂酸铅和金属皂。

五、工程实例

（一）实例1：某公司热敏纸生产工艺

热敏纸的生产工艺流程：

热敏纸属于多层涂料涂布纸，热敏纸的生产一般使用多涂布头的机器，至少2～4个涂布头，几个涂层可以在一台机上实现一次涂布，其生产工艺流程如图3-30所示。

热敏层涂料配方：

无色染料10～15份；显色剂20～30份；增感剂5～15份；分散剂0.2～1.5份；无机

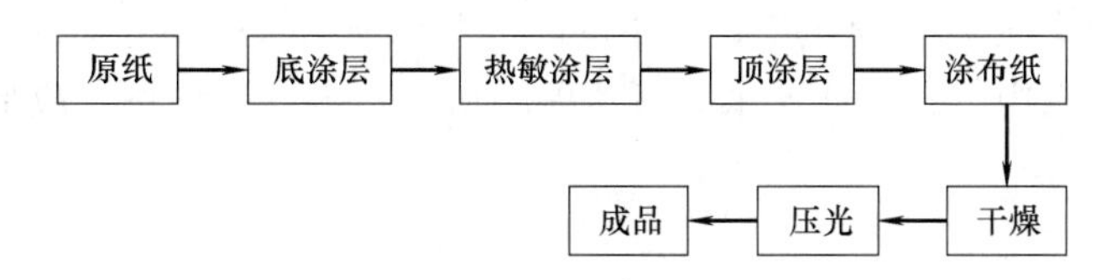

图 3-30　热敏纸生产工艺流程

颜料 30～50 份；聚乙烯醇 5～15 份；润滑剂 2～5 份。

热敏涂料可采用任何涂布方法来涂布，如辊式、气刀、刮刀、凹辊等均可。干燥温度对热敏纸加工至关重要，掌握不好会造成显色。一般采用气流干燥，分几个独立的干燥区，以保证纸幅温度不会过高。干燥温度逐渐降低，若采用 3 个干燥箱进行干燥，温度分别为 140℃、120℃和 90℃。压光整饰压力不应太大，否则易引起发色。

（二）实例 2：某公司具有保护层的热敏纸生产工艺

此热敏纸包括预处理原纸、热敏涂层及顶涂层，热敏层是显色的关键层，顶涂层是耐候性能的关键层。

原纸定量为 40～50g/m²，厚度 4～6μm，pH5.0～5.4，将硅烷偶联剂/丙烯酸酯改性酪素乳液喷涂于原纸正反两面，控制单面涂覆量为 2～4g/m²，待涂覆结束，经气流干燥至含水率低于 10%，即得预处理原纸；在此原纸上涂布热敏层。

热敏涂料配方：

显色剂溶液 10～40 份；无色染料溶液 10～20 份；填料 10～20 份；丁苯胶乳 10～20 份；硬脂酸锌 8～10 份。

其中显色剂溶液组成如下：2，4-二苯砜基苯酚 30～50 份；壳聚糖 4～6 份；戊二醛 0.2～0.6 份；硼砂 2～4 份；水 60～80 份。

无色染料溶液组成如下：2-苯氨基-3-甲基-6-二丁氨基荧烷 30-50 份；壳聚糖 4～6 份；戊二醛 0.2～0.5 份；水 70～80 份。

热敏涂料固含量为 30%～40%，通过涂布机将热敏涂料液涂布于原纸上，控制涂布量为 6～8g/m²；在此热敏涂层上涂布顶涂层。

顶涂涂料配方：轻质碳酸钙 20～40 份；聚苯乙烯丙烯酸乳液（10%～15%）40～50 份；硬脂酸锌 3～5 份；异氰酸酯 10～12 份。

顶涂涂料固含量为 40%～60%，通过涂布机将顶涂涂料液涂布于热敏涂层之上，控制涂布量为 2～4g/m²，经热风干燥至含水率低于 8%，再经软压光 1 次，即得保存期限长、抗褪色能力较好的热敏纸产品。

六、质量影响因素

（一）原纸

原纸是生产热敏纸的基础，热敏纸属于轻量涂布（涂布量 5～6g/m²），对原纸的要求较高，特别是对原纸的表面平滑度和湿变形性有较高的要求。热敏原纸应不含机械木浆和新闻纸脱墨浆，纸面平滑度一般不小于 80s，以保证热敏涂层面具有较高的平滑度，使热敏纸在与热敏打印头接触时能完整、高效地吸收打印头传递的热量，使药品熔融速度加快，显色反应迅速，传递图文的速度增加。

热敏纸的生产要在原纸基础上进行多次再湿涂布才能完成，原纸还应具有较高的强度性能和低的湿变形性才能尽量避免生产过程中的断纸及干燥后纸张的卷曲变形，一般原纸的湿变形性控制在 2.5%以内。在生产原纸时可考虑增加阔叶木浆的比例，降低打浆度，以减少湿变形。

（二）预涂

若原纸的平滑度较低，可通过预涂布来提高热敏层基底的平滑度，以保证热敏层面具有较高的平滑度。预涂一方面可以提高原纸的平滑度还可以提供隔热层，有助于打印热头热能的高效传递。

预涂涂料主要由颜料（高岭土或煅烧高岭土）、胶黏剂（PVA、和羧基丁苯胶乳）和少量助剂（分散剂、润滑剂等）组成，涂料的固含量根据采用涂布方式的不同而不同，一般控制在 35%～55%，胶黏剂用量一般为 12%～15%（相对颜料绝干量）。预涂过程中应特别注意胶黏剂的用量与选择，以提供强的涂层黏结强度，避免后续涂布过程中产生涂层脱离、掉毛掉粉现象。胶黏剂一般采用 PVA 和羧基丁苯胶乳搭配使用，根据涂料黏度情况也可适当加少量羧甲基纤维素（CMC）进行黏度调节。一般底涂定量约为 5～6.5g/m^2，预涂预压光平滑度应大于 120s。

（三）热敏涂料制备

生产热敏纸的三大化工原料：无色染料、显色剂、增感剂均是非水溶性的，必须经过研磨使其粒径小于 1.0μm 并均匀地分散在水中才能用于涂布。所以，良好的颗粒细化与分散是决定热敏层涂料质量的前提。

生产经验表明：涂料中的无色染料粒径小于 0.3μm 的粒子含量过高则底色发灰，粒径大于 1.0μm 的无色染料粒子含量过高则发色密度下降。涂料粒子直径在 0.3～1.0μm 接近正态曲线分布的范围内时，显色效果好。

用于颗粒细化与分散的主要设备是砂磨机，其正确选型与操作对涂料质量的影响是至关重要的，直接影响着涂料中荧烷染料、显色剂、增感剂及其他助剂原料粒子的粒径及其分布。

各分散体系分别研磨好后进行混合配制涂料时要注意混合顺序，先加入填料分散液，然后加入显色剂分散液，分散均匀后再加入染料分散液，剪切分散均匀得到热敏纸涂料。若染料分散液和显色剂分散液同时加入高速剪切分散，则制得的涂料发灰，热敏纸底色重。

合料后若涂料中产生疙瘩、气泡，储存在中间罐中的涂料会出现分层和沉淀，给生产带来严重的质量问题。在涂料制备工艺流程的末端增设一个 120 目的振动筛、涂布头前再设一个 120 目的振动筛用于去除涂布头回流涂料可能产生的疙瘩。经过两道 120 目的振动筛过滤涂料，基本上可以防止疙瘩进入涂布头。

在合料高速分散机的操作中应强调转速和分散要得到良好的控制，分散机的分散盘最好配置变频电机，方便分散盘搅拌转速的调节，使涂料得到充分的分散，防止分散不均出现絮凝产生疙瘩。涂料流动性不好也会产生疙瘩，可通过控制涂料固含量和黏度进行调节，如控制进刮棒涂布头涂料固含量 27.5%～29%、黏度 380～400mPa·s，既满足涂布头的需要又能很好地控制涂料避免在流动中产生疙瘩。

（四）涂布

热敏涂料涂布可采用辊式、气刀、刮刀、刮棒、帘式涂布等均可，采用等厚涂布方式如气刀和帘式涂布可获得优良的发色性能。热敏层定量控制太低容易发生漏涂，热敏层定量应根据涂料配方中隐性染料（如 ODB-2）的用量灵活掌握，增加涂布量有利于显色分布的均匀性，但同时会造成生产成本上升。客户对热敏纸的整体厚度无特殊要求的，可提高底涂预压光平滑度，减少热敏层的涂布量。

（五）干燥

干燥温度对热敏纸加工至关重要，掌握不好会造成显色。一般采用气流干燥，分几个独立的干燥区，干燥曲线应由高到低呈下降趋势，以保证纸幅温度不会过高。热敏纸一般也经压光整饰，但压力不应太大，否则会引起发色。

七、发展与展望

使用热敏纸打印信息记录具有打印速度快、打印设备紧凑、便携、打印噪音小、清晰度高、适合条码识别等优点，同时也得益于热敏纸的生产成本和价格逐步下降，热敏纸的应用也越来越广泛。

热敏纸的显色反应是可逆反应，随着放置时间的延长容易褪色，这是由于溶剂、油、可塑剂、化妆品等会降低无色染料和显色剂的相互作用，使无色染料从发色状态返回到原来的闭环状态。造成热敏纸的保存期较短、抗褪色能力差，不利于票据、材料等的长期保存。为了提高热敏打印图像的耐候性，最容易想到的解决方案是增加防护层，即在普通热敏纸的表面涂一层保护层，避免发色层与环境中的水或其他破坏性溶剂直接接触，显色画像的稳定性得到很大提高。可是，发色层和热敏打印头之间存在防护涂层，所以会产生灵敏度下降的缺点。另外会带来一些其他的问题，如普通的纸感没有了，消色物质从侧面浸透、成本上升等。

为了提高热敏图像的稳定性，三菱纸业开发了不是可逆反应的全新的利用化学反应的显色体系。利用芳香族亚氨化合物和异氰酸化合物的不可逆反应，生成耐溶剂的颜料型化合物。生成物的图像耐久性非常好，生成物的颜色不是特别黑，但由于异氰酸化合物的安全性和高成本问题限制其在某些方面的应用。

采用架桥剂将显色体固定在开环状态可避免褪色问题，研究发现，添加氮丙叮化合物热敏纸的显色图像的耐久性会提高，纸的保存性也优异。可是，氮丙叮化合物的安全性有些问题，作为架桥剂的使用还没有实用化。

若考虑实用性，如果无色染料体系和不溶性高的颜料型显色剂组合，图像耐久性也应该会有很大提高。研究发现磺酰胺化合物替代双酚 A 作为显色剂的热敏纸的耐久性高，并且其他方面与原来的热敏纸没有太大变化。但由于此类物质属于新型化合物，安全性问题还需进一步实验。

热敏图像的稳定性、耐久性仍处于研究改进中，热敏纸技术的未来发展趋势仍是高保存性、高耐环境性、彩色化、可擦写、双面打印等，进一步满足终端使用的要求，结合热打印技术为终端提供更高效、成本更低的信息输出解决方案。

第四节　其他信息用特种纸

信息用特种纸包括无碳复写纸、防伪纸、热敏纸、喷墨打印纸、描图纸、磁性记录纸等。前面三节分别对无碳复写纸、防伪纸、热敏纸进行了详细介绍，下面对喷墨打印纸、描图纸和磁性记录纸的应用进行简单介绍。

一、喷墨打印纸

喷墨打印纸是一种新型记录纸，是喷墨打印机喷嘴喷出墨水的接受体，在其上面记录图像或文字。可分为普通喷墨打印纸和涂布喷墨打印纸两类，普通喷墨打印纸的生产主要通过控制浆内施胶、表面施胶、适宜的填料种类及加入量保证打印质量，这种纸一般在打印质量要求不高时使用；涂布喷墨打印纸是在原纸的表面涂布一层具有吸墨性的多孔性颜料或在涂层中能够形成微孔网络的材料，形成良好的印墨接受层。主要用于打印高质量、精美图片的专用纸，这种纸还可以分为亚光型彩色喷墨打印纸和照相级高光泽彩色喷墨打印纸，其中高光泽彩色喷墨打印纸具有较高的光泽和白度，良好的吸墨性，打印图像清晰，印刷密度高，在色彩的鲜艳度、细部层次和色牢度等方面可达到银盐相片的水平，是喷墨打印纸中性能最好的。

涂布喷墨打印纸具有良好的吸墨和固墨性能，从而完整的保持原有的色彩和清晰度以获得满意的打印效果。其基本特性主要包括以下几点：

① 涂层要有一定牢度和强度，涂布要均匀、无斑点、平滑度好、白度高。

② 能够以最优的速度吸收墨水（太快，透印；太慢，墨水扩散）；固墨性能好，墨滴的横向扩散和纵向渗透适当，防止各色墨水重叠时相互过度扩散而渗色。

③ 打印时纸面上的墨滴必须完整、不扩散、不晕染，真圆度要好。图像必须是高分辨率的，色彩还原性要好，色密度高、层次感强。

④ 图像色彩要有一定的牢度，不变色、不脱落，还应满足一定的耐水性、耐候性要求，适宜的光泽度要求等。

彩喷纸的涂层对打印效果起着关键性的作用。吸墨层的涂料主要是由微颗粒的颜料、黏合剂（成膜物质）、固色剂和其他助剂混合而成的。颜料是一些吸墨性较强的多孔性白色矿颜料或能在涂层中形成多孔性结构的材料，用于填充、覆盖原纸的粗糙表面，以提高原纸的白度、平滑度和不透明度，使纸面达到预期需要的光泽度，并改善油墨吸收性，改善纸页外观等。喷墨打印纸用颜料主要是二氧化硅（如烟法 SiO_2、沉淀 SiO_2、纳米 SiO_2、胶体 SiO_2、多孔硅胶等）、碳酸钙（重质碳酸钙和轻质碳酸钙）等。目前应用最广泛的颜料是二氧化硅，它在涂层中能形成特定的微孔网络结构，这种微孔网络能把墨滴牢牢地固定住，既能保证优良的影像质量，又能缩短干燥时间，有利于提高打印效率。二氧化硅是喷墨打印纸用颜料的首选，但考虑到成本问题，也可与轻钙、重钙混合使用。

在涂料中，胶黏剂是颜料的载体，使涂料具有适当的流动性，颜料颗粒间及颜料与原纸密切结合，使涂层与原纸紧密结合，不脱层，不掉毛掉粉。此外胶黏剂对涂料黏度、流变性、保水性等都有很大影响，从而影响涂布质量。喷墨打印纸用胶黏剂以聚乙烯醇（PVA）为主，有时会配用少量淀粉、羧甲基纤维素（CMC）等。

固色剂是喷墨打印纸涂料必不可少的助剂，可提高喷墨打印效果。喷墨打印墨水染料多为酸性染料或直接染料等阴离子性染料，在涂料中加入阳电荷性的聚合物固色剂，当阴离子染物接触到涂层中的阳离子聚合物时就会生成不溶于水的络合物，从而将油墨固着在涂层表面上，防止了墨水的渗透和扩散，同时也能显著提高打印图像的色密度和色牢度。常用的阳离子聚合物有聚二烯丙基二甲基氯化铵（ploy DADMAC）、碳酸锆铵（AZC）、乙酸锆（ZAA）等。

就像铜版纸涂料一样，为了获得高质量的涂布纸和高质量的打印效果，达到改善涂布工艺和满足纸张打印性能及其他物理性能的要求，在涂料中还添加分散剂、耐水剂、增白剂、消泡剂等其他助剂。

涂布纸型喷墨打印纸的发展方向主要是进一步提高照相级喷墨打印纸的影像清晰度和彩色还原效果，提高耐光性、耐水性，延长保存期，实现快速印刷、快速干燥等。而普通纸型喷墨打印纸则主要用于商业用途。它的发展方向是在廉价、高效生产的前提下，克服喷墨印刷波纹及双面打印时的“背透”等弊病，实现油墨快速干燥，高速印刷等。

二、描　图　纸

描图纸是机械制图中常用的一类图纸，主要用于人工描图、静电复印制图等，定量在 $50g/m^2$ 至 $200g/m^2$ 不等。描图纸要求透明度均匀，呈磨砂玻璃状，若太透明或过于光滑就难以上墨，一般以重叠十层纸尚呈现隐约可见的粗线条为宜。此外描图纸还应具有较好的强度、耐久性、耐刮性和小的变形性。

描图纸通常采用100%漂白硫酸盐针叶木浆，经高黏状打浆（打浆度为94～96°SR），通常采用玄武岩石刀进行高黏状打浆，取得最大程度的细纤维化，尽量避免纤维切断；然后加入硬脂酸铵和氧化淀粉进行施胶，可改善上墨性能，画线不断线，不扩散；最后在长网纸机上以低车速、低温干燥抄造而成。

国外制描图纸的浆料是用特制的亚硫酸盐木浆，而且是湿浆（75%水分）或自然干燥的浆板（80℃热空气干燥），因为纸浆的干燥会使纤维受到收缩而失去膨胀性能，同时降低了纤维的透光性，普遍认为使用硫酸盐木浆与亚硫酸盐木浆配合抄成的纸具有更大的透光性。但是在同样工艺条件下，全部用硫酸盐木浆制成纸张的透光性不及全部用亚硫酸盐木浆抄成的透光性好，尤其是纸的定量增大时更为明显。

描图纸属于短纤维黏状浆，打浆初期，控制打浆机辊刀与底刀间留有缝隙，使纤维从缝隙挤过，起到摩擦作用，使纤维充分润胀，当纤维开始变得柔软、腻滑，再落重刀将纤维切短，打浆至打浆度90°SR左右，总打浆时间12～14h，在此期间要定期加水稀释降温，温度最好在46℃以下为宜。

描图纸的生产过程中加入硬脂酸胺可改善描图纸的吸墨性能；抄纸前加入三聚氰胺甲醛树脂可以有效减少描图纸的横向收缩率；在描图纸的干燥过程中，烘缸表面的温度要适当降低，水分缓慢蒸发，使纸张干燥均匀，且完全收缩，避免了因水分急速蒸发而引起的疏松，保证描图纸高的透明度。

三、磁性记录纸

磁性记录纸又称磁性纸，是一种新型的信息记录功能材料，也是一种高附加值的特种纸。这种功能材料是在浆料里添加磁性材料或在原纸上涂布一层磁性材料而成。它具有视觉看不到磁层内的信息、隐蔽性好、信息存储量大及应用方便、操作简单、反馈迅速的特点，目前已被广泛应用于工农业生产、医疗保健、国防、科研、文教卫生等领域。

涂布原纸应具有较高的物理强度、平滑度和较大的吸收性能；涂布产品应具有较高的强度、耐水性和高的磁性能。表面的磁粉能在磁场作用下活化，并记录磁场各种信息和声、光、电导致的磁场变化，然后在适当的条件下重现或被识别。磁性记录纸常用作电话磁卡、自动识别车船票和一些特殊的票据、证件等。

磁性记录纸涂料是由颗粒性磁性材料、黏合剂、分散剂、润滑剂、抗静电剂等组成的。

所使用的主要磁性材料有氧化铁磁粉（γ-Fe_2O_3）、二氧化铬磁粉（CrO_2）、钴改性的氧化铁磁粉、钡铁氧体等，涂布量较高，一般在 15g/m^{2}以上。

磁性记录层的形成方法有涂布、黏结、转印和印刷四种方式。涂布可采用凹版、刮刀、逆向辊等进行涂布；黏结是将涂有磁性层的 PET 薄膜背面设有黏结层复合于基纸上；转印是磁性记录层涂于夹有黏胶层的基材上，上面覆有可剥离的 PET 薄膜；印刷是用胶印或丝网漏印法来形成磁性记录层。

早期的磁性记录纸偏重于以 PET 薄膜为基材，目前和今后磁性纸的发展主要是在纸基基础上提高和改善磁性纸的磁性能，可以采用浆内掺杂和表面涂布相结合的方式生产磁性记录纸。

课内实验

安全线的宽度对纸页成形的影响

将不同宽度的聚酯安全线（1～4mm）加入打浆度为 35°SR 的针叶木硫酸盐纸浆中，抄纸并检测各项物理性能。实验过程中浆料的打浆度可以变化，但不同批次实验间的纸浆打浆度要保持一致。在教师指导下，由学生分组完成实验方案设计、实验操作，最终给出安全线的宽度对纸页匀度、强度等性能产生的影响及原因分析的实验报告。

项目式讨论教学

如何改进热敏纸的显色效果

学生在课外以小组形式，进行分工合作，完成热敏纸显色效果的影响因素的探讨及生产过程中如何改进的工艺设计，最后每个小组在课堂上进行 PPT 或其他形式的展示及讨论。

习题与思考题

1. 什么是无碳复写纸，有什么特点和用途？
2. 无碳复写纸的显像为什么会褪色？试述其发色和褪色机理。
3. 画出生产 CFB 纸的生产工艺流程简图。
4. 试述 CB 涂料和 CF 涂料的主要组成。
5. 根据所学知识，画出在生产原纸的过程中机内涂布 CF 纸的工艺流程简图。
6. 查阅资料，综述原位聚合法的优点，论述在原位聚合法制备微胶囊过程中保护胶体（乳化剂）的作用。
7. 生产 CB 纸需要压光吗？为什么？
8. 简述微胶囊粒径过大和过小的缺点。
9. 什么是防伪纸，主要有哪些类型？
10. 简述安全线防伪纸的基本生产流程？
11. 试述热敏纸的涂层结构及热敏涂料的主要组成成分。
12. 根据自己的理解画出热敏涂料的制备工艺流程图。

主要参考文献

[1] 增建平. 浅谈无碳复写纸 [J]，湖南造纸，1995. 1.
[2] 李群. 加工纸 [M]. 北京：化学工业出版社，2006. 6.

[3]　熊杰．引进 BMB 涂布机生产无碳复写纸的实践 [J]．中华纸业，2004．1.

[4]　刘映尧．涂料性能对无碳复写纸质量的影响 [J]．造纸科学与技术，2004．5.

[5]　黄继泰．活性白土对结晶紫内酯的发色稳定效应 [J]．华侨大学学报（自然科学版），1994．7.

[6]　甄朝晖．蜜胺树脂微胶囊技术及其在造纸工业中的应用研究 [D]．山东：山东轻工业学院，2006.

[7]　付立民．国内外含氟压敏染料的进殿 [J]．染料工业，1992，29（2）.

[8]　Othmer K．K，Encyclopedia of chemical technology [M]．3rd de，New York：Wiley，1981.

[9]　李双虔，等．无碳复写纸生产的质量控制 [J]．纸和造纸，1999．1.

[10]　熊杰．无碳复写纸的涂布不均匀纸病及其防治 [J]．造纸科学与技术，2004（23）．1.

[11]　崔先龙．谈谈无碳纸蓝色质量纸病 [J]．湖北造纸，2004．4.

[12]　熊杰．谈谈无碳复写纸和热敏记录纸生产的质量管理 [J]．造纸科学与技术，2004（23）．3.

[13]　王丽霞．防伪纸及其生产方法简介 [J]．纸和造纸，2013（4）：1-3.

[14]　中国国家标准化管理委员会．GB/T 22467．1—2008 防伪材料通用技术第 1 部分：防伪纸 [S]．北京：中国标准出版社，2009.

[15]　刘琴．常见防伪纸张特性及其发展趋势分析 [J]．印刷质量与标准化，2011（11）：8-13.

[16]　张俊翠，李光晨．水印纸的发展进程及应用 [J]．印刷质量与标准化，2012（10）：20-21.

[17]　齐成．常见防伪纸特性和应用领域 [J]．印刷质量与标准化，2007（5）：14-18.

[18]　王崧．防伪安全线的应用及制作工艺 [J]．印刷杂志，2012（1）：43-45.

[19]　董淑雯．我国包装防伪技发展现状与趋势 [J]．印刷质量与标准化，2010（12）：14-19.

[20]　田威．纸张防伪与防伪纸 [J]．天津造纸，2008（4）：32-36.

[21]　杨树忠．纸机湿部配置对安全线防伪纸质量的影响 [J]．中国造纸，2017（5）：41-46.

[22]　仲维武，王都义，刘加．新型防伪纸及其制造方法 [P]．中国专利：CN 104420399 A，2015．3．18.

[23]　谭国民．特种纸 [M]．北京：化学工业出版社，2005.

[24]　中国国家标准化管理委员会．GB/T 22467．2—2008 防伪材料通用技术第 2 部分：防伪油墨和印油 [S]．北京：中国标准出版社，2009.

[25]　张绍武．安全线防伪标签纸生产工艺控制要点 [J]．中华纸业，2017（20）：69-71.

[26]　武钟淇．防伪纸的制造方法 [P]．中国专利：CN 106283812 A，2017．01．04.

[27]　唐辉宇．多种防伪纸 [J]．西南造纸，2005（2）：50.

[28]　田威，高玉杰．防伪纸及其防伪方式的选择 [J]．天津造纸，2010（1）：19-20.

[29]　钟亚伍，唐宏磊．一种三防热敏纸及其制造工艺 [P]．中国专利：CN 105839457 A，2016．08．10.

[30]　中国国家标准化管理委员会．GB/T 28210—2011 热敏纸 [S]．北京：中国标准出版社，2012.

[31]　张玮云．热敏纸用热敏涂层各分散体系的制备与研究 [D]．上海交通大学，2008..

[32]　丁文玉．热敏记录纸的研究与发展 [J]．天津造纸，2006（1）：15-19.

[33]　周文斌，潘宏梅，许衡．一种热敏纸及其制备方法 [P]．中国专利：CN 107268332 A，2017．10．20.

[34]　唐杰斌，赵传山．热敏纸的特性及生产要求 [J]．华东纸业，2009（2）：26-30.

[35]　吴国光．热敏记录材料及其研发新进展 [J]．影像技术，2011（5）：8-13.

[36]　李臻．热敏纸市场发展概况 [J]．造纸信息，2016（8）：23-28.

[37]　李月娟．浅谈热敏纸技术及发展方向 [J]．中国科技信息，2011（9）：148-150.

[38]　王际德．热敏纸发展近况和推进建议 [J]．中华纸业，2010（23）：45-48.

[39]　刘映尧，陈港，唐爱民，等．浅谈热敏纸的生产与技术 [J]．造纸科学与技术，2010（6）：65-68.

[40]　周文斌，潘宏梅，许衡．一种热敏纸及其制备方法 [P]．中国专利：CN 107268332 A，2017．10．20.

[41]　杨树忠．热敏纸生产的主要影响因素及常见质量问题的解决办法 [J]．中华纸业，2018（23）：37-42.

[42]　黄菊芳．国产热敏记录纸涂布机的研发 [J]．轻工机械，2008（1）：75-78.

[43]　李茂林．涂布的彩色喷墨打印纸 [J]．湖北造纸，2007（1）：19-21.

[44]　吴国光．喷墨打印记录材料的研发新进展 [J]．影像技术，2011（4）：7-12.

[45]　吴国光．喷墨打印纸的研发动向 [J]．中华纸业，2011（14）：81-84.

[46]　王立成，陈蕴智，张正健．几种阳离子固色剂对涂布纸喷墨打印性能的影响 [J]．中华纸业，2011（2）：34-38.

[47]　广东轻工业学校造纸试验厂．从描图纸的生产探讨在同类型透明纸生产上的应用 [J]．广东造纸技术通讯，1979（4）.

[48] 雷以超，陈嘉翔，余家鸾. 添加打浆助剂对生产描图纸的影响 [J]. 北方造纸，1996 (1)：61-62.

[49] 雷以超，陈嘉翔，余家鸾. 高定量描图纸研究现状 [J]. 国际造纸，1995 (6)：13-16.

[50] 代长华. 一种磁性记录纸及其制备方法 [P]. 中国专利：CN 106245425 A，2016. 12. 21.

[51] 苏庆年，吴晓玲. 磁性记录纸及磁卡的研究 [C]. 首届中国功能材料及其应用学术会议论文集，1992.

第四章　工业用特种纸

第一节　钢　　纸

一、概　　况

钢纸（vulcanized paper）又称纸钢、钢纸板，是硬钢纸板和软钢纸板的总称。钢纸是由钢纸原纸经过氯化锌溶液胶化、复合、老化、脱盐、干燥而成的材料，具有优良的弹性、耐磨性、耐腐蚀性、耐热性、机械强度、绝缘性能和机械加工成型性能。钢制制品耐久性好，质轻（比铝轻）而且美观。钢纸原纸具有较高的强度、较低的灰分和良好的吸水性能，在电气绝缘、纺织棉条筒、防护面罩等领域应用广泛，是重要的生产原料。

在机械工业方面，可用钢纸来制造电焊防护罩、矿山安全帽等防护用品；在电器工业方面，可用来制备各种绝缘材料、垫片、套管、避雷器等物品；在纺织工业方面，可用来制备纺纱棉条筒、线轴、运输小车板等；在航空工业方面，可用钢纸来制作油箱、密封圈等；在汽车工业方面，可以用来制作汽车点火系统中的导火管；其另外还可以用于手提箱、门拉手等物件的生产。

钢纸统分为硬钢纸、软钢纸、钢纸管 3 种。根据用途的不同，硬钢纸又可分为 A、B、C 三个等级。A 等硬钢纸主要用于航空工业，制备航空构件；B 等硬钢纸供应于机械、电器、仪表的部件和绝缘消弧材料；C 等硬钢纸则用于纺织、铁路、氧气设备及其他机械的部件，以及电器、电机的绝缘消弧材料。硬钢纸的尺寸有 1000mm×1200mm、900mm×1200mm、700mm×1200mm、500mm×600mm 等。软钢纸又可分为 A、B 两个等级。A 等软钢纸主要供应于飞机发动机制作密封连接处的垫片及其他部件；B 等软钢纸则供汽车的发动机及其他内燃机制作密封片及其他部件用。软钢纸的尺寸有 920mm×650mm、650mm×490mm、650mm×400mm、400mm×300mm 等。钢纸管又分为 A、B 两个等级。A 等钢纸管主要用于高压熔断器、避雷器以及不同型号的玻璃钢复合管用材料；B 等软钢纸供低压熔断器及其他线路套管用材料。钢纸管的长度为 620mm、300mm 等。

根据行业标准《QB/T 2199—1996 硬钢纸板》《QB/T 2200—1996 软钢纸板》和《QB/T 2201—1996 钢纸管》，钢纸的主要质量指标规定如表 4-1、表 4-2 和表 4-3 所示。

表 4-1　　硬钢纸板的质量指标（QB/T 2199—1996）

指标名称			单位	规定			
				A 等	B 等	C 等	
						Ⅰ型	Ⅱ型
厚度	不小于		mm	0.5～3.0	0.5～5.0	0.5～5.0	
紧度	不小于	0.5～0.9mm	g/cm^3	1.25	1.25	1.10	
		1.0～2.0mm		1.30	1.25	1.15	

续表

指标名称		单位	规定			
			A等	B等	C等	
					Ⅰ型	Ⅱ型
紧度　不小于	2.1～5.9mm	g/cm³	1.30	1.25	1.15	
	＞6.0mm			1.25	1.20	
温度(23±1)℃时的体积电阻率　不小于		Ω.cm		10^9	10^8	
击穿电压强度　不小于	0.5～0.9mm	kV/mm		8.0	6.0	
	1.0～2.0mm			7.0	0.5	
	2.1～5.0mm			5.0	3.0	
	5.1～12mm			4.0	2.5	
横断面抗张强度(纵/横)　不小于	0.5～0.9mm	kN/m² ×10⁴	8.5/4.5	7.0/4.0	5.5/3.5	5.5/3.0
	1.0～2.0mm		9.0/5.5	7.5/4.0	6.0/3.5	6.0/3.0
	2.1～3.5mm		9.0/5.0	7.5/4.5	6.0/4.0	6.0/3.0
	3.6～5.0mm		8.5/5.0	6.5/4.5	5.0/3.0	
	＞5.0mm			5.0/3.5	4.0/3.0	
伸长率　不小于(纵/横)		%	10/12			
层间剥离强度1.5～3.0mm　不小于 ＜1.5mm、＞3.0mm不予实验		N/m	200	200	200	
吸水率水温(20±2)℃，浸24h　不大于	1.0～2.0mm	%		60	65	
	2.1～3.5mm			50	60	
	3.6～5.0mm			40	50	
	＞5.0mm			30	40	
吸油率　15～20℃ 浸24h　不大于	在航空汽油中	%	1.5			
	在变压器油中		1.3			
氯化锌含量　不大于		%	0.15	0.1	0.2	
灰分　不大于		%	1.5	2.5		
水分　不大于		%	6.0～10.0mm			

注：5.0mm以上的硬钢纸板系用薄钢纸黏合而成；

表内C等Ⅰ型为间歇生产，C等Ⅱ型为连续生产。

表4-2　软钢纸板的质量指标（QB/T 2200—1996）

指标名称		单位	规定	
			A等	B等
紧度		g/cm³	1.1～1.4	
厚度	0.5～0.8	mm	±0.12	
	0.9～2.0		±0.15	
	2.1～3.0		±0.20	
抗张强度(横向)　不小于	0.5～1.0mm	kN/m²(×10⁴)	3.0	2.5
	1.1～3.0mm		3.0	3.0
抗压强度　不小于		MPa	160	
氯含量　不大于		%	0.075	0.075
水分		%	4.0～8.0	

表 4-3　　钢纸管的质量指标（QB/T 2201—1996）

指标名称		单位	规定	
			A 等	B 等
紧度　不小于		g/cm^3	1.35	1.3
抗张强度(轴向)　不小于		$kN/m^2(\times 10^4)$	7	6
耐电压(轴向)　不低于		kV	30	25
垂直壁层耐电压　不低于	2.5～3.0mm	kV	10	8
	3.1～5.0mm		12	10
	5.1～10mm		15	12
	10.1～15mm		18	16
吸水率水温 10～25℃,浸 24h　不大于	2.5～3.5mm	%	45	50
	3.6～5.0mm		40	45
	5.1～10mm		35	40
氯化锌含量　不大于		%	0.07	0.15
灰分　不大于		%	1.2	1.3
水分　不大于		%	6.0～10.0	

二、生产工艺

（一）间歇式钢纸生产线

间歇式钢纸的生产是由单层特殊制造的原纸通过胶化槽底辊在浓度约为 70%的氯化锌溶液中浸渍后在胶化烘缸上层层黏合，制成生钢纸。生钢纸达到厚度要求后切断纸头，然后在脱盐槽内老化，再经过浓度依次递减的稀氯化锌溶液和清水洗涤，使成品钢纸氯化锌含量≤0.2%，再经过干燥、整形，成为平板钢纸，钢纸水分要求在 8%～12%。间歇式钢纸生产线是传统的钢纸生产流程，生产厚度 0.5～10mm 的平板钢纸，采用此流程生产的钢纸纵横拉力比小、质量较好，但生产效率低、劳动强度大，产品不能完全满足现代化连续生产的要求。

间歇式钢纸生产工艺流程如图 4-1 所示。

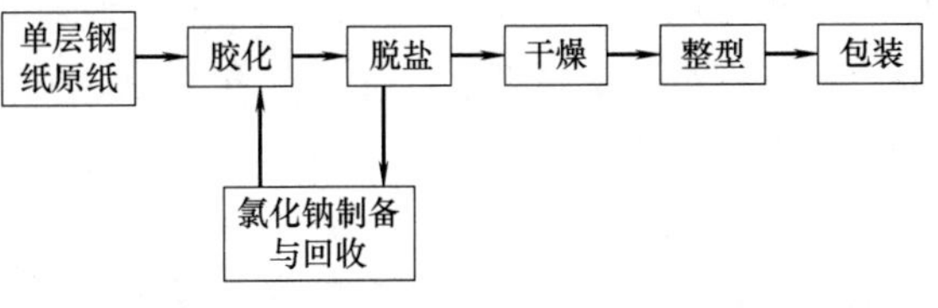

图 4-1　间歇式钢纸生产工艺流程图

（二）连续式钢纸生产线

连续钢纸生产过程是多层原纸卷展开，分别引向位于胶化槽前倾斜的导纸辊，通过胶化槽液下导辊，分层浸入的原纸在此黏在一起。从胶化槽出来后，经过一对压榨辊以挤出多余的氯化锌溶液，再经过一对胶化烘缸老化后，连续的钢纸在一系列的脱盐槽中把氯化锌溶液完全脱出，成品钢纸氯化锌含量≤0.2%。脱盐完成后，钢纸进入干燥部，干燥后钢纸经过压光再切平板或卷取、复卷，后包装入库，钢纸水分要求在 6%～10%。连续式钢纸生产线通过设备改进，大大提高了生产效率、降低了劳动强度。可生产厚度 0.2～3.0mm 平板钢纸和卷筒钢纸，纸面平整，质量好，满足了现代涂覆磨料行业和阻燃行业的需要。

连续式钢纸生产工艺流程如图 4-2 所示。

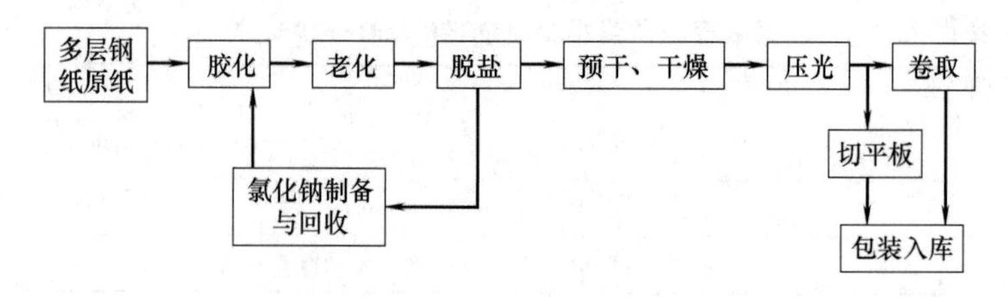

图 4-2　连续式钢纸生产工艺流程图

（三）半连续式钢纸生产线

半连续钢纸生产线是国外钢纸（高档研磨）厂家采用的生产流程，主要用来生产高档研磨钢纸。国内厂家由于设备限制，还没有采用此流程。它在工艺上与连续生产线相近，区别在于脱盐完成后，通过卷纸机把湿钢纸收卷后平衡一段时间，水分达到要求后开卷，经过预干、干燥的特殊处理，使钢纸的纵横拉力比小，质量更能满足特殊用户的要求，同时生产上可灵活操作、控制开停机时间。

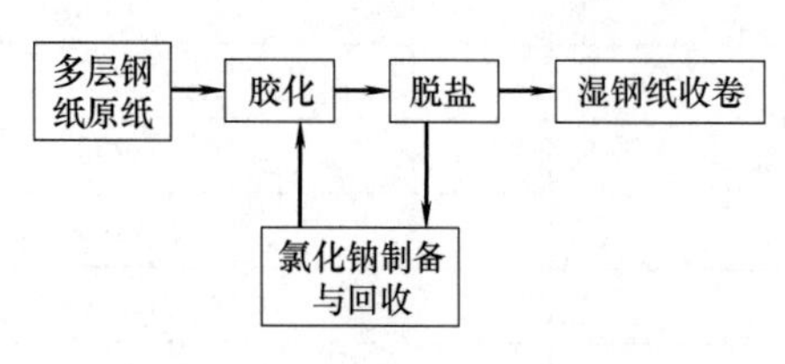

图 4-3　湿钢纸部分生产流程图

湿钢纸部分生产流程如图 4-3 所示。

干钢纸部分生产流程如图 4-4 所示。

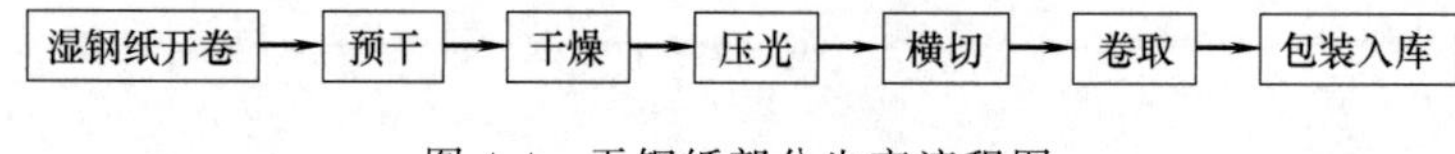

图 4-4　干钢纸部分生产流程图

三、质量控制与生产问题

（一）原纸对成纸质量的影响

1. 原纸吸收性

生产钢纸所用的原纸应该具有较高的、均一的吸收能力。若原纸吸收氯化锌的能力低，反应速度慢，原纸的胶化程度下降，会导致纤维的黏合度不足使钢纸容易起泡分层。然而原纸的吸收能力也不能过高，否则纤维素和氯化锌的反应速度过快，部分纤维会因胶化过度而溶解，导致钢纸强度降低，收缩率和相对密度过大，故钢纸原纸的吸收性一般控制在 33～45mm/10min。

2. 原纸强度

钢纸原纸的物理强度对钢纸的强度具有重要影响，不过由于钢纸的品种和用途不同，对原纸物理强度要求也不尽相同。

3. 原纸成分

纸浆的半纤维素含量高时，易于润胀和胶化。当纸页与氯化锌溶液接触时，表面迅速胶化，而使药液向内部的渗透变慢，从而影响总体吸收速度，降低胶化均匀性。另外半纤维素的相对分子质量很低，易受润涨剂作用而胶化，其含量较高时，往往会产生胶化过度现象，影响强度等性能。因此原纸用浆的纤维素纯度高一些好，对于较高级的钢纸，最好使用 100％的漂白棉浆，对于一般的钢纸则可配入 10％～20％的漂白木浆。

4. 原纸洁净程度

原纸的尘埃度如果过高会导致钢纸层间结合不良，容易分层起泡，或导致表面不平。另外金属离子含量要严格控制，因为这些离子的存在会降低钢纸的绝缘性，而且易使钢纸发脆、分层，同时弹性和耐折度下降。所以要求钢纸原纸不许有钙存在，其灰分含量应小于0.8%。

5. 其他

原纸的纤维组织应分布均匀，不应有压花、浆团等，否则会影响吸收和胶化的均匀性，降低层间结合力，易产生分层起泡现象，也易使表面不平；原纸水分不应过高，一般超过10%时，胶化后的钢纸太软，弹性降低，甚至被压溃；原纸通常用染料染成灰、黑或粉红色，染色应该均匀，所用染料不应与氯化锌溶液发生反应。

（二）胶化过程

1. 氯化锌浓度

氯化锌溶液浓度对钢纸质量影响较大，对于吸收性不同的原纸，其浓度也应有所区别。一般原纸吸收性较低时，随着氯化锌溶液浓度的增加，钢纸的强度、黏结力和密度都将增加。而吸收性较高的纸，在溶液浓度增加的初期，这些指标也相应增高，但浓度达到一定值后，由于吸收能力较强，反应能力较大，使纤维过于损伤，强度开始降低。对于吸收度为45mm的原纸，采用相对密度为1.96～1.98的溶液较为合适。

2. 胶液温度

胶化液和胶化烘缸的温度需要进行控制，其次环境室温和湿度也会在一定程度上影响钢纸的质量。在不同温度下，原纸吸收氯化锌溶液的量不同。若温度范围适当，钢纸强度将随温度的升高而提高，但温度也不能过高（夏季不能高于35℃，冬季不能高于50℃），以免纸页溶胀胶溶过多，造成断头和钢纸强度降低。若胶化温度过低，胶化后钢纸强度降低，当低于15℃时，原纸润胀不良，难以黏结成钢纸。胶化烘缸的温度也需进行控制，夏季高于70℃，胶化后的钢纸就将变软，易产生窝坏等纸病，温度过低，胶化后的钢纸很硬，钢纸表面的氯化锌溶液压不干，易导致黏破、起皱、分层等纸病。

3. 胶化时间

胶化时间过长时，纤维将损伤过多，而胶化时间过短时，纤维的润胀和胶溶不良，这都将影响钢纸强度。胶化时间应根据具体情况来确定，一般原纸吸收性强，胶化温度高，则应相应缩短胶化时间，厚度大则应相应延长胶化时间。氯化锌浓度较高时，因溶液黏度增高，时间应有所延长，一般胶化时间在2～2.5s时强度较好。

4. 胶化剂纯度

胶化液中含杂质量越高，胶化程度越差。当有钙、铁及铜的氯化物存在时，尤其是钙盐含量过高时，将影响钢纸的内部结合力，从而影响强度，易分层起泡，也影响钢纸的电绝缘性等。

5. 碾压烘缸线压力

对于间歇操作的胶化机，碾压烘缸的线压力对钢纸层间结合和紧度具有显著影响，一般线压力控制在12～15kN/m较为适宜。

（三）老化及脱盐

老化指的是胶化后的钢纸在空气中逐渐冷却的过程。在此过程中纸内未胶化的纤维逐渐减少，胶化程度逐渐增加，纸质趋于均匀，层间结合力增强，绝缘性能提高，而吸收率则相应降低。老化时间应根据纸页厚度来定，通常纸页越厚老化时间越长。老化温度夏季为室温，冬季为30～40℃。

脱盐是用水浸出多余的氯化锌，以提高钢纸的绝缘性，使纸张更紧密，并回收该部分氯化锌。脱盐后钢纸内氯化锌的质量分数应在0.2%以下。脱盐是通过纸内和脱盐液之间的浓度差使氯化锌扩散溶出。如果浓度差过大，渗透压高，易引起纸内起泡，导致纸页分层。一般采用逆流洗涤，即开始先用质量分数为30%～40%的氯化锌溶液洗涤，逐渐降低洗液浓度。每次降低程度不应过大，最后用清水洗至含量（质量分数）0.2%以下。洗液的浓度视季节而异，温度为36～40℃，最后清水温度为40～60℃，脱盐时间视钢纸厚度而定。

(四) 干燥

胶化钢纸的紧度大，孔隙率小，干燥时水分不易由纸内向外扩散，因此干燥较困难。另外钢纸干燥时的收缩率较大，纵向可达13%～15%，横向达23%～26%，厚度方向可达50%。因此干燥条件若控制不当，钢纸容易出现干燥不均匀导致严重的翘曲变形现象。

对于连续式钢纸机，采用干燥室和烘缸相结合的方式。干燥室内温度不超过60℃，使纸页在缓和的条件下进行预干燥，以保证纸内水分向外扩散，然后经过烘缸干燥，烘缸温度也不宜过高，干燥后纸页可以保持较好的平整状态。

对于间歇式钢纸设备，可以采用长廊式干燥器，将钢纸挂在室内，在较低的温度下（60℃左右）缓慢干燥，但干燥速度慢，效率低。也可以采用隧道式干燥器，将钢纸挂在小车上，推入干燥器内，采用90～100℃热风进行干燥。为提高干燥效率，对于厚钢纸，最高温度可达到120℃，钢纸产生的较大翘曲不平，用适当的整形作业来补偿。此时钢纸越厚，需要的干燥时间越长，一般0.5～1.0mm的钢纸，干燥时间约需40～45min，厚度每增加1mm，时间应延长约35～40min。

(五) 整形

干燥后的钢纸是翘曲不平的，尤其间歇生产的钢纸，由于干燥温度较高，纸页厚度较大，更容易产生变形，因此必须进行整形。

钢纸整形前必须经水浸回润，使之塑性增强，水浸温度通常为70℃左右，水浸后的含水率为16%～20%。水浸时间取决于钢纸的厚度，厚度越大，时间越长。如厚度为1mm时，浸水时间为4min，厚度为1.4～1.5mm时，则需6min，厚度增加至1.8mm时，浸水时间可达15min，其后每增加1mm，约需延长时间15min。

水浸后的钢纸，其塑性增强，可将其层叠堆高，压上重物，放置18～30h，一方面平衡其水分，另一方面使之初步整平。

钢纸回润所吸收的水分，需要在烘房中进行平衡干燥，温度为60～70℃，干燥至水分为8%～10%，干燥时间因钢纸厚度而异，1mm厚的钢纸需干燥20h，厚度每增加1mm，干燥时间约增加15h。平衡干燥后，尚需放置3～6d，使纸内水分与环境平衡，以保证压平后不再变形。

平衡水分后的钢纸，置于热压机上平压，热压机加热平板的温度为110～120℃，压力为3.5MPa，热压时间视钢纸厚度而异，钢纸的厚度每增加1mm，热压时间约增加5min。

压平后可进行压光，以提高表面平滑度和紧度。压光可采用纸板压光常用的双辊压光机，可根据需要往复压光多次。

四、化学药剂处理

钢纸生产过程中主要使用的化学药剂是氯化锌（$ZnCl_2$）。将钢纸原纸浸入65%（质量分数）以上的氯化锌溶液里，处理几秒以进行胶化。使氯化锌渗透进入纸内纤维之中，从而促使纤维素纤维发生润胀，提高纤维之间的黏合力，使原纸变成具有很高强度的钢纸（坯）。

关于氯化锌溶液对纤维的溶解作用，陈港等认为纤维与氯化锌接触后会迅速发生润胀，润胀比为1.2～1.3；对于打浆过程中初生壁破除完全，内部细纤维化严重的纤维润胀比可以达到2.3。氯化锌溶液为纤维素的非衍生化溶剂，在钢纸的生产过程中纤维素晶体结构没有改变，但非结晶区增多，结晶度下降，同时分子内氢键作用减弱。原纸经氯化锌溶液处理后，发生强烈润胀和胶化作用后的纤维使得彼此之间的连接更为紧密，产生了更多的纤维间结合，纸页结构变得更为致密和均一。

五、展　　望

我国传统的钢纸产品主要是电气绝缘、纺织棉条筒、防护面罩钢纸等，但随着新材料的不断发展，部分钢纸产品被替代，目前国内以绝缘钢纸、研磨钢纸、阻燃钢纸等产品为主。

应根据市场的特殊要求，结合国外钢纸研发趋势开发各类新产品，比如耐水钢纸，具有耐水性能，可适应耐水电器性能要求；耐热和耐水钢纸，采用特殊树脂涂布于表面，不受外界水分的影响，具有优良的耐水和阻燃性能，适用于耐热耐水性能要求高的电器产品；层压厚钢纸，是薄钢纸平板的层压钢纸，厚度可达100mm，具有良好的机械加工性能，同时具有抗冲压、抗磨损、抗电弧、抗油和耐热性能，并具有良好的尺寸稳定性，可广泛应用于电器绝缘以及机械和建筑领域。

第二节　电池隔膜纸

一、概　　况

电池隔膜置于正负极活性物质之间，吸收大量电解液，其主要作用是隔离电池正负极活性物质，防止因两极活性物质直接接触而产生电池内部短路，从而影响电池使用寿命；此外，在电化学反应时，能保持必要的电解液，形成离子通过的自由通道，从而使电池内外形成电流。因此隔膜必须具有离子的良导体和电子的绝缘性的双重特性。隔膜是电池寿命最薄弱的部分，被喻为电池的心脏，隔膜材质是不导电的，其物理化学性质对电池的性能和寿命有显著影响。

电池隔膜纸是电池的重要组成部分之一，它的优劣直接影响到电池的各项使用性能。电池隔膜纸是以化学纤维为原料，通常采用湿法造纸的方法生产的一种特种纸，或者说是一种湿法无纺布的生产工艺。电池的种类不同，采用的隔膜材料也不同。

（一）锂电池隔膜纸

锂离子电池隔膜是一层多孔的绝缘层，厚度一般为8～40μm。由于电解液为有机溶剂体系，对隔膜的性能要求如下：

① 在电池体系内，其化学稳定性要好，所用材料能耐有机溶剂；

② 机械强度大，使用寿命长；

③ 有机电解液的离子电导率比水溶液体系低，为了减少电阻，电极面积必须尽可能大，因此隔膜必须很薄；

④ 当电池体系发生异常时，温度升高，为防止产生危险，在快速产热温度（120～140℃）开始时，热塑性隔膜发生熔融，微孔关闭，变为绝缘体，防止电解质通过，从而达

到遮断电流的目的；

⑤ 从锂电池的角度而言，要能被有机电解液充分浸渍，而且在反复充放电过程中能保持高度浸渍。

据不同的物理、化学特性，锂电池隔膜材料可以分为：织造膜、非织造膜（无纺布）、微孔膜、复合膜、隔膜纸、碾压膜等几类。聚烯烃材料具有优异的力学性能、化学稳定性和相对廉价的特点，因此聚乙烯、聚丙烯等聚烯烃微孔膜在锂电池研究开发初期便被用作锂电池隔膜。尽管近年来有研究用其他材料制备锂电池隔膜，如采用相转化法以聚偏氟乙烯（PVDF）为本体聚合物制备锂电池隔膜，研究纤维素复合膜作为锂电池隔膜材料等。然而，至今商品化锂电池隔膜材料仍主要采用聚乙烯、聚丙烯微孔膜。

（二）镍氢电池隔膜纸

当前，镍氢电池比较受欢迎，其性价比较高，比能量大，比功率高，可高倍率放电，循环寿命长，无记忆效应，无污染，安全可靠等，适合数字相机等电子产品使用。

电池隔膜纸必须具有耐强碱腐蚀性能，同时具有高的电子电阻，所以选用的纤维一般为化学纤维，但也有添加棉浆纤维的报道。纤维原料种类和生产工艺对镍氢电池隔膜纸的性能有显著影响，现在国内外镍氢电池隔膜纸的主要原料有聚乙烯纤维（PE 纤维）、聚丙烯纤维（PP 纤维）、聚乙烯-聚丙烯纤维复合纤维（ES 纤维），通常 PE 纤维很少单独使用。

镍氢电池隔膜纸主要具有湿态性能、干态性能和电化学性能，湿态性能有亲水性、保液性和离子交换能力，干态性能有定量、厚度和强度等，电化学性能有耐酸、耐碱、低电阻和低杂质等。定量和厚度有助于控制隔膜纸本身的性能，镍氢电池隔膜纸定量在 50～70g/m^2 之间，厚度在 100～200μm 之间。镍氢电池隔膜纸主要的性能如下：

① 机械性能。镍氢电池隔膜纸需具有一定的强度，满足生产需要。

② 化学稳定性和尺寸稳定性。化学稳定性主要有耐酸碱性能和抗氧化性能，镍氢电池的电解液是 30%KOH，碱性强。隔膜纸的耐酸碱性能和抗氧化性能可以确保电池电容量稳定；同时，隔膜纸在碱性电解液中应保证尺寸稳定以防止变形短路。

③ 亲水性和保液性能。隔膜纸的快速亲水性可保证电池快速有效地生产，隔膜纸的保液性能可确保工作期间寿命不受影响，对电解液吸收率高且均匀。

④ 低电阻。碱液量及其浓度、电池中电解液的竞争和隔膜纸性能等因素影响电池内阻，镍氢电池隔膜纸的电阻要低，能被离子有效穿透。

⑤ 透气性。空隙分布均匀的隔膜纸可以阻挡电极上脱落的活性物质互相迁移穿透隔膜纸形成短路，并保证电池放电的均一性和稳定性。

⑥ 杂质分离和自放电性能。杂质可以造成自放电加速和电极腐蚀。

（三）锌银电池隔膜纸

锌银电池是能量最高的一种水溶液电池，主要应用于导弹等武器装备，为动力、仪表、计算机、舵机、控制、遥测、安全等系统供电，是化学电源的一个重要分支。目前锌银电池隔膜纸主要采用湿法成形技术制成，相对于膜类隔离物，这类隔膜具有吸液速度快、吸液率高、保持电解液能力强的优点，广泛用作弹用锌银电池的隔膜。

（四）高性能碱锰电池隔膜纸

碱锰电池隔膜只能应用于一次性碱锰电池，碱锰电池的电解液一般为 30%～40%（质量百分比）的氢氧化钾溶液，电池的使用温度一般为－20～80℃，因此要求其电池隔膜必须满足以下的性能要求：

① 材料应是离子导电而电子绝缘的，可以防止由正极和负极活性物质之间的接触造成的内部短路；

② 具有高电解液吸收性能，不含杂质，离子导电率优异，电阻小，这样可进行足够的电动反应；

③ 当组合入电池内部时隔膜占据较少空间，以增加正极及负极活性物质的量，可延长电池的使用寿命；

④ 本身强度高，可防止在电池被输送或运输时因震动和下落的冲击造成弯曲以致发生短路；

⑤ 具有防止由电解液或去极化剂造成的收缩或变形的耐久性。

二、生 产 工 艺

目前，电池隔膜纸的生产工艺主要为熔喷法（图 4-5）和干法（图 4-6），正在逐步转向湿法成型，因其具有成纸匀度好、配比灵活、设备简单和成本低等优点。以镍氢电池隔膜纸生产为例，镍氢电池隔膜纸湿法生产主要包括原料选择、纤维分散成形、隔膜纸基热压、隔膜纸基亲水改性和整饰卷取，流程图见图 4-7。有的湿法生产的亲水改性是在纤维分散成形前，对聚烯烃类长纤维进行亲水改性，后裁成短切纤维。不同于湿法造纸成形工艺之处是纤维分散成形后干燥加固方式，尤其是热黏合法加固的纸幅。湿法镍氢电池隔膜纸具有良好的机械强度、均匀性和柔软度，以及优越的保液性能和捕氨作用。

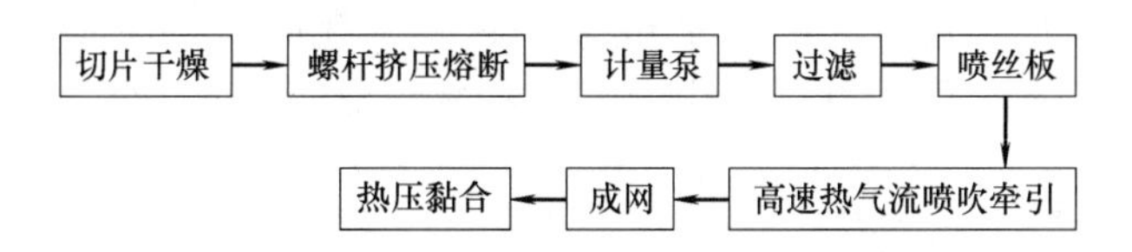

图 4-5 镍氢电池隔膜纸的熔喷法工艺流程图

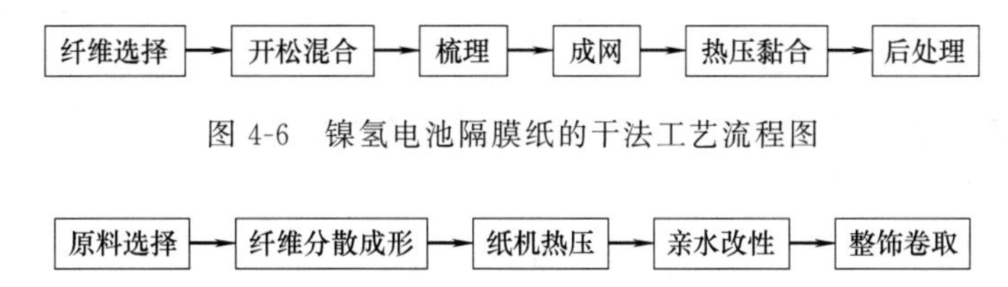

图 4-6 镍氢电池隔膜纸的干法工艺流程图

图 4-7 镍氢电池隔膜纸的湿法生产工艺流程图

三、质量控制与生产问题

① 纤维配比。当纤维加入量为 30%～40%时，隔膜纸的匀度较好，且经热压后隔膜纸的抗张指数变化不明显。聚丙烯纤维加入量为 65%左右时，碱性电池隔膜纸性能最佳。

② 热稳定性。隔膜纸的热稳定性关系到隔膜纸是否会因高温产生变形导致电池内部短路，聚丙烯纤维与聚乙烯/聚丙烯双组分皮芯结构（Ethylene-Propylene Side By Side，简称 ES）纤维的加入可提高成纸热稳定性。

③ 抗张指数。随着热压压力的提高，抗张指数上升，紧度也在增加，这是因为纤维与纤维之间的黏结变得更加紧密，当压力达到一定程度后，有效黏结点趋于饱和。

④ 孔径尺寸。隔膜纸孔径尺寸的大小直接影响隔离和离子迁移性能，目前市场上隔膜纸的最大孔径为30～50μm。若孔径过大，将造成正负极之间活性物质容易通过隔膜纸互相接触导致电池短路，而孔径过小时也会影响电解液中离子的迁移速度，尤其是在大电流放电时，极易发生锌负极钝化，影响电池的放电性能。生产过程中，在定量不变的情况下，热压压力急剧上升使隔膜纤维与纤维之间的黏结更为紧密，纤维间的黏结面积增加，导致孔隙数量减少，最大孔径和平均孔径均有所降低，一般热压压力控制在0.4～0.6MPa。

四、化学品的应用

① 分散剂。为防止絮聚，可加入PEO增加纤维悬浮液的黏度，阻碍纤维絮聚。

② 黏结剂。可将水溶性PVA黏结剂加入纤维浆料，以提高产品的机械强度。其原因是在一定的热压条件下，PVA熔融后纤维与纤维之间形成更多的黏结点，使得纤维之间的交织能力增加，然而孔隙率、吸碱率均会有所下降，故PVA加入量通常控制在3%～4%。

③ 磺化处理。为提高纤维的亲水性，可进行磺化处理，引入带负电荷的—SO_3H和—OH等亲水基团。需要注意的是，磺化时间过长时会导致纤维表面发生碳化。

五、生产实例

浙江金昌特种纸股份有限公司公布了一种具有高润湿性、热稳定性和安全性的锂离子电池隔膜纸的生产方法。原料采用针叶木漂白木浆、溶解浆和纳米纤维素混合，在高位箱加入0.05%～0.1%的聚氧化烯（PEO），采用斜网纸机进行抄造，成形网网目为150～200目，上网浓度0.01%～0.1%，定量15～20g/m^2。为进一步提高安全性，可将选自碳酸钙、碳化硼、氮化铝、二氧化锆或三氧化二铝中的一种或多种无机颗粒，分散于丙烯酸树脂或苯丙乳液进行涂布、压光。

六、展　　望

为满足高性能镍氢电池的需要，电池隔膜纸正向低定量、低电阻、高保液性和长寿命的方向发展。随着化学纤维亲水改性的发展，聚烃类（PE、PP）正在替代其他化学纤维来制备镍氢电池隔膜纸。聚烯烃纤维的亲水改性研究主要集中在磺化处理、等离子体处理、化学接枝处理和辐射接枝处理等。

第三节　热转移印花纸

一、概　　况

热转移印花纸是指可将印在纸上的彩色图案经加热加压处理转移给布、瓷器、木材、玻璃、大理石等所用的一种技术用纸，主要在印染工业中使用，又称为（染料）转印纸。具体操作方法是先用印刷方法将合适的染料油墨，在特种纸上印刷所要印花的图案，制成转移印花纸，再将此转移纸上油墨的一面与被印织物密合，通过热和压力（即升华法）或者热、压力和溶剂（即湿法）的作用，使染料升华或使油墨层从纸上剥离，将转印纸上的图案转印到织物上。

热转移印花纸主要在纺织行业中应用。目前此纸无统一的质量标准，依订货而生产。常见用于转移印花的纸是单面光纸，转移印花原纸最重要的性能是油墨吸收性和表面平滑度（表面粗糙度），此外可压缩性也较为重要。原纸的耐热强度指标也是重要的一个检测参数，需要保证纸张在高温连续生产过程中仍具有很高强度，不会轻易出现断纸现象。翟继岚针对原纸不同的物理性能再现印刷品色彩的影响进行分析，通过分析得知：获得高质量的印刷效果需将平滑度控制在400～600s，施胶度控制在0.75mm，紧度控制在0.70g/m^{3}左右为最佳状态。从印刷适应性来说，应该适当降低转移印花原纸的紧度，原纸紧度大、施胶度高，吸收性就差，纸张的伸缩率多控制在1.5%以下甚至更小。我国较多特种纸公司生产转移印花纸主要的原料还是废旧新闻纸，对于低档织物、毛毯等印花，本身要求不是很高，结合生产成本考虑，效益可观。

二、生产工艺

转移印花纸是由转印原纸和染料、油墨、胶黏剂等制成的。转印原纸待印的一面必须有高平滑度，才能对染料的吸收量尽量减少，并需具有耐高温性（在190～210℃下，不焦化，不发脆）。

热转移印花纸加工方法，依据印刷方式可分为网印、平印、凹印、柔性版印刷、数码印花技术等。

丝网印刷因为成本低廉，可以转印的承印材料范围广泛，是目前热转移印花纸印刷中使用最多的印刷方式。丝网印刷复制精细网点能力比较差，所以丝网印花纸用于低端的印花产品上。

平版印刷在欧洲胶印占到印刷市场的60%，在亚洲占到印刷市场的70%，在中国占到印刷市场的38%。

胶版印刷的主要特点是：还原网点能力高，印刷品层次清晰。但是由于平版印刷有水墨平衡的调节，在目前热转移印花纸印刷中应用的不普遍。在印刷质量要求很高的印花纸印刷中，多采用此方法进行印刷。

凹版印刷具有墨层厚、色彩鲜艳、耐印力高、适用范围广、适合连续绵延的图案的印刷等特点。凹版印刷色数多，幅面宽，可以采用多个专色印刷，在热转移印花纸印刷中独具优势，目前布匹的印花纸印刷，多采用凹版印刷。

柔性版印刷在热转移印花纸印刷中具有的最大的优势是：

① 承印材料非常广泛，可承印不同定量（28～450g/m^2）的纸张和纸板、瓦楞纸板、塑料薄膜、铝箔、不干胶纸、玻璃纸、金属箔等，承印材料的种类多于凹印；

② 可使用无污染、干燥快的油墨，柔性版印刷生产线可使用水溶性或UV油墨，对环境无污染，对人体无危害，因而，柔性版印刷又被人们称为“绿色印刷”，对于环保极为有利。转移印花纸生产工艺流程图见图4-8。

转印底材 → 离型剂处理 → 保护透明 → 颜色(深到浅) → 白底 → 转印胶

图4-8　转移印花纸生产工艺流程图

三、质量控制与生产问题

选网：热转印花纸对丝网的要求比普通印花高，张力大、耐温、湿度稳定性好，过墨性能佳，以邻甲酸二苯酯（DPP）单丝平织网布为宜。

表 4-4　　热转印花纸对丝网的要求

印刷类型	丝网选择	印刷类型	丝网选择
精细、色块、线条	150～180 目　胶膜薄	白色胶水	100～130 目　胶膜超厚
大面积色块	130～150 目　胶膜一般	网点	180～300 目　胶膜超薄

注：80 线以上可以选用进口黄网 350 目 SS 型。

① 网框。选用国标铝合金框为宜。

② 绷网。正确的绷网方式是拉紧→静置→再拉紧→再静置二至三次，再涂黏网胶，张力应在 22～25N，绷好的网应放置 3～5d 再制版。丝网目数 1∶5 以上的 90°晒版，1∶5 以下的按调整角度晒版。

③ 制版。a. 网版粗化除污，用磨网膏或除污粉，粗化后的网版湿测如玻璃一样平，无斑纹，烘干待用；b. 上感光胶，膜厚一般在 30～10μm，厚版为 200～300μm，网点版要选用分辨率高的感光胶或网点专用感光胶。最好用暴光测试片来选择正确的暴光时间。

④ 刮刀。油性墨选用聚酯刀，水性墨选用橡胶刀，硬度在 65～85H。

⑤ 印刷。网距为 2～30mm，刮刀角度一般在 45°。

四、化学品的应用

转移印花油墨是转移印花工艺的重要组成部分，也是转移印花技术的关键因素之一。热转移印花色浆应具备如下特点：转移印花应用的分散染料，其升华温度应低于纤维大分子的熔点及不损伤织物强度为原则，转移印花的染料必须在 210℃以下充分升华、固着在纤维上，并能获得良好的水洗牢度和熨烫牢度；转移印花的染料受热后能充分升华转变为气相染料大分子，凝聚在织物表面，并能向纤维内部扩散；转移印花用的染料对转移纸的亲和力要小，对织物的亲和力要大；转移印花的染料应具备鲜艳、明亮的色泽。一般转移印花油墨可分为醇溶性、油溶性和水溶性 3 大类。前 2 种油墨成本较高，环境污染严重，但是印刷适性好，所以现在应用的比较广泛。水溶性油墨比较环保，它的缺点是容易引起转印纸变形，目前在柔性版印花中已经广泛采用水溶性的油墨。

五、生产实例

① 实例 1：以针叶木浆和麦草浆为原料制备转移印花原纸流程见图 4-9。

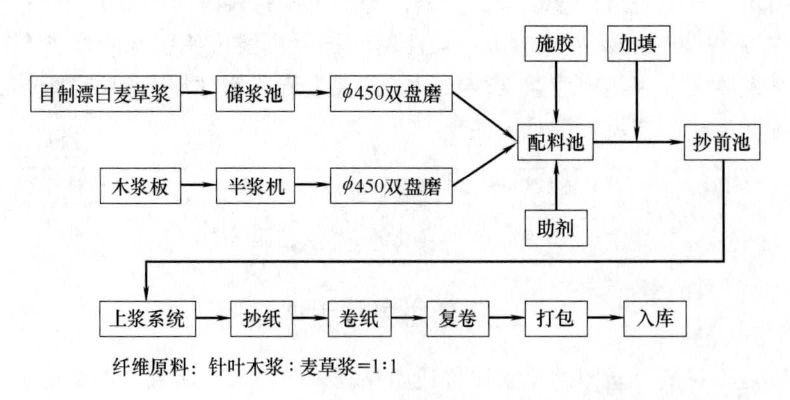

图 4-9　以针叶木浆和麦草浆为原料制备转移印花原纸流程图

② 实例 2：转移印花原纸加工制备转移印花纸的流程见图 4-10。

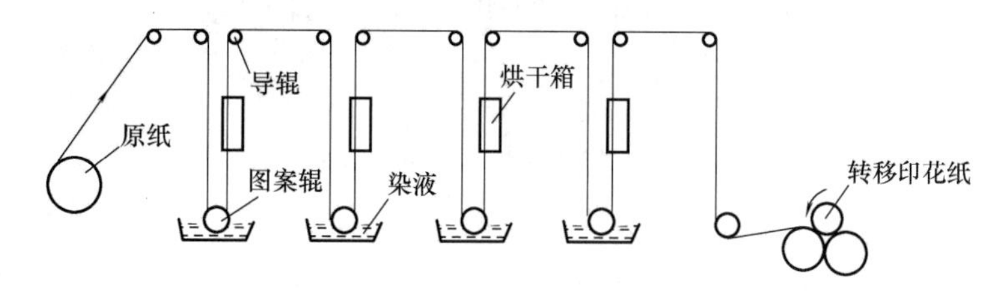

图 4-10 转移印花原纸加工制备转移印花纸的流程图

六、展　望

目前的热转移印花已经完全替代了传统的印染行业，大大降低了对环境的污染，也大大降低了生产成本，并且热转移纸张已经广泛应用到建筑、皮革、陶瓷等行业，热转移印花纸也向着更新，更好的方面发展。

1. 向低定量发展

低定量的纸张是目前造纸行业的发展趋势，可以节约造纸原材料，降低造纸成本。目前国产的热转移印花纸可以做到定量 $35g/m^2$；进口热转移印花纸的最小定量可以做到 $25g/m^2$。而且这种低定量的纸张韧性好、抗张强度好、匀度好。

2. 向冷转和水转发展

目前热转移印花纸主要是利用高温进行热转移，随着能源的紧缺，环保的呼声越来越高，现在对于印花纸的热转移向冷转移和水转移方向发展。这样既有利于环保，也有利于降低成本。

3. 向循环使用方向发展

目前热转移印花纸的多次利用研究需要进一步的开发。现在国产的热转移印花纸只能利用一次，利用效率比较低；国外进口的热转移印花纸目前主要应用于打印宏花样，最多的可以利用十几次。目前比较专业的有一定规模的印花纸厂还比较少，开发这样的印花纸厂既可保证质量，又可批量生产。循环利用还有一个方向是：转移之后的印花纸的废纸回收利用。

4. 转移印花纸朝向多功能化发展

在转移印花原纸一侧附着有离型剂层、印刷油墨层和亮色基材层。转移印花纸可通过转移印花工艺使织物同时进行印花和印金，在保留了传统热升华转移印花工艺环保节能、无废水、无污染的优点外，还省却了现有技术中的转移烫金工艺，具有节约成本、提高成品率、生产效率高等优点。

5. 热转移印花纸加工技术的发展

数码印花的生产过程简单，就是先把需要打印的任何图案或者文字输入电脑，由专用的 RIP 控制喷头，直接喷印到热转移印花纸上，再经过处理加工后，在各种纺织面料上获得照片级别的高精度打印效果，这是热转移印花纸印刷方式的发展趋势。

印花宽度随着装饰织物的需要继续增加，目前常用的是，时装织物幅宽一般为 150cm，内装饰织物为 120cm、140cm 和 240cm，床单织物为 240cm 和 280cm，平均印花宽度还要增加，印花纸印刷设备朝向大幅宽的方向发展。

第四节　耐水砂纸原纸（乳胶纸）

一、概　况

耐水砂纸原纸主要分为两类：一种是用牛皮纸经过树脂表面浸润形成耐水层，达到防水作用；一种是乳胶纸，乳胶纸作为生产高品质的基纸，具有较强的抗水性，在抄造过程中加入乳胶等耐水、抗溶剂材料包覆纸纤维使纸耐水，从而满足砂纸生产工艺需求。

乳胶纸是将原纸浸渍胶乳后再进行单面涂布胶乳等加工得到的一种高品质耐水砂纸用纸，是制造各种乳胶砂纸的基材，具有较强的耐水性、柔软性（固化后）、抗溶剂性、较高的尺寸稳定性、良好的植砂性、平整性、耐磨性、高的干强度及持久耐高温性（130℃固化约3h后仍不变色并保持一定的柔软性），这些特性决定了乳胶纸的生产必须采用特殊的纤维原料、高性能的浸渍胶乳和面涂胶乳。浸渍胶乳的作用是提供植砂后较高的柔软性，便于使用过程中的随意折叠打磨；涂布胶乳的作用是抵抗黏附砂粒的溶剂型酚醛树脂胶黏胶中的溶剂渗透到纸的背面，使纸张变黄变脆，而严重影响砂纸的柔韧性。目前国产乳胶纸主要采用丁苯胶乳、丁腈、氯丁胶乳、丙烯酸胶乳、醋酸乙烯酯、有机硅树脂、聚氨酯等合成胶乳进行浸或涂处理，得到的胶乳纸在应用过程中都存在一定的问题，如耐高温性能差，抗溶剂性差，固化后变色等问题。目前国内砂纸厂生产的高档砂纸所采用的胶乳纸均来自美国、日本、德国、法国等国家。

典型进口乳胶纸物理性能指标为：定量120g/m^2，紧度0.8g/cm^3，抗张指数（纵横平均）65.5N·m/g，耐折度（纵向）850次，耐折度（横向）1300次，Cobb吸水值18.2g/m^2，抗溶剂性能（5min）不渗透；耐温性能（130℃/6h）：颜色变黯淡，稍有变脆现象。

典型国产乳胶纸物理性能指标为：定量120g/m^2，紧度0.8g/cm^3，抗张指数（纵横平均）69.2N·m/g，耐折度（纵向）1100次，耐折度（横向）1500次，Cobb吸水值21.5g/m^2，抗溶剂性能（5min）不渗透；耐温性能（130℃/6h）：颜色不变，柔韧性良好，可见国产乳胶纸的质量已经达到了进口乳胶纸的质量要求。

二、生产工艺

国外乳胶纸主要在纸浆中加入化学助剂，并通过浸渍处理和表面涂布处理，使纸张达到砂纸的使用要求。为了适应高品质耐水砂纸的市场需求，国内多家单位就乳胶纸的研究与开发做了大量研究工作，但从使用性能方面都未达到进口纸的使用要求。目前国产乳胶纸面临的技术难点有三个方面：一是基纸内部结构的选择；二是胶乳的选择；三是纸张和胶乳的有效结合。

近期，中国制浆造纸研究院就乳胶纸的研究与开发做了大量的研究工作，取得了显著的成效，样品经过耐水砂纸厂家试用，各项指标均达到使用要求，主要工艺如图4-11所示。

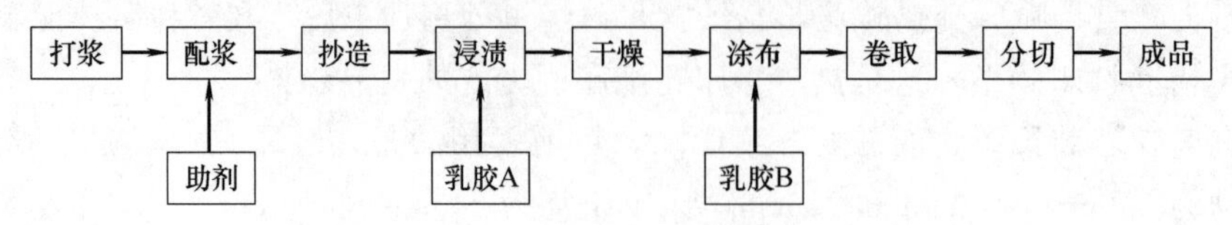

图4-11　乳胶纸生产工艺流程图

采用特殊纤维原料进行游离状打浆处理，保持纤维长度，减少湿变形，采取非常规浆料着色方式后抄造，用乳胶（乳胶 A 系丁腈胶乳类复配物，乳胶 B 系丙烯酸树脂类复配物）对纸张进行处理，上胶量（浸和涂）20%～25%，干燥后卷取。

三、质量控制与生产问题

1. 打浆对浸渍量的影响

随着打浆度的上升，纤维纵向分裂、两端帚化、表面分丝起毛，并分离出细纤维、微细纤维等，结果导致增加了纤维的外比表面积，游离出更多的极性羟基，又促进了纤维的润胀和纤维之间的氢键结合，提高了纸张的强度，但是，随着打浆度的上升纤维间的空隙逐渐变小，纸张的孔隙率减小，紧度不断上升，这使纸张的吸液性能下降，从而影响对胶乳的吸收作用。

2. 浸渍时间对浸渍量的影响

当打浆度、浸渍温度等条件确定时，随着浸渍时间的延长，浸渍量会显著的上升，到达一定值时，随着时间的延长浸渍量将不再增加而保持不变。

3. 浸渍温度对浸渍量的影响

当打浆度、浸渍时间等条件确定时，随着浸渍温度的提高，浸渍量会显著的上升，到达一定值时，随着温度的提高浸渍量将不再增加而保持不变。

4. 浸渍量对乳胶纸抗张指数、撕裂指数的影响

在其他因素固定的条件下，抗张指数随温度的上升而下降。一方面是由于浸渍纸页时，胶乳附着在纤维网络中，经干燥后其本身强度低于纤维结构强度；此外，虽然经浸渍后纸页的抗张强度稍高于或维持在浸渍前相当水平，但是，由于浸渍后纸页的总体定量的增大，造成了纸页抗张指数的降低。同样，在其他因素固定的条件下，抗张指数随温度的上升而下降。

5. 浸渍量对抗水性、抗油性的影响

随着浸渍量的增加，抗水性和抗油性会得到明显的改善。

四、化学品的应用

1. 涤纶纤维

加入一定量的涤纶纤维（2%～5%），可在对抗张强度影响较小的情况下明显提高耐折度。

2. 施胶剂

采用 103 粉状强化马来松香胶施胶剂，可节约松香和硫酸铝用量，省去熬胶工序，操作简单，施胶效果较好。

五、展　　望

由于汽车市场的增长，以及中国市场的产品升级，乳胶纸总的需求量在增加，乳胶纸的发展趋势是根据市场需要供应各种颜色和性能的定制化产品（抗撕裂强度，柔软度等）。

第五节　电　缆　纸

一、概　　况

电缆纸，又被叫作绝缘纸，是带有绝缘性质、灰损功能的纸张，主要起绝缘的作用，应

用于高压电力电缆、控制电缆以及信号电缆中，专供电磁线厂、变压器厂、互感器厂、电抗器厂的使用。任何电缆，包括电力电缆、通讯电缆等，大都是由3部分组成的即中间的部分是导电线芯，紧贴着的外边是绝缘层，最外面的是保护层（外护层）。电缆纸包在电缆最外层，保护导电线芯的绝缘层密闭，不让潮气进入以及绝缘层遭到破坏。该产品不含有金属、沙粒以及可以导电的酸性物质，可以经受绝缘性液体的处理，稳定性较好。

电缆纸及电缆纸带产品特点：

① 绝缘材料大多因使用的物理特性、温度、湿度、耐化学环境等不同而采用不同的类型，电缆纸是其中的一种；

② 电缆纸又可根据绝缘的厚度采用不同的型号规格，工作人员可根据实际需要的长度进行调整。

③ 电缆纸带在原有电缆纸的前提下，将其分切加工成各种宽度，能有效地控制成本，节省时间提高效率，减少很多烦恼；

④ 电缆纸带还由于加工环境整洁干净，能有效地保证它的绝缘介质、灰损等方面性能。

电缆纸（带）规格及厚度：

① 电缆纸 30　D90　D80　D75 等（D表示电缆纸规格，对应电缆的截面直径）。

② 电缆纸带 0　D60　D50 等（D表示电缆纸带规格，对应电缆的截面直径）。

③ 厚度：130μm、170μm、200μm、80μm、75μm、70μm、50μm。

电缆纸包括低压电缆纸、高压电缆纸和绝缘电缆纸。低压电缆纸主要用于35kV及以下的电力电缆，控制电流和通信电缆的绝缘。高压电缆纸的特点是介质损失角正切值低，适用于110～330kV的电力电缆和变压器或其他电气产品的绝缘。

根据《GB 7969—2003 电力电缆纸》《QB/T 2692—2005 110kV～330kV 高压电缆纸》，其主要质量指标规定如表4-5和表4-6。

表4-5　　电力电缆纸的质量指标（GB 7969—2003）

指标名称		单位	规定											
			优等品				一等品				合格品			
厚度	标准值	μm	80	130	170	200	80	130	170	200	80	130	170	200
	公差		±4.0	±6.0	±7.0	±8.0	±5.0	±7.0	±8.0	±9.0	±5.0	±7.0	±8.0	±9.0
紧度		g/cm³	0.9±0.5											
抗张强度 ≥	纵	kN/m	6.3	11.0	13.7	14.5	6.2	11.0	13.7	14.5	5.5	10.0	12.5	13.5
	横		3.1	5.2	6.9	7.2	3.1	5.2	6.9	7.2	2.8	4.7	6.2	6.8
伸长率	纵	%	2.0				1.9				1.9			
	横		5.4				5.4				5.4			
撕裂度(横) ≥		mN	510	1020	1290	1450	510	1020	1290	1450	510	1020	1290	1450
耐折度(纵横平均)≥		次	1200	2200	2500	3000	1200	2200	2500	3000	1200	2200	2500	3000
工频击穿电压≥		kV/mm	8.0											
干纸介质损耗角正切(100℃)≤		%	0.50											
水抽提液 pH			6.5～8.0				6.5～8.5							
水抽提液导电率 ≤		mS/m	8.0											
透气度 ≤		μm/(Pa·s)	0.510											
灰分 ≤		%	0.7											
水分		%	6.0～8.0				6.0～9.0							

表 4-6　　110～330kV 高压电缆纸的质量指标（QB/T 2692—2005）

指标名称		单　位	规　定				
			GDL-50	GDL-63	GDL-75	GDL-125	GDL-175
厚度		μm	50±3.0	63±4.0	75±5.0	125±7.0	175±10.0
紧度		g/cm³	0.85±0.05				
抗张强度	≥ 纵	kN/m	3.90	4.90	6.40	10.00	12.80
	横		1.90	2.40	2.80	4.80	6.40
伸长率	纵	%		1.8		2.0	
	横		4.0	4.5		5.0	
撕裂度(横)	≥	mN	220	280	500	1200	1800
透气度	≤	μm/(Pa·s)	0.255	0.340	0.340	0.425	1.425
工频击穿电压	≥	kV/mm	9.50	9.00	8.50	8.00	7.40
干纸介质损耗角正切(100℃)	≤	%	0.22				
水抽提液 pH			6.0～7.5				
水抽提液导电率	≤	mS/m	4				
灰分	≤	%	0.28				
灰分中钠离子含量	≤	mg/kg	34				
交货水分		%	6.0～9.0				

二、生产工艺

电缆纸常用原料为100%未漂硫酸盐针叶木浆，其生产工艺流程图如图4-12。

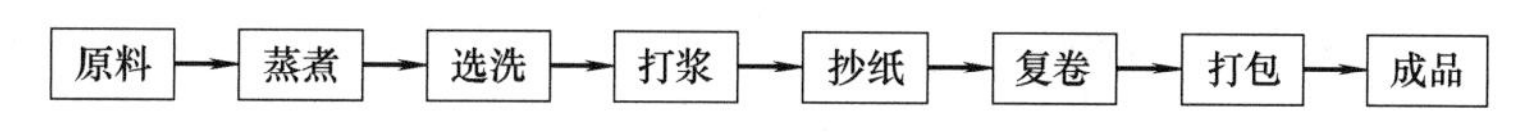

图 4-12　电缆纸工艺流程图

选洗工序主要包括如图4-13四步骤：

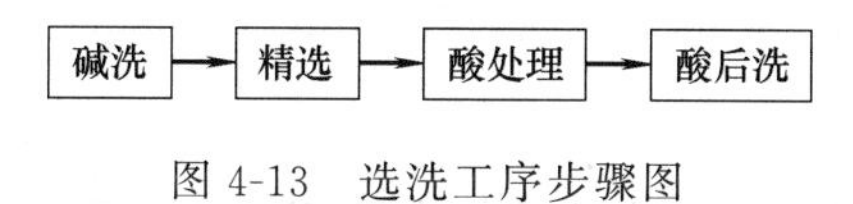

图 4-13　选洗工序步骤图

三、质量控制与生产问题

为了保证电缆纸的组织均匀，具有一定的紧度和强度，同时又有良好的吸收性打浆时必须充分的帚化、压溃。但是打浆度不宜过高，一般控制在22～26°SR，不施胶，不加填料，在长网造纸机上抄造完成。

四、化学品的应用

一般生产过程中不加入化学品，生产复合高压电缆纸时生产用水需经过离子交换处理。

五、展　　望

由于复合电缆纸与单层普通电缆纸相比性能优越，尤其是电气性能中的介质损耗大大低于普通电缆纸，而且可提高场强，增大传输容量，增加单根电缆制造长度，有利于生产运输及敷设，从而节约材料，降低线路造价，减少输电费用，是未来的主要发展方向。

第六节　电　话　纸

一、概　　况

电话纸即通讯电缆纸，为了包封通讯电缆，确保电话线路畅通的一种电气用纸，是一种三层的柔性绝缘材料，由聚酯无纺布，聚酯薄膜组成，使用的黏合剂不含酸，耐热。具有优良的机械强度和介电性能，挺度大，适用于机械嵌线。电气强度高、压缩系数小，广泛应用于变压器、电抗器、互感器等输变电设备中作为优良的固体绝缘材料。

电话纸按质量水平分为优等品、一等品和合格品。多为卷筒纸，卷筒宽度规定为350mm、400mm、500mm、625mm、870mm，偏差不超过±3mm。其颜色一般为纤维本色(黄褐色)、红色、蓝色等，且色泽应鲜艳显目。

根据轻工行业标准《QB/T 4030—2010 电话纸》，其主要质量指标规定如表 4-7 所示。

表 4-7　　电话纸的质量指标（QB/T 4030—2010）

指标名称		单位	规定					
			DH-50			DH-75		
			优等品	一等品	合格品	优等品	一等品	合格品
厚度		μm	$0.050(^{+0.004}_{-0.002})$			$0.075(^{+0.005}_{-0.004})$		
紧度		g/cm³	0.75～0.85					
抗张强度≥	纵	kN/m	4.05	3.60	3.27	4.90	4.70	4.58
	横		1.58		1.44		1.96	
伸长率	纵	%	2.00					
	横		4.00					
水抽提液导电率 ≤		mS/m	5.0	7.0	10.0	5.0	7.0	10.0
灰分 ≤		%	0.80					
交货水分		%	6.0～9.0					

二、生 产 工 艺

电话纸应用漂白、半漂或者未漂的硫酸盐木浆为原料。

生产工艺流程与电缆纸一致（图 4-14）：

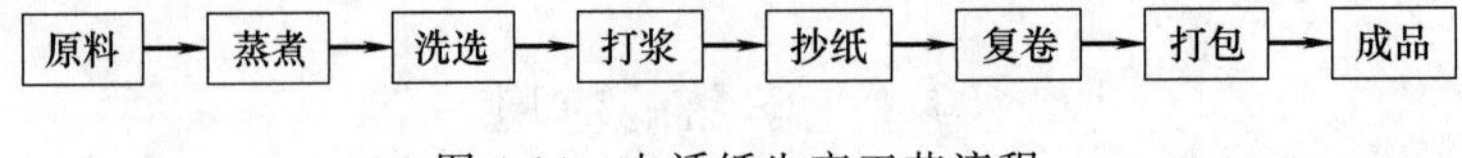

图 4-14　电话纸生产工艺流程

更翔实工艺流程如下：

云、冷杉原木→削片机→摇摆筛→刮板运输机→木片仓→蒸煮锅→喷放锅→振动筛→四台串联真空洗浆机→贮浆池→CX 筛→中间池→三段除渣器→圆网脱水机→贮浆池→槽式打浆机→贮浆池→圆柱精浆机→纸机浆池→调浆箱→旋翼筛→除渣器→圆网槽→干燥→卷取→复卷机→成品入库。

三、质量控制与生产问题

① 横向抗张强度。采用活动弧形板网槽，可增加纤维的纵向排列，在活动弧形板上增加匀浆沟，使得浆速大于网速，可以缩小纵横抗张强度比。

② 伸长率。采用槽式打浆机和50型圆柱精浆机，稳定浆料打浆度和纤维湿重，上下烘缸之间的过桥纸页采用风扇散热，增加纸页横向收缩，可提高纸页伸长率，若采用热风吹纸则更佳。

③ 纸页紧度。采用降低进缸湿纸页水分减轻托辊压力和提高上缸温度等方法，可达到降低纸页紧度的效果。

四、化学品的应用

一般生产过程中不施胶，不加填。

五、生 产 实 例

纤维原料：云杉、冷杉原木。

蒸煮：硫酸盐法蒸煮。

打浆：两段打浆，首先槽式打浆机先疏解，后下中刀打浆，浓度3.1%～3.6%，打浆度27～35°SR，湿重5.5～6.0g。稀释至2.0%～2.1%后再采用圆柱形精浆机打浆，打浆度45～50°SR，湿重3.8～4.0g，二段打浆的主要目的是切短纤维，提高纤维匀整性，提高纸页匀度，成浆打浆度50～55°SR。

抄纸：1575双圆网双烘缸纸机，上网浓度0.2%～0.3%，浆速稍高于网速，出压榨水分65%～67%，出上烘缸水分15%～20%，成纸水分6%～6.5%。

六、展　　望

未来电话纸的发展趋势是纸质坚韧、匀整，并具有较高的抗张、耐折和撕裂强度。

第七节　气相防锈纸

一、概　　况

气相防锈纸（Volatile rust preventive paper），是一种对金属制品腐蚀具有防护作用的特殊功能性包装纸。气相防锈纸以专用中性纸为基材，选择适当溶剂和防锈原纸，将组分及含量一定气相防锈剂配成防锈液后均匀地涂覆或浸渍于防锈原纸上，通过干燥等工艺操作加工而得到气相防锈包装材料。它是一种能够经过挥发产生具有防锈能力的气体，进而阻滞金属材料发生腐蚀过程的高新技术材料，它属于一种功能性防护用纸。其核心成分仍然是气相防锈剂。在使用气相防锈剂对金属产品进行包装防护时，将用气相防锈剂处理过的一面朝向金属材料。

气相防锈纸作为防锈包装有很多优点：

① 实现无油包装，无涂抹及脱脂、清洗程序，省工省时，节约成本；

② 高性能的VCI均匀包含于防锈纸内部，包装后迅速发挥防锈效能；

③ 即便不直接接触金属也能实现有效防锈，尤其适合表观复杂的金属件；

④ 兼具防锈与包装双重功效；

⑤ 与其他防锈包装材料相比，费用低廉、使用简单；

⑥ 干净清洁、无害无毒、环保安全。通过 SGS 认证，符合 RoHS 指令要求；

⑦ 防锈期长，用它包装的金属制品，一般能封存 3～5 年，有的甚至可封存 10 年以上。

气相防锈纸广泛适用于各种金属：铁金属、合金钢、铸铁、铜、黄铜、青铜、电镀金属、锌及合金、铬及合金、镉及合金、镍及合金、锡及合金、铝及合金等各种金属材料及制品。

供军工、机械、汽配、电工、五金等行业产品防锈。在贮存和运输前先将金属部件清洗干燥后，可采用单体全覆盖包装（气相防锈纸使用面积近似金属外表面积），也可通过把气相防锈纸作为内衬和隔离垫层而采用整体包装方式。但如外包装无防水密封包装，建议采用复合 PE 的气相防锈纸后用胶带密封。目前，气相缓蚀纸已成为防止大气腐蚀的主要方法之一。

气相防锈纸分类如下：

按气相防锈纸常用品种分类见表 4-8，按基体结构分类见表 4-9。气相防锈纸的质量指标按轻工行业标准《QB/T 1319—2010 气相防锈纸》执行，其质量指标见表 4-10。

表 4-8　　气相防锈纸常用品种分类表

保护金属分类	产品名称	结构	常用规格
钢铁用	钢铁用气相防锈纸	POWO PA WA	幅宽：787mm、1020mm 30kg/卷
多金属用	多金属用气相防锈纸		
铜用	铜用气相防锈纸		
专用型	冷普板用气相防锈纸	PM PC PD PF	幅宽 3100mm 以下
	硅钢板用气相防锈纸		
	镀锌板用防锈纸		
	镀锡板用气相防锈纸		

表 4-9　　气相防锈纸分类表

分类	结构	特点
PO	VCI//平纹防锈原纸	轻型包装
PA	VCI//平纹防锈原纸//PE 膜	一般防水包装
PM	VCI//平纹防锈原纸//PE 膜//网格布	重型防水包装
PC	VCI//平纹防锈原纸//PE 膜//编织布	重型防水包装
PD	VCI//平纹防锈原纸//PE 膜//编织布//PE 膜	重型防水包装
PF	VCI//平纹防锈原纸//PE 膜//箱板纸//PE 膜	内芯用防水包装
WO	VCI//皱纹防锈原纸	轻型包装
WA	VCI//皱纹防锈原纸//PE 膜	一般防水包装
WB	VCI//皱纹防锈原纸//PE 膜//扁丝	缠绕防水包装

二、生产工艺

原纸可采用牛皮纸、防水纸、铝箔纸等。将对金属有防锈效果的有机化合物配制成水溶液（或乳状液），再利用气刀涂布机或气刷涂布机进行加工，必要时可向防锈溶液中加入少量胶黏剂。

表 4-10　　气相防锈纸的质量指标（QB/T 1319—2010）

项　目	规　定					
	多金属用			钢用		
	优等品	一等品	合格品	优等品	一等品	合格品
气相防锈甄别试验	9 周期	7 周期	5 周期	9 周期	7 周期	5 周期
动态接触湿热试验	9 周期	7 周期	5 周期	9 周期	7 周期	5 周期
气象缓蚀能力试验	无锈蚀					
暴露后的气象缓蚀能力试验	无锈蚀					
适应性试验(注)	对铝、锌钝化，黄铜合格			—		

注：对其他有色金属、镀层可参照该表规定项目进行试验，技术指标由供需双方商定。

三、质量控制与生产问题

苯甲酸钠、乌洛托品、苯丙三氮唑缓蚀能力一般，不能单独作为气相防锈剂使用，碳酸环己胺单组分虽然有不错的气相缓蚀能力，但是不能通过三天静态气相防锈实验，双组分苯并三氮唑和乌洛托品在气相防锈方面具有协同作用，苯并三氮唑和碳酸环己胺在气相防锈方面具有拮抗作用。

四、化学品的应用或化学药剂处理

气相防锈纸的核心成分为气相缓蚀剂，而气相防锈纸的研究重点就在于气相缓蚀剂的研究。开发较早的商品化气相缓蚀剂为亚硝酸二环己胺、碳酸二环己胺，这两种化合物对黑色金属有良好的缓蚀作用，然而其毒性使其应用受到很大限制。

目前国内外学者对气相缓蚀剂的研究众多，大致可分为以下几种：

1. 含多个缓蚀基团的多功能气相缓蚀剂

邻硝基化合物、苯骈三氮唑及其衍生物、肟类化合物、巯基苯丙噻唑等气相缓蚀剂，这些活性基团除了对铜及其合金具有良好的保护缓蚀性能，而且对 Fe、Zn、Cd 等金属也具有良好的缓蚀效果。

2. 低毒高效型气相缓蚀剂

有学者从松香中提出的松香胺衍生物、咪唑及其衍生物作为钢铁用低毒气相缓蚀剂，其性能稳定，缓蚀性能可代替亚硝酸二环已胺（剧毒）；他们还从奶油中提取出对铁等黑色金属有较好的缓蚀效果的吲哚酪酸；许涛等从茶叶、花椒、果皮、芦苇等天然植物中成功提取到缓蚀剂的有效成分，这类缓蚀剂充分地利用了废弃产品的剩余价值，具有成本低廉、毒性低等优点。

3. 低聚型或缩聚型气相缓蚀剂

通过改变缓蚀剂的聚合度而合成许多新型结构的低聚物（相对分子质量在 2000 下和分子长度不超过 500nm 的聚合物）气相缓蚀剂，它不同于高聚物，低聚物缓蚀剂具有一定的溶解挥发能力，并且覆盖在金属表面的有效面积较大，可充分覆盖，具有协同作用的各种活性基团可以大大提高缓蚀剂分子的缓蚀能力。这种缓蚀剂不仅具有多个缓蚀基团（通过聚合反应引入）、并且各缓蚀基团之间具有协同效应，因此此类缓蚀剂是高效多功能缓蚀剂。另外该类缓蚀剂由于是聚合物，相对于单体毒性会低很多，并且具有与各载体相容性好等优点。

4. 氨基酸类化合物

有学者研究发现3-(苯甲酰基)-N-(1，1二甲基-2-羟乙基)-丙氨酸（TALA）对在较为潮湿的大气环境中的低碳钢具有良好的缓蚀作用。

5. 含O、N、S、P等原子的杂环型气相缓蚀剂

该类缓蚀剂而具有多功能、高效性、适应性强（环境的温度和pH变化对其缓蚀性能影响较小）、低毒性等优点，一般既能抑制阴极反应，又能抑制阳极反应，属混合型缓蚀剂。

五、展　　望

现阶段气相防锈纸的研发方向主要有高效低毒、通用型两种。

1. 新型高效低毒气相防锈纸的研发

国外对苯并三氮唑及其衍生物、咪唑衍生物、2，3-二氮杂萘及其衍生物等作为气相缓蚀剂使用的研究较为详尽，且大部分缓蚀剂为高效低毒型，对其缓蚀机理研究也比较详尽。总体来说，我国在生产绿色、易生物降解的环境友好型缓蚀剂方面要比国外落后很多。所以，在借鉴创新外国经验的基础上，研发新型高效低毒气相防锈纸用缓蚀剂就成为气相防锈纸研发的新方向。

2. 通用型气相防锈纸的研发

在实际应用中，被保护的金属构件大部分为多金属组合件，即使是单金属器件，纯度也不可能达到100%，或多或少都含有其他金属杂质。因此，开发对黑色金属和有色金属同时适用的通用型气相防锈纸，将成为我国气相防锈纸的重点研发方向。

目前，国外关于气相防锈纸的研究较国内详尽，且以纸张浸渍或涂覆高效、低毒型缓蚀剂制成气相防锈纸为主。我国关于气相防锈纸的研究主要集中在新型环保气相缓蚀剂和多组分气相防锈纸上。由于单独使用一种气相缓蚀剂往往不能满足气相防锈纸的某种要求，所以，气相缓蚀剂的研究中大部分以缓蚀剂的改性和多种缓蚀剂的联用来弥补单一使用某种缓蚀剂的不足，且相对于单一气相缓蚀剂涂覆的气相防锈纸来说，多组分气相缓蚀剂涂覆的气相防锈纸可应用到更多种金属或合金的防锈保护中。我国在环保低毒型气相防锈纸上的研究虽落后于国外，但在植物型水性无毒气相缓蚀剂、多组分通用型环保气相防锈纸的研究领域较为突出。鉴于此，无毒、通用的气相防锈纸依然是今后气相防锈纸的研究方向。

课内实验

原料配比、助剂添加、打浆工艺等对纸页强度、孔隙结构、透气度及吸收性能的影响。选择浆料（针叶木浆、阔叶木浆、棉浆等），浆内施胶剂和填料等，制定打浆工艺（打浆设备、打浆方式、打浆浓度），添加各类常用的造纸辅料，抄纸并检测相关物理性能。实验可设计成不同原料、打浆工艺、不同辅料的添加方案，在教师指导下，由学生分组完成实验方案、实验操作和实验报告等。

项目式讨论教学

教师指定典型工业用特种纸的关键指标，并以小项目形式布置给学生，学生在课外以小组形式，通过收资、小组内部讨论、PPT制作等工作，完成一些典型工业用特种纸原辅料的构成、成形工艺和加工工艺的制订，并在课堂上进行展示及讨论。

习题与思考题

1. 钢纸的主要特点是什么？说明它的应用。
2. 试叙述电池隔膜纸的基本要求。
3. 试叙述电池隔膜纸基本生产流程。
4. 试论述热转移印花纸质量的主要因素。
5. 乳胶纸的主要特点是什么？
6. 试叙述乳胶纸基本生产流程。
7. 试论述影响乳胶纸质量的主要因素。
8. 试叙电缆纸的基本生产流程。
9. 试论述影响电缆纸质量的主要因素。
10. 试说明电话纸的基本生产流程。
11. 气相防锈纸的防锈机理是什么？
12. 试论述影响气相防锈纸质量的主要因素。

主要参考文献

[1] 彭慧，龙柱．浅谈纸质食品包装材料［J］．江苏造纸，2012，106，(1)：37-42.
[2] 王洪涛，张春梅．钢纸生产流程的发展及最新产品［J］．中华纸业，2009，30（08）：73-75.
[3] 陈港，吴严亮．钢纸生产过程中纤维润胀溶解的机理［J］．华南理工大学学报（自然科学版），2011，39（11）：12-16，21.
[4] 赵丽君，周立春，刘文．镍氢电池隔膜纸的关键技术［J］．黑龙江造纸，2018，46（01）：7-12，17.
[5] 李会丽，刘文，陈雪峰．锌银电池隔膜纸的制备及性能研究［J］．中国造纸，2017，36（06）：1-6.
[6] 张丽珍．纤维素基电池隔膜纸的纸页结构和性能的研究［D］．济南：齐鲁工业大学，2017.
[7] 张文娜．高性能碱锰电池隔膜纸的初步研究［D］．广州：华南理工大学，2010.
[8] 谢琴，陆亚明，薛国新．热转移印花纸的发展［J］．纸和造纸，2015，34（02）：57-59.
[9] 李宪臣．热转移印花纸的生产［J］．丝网印刷，2008（11）：38.
[10] 赵涛，刘文，陈雪峰，等．添加涤纶纤维对乳胶纸的影响［J］．纸和造纸，2010，29（12）：33-34.
[11] 熊振华．复合电缆纸的生产和应用情况［J］．纸和造纸，1989（03）：8-9.
[12] 肖大锋．圆网纸机生产电话纸［J］．纸和造纸，1994（03）：20.
[13] 张天．环保型气相防锈纸及防锈机理的研究［D］．青岛：青岛科技大学，2018.
[14] 孙美姣．气相防锈纸的制备与研究［D］．天津：天津科技大学，2015.
[15] 李丹希，刘全校，许文才，等．气相防锈纸研究现状［J］．北京印刷学院学报，2014，22（02）：37-39.
[16] 黄颖为，曹磊，赵佳，等．环保型金属包装用气相防锈纸的研究［J］．包装工程，2010，31（01）：51-53，78.

第五章　农业用特种纸

第一节　育果袋纸

一、概　　况

育果袋纸是在果树果实的生长期用作果实套袋栽培的一种特种纸，是对果实实施套袋保护的高技术、高附加值农业技术用纸。采用育果套袋技术后，可以大大提高果实的着色度、洁净度、完整度、商品果率和果品贮藏时间，还可调节成熟期。育果袋纸分外袋纸和内袋纸，外袋纸起防雨、防雹、防虫的作用，外袋内层为黑色，要求遮光。

(一) 育果袋纸纸张性能要求

果袋在使用过程中，从套袋到摘袋大约需要30～90d的时间。由于完全暴露在自然环境下，要求育果袋具有优异的物理性能，能够抵抗自然界中风霜雨水的侵蚀。除此之外，还需要保证水果着色均匀，并减少水果病虫害的发生。因此，制造育果袋的纸张必须具备一些特性，从而满足水果套袋的需求。

1. 高抗水性

良好的抗水性能够保证育果袋在果实生长期内不发生破袋现象，防止果实因为袋内湿度较大而诱发水锈和果锈，阻止农药向纸张内部渗透，保证果实安全卫生。高质量的育果袋纸要求水滴与纸张的接触角大于90°，水滴无法在倾斜的纸面上停留，无法润湿纸张，从而形成“荷叶效应”。

2. 高透气性

在高温天气时，纸袋良好的透气性能够保证袋内不发生积温、积湿的现象，从而杜绝果实表面发生日灼现象，减少果实腐烂的问题。同时，育果袋良好的透气度也能够保证果实进行正常的新陈代谢，促进果实的健康生长。

3. 恰当的遮光性

高遮光性能够保证果实在套袋期内避光生长，使得果实在成熟前的摘袋期能够均匀着色。然而，随着纸袋遮光率的增加，果实的糖分下降，口感也有一定差异。因此，育果袋纸的遮光率需要根据具体水果品种和当地气候条件确定。

4. 优良的纸张强度及柔软度

育果袋纸必须具备一定的物理强度，特别是对一些容易招虫、鸟的葡萄、水蜜桃、枇杷等薄皮水果，鸟类容易破坏纸袋啄食果实，影响水果的品相，降低成果率。因此，育果袋纸需要具备较高的物理强度，抵抗鸟类啄食。同时，育果袋纸也需具备一定的柔软度，防止其刮伤果实表面。

5. 优良的耐老化性

育果袋纸的“老化”是指纸张在经历风吹、日晒、雨淋后发生性能衰退现象，综合表现为纸张物理强度的降低、抗水性的减弱及褪色等，甚至会出现破袋现象。特别是南方高温多雨天气，对育果袋纸的耐老化性能要求更高。

（二）育果套袋栽培技术对果实生长重要影响

主要表现在以下几个方面：

① 实套袋后，会抑制苯丙氨酸解胺酶、多酚氧化酶、过氧化物酶等多种酶的活性，从而延缓果实木栓层、木栓形成层、栓内层等组织的形成，使果实皮层细胞分泌的蜡质和木质素减少，皮孔变小，减少果点和锈斑的形成，提高果实光洁度。

② 实生长初期，套袋会抑制花青素合成酶、苯丙氨酸解氨酶、查尔酮合成酶等酶的活性，使花青素合成受阻，抑制果皮着色。但在果实生长后期摘去育果袋后，果皮内苯丙氨酸解氨酶含量迅速升高，花青素及其他前体物质会迅速合成积累，使果皮迅速均匀着色。

③ 袋能明显减少病虫等对果实的危害，并减少农药喷洒次数和用量，避免果面与农药的直接接触。

④ 袋果实一般含糖量降低，维生素、芳香物质、可滴定酸的含量等均下降。

（三）育果袋纸质量指标

根据产品使用要求，制订育果袋纸质量标准如表 5-1 所示。不同的水果所使用的育果袋原纸质量指标要求不同，在生产工艺上也有较大差异，如苹果育果袋纸、葡萄育果袋纸 Cobb 值要求特别小，在生产上要使用抗水剂进行表面轻涂处理才能达到要求。

表 5-1　育果袋纸质量指标

指标		琵琶育果袋纸	苹果育果袋纸	葡萄育果袋纸	检测方法
定量/(g/m²)		75±3	48±3	43±3	GB/T 451.2
水分/%		7.5～10.5	6.5～9.5	6.5～9.5	GB/T 462
Cobb 值(60s)/(g/m²)		≤26.0	≤9.0	≤9.0	GB/T 1540
抗张指数/(N·m/g)	横向	≥26.7	—	—	—
	纵向	≥47.3	≥33.3	≥39.5	GB/T 453
湿强度指数/(N·m/g)(纵向)		≥12.0	≥10.0	≥20.0	GB/T 465.2 浸水 5min
撕裂指数/(mN·m²/g)(纵向)		≥10.0	≥5.2	≥7.0	GB/T 453
透气度/[μm/(Pa·s)]		≥6.8	≥5.0	≥5.0	GB/T 458
白度/%		—	—	≥75.0	GB/T 8940.1
透明度/%		—	—	≥35.0	GB/T 2679.1

二、生产工艺

（一）层合法

层合法是通过将外袋纸黄面与黑面分别抄造，在半湿状态下层合压榨干燥成单张纸的一种方法。目前层合法工艺多采用圆网纸机——双缸三网进行抄造，三层层合抄造技术，里层炭黑加废纸浆料抄造保证遮光性和透气性，芯层以废纸浆为原料，来降低成本并提高透气性，外层以木浆和废纸浆配合抄造，并添加湿强剂、抗水剂等以保证成品具有一定强度性能和抗水性。

国内某纸业有限公司生产育果袋内袋纸流程如图 5-1 所示：

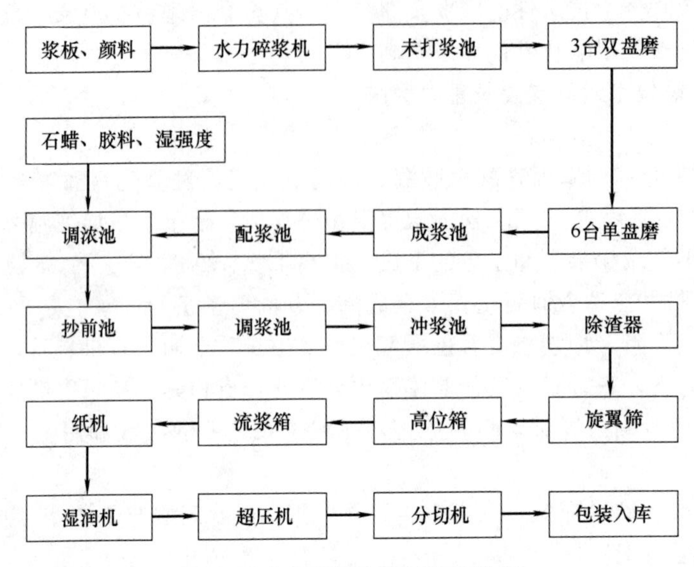

图 5-1　育果袋纸内袋纸生产流程

(二) 涂布法

涂布法制备高档育果袋纸和传统的层合法生产育果袋纸相比，涂布法用涂料代替了传统工艺中内层黑纸。大大降低了生产黑纸过程中对水环境的污染；减少了纤维的使用量，降低了生产成本；并且工艺相比传统的层合法更为简单，更易调整，可以满足不同育果袋纸的生产需求。

涂布法生产育果袋纸主要在于育果袋原纸的生产和育果袋专用涂料的制备过程。一般地，生产原纸时原料为70%的旧箱纸板纸浆和30%本色针叶木浆，同时加入4%～7%湿强剂、2%～4%AKD（均按浆料绝干质量计算）。涂料的制备过程一般如图 5-2 所示。

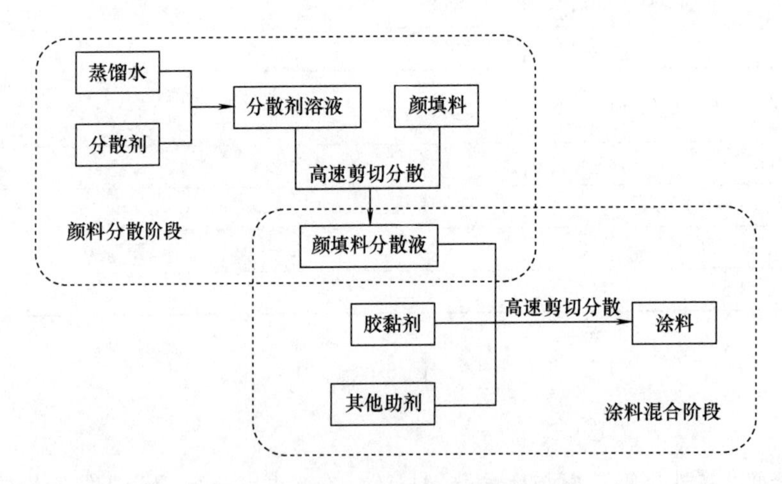

图 5-2　育果袋纸涂料制备工艺流程

(三) 印刷法

印刷法是生产加工育果袋纸的一种新方法，其工艺是由原纸抄造和上机印刷两部分组成，其中，胶版印刷又包括黑色油墨的调配及上机印刷两部分。其遮光性由印刷到原纸上的黑色油墨来保证。

印刷法可应用在长网纸机上（图 5-3），具有原纸生产工艺简单、车速快、成本低、污染少等优点，同时又解决了层合法中炭黑用于浆内染色而造成的污染、利用率低及圆网纸机车速慢等问题。同时，使用黑色油墨印刷，可增加纸张的抗液体渗透性能，使纸张具有良好的不透明度，并保持较高的柔软度和透气度。但目前这种方法还在试用阶段。

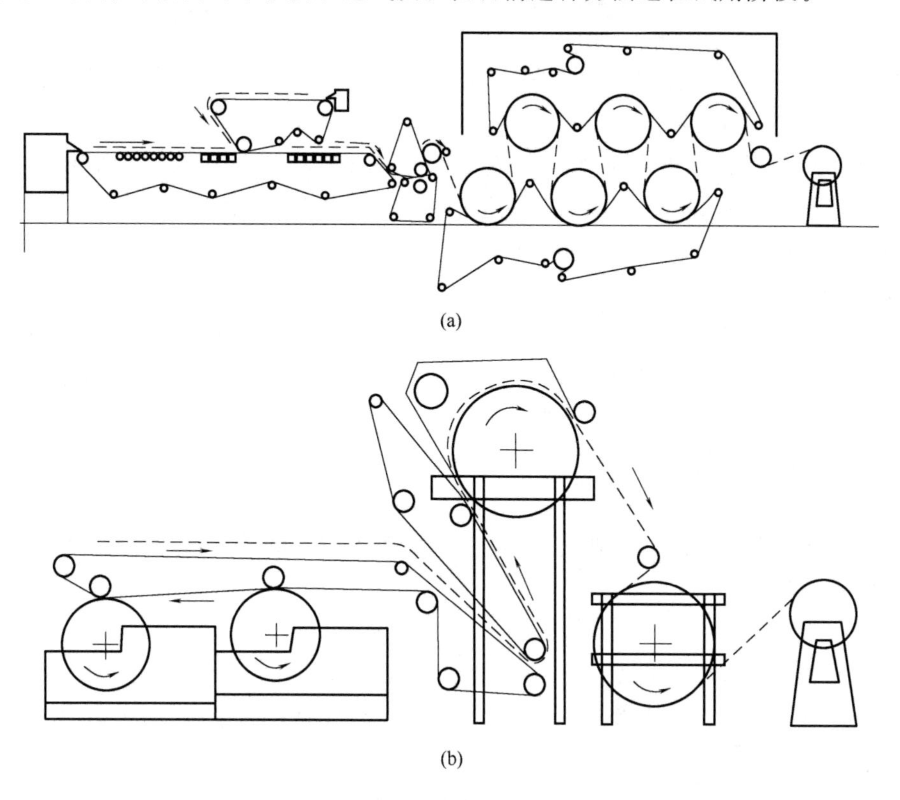

图 5-3　育果袋纸用长网纸机和圆网纸机示意图

(a) 育果套袋纸用长网纸机示意图　(b) 育果套袋纸用圆网纸机示意图

三、质量影响因素及质量控制

育果袋纸的质量影响因素很多，很大程度上取决于原纸质量。例如，对于葡萄育果袋纸来说，葡萄育果袋为单层袋而且规格较大，因而葡萄育果袋原纸需要具有较高的强度，以承受育果袋使用过程中外界环境的破坏作用，并满足制袋过程中对纸幅的拉伸、折叠及黏接要求。由于葡萄育果袋的特殊需求，葡萄育果袋用纸不但要具有一定的干抗张强度，还要求较高的湿抗张强度，除满足果袋加工过程要求外，更要抵御室外自然环境下风雨对育果袋的破坏，同时果袋表面还要具有良好的平整度和湿稳定性。

防水性能是葡萄育果袋纸的一个重要指标，除通过检测吸水性或施胶度指标外，目前使用者还习惯采用“疏水度”指标检测育果袋的防水性能，并由此判断其使用性能。即首先将育果袋倾斜，在其表面喷水，然后观测育果袋表面沾水后状态，如喷水后育果袋表面不被润湿，并形成水珠滑落则可满足使用要求。

育果袋纸还必须具有较高的透气性，使袋内果穗在生长期内能够进行正常呼吸，同时调整袋内湿度，否则果袋内湿度过高，将会产生果粒腐烂等现象，在高温、高湿情况下问题会更加严重。有一些葡萄育果袋在底部设计了通风口，但原纸生产时仍要考虑其果袋透气性问题，通过检测原纸的透气度指标来评价育果袋的透气性能。

四、生产实例

以黑色育果内袋纸的生产工艺为例。

1. 染色

以炭黑为颜料，用固色剂固色，采用加温通蒸汽的方法将温度控制在40℃左右。

2. 打浆

浆料为80%化学针叶木浆与20%麻浆共用。采用黏状打浆，打浆分成2组：第一组，3台双盘磨，打浆度控制在75～80°SR，湿重8～9g；第二组，6台单盘磨，从低到高提高打浆度，打浆度控制在84～86°SR，湿重6～7.5g。

3. 施胶

用10%含量的AKD进行中性施胶，因为成纸套在苹果上，时间长，在苹果成熟期内，不能变质腐烂，对苹果无副作用，pH控制在5～6.5为佳。同时可以加入石蜡，提高黑纸表面光泽。添加阳离子淀粉，其有增强、助留、助滤、促进中性施胶等作用，可增加纸面纤维的内结合力，增强表面强度，减少掉毛掉粉。

4. 增强

育果袋长期处在风、雨、阳光之下，要求有较强的抗水能力，因此在生产中需加入湿强剂，使湿裂断长≥1200m。

5. 抄造

采用长网多缸薄型纸机抄造，选用双层网，毛毯定量900～1000g/m²。半成品纸要求匀度好、真空吸力不能过大，这样可以减少针孔针眼。控制烘缸温度曲线，使纸外观平整。具体数据：上网浓度0.4%～0.5%，毛纸水分5%～7%，紧度0.55～0.65g/cm³，不透明95%～98%，施胶度0.5～0.75mm，横幅定量差≤1.5g/m²。高位箱添加APAM可减少针眼。

6. 湿润

黑色内袋纸需要有较高亮度及光泽度。进行湿润可使纤维吸水膨胀，提高纤维的柔性和可塑性，以提高超级压光的效果，但水分不宜过大或过小，将湿润水分控制在16%～18%较为适宜，这样在超压当中不会黏辊，使超压后的纸有光泽，且成品率高。

7. 超级压光

纸页经过湿润后再用十二辊超级压光机进行压光操作。为了进一步提高纸页平滑度、增加紧度并使厚度均匀，超级压光机应由钢辊和纸粕辊组成，线压力宜在17.6～19.6kN/m范围内。黑色育果内袋纸经超级压光机后的质量标准：定量（29±1）g/m²，成品纸水分6%～9%，紧度≥1.2g/cm³，裂断长≥6000m，撕裂度≥100mN，施胶度≥2.0mm，不透明度95%～98%，平滑度≥1000s。

8. 分切

超压后的纸还只能称为半成品，根据用户要求的规格还需要进行分切。分切后成纸端面要平整，不能有凹凸现象，接头用双面胶带，平整、牢固，上下纸不能有粘连。在分切时，不能有纸边、纸屑夹带进去。每卷纸的质量按用户要求进行生产。分切后，为防潮，宜采用塑料薄膜和编织布双层包装。

五、展　　望

目前，随着我国自行研发的育果套袋纸从无到有，经过近30年的发展，现在已经得到大面积推广。育果套袋果园面积扩大，果品质量有很大的提高。然而，由于我国育果袋纸的研发生产晚于一些发达国家，目前国内所生产的育果袋纸在性能上仍然与进口育果袋纸存在较大差距。

对于大多育果袋纸生产厂家来说，改进当前的育果袋纸生产工艺是重中之重。通过对于育果袋纸生产原料的选择（包括纤维种类，根据强度、柔软度和透气度要求进行配比），打浆工艺的优化组合（保证生产纸张的强度和透气度），湿部抄造过程中湿强剂和施胶剂的选择（实现纸张的抗液体渗透性和湿强度）等对育果袋纸的生产过程进行优化升级。同时，依据优化后的生产工艺，对于现有生产线进行技术改造，提高产品质量和产量，并降低企业生产成本。

同时，考虑到传统工艺中炭黑等颜料粒子和抗水剂在网部流失严重等技术难题，可进一步对于将传统的炭黑等颜料粒子和抗水剂湿部添加抄造工艺升级为成纸表面涂布工艺，通过涂料配方的研究开发、新型抗水剂的优化选择、涂布工艺的优化调控等手段，从根本上解决颜料粒子和抗水剂流失、企业废水处理费用高等问题。但是采用涂布法生产育果袋纸也存在纸张透气度低、抗水性难以满足要求和技术不成熟的问题，仍需进一步完善。

另外，育果袋纸企业需进一步开发适合特定气候及水果使用的育果袋系列产品，满足市场需求。同时，地方政府及公共事业单位需进一步建立规范的产品安全性、耐久性评价体系，规范市场竞争，保护果农利益，为果农提供优质廉价的育果纸袋，促进育果套袋技术的发展，提高优质水果的质量、产量和市场竞争力，促进果农增收。

第二节　保　鲜　纸

一、概　　况

保鲜纸是一种实用新型食品包装用品，它是用二氧化氯强氧化剂作为保鲜剂，将其吸附在沸石等高吸附物质上，并用二氧化氯溶液调制的黏合剂黏接在纸上制成。由于采用强氧化、安全、无污染、高挥发化合物制成，杀菌力强，保鲜效果好。该保鲜纸成本低廉，适用性强。可制成袋、盒、箱等多种形式产品。外源微生物侵害和内源乙烯催熟是导致呼吸跃变型果蔬采后品质下降的两大主要因素。因此，目前果蔬保鲜方面的大量研究都是围绕这两个因素进行，在果蔬抑菌保鲜方面，近年来天然植物精油抑菌剂的应用研究发展迅速，与化学保鲜剂相比，植物精油具有无残留、无环境污染、无抗药性等优势，符合果蔬保鲜绿色包装的新趋势，具有广阔的应用前景。

保鲜纸的分类如下：

1. 中草药保鲜纸

该保鲜纸的有效保鲜成分为具有抑菌作用的中草药，通过中草药挥发的一种抗菌成分，抑制和杀死致病细菌等，从而达到保鲜效果。其制作过程大致为：首先将八角、茴香、良姜及大黄等一类具有抗菌作用的中药材经过煎熬、浓缩制成中草药保鲜涂布液，然后将制得的保鲜涂布液通过涂布或喷涂的方式转移到纸基表面，干燥后即可得到该种保鲜纸。

2. 二氧化硫保鲜纸

二氧化硫保鲜纸较多地应用于葡萄保鲜，通过保鲜纸释放的二氧化硫气体，作用在果蔬的周围，杀灭导致葡萄腐败的细菌。二氧化硫类的保鲜纸主要是通过涂覆的方法制作，即将反应的主剂、胶黏剂、缓蚀剂、吸水剂等通过一定的比例制成一种具有一定黏度的涂料，通过涂覆，制得保鲜纸。

3. 抗菌纸

抗菌纸是当今使用比较多的一种保鲜材料，其主要是把极少量的抗菌剂以喷洒、施胶涂布、浸渍、改性纤维等方法固定在普通纸中，制成的具有一定抗菌性能的保鲜纸。抗菌纸中的主要成分是抗菌剂，抗菌剂的研究至关重要，抗菌剂按化学成分大致可分为三种：无机抗菌剂、有机抗菌剂和天然抗菌剂。由于市场的需求，抗菌纸的研究比较多。抗菌纸单独的使用在水果的保鲜中不多，大多和其他类的保鲜剂联合使用。

4. 保鲜剂类的保鲜纸

保鲜剂类的保鲜纸主要是指一类具有抗菌和具有脱除乙烯作用的保鲜剂制备的保鲜纸。其中脱除乙烯类的保鲜剂主要有：高碘酸、高锰酸钾、氯化钯等固体类保鲜剂，二氧化氯、氯气、臭氧和环丙烯类化合物 1-MCP 等气体类保鲜剂。抗菌类的保鲜剂主要指有杀菌作用的物质，如壳聚糖、重金属离子等，此外，很多乙烯类的保鲜剂也兼具有杀菌作用。保鲜剂类保鲜纸的研究也比较多，例如环丙烯类化合物保鲜纸、沸石类保鲜纸等。

质量指标详见《GB/T 18706—2008 液体食品保鲜包装用纸基复合材料》，其中机械物理性能如表 5-2 所示。

表 5-2　　液体食品保鲜纸质量指标（机械物理性能）(GB/T 18706—2008)

项目	要求	
拉断力/(N/15mm)	容器容量≤250mL	纵向≥180 横向≥90
	250mL<容器容量≤500mL	纵向≥200 横向≥100
	容器容量>500mL	纵向≥220 横向≥120
封合强度/(N/15mm)	搭接≥30	
内层塑料膜剥离强度/(N/15mm)	≥1	
透氧率[a]/[$cm^3/(m^2 \cdot 24h \cdot 0.1MPa)$]	铝箔≤1.0	
	其他阻隔材料≤15.0	
挺度/mN·m	容器容量≤250mL	纵向≥8.0
	250mL<容器容量≤500mL	纵向≥12.0 横向≥6.0
	容器容量>500mL	纵向≥18.0 横向≥8.0

注：[a]适用于有阻隔层的材料。

二、生产工艺

保鲜纸主要有两种加工方式：一种是用漂白的化学改性木浆，通过特殊的造纸工艺制造，由紧密层和疏松层复合而成的，也叫原纸。这类保鲜纸几乎什么都能包，什么场合都能用，但性能很差，多数用于环保水果、高档水果、冰原食品（如鲸脂和三文鱼、鳕鱼）的包装。另一种是对原纸进行再加工以提升性能，比如涂布沸石吸附的二氧化氯。这类保鲜纸只能用于常温和低温，严禁高温，烈日暴晒也不行。

以二氧化氯缓释保鲜纸制备工艺过程为例，其工艺流程如图 5-4 所示。

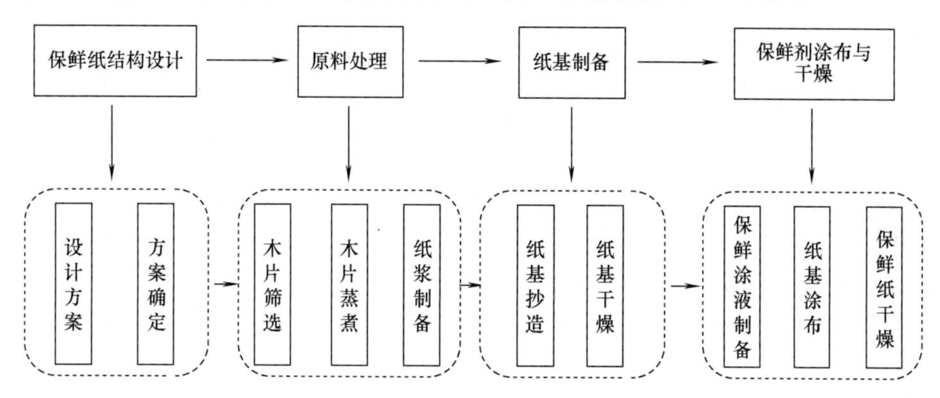

图 5-4　二氧化氯缓释保鲜纸制备工艺过程

三、质量影响因素及质量控制

以二氧化氯缓释保鲜纸为例，质量影响因素主要考虑亚氯酸钠（主要保鲜成分）的留存率与二氧化氯释放规律，其中二氧化氯的释放规律包括二氧化氯的释放总量、二氧化氯最大值释放速率时间，二氧化氯最大值释放速率。质量控制主要通过改变保鲜涂液的配方和保鲜纸纸基物理参数来实现。

四、生产实例

例如某商贸有限公司，主要生产保鲜袋（纸箱内衬）冷库专业保鲜袋、大木桶保鲜袋（大铁桶内衬）、印刷保鲜袋、保鲜纸、印刷拷贝纸等产品。

具体而言，保鲜纸是指用于包装水果的纸，它的强度高，厚度薄，半透明度好，含水率低，透气度小，无腐蚀作用，具有一定的抗水性，使用起来，尤其包装苹果，能使红色更鲜艳，能把苹果上的青色和些许小点掩盖住，加上印刷图案，更是美不胜收。档次高的苹果包装纸薄而柔软，具有较高的物理强度及一定的抗水性，保鲜性能极好，具有防潮、防油、防黏、防霉等特性。保鲜纸是在拷贝纸（苹果包装纸）两面涂蜡，除了具有保鲜纸的特性外，更具保鲜作用。苹果包装纸用于食品包装的纸，还要求卫生、无菌、无污染杂质等。

五、展　　望

水果中含有丰富的营养物质，特别是人体必需的维生素、矿物质与膳食纤维等，已经成为人们生活中不可缺少的重要饮食组成部分，然而由于水果在采摘后受到病虫害和自身的生理衰老等影响，水果会加快腐烂变质，耐储性下降。据不完全统计，由于我国果蔬采后保鲜、包装与处理不当，损失率高达 20%～30%，而联合国粮农组织这一指标仅为 5%[10]。由此可见我国的果蔬保鲜行业与国际水平还差很大的距离。同时，目前用于果蔬包装的塑料保鲜膜，如聚乙烯薄膜（PE）、聚丙烯薄膜（PP）、聚苯乙烯（PS）、EVA等，虽能达到一定的保鲜效果，但它们对水蒸气的传递速率很低，容易导致微生物滋长，而且化学稳定性较强，难以被微生物降解，造成严重的环境污染。因此这些材料已明显不能满足现代市场的保鲜要求，所以研制更新更好的果蔬包装材料成为当下果蔬保鲜研究的重点。

第三节　育　苗　纸

一、概　　况

育苗纸（英文名称为 germinating paper 或 seedling-growing paper）一般是指用来遮盖苗床，以保护和促使秧苗生长的农用加工纸。育苗纸一般以植物纤维为主要原料，并配以特殊的辅助材料及功能助剂，用特殊工艺加工而成。早期的育苗纸主要为简易的纸片状；然而，为迎合农业发展的需要，越来越多种类、样式的育苗纸逐渐出现在大众的视野中，且目前使用和研究最为广泛的育苗纸类别为筒式蜂窝状育苗纸。

育苗纸属于吸收型纸。具有抗水、保温、抗寒和透过紫外光等特性。在湿润状态下可以折叠，并具有一定的挺度。不含对种子有害的化学药品，所用涂料不溶于水。原纸为强韧的牛皮纸，通过油液涂布或用油液浸渍的方法加工，再经干燥而成。油液为：桐油、亚麻仁油等干性油。一般还需加入适量的催化剂以及微量的防腐剂等。

拓展：

吸收性纸（英文名称为 absorbent paper），质地柔软、结构疏松、具有吸收性能纸的总称。包括吸墨纸、滤纸、字型纸、面巾纸，以及仿革纸原纸、纸基塑料原纸等。具有优良的吸水、吸液或吸收特殊化学药品的性能。根据用途不同，由未漂或漂白的化学木浆或草浆，经游离状打浆，施胶不用松香、石蜡或其他水性物质，而用合成树脂，在长网造纸机低压榨作用力下抄造而成。

（一）育苗纸的分类

1. 按照功能分

一般型、营养型、药物型、营养＋药物型。

2. 按照用途分

用于不同作物对其防腐期及湿强度、剩余强度等都有不同的要求，可分为蔬菜用、瓜果用、粮棉用、花卉用、林木用等。

3. 按照形状分

① 纸片状。简易的纸片状育苗纸，可直接铺在苗床上使用，贮存方便，育苗（主要为抗水、保湿、抗寒能力）效果一般。

② 四边形。一般为较规则的方形育苗纸，育苗效果较纸片状育苗纸好，但不易折叠，贮存不便。

③ 六边形。性质规则的六边形育苗纸与孔数相同的方形蜂窝纸筒相比，六边形蜂窝状育苗纸筒使用原纸少，产品质量轻，更方便产品贮存及运输。育苗纸使用时，占地面积小，营养土利用率高，利于节省育苗土及其他育苗材料。

经过多年的优化与完善，蜂窝育苗纸筒的性能更加优越，可满足不同产区多种作物的纸筒育苗移栽要求，已成为保护地栽培的理想生产资料。

（二）育苗纸具有的一般性特点

良好的干湿强度、防腐性、透气性、秧苗侧根穿透性及抱土性；同时具有防风、防冻和提高保苗率等特点。育苗纸一般具有高湿强度，从而能够充分适应育苗期间潮湿、高温的恶劣条件，使得其在作物苗的移栽过程中不发生破裂、漏土等现象。

由于土壤中含有大量的纤维分解酶，普通纸埋在土壤中，几天后就会开始腐烂，强度损失很大，故育苗纸除具有较大的湿强度外，还要具有较大的剩余强度（或残留强度）。育苗纸一般根据不同农作物育苗的需要，减缓腐烂，能够维持 30～40d，甚至更长时间仍具有一定的剩余强度，以满足苗株移栽的要求。

采用纸筒育苗移栽，有利于农作物生长，增加有效积温，促使农作物早熟，提高复种指数。由于科学技术的迅猛发展，在农业生产中新材料的应用与新材料本身的功能开发同等重要，为迎合生产生活的需要，育苗纸的发展需在以上列举的特点及用途之外，努力研究创新，赋予其防病、防虫，并具有提供农作物生长所需的微量元素的功能。

根据育苗纸的特点，其质量指标应如表 5-3 所示。

表 5-3　　育苗纸质量指标

指标名称		单位	规定	
			A 型	B 型
定量		g/m²	60.0±2.0	58.0±2.0
横幅定量差	≤	g/m²	3.0	
抗张指数（纵向）	≥	N·m/g	45.0	40.0
湿抗张指数（纵向）	≥	N·m/g	20.0	16.0
透气度	≥	μm/(Pa·s)	3.4	
施胶度	≥	s	10	
交货水分		%	7.0～10.0	

二、育苗纸的生产工艺

育苗纸生产工艺流程如图 5-5 所示。

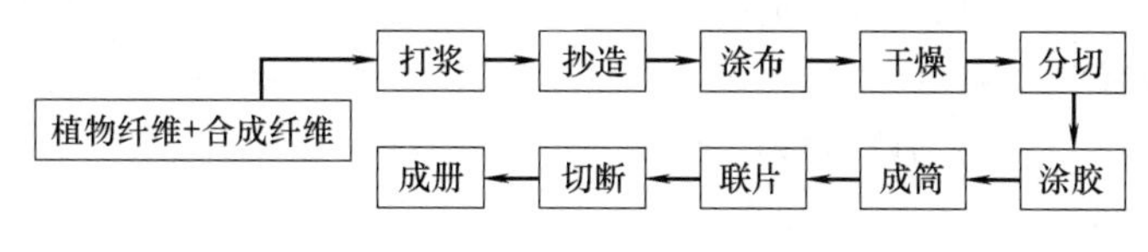

图 5-5　育苗纸生产工艺流程图

育苗纸筒是由植物纤维和合成纤维经打浆、抄造、涂布、干燥、分切、涂胶、成筒、联片、切断等工艺，最终制成蜂窝状成册。由图 5-5 的生产工艺流程图可知，育苗纸筒的制备技术可大致分为育苗纸原纸的制备、黏合剂的制备及纸筒加工设备的研究三大部分。

（一）原纸的制备

主要包括原料的选择（植物纤维＋合成纤维），打浆工艺参数的确定，涂布的涂料选择、涂布机工艺参数的确定，干燥工艺等。

（二）黏合剂的制备

对育苗纸筒联片黏合剂的主要要求是：纸筒中培土浇水育苗后，单筒之间易分离；机械加工性能好；对甜菜的生长无害。前两者主要与黏合剂的湿态余黏力、初期黏结力（或初黏力）有关。

涂布量会影响初黏力的数值，只有在涂布量最适宜时育苗纸的初黏力最大。这是因为涂布量小时，由于大部分黏合剂渗透到纸孔内部，剩余部分黏合剂不足以黏结，因而初黏力低；当黏合剂的使用量超过一定量时，初黏力表现为黏合剂的内聚力，而众所周知，黏合剂溶液的内聚力较低，因此初黏力也低。

早期我国的育苗纸生产厂所采用的湿强剂主要为脲醛树脂（UF）、三聚氰胺甲醛树脂（MF）和聚乙烯醇树脂（PVA）等，应用中出现的主要问题有：UF树脂批次质量稳定性差，导致育苗纸湿强等各项性能出现波动，最终造成农作物分苗移栽时纸筒损率增加；树脂储存期短，无法满足使用要求；MF树脂水溶性差，将其加入纸浆后，纸浆易出现絮凝，造成抄纸过程中纸张黏缸、断头等状况；该种类树脂用量一般较大，导致育苗纸的透气性变差；树脂中的残留甲醛易造成环境污染。

为解决脲醛树脂（UF）及三聚氰胺甲醛树脂（MF）在生产实践中出现的问题，目前已有研究人员根据育苗纸对湿强、煮后湿强、透气性、抗水、抗腐烂等综合性要求较高的特点，研制出一种新型无毒无味高分子环氧聚酰胺树脂。经研究表明，该类型树脂在一定程度上可有效改善以上出现的问题，且其生产工艺较为简单，投资少，易实现工业化。

（三）纸筒加工设备的研究

为使得育苗纸能够满足如上所述的干/湿强度、剩余强度和干湿比等要求，在纸筒加工设备的选择和操作细节方面也需进行深入的探究。如经相关研究显示，利用芬兰拉南公司（Lannen Tehtaatoy）为恩索公司（ENSOGUTZEIT）制造的涂塑纸筒卷生产线，将复合纸带（在牛皮纸上喷涂14g/m^{2}聚乙烯）折成断面为U形的沟槽，涂塑的一面在里，向槽内填土将上口热压缝合，截面成水滴形，使之成为一条包卷了培养质的长纸筒，按一定长度切成长条，40条一摞，再按需要高度用圆盘锯切，即可得到带有培养质的复合型涂塑纸筒卷。

三、育苗纸的质量影响因素及质量控制

（一）育苗纸原纸的生产

1. 原材料

生产育苗纸筒原纸的原料，必须是纤维本身强度较高，且能自然降解的植物纤维为主，一般以未漂硫酸盐针叶木浆（浆料本身机械强度较高）为优选，原生木浆和再生纤维也均可用于育苗原纸的生产。浆料的硬度以中等偏上为好。

2. 育苗纸原纸的强度

育苗纸原纸为高湿强纸品种，要求原纸具有永久湿强度，且湿强度需达到40%以上，使纸筒在潮湿的苗床土中仍能保持一定的强度。纸筒完好无损生产中通常采用湿强剂，湿强剂的种类很多，要注意选用无毒或低毒湿强剂。

除此之外，原纸还需具有一定的干强度，纸筒强度降解周期小于45d，确保纸筒苗移栽时，纸筒完好无损。如有较高的抗张强度，满足纸筒使用和加工过程中的拉伸作用要求。

3. 育苗纸原纸的吸收性能与外观性能

良好的吸收性能主要是赋予原纸憎水性能，延缓纸筒吸收土壤水分过程，降低纸筒强度降解速度；原纸紧度与透气性指标需综合考虑，既要提高紧度又要兼顾原纸的透气度指标，以满足纸筒的透气性、透水性，小苗侧根穿透性及抱土性要求，以利于农作物生长，适于纸

筒育苗移栽栽培方式。同时，还要控制原纸的横幅定量差和外观质量，以确保纸筒的加工精度，满足纸筒机械育苗要求。

4. 育苗纸筒原纸的抗腐性

育苗纸筒原纸的抗腐性极其重要，不同农作物的育苗纸筒的抗腐性能不同，要求达到在农作物育苗期，尽量避免霉菌对纸筒的侵蚀，以防止纸筒强度降低，在农作物育苗期结束，移栽后使霉菌尽快侵蚀纸筒，使纸筒迅速降解为有机质。

鉴于育苗纸主要用于农产品的培育，在原纸的生产过程中，要注意选用合适的纤维原料及造纸助剂，以符合绿色食品生产的相关要求。

（二）育苗纸筒的加工

1. 黏接剂

黏接剂要选用流动性能好，黏接力强的种类。黏接单筒内部的胶黏剂要选非水溶性的，避免纸筒在使用中遇水开胶；黏接单筒之间的胶黏剂要选用水溶性的，以利于纸筒在移栽时单筒之间的分离。

2. 纸筒的规格

不同作物要求不同规格的育苗纸筒，需要在纸筒加工时来确定。一般根系作物要求纸筒直径小些，高度大些；叶系作物要求纸筒直径要大，高度要小些。

四、生产实例

（一）甜菜育苗纸筒研发

利用纸筒育苗移栽法种植甜菜是20世纪60年代发展起来的农业种植新技术，对提高甜菜的单位面积产量和糖分是一项重大的技术措施和改革。黑龙江省造纸工业研究所1976年承担了轻工业部下达的研制甜菜育苗纸筒的课题，1979年，通过小试鉴定，纸筒质量已达到育苗期30～40d不腐烂，可以进行机械移栽，在苗期无药害等要求；但在透气、透水性、侧根穿透性以及纸筒规格、外观方面仍需进一步加以改进。

广西林业科学研究所也成功研制出了横格式蜂窝育苗纸容器。它比日本《昭54-28327—作物育苗移植用钵体》中的育苗纸容器先进，解决了一册育苗纸容器的两侧棱柱容器有一半通孔的问题，形成完整的棱柱体，克服了漏土现象。同时广西林业科学研究所还研制出了隔膜纸，该蜂窝育苗纸容器具有成本低且装土工效高，育苗移植不带容器种植等优点，此种苗属于营养砖苗。最后，该所研制的筒式蜂窝育苗纸容器，作为一种成型工艺类似于《昭58-3645—育苗移植用钵体》，但所用纸料和生产工艺与之不同的育苗纸容器，该种类育苗纸容器采用分切拨开，叠粘成册的生产工艺，使筒式蜂窝育苗纸容器用纸料比日本的节省。它适应性强，应用面广，是育苗纸容器中一种新型的育苗容器。

（二）其他系列育苗纸的开发

由于农作物品种繁多，其中大多数都适合采取纸筒育苗移栽，黑龙江纸所科技人员根据不同品种的种植、栽培、生长等特点，陆续开发了系列的农用育苗纸筒，如玉米、蔬菜、烟草、花卉等十三种。

1990年，研制成玉米育苗纸筒，该产品填补了国内空白，1990年2月15日通过黑龙江省科委主持的科技成果鉴定。

1994年，研制成哈密瓜育苗纸筒，该产品属国内首创，获黑龙江省轻工科技进步三等奖，采用专用纸筒育苗技术种植哈密瓜，瓜果成熟快、上市早、产量高，经济与社会效益显著，深受广大瓜农欢迎。

2003年，研制出红干椒育苗纸筒，红干椒是提取天然色素的重要原料，该作物的生育特点决定了必须采用育苗移栽的栽培方式，以提高保苗率，延长生育期，预防病虫害，提高红干椒品质。红干椒育苗纸筒投放市场后，深受用户欢迎，纸筒性能完全符合红干椒育苗移栽要求，与其他育苗容器相比，方便操作，移栽时不必摘筒，是红干椒理想的育苗容器。该系列产品连获黑龙江省优秀新产品三等奖和牡丹江市科技进步二等奖。

（三）可降解营养育苗纸盆生产技术研究

广州市园林科学研究所在可降解营养育苗纸盆的试验设备、生产工艺、配方筛选及配套栽培技术等方面进行了较系统深入的研究。研制出一套半自动化的试验设备；结合不同原材料的性质和特点，研究出一套纸盆生产工艺流程；对40多个包括主原料、添加剂的纸盆配方进行筛选，并进行了大量的栽培试验，筛选出适合不同育苗要求的7种配方纸盆的试验产品。这些产品在广州、天津、长沙等地进行了中间试验，试验植物包括蔬菜和花卉，结果表明它们具有良好的通透性、田间稳定性、可带盆移植而不伤根、纸盆降解后可变成肥料等优点，同时还总结出一套与纸盆育苗相配套的栽培管理措施。

五、展　　望

采用纸筒育苗移栽方法是提高作物单产、促使早熟、增加经济效益、保护和有效利用耕地的一项先进技术。与此同时，育苗纸筒质量高，耐腐、适应性强，应用范围广；纸筒育苗技术可行，农林均宜；与传统的单个塑料薄膜容器育苗相比，具有省时、省工、省地、省原料（土肥）、降低成本、提高效益等优点；既适用于工厂化育苗又适于机械栽植。即育苗纸筒作为一种实用的新型育苗容器，有着其他育苗容器无法比拟的优越性，且随着人们对环境保护重视程度的提高，育苗纸筒会越来越受到人们的重视与喜爱。

我国是个农业大国，农林作物呈多样性，随着科学技术的进步，农林方面用纸的发展前途将越来越广阔。目前，由黑龙江省造纸工业研究所研究开发的农林业育苗纸筒系列产品，可用于甜菜、玉米、水稻、林木、蔬菜、花卉、瓜类、烟草等多种作物的育苗，深受广大农业和林业用户的欢迎，相信在我们广大造纸科技工作者的刻苦攻关和努力钻研之下，结合生产实际多出成果，将会为促进农业现代化进程做出贡献，今后育苗纸筒定会得到更广泛的应用。面对市场需求变化，育苗纸筒产品需要继续创新，提高产品科技含量，在保证产品使用性能的基础上，重点考虑产品的机械作业适应性能，推出新型育苗纸筒，与机械化育苗及栽培装置配套使用，满足高端产品使用需求，以促进我国农产品的增收，同时促进我国农业与造纸业的现代化发展，如增加了农用特种纸纸张品种，而且在工艺研究、生产设备及生产技术等诸多方面，为同类产品的研发起到了引领作用。以上列举的方面对国民经济高效发展都具有现实意义。

第四节　地　膜　纸

一、概　　况

地膜即地面覆盖薄膜，常见为透明或黑色PE薄膜，也有绿、银色薄膜，用于地面覆盖，旨在提高土壤温度、保持土壤水分、维持土壤结构、防止害虫侵袭作物和某些微生物引起的病害等，促进植物生长的功能。地膜看似薄薄一层，作用不大。实际上，地膜纸不仅能够提高地温、保土、保水、保肥提高肥效，而且还有灭草、防旱抗涝、抑盐保苗、防病虫、改进近地面光热条件，使产品卫生清洁等多项功能。对于我国三北地区，低温、少雨、干旱贫瘠、无霜期短等限制农业发展的不良环境因素，具有很强的针对性和适用性；对于种植二季水稻育秧及多种作物栽培上也有一定益处；对于那些刚出土的幼苗来说，起到护根促长等作用。目前已在全国31个省市自治区普及和应用，用于粮、棉、油、菜、瓜果、糖、烟、药、麻、茶、林等40多种农作物的种植上，使作物普遍增产30%～50%，增值40%～60%，深受广大农民的欢迎。按原材料分有以下两类。

1. 全植物纤维地膜纸

植物纤维地膜主要指的是生产原料以植物纤维为主，进行再次加工的农用地膜，可以很好地在自然环境中被降解，是一种绿色、无污染的环保型材料。

（1）特点

应用全植物纤维地膜纸技术在我国北方水稻种植的过程中，根据我国北方地域的环境条件和气候特点，作为一种绿色无污染的环保型材料，在北方水稻的种植过程中合理应用覆膜水稻技术，能够有效抑制杂草的生长，为水稻生长提供更加充裕的水分和养分，同时，还能够提高水稻的产量和质量，得到更多的社会收益和经济收益，有利于我国水稻业的未来发展和建设。

（2）用途

在北方水稻栽培过程中极易受到当地土壤和气候等方面的影响和限制，可将全植物纤维地膜用于水稻栽培的过程中，能够获取更加良好的产量和收益，利于水稻种植业的稳步发展和建设。

2. 生物降解地膜纸

它既是一种可完全降解地膜，经降解后变成优质有机肥，该有机肥肥效极好。

（1）特点

自然界存在的微生物首先仅蚀淀粉基塑料中的淀粉，增加了塑料表面积。由丁生物的增长使聚合物织分水解、电离或质子化，造成机械性破坏，得到低聚物碎片；微观角度上，细菌、真菌和放线菌分泌出酶，酶进入聚合物的活性位置发生反应作用，水溶性聚合物被分解或氧化降解成水溶性碎片，得一低分子化合物，反应直至最终被微生物降解为CO_2和H_2O。生物降解并非是单一机理作用，而是一个生物物理、生物化学协同作用、相互促进的复杂过程。

（2）用途

生物降解地膜纸可有效解决地膜的环境污染问题，因其可在自然界中通过微生物的生命活动来降解的优良特性，是代替普通地膜的一种引导性技术，是解决农业“白色污染”和促进农业可持续发展的重要途径。

二、生 产 工 艺

地膜纸主要是采用纤维材料如木材纤维、禾本科植物纤维，淀粉材料等为主要原料，加以特殊的功能助剂及辅助材料，运用高端技术加工而成。以纤维地膜纸为例，其生产工艺流程主要包括原料配比与打浆、助剂的添加以及抄纸工艺三个部分，所生产出的纤维地膜纸外观颜色一般为黑色或植物纤维的本色。产品呈卷筒状，直径为300mm，每辊约重30kg。纸幅宽度比照水稻栽培的农艺来确定的，常见为每幅纸覆盖两条垄，即幅宽 630mm 左右。在纸的表面有按水稻栽培农艺要求的株行距，事先加工好的插秧孔，秧苗可透过小孔栽入田中。

以纤维地膜纸生产工艺为例，其工艺流程如下图 5-6 所示：

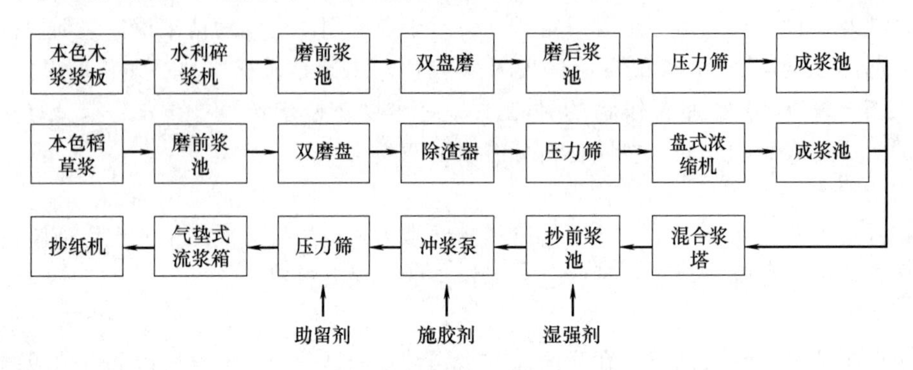

图 5-6　纤维地膜纸的生产工艺流程

三、质量影响因素及质量控制

根据农业生产中水淹水稻的生长特点，从插秧到封垅期需 35～40d，水稻防治杂草的重要时期是这段时间，因此纸膜的使用期需大于 40d。意味着在这段时间内纸膜必须完好无损地覆盖于稻田表面，在遭受泥水浸泡及风雨侵袭的不同自然天气情况，确保不溃烂、不撕裂，否则将直接影响纸膜抑草效果。相反，使用期结束后，纸膜强度需要逐渐降低，才可保证在稻田停止灌水之前，分解成有机质进入土壤，完美进行自然降解过程。纸膜的农艺适应性能良好，纸膜中所有成分对水稻各物候期均无不良影响。

1. 合理的原料结构

纸膜主要是用植物纤维为原料，满足纸膜的生物降解性能，使残膜的当年降解率达百分之百。在选择纸浆种类过程时，应尽量选用再生纤维或非木材纤维原料，如 OCC、ONP 等，以便节省木材资源，减少生产成本。其中要保证使用的废纸质量不要有太大波动，以确保水稻膜纸的各项物理指标。出于保证其降解产物进入土壤后不会影响生态环境的考虑，对于所用功能性助剂的选择使用上，在满足常规造纸使用要求的同时，更要注重助剂成分的安全性。

2. 纸膜优良的机械强度和较好的拉伸率

在纸膜的生产过程中，要根据农户实际农业要求在纸膜上制造插秧孔，要满足纸膜打孔工序操作和机械或人工覆膜操作要求的适宜纸膜强度，并且在野外风力及其他自然外力作用下，不断头不破裂。当采用低质量的再生纤维浆作为原料时，则可相应调整原料配比及浆料处理条件，选取添加功能助剂，改善纸机抄造条件等措施，提高纸膜的机械强度指标。例如，适当提高纸膜的松厚度，提高其拉伸率。

3. 纸膜应具有较高的湿强度

纸膜需要满足高湿强度指标，保证浸泡在泥水中仍能呈现出较高的强度，在使用期内，能承受风雨的侵袭而不破损保持完好无损。在保证纸膜原始高湿强度的时候，还应考虑尽量降低纸膜湿强度损失，避免纸膜在使用期内出现提前降解现象。

4. 高不透明度性能

纸膜的遮光性直观体现在纸膜的抑草效果，可通过调整纸膜厚度、染色、调整打浆抄纸工艺提高松厚度等有效措施，确保纸膜的不透明度指标。

5. 适应抗水性能

纸膜应具有适宜的抗水度，从而延缓纸膜被泥水浸透的速度。当储存条件恶劣时，不至于受环境潮湿而影响纸膜外观及性能。

6. 纸膜的颜色

水田纸膜的颜色对增温效果影响甚微，但黑色纸膜是有利于遮光抑草。有时用户会对纸膜颜色提出特殊要求，为满足市场需求，要考虑纸膜染色问题。地膜纸染色应满足耐晒、耐湿染料，保证在使用过程中不褪色、不掉色，但此时要注意生产用水回用及水处理问题。

四、生产实例

1. 银泉纸业环保秸秆地膜纸的推出

黑龙江银泉纸业有限公司拥有的自主研发的物理法机械分离秸秆丝成套设备专利及国内先进造纸技术，并采用稻草为主要原料，生产高档包装纸，年消耗秸秆 10 万 t。2016 年，该司与东北农业大学合作，顺利研发出绿色环保型秸秆地膜纸，该款环保高利用型地膜纸具有挺度高、耐破指数高，并可通过自然降解等优点方便实际应用，是一款高质量的可降解地膜纸。秸秆地膜纸的生产过程利用机械物理方法，会在生产过程中添加氮、磷等微量元素，但不加入其他化学助剂。让其替代塑料地膜，可有效控制地膜纸降解时间，提高土壤透气性，增加抑制杂草滋生，地力无污染，防止土肥流失，保墒效果十分显著。因有解决农业减化肥、减农药、减除草剂“三减”功效，银泉纸业环保秸秆地膜纸深受市场欢迎。

2. 甘肃华瑞农业股份有限公司多功能可降解液态地膜的推出

甘肃华瑞农业股份有限公司在日本研发的麻地膜、纸地膜加工技术的前景基础下，合理充分发挥科研院所的科研资源优势，与甘肃省农业科学院达成战略合作，通过利用现代生物技术，从牛粪、农作物废弃秸秆的废弃物中获取生物成分，在微生物发酵处理后，生产多功能可降解液态地膜。

五、展　　望

现代农业生产当中，水稻栽培用纸的问世为绿色水稻栽培开辟了新道路。但这种技术的大面积推广应用，仍需多方共同努力。如研发水田纸膜覆膜机。目前，由于国内均采用半机械化或人工方式来实施水稻地膜纸的覆膜操作，具有一定的局限性，是严重阻碍水稻地膜纸的推广与使用的关键因素。人工覆膜速度缓慢，将明显降低插秧效率，很多农户因此不得不放弃覆膜稻，改种普通裸栽水稻。另一方面，人工覆膜难以保证覆膜质量，纸膜难以满足均匀一致地黏附于稻田表面，人工的反复踩踏将严重导致稻田内凸凹不平，这些都会影响水稻地膜纸的使用效果。只有采用纸膜敷设机械化作业才能提升覆膜质量和覆膜插秧率，可应对插秧时节劳动力短缺，限时放水等难题，应该加速水稻地膜纸的推广速度。此外，水田地膜纸制造机理与关键技术研究尚需深入开展，为此应进一步优化产品生产工艺，完善功能，降低生产成本。

可降解地膜（特别是完全降解地膜）应用的现实问题出自原料成本与价格，由于价格高昂，除非政府补贴，否则很难大面积推广使用。另一方面，在使用性能方面上，如全淀粉塑料地膜、草纤维地膜、纸地膜的干湿强度、拉伸强度等性能都有待改善；在降解性能方面，绝大部分的光—生物降解地膜在降解的可控性、彻底性有待进一步研究；另外，可降解地膜尚需统一的识别标志和产品检测标准，导致其技术市场和产品市场较为混乱。

第五节　其他农业用特种纸

一、种子发芽测定纸

在农业生产中，种子的质量测定是必不可少的一项重要技术环节。种子发芽测定纸作为测定种子发芽率的专用纸张，广泛应用于粮食、棉花、蔬菜、水果、花卉等农作物的种子籽粒的检测。目前发达国家多使用种子发芽测定纸进行种子发芽率的测定，这对国内研制开发种子发芽测定纸具有一定的推进作用。

二、中草药果蔬保鲜纸

中草药果蔬保鲜纸是将多种天然植物、中草药粉液等涂布在专用果品的包装上而制成的。其原料多采用百部、甜茶、虎杖、甘草和良姜等十几种中草药，然后将原材料进行筛选、粉碎，并调成粉末液，最后涂布完成。这种纸具有制造方法简单、取材方便、成本低廉等优点，尤其适合中小型企业的生产。此外，中草药果蔬保鲜纸能够自然降解、对环境无污染，其对于企业经济效益十分明显。

三、遮　光　纸

遮光纸不同于育果袋纸，其主要目的是遮蔽强烈的太阳光。遮光纸可以通过在纸浆中加入一些蓝色或者黑色的颜料使得纸张有适当的颜色，也可以在纸浆中加入一定的有色胶原纤维（未脱色的废革胶原）使其具有颜色，使用有色胶原纤维制造遮光纸可以省去加染料和颜料的过程，同时又能够充分利用有色胶原。此外，遮光纸要求具有适当的抗水性和干湿抗张强度，并在一定的时间内具有较好的排水性能。遮光纸一般要求纸页疏松多孔，并具有良好的透气性以缩短棚内昼夜温差。

四、“四合一”农用纸席

“四合一”农用纸席是将播种、施肥、除草以及防病虫害等 4 项功能集中于一张纸席上，而纸席是由多种机能材料组成，包括最底层的生物制剂层、防草纸层、有机肥料层、福寿螺防治层、植物种子层、胶合层以及最上面的薄纸层。这种农用特种纸具有除杂草不需人力、防虫害无须喷洒农药等优点，同时还能够保护种子并促进种子发芽。

课内实验

（一）学习利用涂布法生产育果袋纸，包括原纸的抄造、涂料的制备以及涂布

选择适合配比的浆料（本色浆和废纸浆等），浆内施胶剂和填料等，制定打浆工艺并添加各类常用的造纸辅料，抄纸并检测原纸相关物理性能；选择填料、胶黏剂、分散剂以及其他流变助剂制备一定固含量的涂料；设置涂布机各项参数并确定涂布量完成涂布，干燥并检测育果袋纸相关物理性能。实验在教师指导下，由学生分组完成实验方案、实验操作和实验报告等。

（二）原料配比、保鲜液配比、涂覆工艺等对保鲜纸保鲜性能的影响

选择浆料（针叶木浆、阔叶木浆、棉浆等），浆内施胶剂和填料等，制定打浆工艺（打浆设备、打浆方式、打浆浓度），添加各类常用的造纸辅料，抄纸并检测纸基的相关物理性能。其次，配置不同种类的保鲜液（二氧化硫、二氧化氯或环丙烯类化合物 1-MCP 等）并在纸基上进行涂覆。实验可设计成不同原料、保鲜液配比、涂覆量的添加方案，在教师指导下，由学生分组完成实验方案、实验操作和实验报告等。

（三）对比普通塑料地膜和可降解地膜纸对环境的影响

纸膜应具有足够的机械强度和一定的拉伸率在纸膜的生产过程中，要根据农户要求在纸膜上制造插秧孔，纸膜强度要满足纸膜打孔工序操作和机械或人工覆膜操作要求，针对上述要求，对比测试两类地膜的相应性能。

项目式讨论教学

1. 如何根据不同育果袋纸的关键质量指标确定原料构成和生产工艺流程

教师指定几种水果育果袋的质量指标，并以小项目形式布置给学生，学生在课外以小组形式，通过资料收集、小组内部讨论、PPT 制作等工作，完成特定育果袋纸的原料构成、生产方法以及工艺流程的制定，并在课堂上进行展示及讨论。

2. 如何根据果蔬保鲜纸关键指标制定原辅料构成和成形及加工工艺

教师指定典型果蔬保鲜纸的关键指标，并以小项目形式布置给学生，学生在课外以小组形式，通过收资、小组内部讨论、PPT 制作等工作，完成一些典型的果蔬保鲜纸原辅料的构成、成形工艺和加工工艺的制订，并在课堂上进行展示及讨论。

3. 如何根据育苗纸关键指标制定原辅料构成和成筒及加工工艺

教师指定典型育苗纸的关键指标，并以“项目/课题”形式布置给学生，学生在课外以小组形式，通过资料搜集、小组内部讨论、PPT 制作等工作，完成一些典型育苗纸原辅料的构成、成筒工艺和加工工艺的制订，并在课堂上进行汇报及讨论。

4. 如何根据地膜纸可降解特性对其特点做出响应

纸膜的使用期应大于 40d。即在这段时间内纸膜必须完好无损地覆盖于稻田表面，在经受泥水浸泡及风雨侵袭的情况下，确保不撕裂、不溃烂，否则将直接影响纸膜抑草效果。使用期结束后，纸膜强度必须逐渐降低，并保证在稻田停止灌水之前，分解成有机质进入土壤，完成自然降解过程。设定一块泥土实验区，将可降解地膜纸放入，模拟稻天环境，观察其溃烂情况。

习题与思考题

1. 试叙述使用水果套袋技术的原因。
2. 试叙述育果袋纸的基本性能要求。
3. 试叙述水果套袋技术对果实生长的影响。
4. 试叙述目前育果袋纸的主要生产工艺。
5. 试叙述层合法生产育果袋纸的工艺流程。
6. 试叙述与层合法相比，涂布法生产育果袋纸的优势。
7. 试论述育果袋纸的质量影响因素。
8. 试论述当前育果袋纸生产中存在哪些技术难题。
9. 试叙述果蔬采摘后品质下降的主要原因。
10. 试叙述二氧化氯缓释保鲜纸制备工艺过程。

11. 试叙述二氧化硫保鲜纸的原理和特点。

12. 试论述影响环丙烯类化合物 1-MCP 保鲜纸质量的主要因素。

13. 试设计 1-MCP 保鲜纸的实验方案。

14. 实验过程中如何评价果蔬的保鲜程度。

15. 育苗纸的一般性特性包括哪些。

16. 试论述育苗纸筒制备技术的三大主要部分。

17. 试分析介绍育苗纸的生产工艺，并列出简易的工艺流程图。

18. 试论述复合型涂塑纸筒卷的加工工艺。

19. 试说明育苗纸原纸的生产需要符合哪些要求或特性。

20. 试说明制造育苗纸时黏合剂的选择标准，以及其与涂布量之间的关系。

21. 试论述影响育苗纸成纸性能的关键因素。

22. 根据以上所学的知识内容，你认为育苗纸在生产工艺中应如何选择合适的湿强剂或干强剂。

23. 地膜纸有哪些主要特点，并列举出它的应用。

24. 试叙述可降解地膜纸的基本要求。

25. 试叙述环保型可降解地膜纸的基本生产流程。

26. 试论述影响可降解地膜纸和普通地膜纸的区别。

27. 生物降解地膜纸的主要特点是什么?

28. 试叙述生物降解地膜纸的基本生产流程。

29. 试找出生物可降解地膜纸可由哪些原料制作而成?

30. 试论述全植物纤维地膜纸和生物降解地膜纸的优缺。

31. 试论述遮光纸和育果袋纸的区别。

32. 试谈谈你对农业用特种纸的理解。

主要参考文献

[1] 吴景蓉. 南方育果袋纸的开发与应用 [J]. 中国造纸，2005 (05)：38-41.

[2] 罗英. 高性能育果袋纸新技术的研究 [D]. 西安：陕西科技大学，2012.

[3] Grinan Isabel，Donaldo M，Alejandro G，et al. Effect of preharvest fruit bagging on fruit quality characteristics and incidence of fruit physiopathies in fully irrigated and water stressed pomegranate trees [J]. Journal of the Science of Food and Agriculture，2018.

[4] 谌有光，王鹰，宋俭，等. 苹果育果袋物理性状及其应用研究 [J]. 果树科学，2000 (04)：249-254.

[5] 杜春宇. 葡萄育果袋纸 [J]. 黑龙江造纸，2013，41 (01)：33-34.

[6] 张美云. 对育果袋纸质量问题的探讨 [J]. 西北轻工业学院学报，1999 (02)：66-69.

[7] 罗英，张美云，陆赵情. 浅析育果袋纸的应用问题及研究趋势 [J]. 造纸科学与技术，2011，30 (05)：23-26.

[8] 郑冬发，冯沾善，冯汉炉. 黑色育果内袋纸的生产工艺 [J]. 中国造纸，2005 (01)：60.

[9] Tang Y，Mosseler J A，He Z，et al. Imparting Cellulosic Paper of High Conductivity by Surface Coating of Dispersed Graphite [J]. Industrial & Engineering Chemistry Research，2014，53 (24)：10119-10124.

[10] 吴养育. 涂布法生产双色高档育果袋纸工艺研究 [A]. 中国造纸学会特种纸专业委员会. 2016 全国特种纸技术交流会暨特种纸委员会第十一届年会论文集 [C]. 中国造纸学会特种纸专业委员会：中国造纸学会，2016：6.

[11] 张美云，刘毅娟，王兴. 印刷法生产苹果育果袋外袋纸工艺研究 [J]. 陕西科技大学学报 (自然科学版)，2013，31 (06)：1-5.

[12] 郑书敏. 育果袋纸新工艺 [J]. 造纸信息，2000 (03)：21.

[13] 王兴，张美云，张向荣，等. 三种育果袋外袋纸制造方法的比较 [J]. 黑龙江造纸，2012，40 (04)：18-22.

［14］ 黎理摄．香蕉育果袋纸生产工艺的开发与研究［D］．广州：华南理工大学，2016.

［15］ 李祥，史云东，杨君奇，等．育果袋对苹果质量的影响［J］．中国造纸，2007（01）：64-65.

［16］ 张美云，王娟．育果袋应用问题浅析［J］．陕西农业科学，2007（05）：99-101.

［17］ 罗英，张美云，陆赵情．育果袋纸的应用问题及研究趋势［J］．黑龙江造纸，2011，39（03）：46-48.

［18］ 冀云，张美云．育果袋纸前景光明［J］．西南造纸，2000（06）：38.

［19］ 周晓薇，王静，顾镍，等．植物精油对果蔬防腐保鲜作用研究进展［J］．食品科学，2010，31（21）：427-430.

［20］ 饶景萍．1-甲基环丙烯（1-MCP）对油桃果实软化的影响［J］．植物生理学报，2005，41（2）：153-156.

［21］ 李亚茹，周林燕，李淑荣，等．植物精油对果蔬中微生物的抑菌效果及作用机理研究进展［J］．食品科学，2014，35（11）：325-329.

［22］ Muriel-Galet V，Cran M J，Bigger S W，et al. Antioxidant and antimicrobial properties of ethylene vinyl alcohol copolymer films based on the release of oregano essential oil andgreen tea extract components［J］. Journal of Food Engineering，2015，149：9-16.

［23］ 丁华，王建清，王玉峰，等．高氧气调包装对草莓保鲜效果的影响［J］．包装与食品机械，2016，34（2）：4-8.

［24］ 张洪军，高康．丁香精油微胶囊对桃果实保鲜效果的研究［J］．包装与食品机械，2015（3）：19-23.

［25］ 刘银鑫．二氧化氯缓释保鲜纸制备工艺研究［D］．哈尔滨：东北林业大学．2015.

［26］ 张静．具有抗菌功能的抗菌纸研究［D］．贵阳：贵州大学，2006.

［27］ 典水．开发果蔬保鲜剂大有可为［J］．江苏科技信息，1996（2）：29-30.

［28］ 黄家莉．果蔬包装材料研究进展［J］．包装工程，2010（1）：111-114.

［29］ 华志刚，王军．高效、多功能农业育苗纸的研制［J］．天津市造纸，1993（1）：20-24.

［30］ 王连科．农林用纸的发展历程［J］．黑龙江造纸，2007（3）：62-63.

［31］ 李倩雅．甜菜育苗纸筒的研制［J］．中国造纸，1987：62-63.

［32］ 邹诚．容器育苗新技术—纸筒育苗［J］．新技术推广，1990：33-36.

［33］ 全盛，孙晓琴，于喜武．88-1 甜菜育苗纸筒联片黏合剂的研究［J］．吉林省纺织工业设计研究院，1992（13）：11-14.

［34］ 邹诚．浅析育苗容器及其制作机械的国内外发展概况［J］．林业机械与木工设备，2001（12）：4-7.

［35］ 杨易平，佟凤林．农林业栽培用纸制品—育苗纸筒［J］．湖南造纸，2003（2）：5-6.

［36］ 杨金玲．甜菜育苗纸筒［J］．黑龙江造纸，2012（1）：22-24.

［37］ 孙东洲，张智，单志鹏．新型低分子环氧聚酰胺树脂的制备和应用［J］．化学与黏合，2002（3）：183-185.

［38］ 邹诚，李勇江．我国育苗纸容器制造技术与前景［J］．区林科所，1993：24-26.

［39］ 方嘉华．玉米育苗纸原纸小试成功［J］．造纸信息，1997：（12）.

［40］ 杨金玲．玉米育苗纸筒［J］．黑龙江造纸，2009（2）：31-33.

［41］ 广州市园林科学研究所．可降解营养育苗纸盆［N］．生产技术中国花卉报，2006（003）.

［42］ 邹诚．7RZG-50000 型育苗纸容器制作机的研究设计［J］．林业机械，1990（2）：17-22.

［43］ 宋学军，李勇江．配用节渣浆抄造甜菜育苗纸筒原纸［J］．实用技术西南造纸，1999.

［44］ 杨金玲．纸质蜂窝材料［J］．黑龙江造纸，2012（2）：31-34.

［45］ 贾娟娟．可降解地膜与普通地膜的对比试验［J］．农业科技与信息，2018（24）：35＋41.

［46］ 张宇，王海新，张鑫，等．全生物可降解地膜在花生栽培上的应用及其降解性能［J］．辽宁农业科学，2018（04）：13-16.

［47］ 刘天蓉．银泉纸业推出环保秸秆地膜纸为农业“三减”助力［J］．纸和造纸，2017，36（06）：67.

［48］ 杨金玲，陈海涛．水稻地膜纸及其发展前景展望［J］．黑龙江造纸，2007（01）：45-46.

［49］ 杨光，袁显峰，贾彬．地膜纸的小试、中试试验［J］．湖南造纸，2005（01）：13-14.

［50］ 穆晓松，吴桂华．草纤维地膜纸机传动小改进［J］．纸和造纸，1995（01）：12.

［51］ 孙勇慧．一种新型农业特种纸——水稻栽培用纸［J］．中华纸业，2011，32（06）：93.

［52］ 刘仁庆．特种纸的分类与品种［J］．湖北造纸，2004（03）：46-47.

［53］ 庾莉萍．农业用特种纸［J］．纸和造纸，2005（01）：63-64.

［54］ 何京．几种农业用特种纸［J］．湖南包装，2005（04）：9-10.

第六章　家居装饰特种纸

第一节　装饰原纸

一、概　　况

（一）定义

装饰原纸（Decorative Base Paper）又名钛白纸（Titanium Oxide Paper），是一种以优质木浆和钛白粉为主要原料经特殊工艺加工而成的工业特种用纸。通过印刷、三聚氰胺树脂浸胶后，主要用于人造板的贴面制作、面层用纸、底层用纸、纤维板、刨花板等。其纸面涂有含二氧化钛为主的涂料，故常被人称为钛白纸。

装饰原纸主要用于人造板的贴面制作，因此装饰原纸产业的需求与人造板的产量存在密切的关系。人造板作为实木板材的优良替代品，是建筑装饰装修和家具的主要原材料。近年来，在建筑装饰和家具业的带动下，我国人造板产业得到了迅猛发展，已成为世界上人造板第一生产大国。

人造板行业的高速增长带动了装饰原纸的强劲需求，装饰原纸在下游人造板、家具、装饰装修等产业的需求带动下迅猛发展。

（二）分类及特点

1. 按应用特性分类

装饰原纸按照应用特性可分为素色装饰原纸、可印刷装饰原纸、表层耐磨原纸、平衡原纸、封边带原纸。

具体特性如下：

① 素色装饰原纸是用于人造板贴面的各种单一颜色的装饰原纸，必须耐高温、高压，具有较高的技术含量。浸渍后，可直接用于中密度纤维板、刨花板等多种人造板的饰面，其色彩鲜艳亮丽，层次感突出，不用喷漆。用它制作的板材不翘曲、不开裂、易清洁、绿色环保，具有实木不可比拟的优越性。

② 可印刷装饰原纸经印刷各种图案后，可用于制作防火板，强化木地板的压贴饰面。该产品手感柔软，横幅定量差小，定量稳定，色泽一致，表面光洁度高，适印性能好。印刷后图案清晰，层次立体感强。

③ 表层耐磨原纸是一种添加了三氧化二铝耐磨材料的装饰原纸，经三聚氰胺树脂浸渍后主要用于强化木地板，高档人造板防火板等装饰板材表层护面，是决定强化木地板寿命的关键材料。

④ 平衡原纸经三聚氰胺树脂浸渍后，经高温高压处理压贴于强化木地板的底层，用于平衡板材应力，所起的主要作用是稳定地板，防止翘曲变形，以保证地板的平整度，另外还可以有效地防止水分从地板背面渗入，提高产品的防潮性能。

⑤ 经过印刷及三聚氰胺树脂浸渍，烘干后裁成卷的封边材料，可用于刨花板、中纤板、微粒板、胶合板等多种人造板材横切面的家具封边制作。与其他装饰原纸相比，封边带原纸具有更优良的平滑度、良好的渗透和稳定的膨胀系数、定量高等特性。但由于此产品用量较小，市场需求量不大。同时根据定量和用途不同可分：薄页纸，定量≤30g/m²；装饰纸（钛白纸），定量≥40g/m²，以 70～120g/m² 为主。

2. 按用途分类及其特点

① 宝丽纸。薄页纸，纸面印刷木纹，用于 MDF、HDF、胶合板贴面，贴面时需使用胶黏剂，贴面后需涂饰处理。

② 华丽纸。薄页纸，纸面已经印刷和涂饰，用于 MDF、HDF、胶合板贴面，贴面时需使用胶黏剂，贴面后一般不需再进行涂饰，用于对耐磨性要求不高的地方。

③ 预油漆纸。装饰纸（钛白纸），纸面印有木纹，已浸或涂有少量树脂，树脂含量 20%～60%，定量低的用于 MDF 贴面，定量高的用于封边条，贴面时需施加胶黏剂，贴面后一般不再进行涂饰，耐磨性高于华丽纸。

④ 低压三聚氰胺浸渍纸。装饰纸（钛白纸），纸面印有木纹，浸渍低压三聚氰胺树脂，树脂含量为 130%～150%，用于刨花板、MDF 贴面，贴面时不需施胶，贴面后不再进行涂饰。耐磨性高于预油漆纸。树脂含量为 70%～100%的用于强化木地板，耐磨性取决于表层纸。

⑤ 高压三聚氰胺浸渍纸。装饰纸（钛白纸），纸面印有木纹，浸渍高压三聚氰胺树脂，树脂含量 60%～100%，用于制造装饰层压板（防火板），耐磨性取决于表层纸。定量 120～130g/m²，系卷筒纸，卷筒宽度是 940mm、960mm、1000mm 和 1200mm。

（三）用途

装饰原纸主要供制家具、内室墙壁等的贴面装潢之用。按照使用要求，一般分为 BS、HS、ZS 三种型号。BS 纸用于印制大理石纹、布纹等浅色或白色的装饰贴面板，HS 纸用于印制黄色装饰贴面板，ZS 纸用于印制棕色装饰贴面板。

二、质量指标

① 有着较高原纸表面平滑性、印刷适性：提高打浆度，增加表面细小纤维的含量，采用高温软压光技术以及涂布技术，改善匀度性能，提高阔叶木的配比，使用二元助留剂，增加内部结合力，提高打浆度，使用干强剂。

② 较好的匀度、透气度、耐晒性、遮盖性、强度性能、吸收性能等。这些均是装饰原纸所应当有的质量指标。装饰原纸质量指标参考国家标准《GB/T 24989—2010 装饰原纸》。

装饰原纸质量指标见表 6-1。

表 6-1　　装饰原纸质量指标（GB/T 24989—2010）

技术指标	单位	规定			
		Ⅰ型		Ⅱ型	
		优等品	合格品	优等品	合格品
定量	g/m²	60.0～135		50.0～110	
定量偏差	%	±3	±5	±3	±5
紧度	g/cm³	0.65～0.90		0.65～0.90	

续表

技术指标		单位	规定			
			Ⅰ型		Ⅱ型	
			优等品	合格品	优等品	合格品
抗张力(纵向) ≥		N/15mm	25.0	15.0	25.0	15.0
湿抗张力(纵向) ≥		N/15mm	6.0	5.0	6.0	5.0
平滑度(正面) ≥		s	17		100	
灰分		%	12～50		12～50	
吸水高度(纵向) ≥		mm/10min	20	18	20	18
透气度 ≤		s/100mL	25	27	25	27
表面吸收性		%	90～130		90～130	
伸缩性	纵向	%	0.3～1.5		0.3～1.5	
	横向		1.0～4.0		1.0～4.0	
尘埃度		个/m^2				
$0.15mm^2$～$0.3mm^2$ ≤			10		10	
>$0.3mm^2$～$0.5mm^2$ ≤			5		5	
>$0.5mm^2$～$2.5mm^2$ ≤			1		1	
>$2.5mm^2$			不应有		不应有	
水分 ≤		%	4.0		4.0	
pH		—	6.5～7.5		6.5～7.5	

三、生产工艺控制

装饰原纸采用漂白亚硫酸盐针叶木浆或漂白硫酸盐阔叶木浆为原料，浆料经游离状打浆，添加钛白粉以及其他化学助剂，同时进行重施胶，以确保有较大的覆盖力、湿强度和表面吸水性，在长网造纸机上抄造完成。

（一）高速浸胶印刷装饰原纸的生产工艺

现在市场上销售的装饰原纸生产工艺一般是在原纸表面被印刷成各类花色之后，再经浸胶、压板等工序黏合到板材表面。在浸胶过程中，其透气度直接影响原纸在浸胶过程中的吸收速度，从而影响到浸胶速度。装饰原纸的透气度一般在25s（古力法）左右，浸胶速度最高只能达到30m/min，不能满足高速浸胶的要求。高速浸胶印刷装饰原纸的生产工艺调整了装饰原纸工艺中化学助剂的配比，优化了整个湿部工艺过程，使生产的装饰原纸的透气度降到了15s/100mL（Gurley法）以下，原纸的吸胶性能明显增强，并且浸胶速度达到45m/min以上，从而提高浸胶厂的生产效率，降低生产成本。该生产工艺包括碎浆、磨浆、配料和抄纸四个步骤，如图6-1所示。

1. 碎浆

通过碎浆设备，将63%～78%木浆（如10%针叶浆、60%阔叶浆）、10%～14%高岭土、12%～18%钛白粉、2%～3%颜料（铁氧化物）的原料和水配制成浓度为6.0%～6.5%的浆料。

2. 磨浆

通过磨浆设备磨片高速的旋转摩擦和挤压，从而使经过碎浆后的浆料达到所要求的切断和分丝帚化，并使木浆、钛白粉和颜料混合更均匀，相互间结合更紧密。将浆料配置成浓度为5.5%、打浆度为33°SR、湿重为2.0～2.5g的浆料。

3. 配料

将磨浆后的浆料进一步稀释，并加入各类所需要的化工助剂，使之与浆料混合均匀，在经过磨浆后的浆料加入占磨浆后浆料质量百分比3%～5%湿强剂（聚酰胺环氧氯丙烷树脂）、0.2%～0.4%助留剂（聚丙烯酰胺）、0.1%～0.3%硫酸铝、0.05%～0.15%渗透剂（非离子表面活性剂）、0.05%～0.15%助剂（多羟基聚醚消泡剂），配制成浓度为2.0%～4.0%的浆料。

4. 抄纸

将上述配好的浆料经短流程进一步稀释后到纸机网部、压榨部、烘干部、喷湿工序、压光部、卷取部和复卷部。所述喷湿工序是将原纸进行喷湿处理，将温度控制在≤35℃、含水量为1.0%～2.0%的原纸经过喷湿使原纸温度≥55℃、含水量为2.0%～3.0%，最后抄成满足需要的装饰原纸。

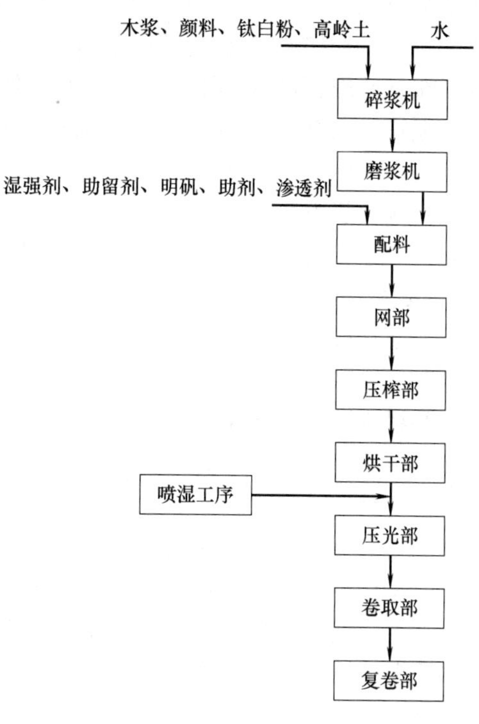

图6-1　高速浸胶印刷装饰原纸的生产工艺流程

（二）影响因素

我国人造板表面装饰业起步于20世纪50年代，现阶段主要以中低档产品为主，普遍存在耐光色牢度差，遮盖力低，尤其是印刷性能及颜色稳定性较差，纸质纤维分布不均匀等质量问题，与进口装饰纸质量差距很大。例如，钛白纸，主要是白度低、平滑度和覆盖性能差；底层纸匀度差，厚薄不均匀，有时出现浆块；表层纸也存在着匀度和尘埃度等缺陷，因此生产高档装饰纸还要依赖国外的技术和设备。

针对国产装饰原纸与进口装饰原纸的质量差距，从装饰原纸生产的全过程分析总结装饰原纸的影响因素和质量控制方法，包括装饰原纸的生产原料、打浆工艺。

国产装饰原纸与欧美地区的产品相比，仍有一定的差距，具体体现在：国产原纸白度较低为85%，国外同类产品白度在90%～91%；断裂长，国产纸断裂长>2500m，但国外同类产品日本为2700～3490m，德国为5000m；吸收性差，国产纸吸水性为24～30mm/10min，国外同类产品34～36.6mm/10min。国产装饰原纸与进口产品的差距使得对装饰原纸质量改善的研究变得尤为重要和紧迫。

装饰原纸的主要技术指标包括吸收性和适印性，吸收性要求装饰原纸具有良好的吸收性，经浸渍能吸收三聚氰胺树脂；适印性即良好的油墨转移吸收性，平滑度、纸质压缩性和柔软性好，同时要求遮盖性，即能遮盖人造板粗糙的表面和底层纸酚醛胶的棕褐色，以保证装饰效果。要获得性能良好的装饰原纸，需要严格控制生产全过程的工艺条件，其中纤维配比、打浆方式、填料、助剂的选择、抄造过程等因素均会影响到原纸的品质。

纸页的吸收性能与被吸收液体的性质和纸页本身的性质，如纸页的多孔性结构和纸页的亲水能力有关。纸面的吸收性能高于其内部的吸收性能，纵向吸收性高于横向和厚度方向的吸收性，这些都是纤维纵向排列所决定的。液体渗入纸内是纤维间和纤维内的渗透，纤维间的渗透服从毛细管定律。纤维内的扩散速度正比于纤维间结合力的大小（纤维间的结合保证了打散通道的连续性）。所以，由纤维间渗入纸页的水分，随打浆度的升高而减小，而纤维内渗入的水分则增加。但二者比较来看，纤维间的渗透作用远远大于纤维内的渗透。疏松多孔的纸页吸收能力高于致密的纸张，因此，松厚度大的纸张吸收性好；α-纤维素含量高的纸张，半纤维素含量小的纸浆抄成的纸吸收性高。

1. 浆料种类

生产装饰原纸用的纤维种类及纤维配比对装饰原纸的吸收性、强度、平滑度及匀度有非常重要的影响。在装饰原纸的生产过程中，选用漂白阔叶木浆为原料所抄造的纸张具有适印性好、平滑度高、透气性好等优点，但阔叶木纤维短、细，导致纸张强度较差。因此，装饰原纸的纤维组成应包括硫酸盐针叶木纸浆和硫酸盐阔叶木硫酸盐纸浆。研究显示，用巴西桉木和乌克兰针叶木配抄，在不添加填料时，随着长纤维比例的增大，纸页强度有所提高，不透明度先增大后减少，但对白度的影响较少；在添加钛白粉填料时，随着长纤维含量的增加，纸页的强度都有所提高，白度和不透明度的基本趋势是先增加后降低，但变化较小，对纸页的吸水度几乎没有影响。综合考虑生产效率和成本，综合纸页的强度和钛白粉留着率，选择桉木浆作为原料的比例约为 80％。

2. 打浆工艺

打浆度对纸页吸收性能的影响很大，生产中要小心控制打浆度以保证吸收性能的稳定性。生产中一般采用游离状打浆，但完全的游离状打浆会降低纸的抗张强度，实际生产中采用近似半游离半黏状打浆方式。在保证纸张匀度和强度的前提下，采用较低的打浆度，不同浆料分别打浆，打浆度调整范围一般是：针叶木 28～32°SR，湿重 4.5～5.5g；阔叶木 27～35°SR，湿重 2～3g。

3. 浆料的 pH

在碱性条件下，纤维的润胀能力增加，浆料抄造成纸页的吸液度最大；在酸性条件下，吸水能力明显下降，一般认为 pH 在 6.8～7.5 时原纸的吸液性较佳。但也有研究显示（陈港），当 pH＝5 时，钛白粉的留着率最高且成纸性能最好。

4. 填料

装饰原纸要求经印刷浸胶后，并且面板压合时不透出底层，因此，装饰原纸要具有良好的覆盖能力。为了提高装饰原纸的覆盖性能和白度，通常添加钛白粉填料，钛白粉能给装饰原纸带来较好的白度和亮度；并且使用二氧化钛等无机填料进行加填，加填粒子填补纸纤维间孔隙，会使成纸柔软度提高、纸张的平滑度改善、可塑性和遮盖力提高，成纸在印刷时压印转移图案效果提高，即装饰原纸的适印性提高。专用装饰原纸的钛白粉必能满足装饰原纸白度及覆盖性的要求。钛白粉通常是添加到配料井中与浆料和其他颜料混合，这种添加方式需要在钛白粉内添加一定比例的分散剂，以有利于其分散均匀，不会造成抄成的纸张上呈现大大小小的白点，影响装饰原纸的外观质量。钛白粉加入到碎浆机的浆料中，与浆料一起进行疏解，随浆料从碎浆机出来后，进入磨浆机进行磨浆，随浆料从磨浆机出来后，进入配料井进行配料，这种方法克服了钛白粉在浆料中分散不均匀的问题，并显著提高了钛白粉在抄纸生产过程中的留着率。

5. 湿部助剂

装饰原纸须经树脂浸渍，原纸需要具备较高的湿强度，因而在原纸的生产过程中必须加入较大量的湿强剂。聚酰胺环氧氯丙烷树脂（PAE）是目前在装饰原纸中作用较广泛的湿强剂。PAE树脂对原纸吸收性的影响很小。其增湿强性能优于脲醛树脂和酚醛树脂且损纸容易处理。但需要注意的是，很多增强剂同时具有施胶功能，使毛细管通道被阻塞，纤维间的渗透作用大大减少，从而降低纸页的吸收性。PAE湿强剂在pH9～10左右性能最佳，但配料池中pH为6～7，呈中性偏酸，影响了湿强剂性能的发挥。

对于钛白粉的留着性，在生产中通常要加入助留助滤剂来提高填料的留着率。

6. 抄造工艺

纸页的成形条件对原纸的吸收性能及强度有很大影响。现有抄造装饰原纸的设备一般是长网造纸机，在实际的生产中要合理调整流浆箱的上网条件。浆网速比可以调整纤维在纸页上的分布，进而可以影响纸张的强度性能，在生产中，网速略大于浆速时，可以增加纤维的横向留着，有利于形成疏松多孔的结构。网部脱水快易形成多孔结构，而压榨部强烈脱水会增加纸页的紧度。压榨部与压光机压力的大小直接影响装饰原纸的紧度，而原纸的吸收性随紧度的增加而降低。在生产中通过调节压榨部与压光机的压力来改变成纸的紧度，使用软辊压光机替代普通机械压光机，可使纸页获得较好的松软性及适应性。在干燥时采用高温强化干燥，将会增加纸页的松软性、气孔率、透气度，提高其吸收性。

装饰原纸的平滑度影响到其印刷性能，匀度会影响到纸页吸收胶液的均一性。因此，这两项指标是装饰原纸生产时必须注意的。平滑度可以通过压光操作得以改善，但必须注意到其与吸收性能的相互影响。纸页匀度与多方面因素有关。长纤维成纸匀度较差，生产中在保证强度指标的同时，通过游离打浆降低纤维长度。纸料上网时，应以较低浓度上网，确保纤维的充分分散。另外，助留剂的使用也要慎重，防止过量助留剂引起纸页匀度变差。

7. 表面处理

在现代造纸技术中，用特定性能的化学品对纸张表面进行处理在很多情况下对纸张的物理强度、印刷性能、表面性能起着改善作用。一般除宝丽纸外，装饰原纸并不建议进行表面处理，这是由于表面处理常使用高分子聚合物，这类物质在纸张表面成膜后在改善纸张物理强度及表面性能的同时，会损失纸张的吸收性，这对需要经过三聚氰胺浸渍处理的装饰原纸来说是不利的。

（三）提高装饰原纸性能的方法

1. 提高吸收性

（1）改变纤维原料配比

就吸收性而言，阔叶浆比针叶浆高得多，故生产中可通过调整针叶浆与阔叶浆的配比而获得不同的吸收性。通常针叶浆与阔叶浆之比可以从4∶6调整到6∶4。当然阔叶木浆的品种不同，其吸收性亦有差异，例如，桦木浆的吸收性较低，而杨木浆的吸收性较高，因此应有选择性的挑选。

（2）调整打浆质量

装饰原纸的吸收性随打浆度的提高而降低。一般采用游离状打浆，针叶浆与阔叶浆分别打浆，打浆度的范围一般在：针叶浆28～32°SR，湿重4.5～5.5g，阔叶浆27～35°SR，湿重2～3g。

（3）调整抄纸工艺参数

压榨部与压光机压力的大小直接影响装饰原纸的紧度，而吸收性随紧度的增加而降低。

由于紧度的大小对装饰原纸的使用性能影响较小，所以生产中可以通过调节压榨部与压光机的压力而改变成纸的紧度。另外，使用软压辊压光机替代普通机械压光机，可使纸页获得较好的松软性及适印性，也可提高其吸收性。

2. 提高装饰纸的不透明度和耐晒性

从光学性质讲，当颜料的折射率和周围介质的折射率相等时就是透明的，当颜料的折射率大于周围介质的折射率时就呈现出不透明，两者差距越大，不透明度越高。在白色颜料中，金红石钛白粉（二氧化钛）具有最高的折射率，因此在装饰纸应用中，其和周围介质（纸浆纤维和浸胶树脂）的折射率值差最大，则表现出高的遮盖力。同时，钛白粉具有极强的吸收紫外线的性能，是一种无机不会迁移的紫外线吸收剂。在日光照射下，它可以吸收紫外线，从而屏蔽对装饰板中其他成分的破坏，体现出很好的耐晒性。

3. 提高装饰纸的干、湿强度

装饰原纸在装饰板贴覆加工过程中受到拉伸力的作用，故需要一定的抗张强度。可选择加入阳离子型高分子聚合物，不但纸页的灰分大为提高，而且纸页的干强度还得到了改善。由于原纸需在一定张力下浸渍胶液，因而要求原纸有一定的湿强度，必须考虑添加湿强助剂。水溶性的聚酰胺—表氯醇树脂由于其独特的增湿强机理而对纸页吸收性的影响较少，不失为一种优良的湿强助剂，用来提高纸张的湿强度。

四、工程实例或专利

杭州华旺新材料科技有限公司提出一种低油墨耗用型装饰原纸的生产工艺，包括碎浆、磨浆、配料和抄纸，碎浆是将包括质量分数为60%～80%木浆、5%～15%高岭土、10%～20%钛白粉、4%～6%颜料的原料和水配制成质量分数为5.0%～7.0%的浆料；浆料配料是在经过磨浆后的浆料加入占磨浆后浆料质量百分比为3%～5%的湿强剂、0.2%～0.4%的助留剂、0.1%～0.3%的明矾、0.05%～0.15%的助剂而配制成质量分数为2.0%～4.0%的浆料。本发明的装饰原纸在使用时具有更高着色率，在印刷过程中达到同等印刷效果前提下，油墨耗用量比普通原纸可节约20%～30%左右，同时也解决了浸胶过程中的渗透能力差和油墨分离现象。

淄博欧木特种纸业有限公司提出了一种微伸缩性印刷型装饰原纸及其制备方法。微伸缩性印刷型装饰原纸包括下列质量百分比的原料：漂白棉浆30%～50%、漂白针叶浆20%～40%、漂白阔叶浆3%～20%、矿物填料20%～45%、湿强剂0.5%～2%。本发明在印刷过程中，纵横向变化更小，印刷后图案清晰，不走样。经下游客户浸渍后，纸张横向幅宽变化小，纸张上的花纹能同压贴时钢板上的花纹很好的实现吻合，压板时花纹不偏离。

浙江大盛新材料股份有限公司提出了一种防龟裂装饰原纸的制造方法，防龟裂装饰原纸包括前半部和后半部，所述的前半部至少由木浆、棉浆、钛白粉、高岭土、湿强树脂、尼龙纤维混合后制造，所述后半部至少由木浆、棉浆、钛白粉、高岭土、湿强树脂、尼龙纤维、金属丝混合后制造；前半部和后半部料经过投料→打浆→除渣→上浆→抄纸→压榨→烘干→压光等步骤后造出装饰原纸。与现有技术相比，本发明通过向浆体内添加尼龙纤维以及金属丝增强整个纸张的强度，不仅保证了装饰原纸在转印浸渍时的膨胀率，还能长时间使用后不变形不龟裂，同时对装饰纸张的其他的性能不产生影响。

浙江大盛新材料股份有限公司还提出了一种环保装饰原纸制造方法，包括前半部和后半部，所述的前半部至少由木浆、棉浆、麻浆、钛白粉、高岭土、湿强树脂混合后制造，所述后半部至少由草浆、棉浆、麻浆、钛白粉、高岭土、湿强树脂混合后制造，前半部和后半部料经过投料→打浆→除渣→上浆→抄纸→压榨→烘干→压光等步骤后造出装饰原纸。与现有技术相比，本发明工艺让草浆和麻浆代替部分木浆，同时精确的对浆体进行配比以及使用新的生产工艺让新浆体生产出来的装饰原纸的质量不下降，极大地降低了装饰原纸的成本，同时又保护了日益稀少的木材资源。

山东秦世集团有限公司提出了一种印刷型装饰原纸及其制备方法，所述印刷型装饰原纸包括下列质量分数的原料：漂白针叶浆 120～130 份、漂白阔叶浆 850～900 份、钛白粉 200～275 份、高岭土 400～480 份、铁黄 0.3～2 份、湿强剂 0.1～1 份、硫酸铝 2～6 份、有机蒙脱土 1～3 份、植物纤维粉末 2～8 份、木质素 0.7～2 份、纳米二氧化钛粉末 0.1～0.5 份、维生素 B6 0.1～0.5 份。本发明提供的产品与现有产品相比，在印刷过程中，纵横向变化更小，印刷后图案清晰；纸张横向幅宽变化小，压板时花纹不偏离。

五、研究进展

（一）填料研究进展

国外市场上适合装饰纸专用的有杜邦 R—794 和美礼联 TiONA RCL—722 层压纸专业钛白粉，它们都有高的不透明性和耐黄变能力，而国内市场，高档装饰纸普遍使用杜邦 R—794 或者是 R—794 和国内通用级钛白粉的按比例掺用。而国产钛白粉在装饰纸行业使用，普遍效果较差。

郑华平等人提出了一种磷铝包覆的装饰纸专用钛白粉制备方法，着重对磷铝包覆后的钛白粉在纸张中的留着率、耐晒性等指标采用数理统计手段进行分析。结果表明：采用该磷铝包覆方法制备的钛白粉，无论在 Zeta 电位、在纸张中的留着率和耐晒性都和杜邦装饰纸专用钛白粉 R—794 相接。

陈夫山等人采用实验室自制的高取代度低黏度阳离子木薯淀粉对 TiO_2 改性，并研究了改性 TiO_2 的基本性质及其在装饰纸中的应用性能。实验结果表明，阳离子淀粉（CS）可以通过静电吸附作用包覆在 TiO_2 表面，当 CS 用量（相对于 TiO_2）在 1.5%时，改性 TiO_2 粒径分布均一，表面包覆的淀粉有较小的水溶性和较好的润胀力，应用于装饰纸时，在对遮盖力影响较小的前提下可以具有较好的分散性、物理强度和留着效果。

（二）装饰原纸工艺研究进展

传统制造装饰原纸的工艺（图 6-2）已经耳熟能详，大同小异，但是依然存在无法完全

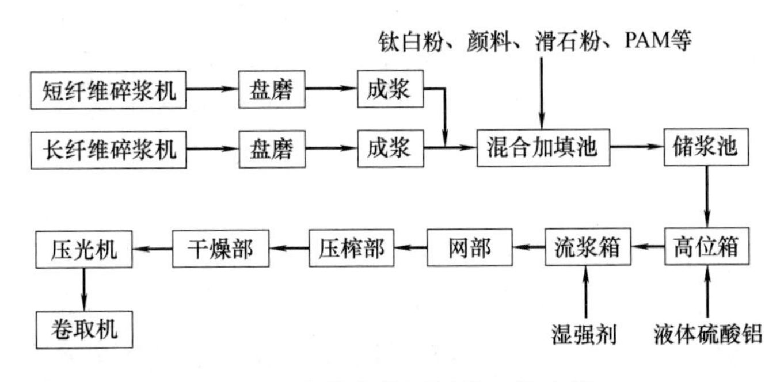

图 6-2　传统装饰原纸的工艺流程

克服的不足之处：即使再完美的助留系统也无法保证钛白粉和填料、颜料100%的留着率，这无疑会增加生产装饰原纸的原料成本和污水处理成本；用传统工艺生产装饰原纸，钛白粉等填料和颜料的加入量过大，会严重影响成纸的强度，但是加入量小又无法满足客户要求；此外，由于大量填料和助剂的加入，造纸白水较难处理，会造成严重的离子积聚，容易造成生产的不正常。

针对这一问题，张宝等人提出了新型装饰原纸生产工艺（图6-3），该工艺由于装饰原纸的钛白粉等填料只需在涂布时涂在表面，实现了100%留着，大大节约了原料成本。钛白粉等填料由于抄造时并没有混在纸浆中，从而保证了原纸的强度和透气度以及吸水性大幅提高，从而降低了湿强剂用量。由于在抄纸过程中没有加入任何助剂和填料，从而使纸张抄造及压榨过程中离子和杂质极少，使造纸废水更容易处理和回用，大大节约了水资源，并最大限度地降低了环保压力。由于PAE湿强剂的加入也采用涂布方式进行，使湿强剂没有流失，因而再次降低了PAE湿强剂的用量。涂布过程中，钛白粉集中在纸的表面，最大限度地发挥了钛白粉的遮盖性能，降低了钛白粉用量，明显节约了成本。

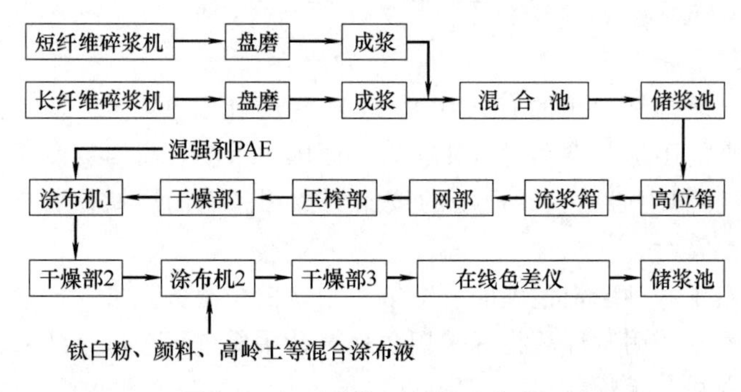

图6-3 新型装饰原纸的工艺流程

六、展　　望

装饰原纸作为一种特种工业用纸，其质量直接影响着造纸和人造板行业的发展，对其质量进行控制意义重大。影响装饰原纸质量的因素很多，国内外的科研工作者和从业者已经进行了大量的工作，但相关产品仍存在或多或少的缺陷。随着人们对装饰原纸质量要求的不断提高，相关的研究也需要不断地更新。建议今后国内对装饰原纸质量的改善可以从以下几方面着手：

填料的优选。装饰原纸必须要有较好的白度和遮盖度，现有的技术通常是添加二氧化钛，但二氧化钛填料昂贵，会增加企业的成本；单独使用低成本的碳酸钙等填料又不能达到二氧化钛起到的效果。因此，应将选择合适的填料或者填料体系作为今后的一个方向。

湿部助剂的优选。二氧化钛等填料的留着直接关系到装饰原纸的性能，而填料的留着主要依靠助留助滤剂，目前大多数采用的仍是单组分助留助滤剂，开发多元助留体系或微粒助留体系来提高填料的留着是今后研究的一个方向。

表面处理工艺的优化。对纸张进行表面处理，其效果明显且成本较低。因此应在现有的研究基础上进一步对表面处理剂的选择及表面处理工艺进行优化，以期在兼顾装饰原纸吸收性的前提下提高装饰原纸的物理强度、表面强度及适印性。

第二节　耐　磨　纸

一、概　　况

近年来，随着人民生活水平不断提高，建材和家庭装修市场日趋活跃，产品的种类呈现多样化的趋势，特别是复合木地板的大量生产和应用，使耐磨纸产品逐渐为人们所认识。复合木地板又称为“强化木地板”，兼具实木地板的天然木质感和地砖、大理石的坚硬耐用等双重特性，因而广受欢迎，是一种颇具发展前景的新型装饰材料。

强化木地板一般由四层复合而成，分别是耐磨层、装饰层、基材层和平衡层。耐磨层是一层经树脂浸渍的耐磨纸，坚硬耐磨且透明度好。装饰纸表面可印刷各种原木纹理，可满足用户不同的喜好，其定量一般为 $70g/m^2$。基材主要有高密度纤维板（HDF），中密度纤维板（MDF）或优质的特殊刨花板三类。平衡层是一层定量很大的纸，可保持地板平衡，受潮不变形，且更加耐用。平衡纸定量一般为 $90g/m^2$。表层耐磨性能，即耐磨纸的性能，是影响复合木地板使用和价格的决定性因素之一。表层耐磨纸的市场需求量与复合地板的产量密切相关。

（一）定义

耐磨纸（Wear Resistant Overlay）是一种添加了耐磨材料高光泽透明或半透明具有特殊耐磨性能的新型纸张，主要用于强化木地板、防火板等装饰板材表层，在赋予复合木地板表层良好的耐磨特性的同时，耐磨纸具有良好的透明度，不会影响复合地板装饰花纹的美观和使用。耐磨纸生产中将加入 Al_2O_3 后制备的纸页称为“耐磨原纸”，经浸渍改性三聚氰胺树脂后称为“耐磨纸”。耐磨纸一般采用漂白针叶木浆抄造原纸，原纸页内部加入一定量的刚玉（Al_2O_3）和浸渍三聚氰胺树脂获得耐磨性能和透明度，然后与复合地板的其他组成部分压合，得到成品板材，应属于浸渍层合加工纸范畴。耐磨纸的耐磨性能主要取决于 Al_2O_3 的含量和分散度，Al_2O_3 含量越高、分散越均匀则耐磨性越好，但 Al_2O_3 加入量过高，会造成成纸外观质量下降、分散困难等问题。

（二）分类及特点

按照表面耐磨要求可分为Ⅰ型和Ⅱ型：表面耐磨性能要求小于 4500r 的为Ⅰ型，表面耐磨要求大于或等于 4500r 的为Ⅱ型。

按照定量要求一般为 $38g/m^2$、$45g/m^2$ 和 $60g/m^2$，耐磨纸定量在 $60g/m^2$ 左右，卷纸幅宽 1600mm 以上，纸质较疏松、抗张高、润湿好、原料为长纤维配比，在复合时与其他材料树脂层压时液体吸收性好。最终可根据对耐磨性能的要求不同和使用场合的不同，可以选择不同定量的耐磨纸。

（三）用途

耐磨纸作为一种特殊的表层纸，多用于强化木地板的外表层或需要具有耐磨性能的家具饰面、装饰板表面等，在赋予复合木地板表层良好耐磨特性的同时，耐磨纸具有良好的透明度，不会影响复合地板装饰花纹的美观和使用，是提高复合地板或其他装饰板产品质量档次的装饰材料。

二、质 量 指 标

根据国家标准《GB/T 26390—2011 浸渍纸层压木质地板用表层耐磨纸》的质量标准如

表 6-2 所示。

表 6-2　　耐磨纸的技术指标

项　　目	单　　位	规　　定						
		Ⅰ型				Ⅱ型		
定量	g/m^2	25±1.0	30±1.5	33±1.5	38±2.0	35±1.5	45±1.5	56±2.0
纵向抗张强度≥	kN/m	1.30	1.50	1.60	1.60	1.60	1.60	1.60
纵向湿抗张强度≥	kN/m	0.40						
耐磨材料(灰分)	%	17～23	20～26	22～28	24～30	32～37	36～41	37～42
黑色尘埃 1.0mm²～2.5mm²≤ >2.5mm²	个/m²	 1 不应有						
pH	—	7.0±1.0						
交货水分　≤	%	8.0						

三、生产工艺与质量控制

(一) 生产工艺

耐磨装饰纸既用作复合地板或其他装饰板表层材料，又具有极高的耐磨性能，其生产工艺一般按以下步骤进行。

1. 备料

备取装饰纸原材料，装饰纸是表面按设计要求印制有花纹色彩图案的纸卷原材料，装饰纸纸卷原材料的定量规格为 60～90g/m²。

2. 浸胶

将制备的浸渍胶水输入浸渍胶槽内，再将印制有花纹色彩图案的装饰纸纸卷置于搁纸架上，并由导纸辊导经浸渍胶槽进行浸渍加工，控制浸渍胶水的上胶量为 40～60g/m²，即制得浸渍纸。

目前，耐磨表层纸主要有两种浸渍生产工艺。第一种是在原纸生产过程中，在纸浆内添加三氧化二铝，然后浸胶；第二种是普通表层纸（原纸不含三氧化二铝），浸胶后喷涂添有三氧化二铝的胶黏剂，使三氧化二铝黏附在纸上。第一种原纸内部含有三氧化二铝，定量一般在 45～46g/m²；而第二种原纸不含三氧化二铝，定量一般在 18～25g/m²。基于实用性与可操作性地考虑目前第二种浸渍工艺最为经济实用。

喷砂耐磨表层纸浸渍生产工艺流程：普通表层纸→浸渍三聚氰胺胶（或脲醛胶）→喷涂（三聚氰胺胶或脲醛胶＋三氧化二铝等耐磨混合物）→干燥→二次单面涂胶（三聚氰胺胶）→干燥→裁切→堆垛→包装→入库。

喷砂耐磨表层纸一般选用定量在 18～25g/m² 的普通表层纸，浸渍生产工艺一般要选用上胶量为原纸定量的 400%～700%，胶纸挥发分为 4.5%～6.5%，预固化度为 30%～70%。其中浸渍前对耐磨混合物的准备是非常重要的，耐磨混合物是决定喷砂耐磨表层纸耐磨转数的主要因素。

3. 涂布

将制备的涂布胶水输入涂布胶槽内，涂布胶槽旁设置有旋转涂布滚筒，浸渍纸由导纸辊继续导经涂布胶槽，由涂布滚筒蘸取涂布胶水对印制有花纹色彩图案的正面进行涂布加工，控制涂布胶水上胶量为50～80g/m²，即制得涂布纸。

4. 烘干

制得的涂布纸由导纸辊继续导入干燥箱内进行在线烘干，控制烘干温度为90～150℃，挥发物为3%～10%。

5. 涂胶

将制备的表层胶液输入涂胶槽内，在涂胶槽旁设置有旋转涂胶滚筒，烘干后的涂布纸由导纸辊继续导经涂胶槽，由涂胶滚筒蘸取表层胶液对涂布纸双面进行涂覆加工，控制表层胶液的涂胶量为35～55g/m²、控制胶水固化时间为5～10min，即制得涂胶耐磨纸。

6. 二次烘干

涂胶中制得的涂胶耐磨纸由导纸辊继续导入干燥箱内进行在线烘干定型，控制烘干温度为100～180°C、挥发物为4%～8%、固化度为45%～75%，即制得耐磨装饰纸的纸卷成品。

7. 裁切堆垛

耐磨装饰纸纸卷成品按复合地板生产工艺技术标准尺寸进行裁剪切割、堆垛入库，即制得耐磨装饰纸的产品，可供生产制造复合地板或其他装饰板用作表层装饰材料使用。

（二）质量控制

耐磨纸质量影响因素：耐磨性能和透明度是耐磨纸的关键技术指标，影响耐磨性和透明度的主要因素包括Al_2O_3的含量、粒径分布、在纸页中的分布状况、与纤维结合的程度以及胶黏剂的使用等多个方面，因素之间互相影响和制约。耐磨纸的物理检测指标一定程度上反映了耐磨纸的性能，各项工艺参数直接影响成品性能。

1. 涂布量

研究显示，当涂布量从17g/m²提高到20g/m²时，产品耐磨转数仅从2900r提高到3000r，即涂布量提高约15%而耐磨转数仅提高约3%，因此认为涂布量的增加对于耐磨转数未必有明显的提升效果，反而造成透明度下降，影响产品外观。

2. 胶黏剂种类

胶黏剂在涂料中主要起到黏结作用，将氧化铝颗粒黏结在纸张表面。另外，由于涂料液为多种化学品复配后制备的一种复杂的悬浮液系统，因此各个组分之间的相容性对于悬浮系统最终的稳定性影响很大，因此，胶黏剂的种类与其他化学品（如树脂等）的相容性对于氧化铝颗粒的黏结性能、与氧化铝颗粒和纤维表面的润湿性能等均有影响，故改变胶黏剂的种类将会对产品的耐磨性能产生明显的影响。

3. 氧化铝粒径的影响

有研究显示，氧化铝粒径从20μm提高到30μm可大幅度提高纸张的耐磨性，因此可以认为，氧化铝粒径的大小对耐磨性能的影响起着决定性作用。耐磨纸的耐磨性能的好坏，是氧化铝的含量、粒径与所采用的热固性树脂的种类与用量综合作用的结果，相互间结合性能好，在不同的氧化铝颗粒粒径范围内均有可能获得良好的耐磨性能，需通过更多的试验研究，方能获得最优化配比。

4. 吸水性能的影响

纸经过涂布以后，由于胶黏剂的作用，其纸张吸水性能明显下降。吸水性能与纸页的浸渍吸胶量有关，吸水性能越高则越有利于获得好的浸渍加工效果，提高耐磨纸的透明度。吸收性指标除了受到涂布量和涂布化学品种类的影响之外，与原纸的吸水性能也有着直接的关系，因此，在生产中应注意控制各部分工艺条件，保持原纸松厚度指标，尽量获得高的原纸吸水性能，以便保证后期加工质量。

5. 湿强度的影响

生产过程中纸在整个干燥段又处于悬浮状态，因此，对原纸的湿强度的要求较高，一般要求纵向湿强度要达到 450m，横向要求在 350m 以上。如果原纸的湿强度太低，生产时纸在浸胶以及预压定量和随后的干燥过程中都极易断裂，影响产品合格率和生产效率。据高淑兰的分析和计算，以引进的 24m 干燥段的卧式悬浮式浸胶干燥机为例：每断纸 1 次，干燥机内的 24m 原纸损失，再加上浸胶段的原纸和重新引纸的损失，产生损纸 110m 至 300m 以上，平均浪费原纸 22.5kg/次，胶液 65kg/次，因此，湿强度指标应该引起浸渍纸生产者足够的重视。

6. 灰分

一般耐磨纸灰分主要是指耐磨纸中 Al_2O_3 的含量，灰分越大，纸页含有的刚玉成分越多，耐磨性能也越好，在复合木地板成品检测中体现为耐磨转数越大，但灰分过高则往往导致透明度的下降，造成板材装饰图案清晰度下降，影响外观。

7. 定量

耐磨纸的定量实际上是其耐磨层厚度的一个体现，在一定灰分条件下，定量越高的耐磨纸厚度也越大，单位面积内 Al_2O_3 的含量也越高，因此所制备的成品耐磨转数也随之增加。每平方米含 30g 左右 Al_2O_3 的耐磨纸产品耐磨转数约为 4000r/min，含量为 38g 的约为 5000r/min，含量为 44g 的应在 9000r/min 左右。

（三）化学品的应用

1. 固化剂

固化剂也称为热反应催化剂，生产耐磨浸渍纸的基本原料就是浸渍用树脂，而固化剂则是调制树脂必不可少的组分之一，对树脂的固化速度及产品质量影响极大。近年来，国内广泛使用的固化剂大多数存在着固化时间与树脂活性明显不一致的问题，即若缩短了固化时间，胶液的贮存期也会相应缩短。这样，调制的浸渍用树脂若不能在限定时间内使用，就会失去活性，因此造成巨大浪费。还有些固化剂对浸渍设备腐蚀严重，或者在浸渍纸压贴时挥发出大量的有害气体，对环境造成严重污染，损害了操作者的健康。比较理想的固化剂是过氧化二苯甲酰、对甲苯磺酸、三乙醇胺等。

2. 悬浮剂

强化木地板耐磨纸生产过程中技术瓶颈就是耐磨材料和纤维的结合，但由于二者密度材质差别太大，实现两者均匀分散的难度很大。采用适当的悬浮剂可以使耐磨材料颗粒更好地分散，减少团聚。悬浮剂主要有羧甲基纤维素、海藻酸钠等，它们还可以提高浸渍纸的耐磨性能，提高产品的使用价值。

3. 脱模剂

在强化木地板耐磨纸往木板上压的过程中，经常由于耐磨纸黏度大而出现黏板的现象，影响正常生产。故在耐磨纸生产过程中最好加入脱膜剂，以保证饰面后的产品的良好脱模，同时可防止浸渍纸在热压时黏在垫板上。脱膜剂主要有月桂酸、硬脂酸等高级脂肪酸及其金属盐。

4. 溶剂

在强化木地板耐磨纸的生产过程中为了保证所要求达到的浸胶量和保证胶的流动性，使纸浸渍时有很好的渗透性能。有必要加溶剂来调节胶液的浓度和黏度，溶剂一般为水和乙醇。另外还有湿润剂（减少树脂的表面张力，增强树脂对纸的渗透能力，使树脂均匀敷涂），除泡剂（防止浸渍槽中起泡沫造成树脂不能均匀被纸吸收）等。

四、工程实例

南通英泰机电设备有限公司提出了一种耐磨纸的单涂设备的微调结构，包括机架、以及均设置于机架的第一挤胶辊筒、第二挤胶辊筒、微调结构；放胶漏斗能将内部的铝粉胶滴落于第一挤胶辊筒和第二挤胶辊筒之间；微调结构能够调节第一挤胶辊筒和第二挤胶辊筒之间的距离；微调结构包括滑座、第三驱动装置和调节器，滑座可移动设置于机架，第二挤胶辊筒设置于滑座，第三驱动装置能够驱动滑座朝向第一挤胶辊筒移动，调节器能够限定滑座移动的距离。由此，能够对第一挤胶辊筒和第二挤胶辊筒之间的距离进行调节，进而调节耐磨纸上铝粉胶的量，可以适应各种型号和样式的耐磨纸。

江苏建丰装饰纸有限公司提出了一种纸张及其生产方法，特别是一种以国产表层纸为原纸，经过加工生产出集装饰和耐磨于一体的高光耐磨纸及其生产工艺。包括原纸和耐磨涂层，原纸为国产表层纸，定量 22～58g/m^2；耐磨涂层为在表层纸表面形成的亮光反射层，亮光反射层由固化剂和渗透剂加入胶水中搅拌均匀构成。本发明披露的高光耐磨纸表面光泽度高达 90Gs 以上；纹理更加清晰，接近实木效果；压贴时间更短，一般压贴时间要减少 5s，提高了生产效率。

浙江宜佳新材料股份有限公司提出了一种低成本液体耐磨纸的生产工艺，包括 a. 一浸；b. 一次烘干；c. 涂布；d. 二次烘干；e. 剪裁。本发明制得的液体耐磨纸起耐磨作用的金刚砂被三聚氰胺树脂胶等混合物包裹在中间，且只分布在耐磨纸背层，在热压过程中，金刚砂粉末不直接接触钢模板，从而减少对钢模板的损伤。

孔德玲提出了一种耐磨纸浸渍胶，其由以下质量百分比的原料制备而成：92%～98%树脂胶、0.1%～3%超细石英粉、0.1%～5%色料。还提出了一种浸渍耐磨纸的生产方法，包括以下步骤：将 92%～98%质量的树脂胶、0.1%～3%质量的超细石英粉和 0.1%～5%质量的色料混合均匀，获得耐磨纸浸渍胶；将原纸浸入耐磨纸浸渍胶中，取出进行干燥；将三氧化二铝粉末均匀喷涂于浸渍后的原纸表面，形成三氧化二铝涂层；然后剪切叠放得到浸渍耐磨纸成品。本发明的耐磨纸浸渍胶具有耐磨性好、抗紫外线、防褪色的优点。本发明的生产方法获得的浸渍耐磨纸具有耐磨性能强、抗紫外线、防褪色、简化板材生产工艺的优点。

五、研究进展

据市场调查，强化木地板表层耐磨纸是高附加值的产品，市场潜力大。国内产品质量与进口产品差距较大，不能满足生产高档强化木地板的要求。耐磨纸的开发难度较大，主要表现在：

① 必须保证 Al_2O_3 均匀地分布在纸的单面，而纸另一面不能有 Al_2O_3 颗粒，否则会在热压时损伤压板（高光泽的不锈钢压板成本很高）。国内许多厂家由于设备、技术条件的限制或出于生产成本的考虑采用简易的浆内加填方式添加 Al_2O_3 颗粒，不仅产品耐磨性能不好，而且纸页正反面均有 Al_2O_3 颗粒，造成后加工性能差、热压板磨损严重等问题，因此只能生产低端产品。

② 在树脂浸渍时，Al_2O_3 颗粒必须与树脂达到理想的润湿效果，否则会降低耐磨层的透明度，影响装饰层的清晰度。

③ 耐磨纸的耐磨性能必须被复合成木地板时才能检测，即无法单独检测耐磨纸的耐磨性能。如能很好地解决上述问题，对开发高性能的耐磨纸有重要意义。

程瑞香研究了将耐磨纸层压在薄木饰面的杨木密实化板材上制造装饰板，提出其生产工艺为：由3张杨木单板纵横交错组坯，在热压压力为2.2MPa，热压温度105℃，热压时间为1min/mm的条件下热压成密实化板材；然后在热压压力为0.5～0.8MPa，热压温度105℃，时间为1min的条件下，将薄木覆贴在密实化板材上面；最后，在热压压力为3MPa，热压温度160℃，时间为1min的条件下，进行耐磨纸层压而制得耐磨薄木饰面装饰板。在以上条件下压制的耐磨薄木饰面装饰板静曲强度和弹性模量分别为82.5MPa和9120MPa。

在强化木地板的生产中引入液相工艺和纳米材料，将赋予耐磨纸产品更强的竞争力。这种耐磨浸渍纸的生产就是将耐磨表层纸中所有起耐磨作用的组分按比例制成液体形式，使每个耐磨颗粒都被胶液包裹着，均匀地分布于胶层的各个层面，再将上述混合胶液涂在表层纸上，经干燥后即可得到高耐磨的浸渍纸。这种生产方式是表面耐磨层以液相工艺制备，将微米/亚微米/纳米Al_2O_3粉末均匀分散在有机树脂中，通过厚膜技术使之与基材结合。技术的关键是如何使Al_2O_3和三聚氰胺树脂等其他组分实现良好的融合，也就是Al_2O_3要被充分地悬浮润湿，不絮凝，不沉淀，因此要开发相应有效的助剂。此外，在耐磨纸的研究工作中，在深层次的机理上，还应研究Al_2O_3（包括纳米级）与纸浆（无机与有机材料）在分子级和纳米级层次上的复合机理，才能更有效地指导实现各种耐磨纸的开发生产。

金昌升对强化木地板的耐磨性能和国产化耐磨纸进行了研究，重点考察耐磨纸的生产方式和热压工艺过程对产品耐磨转数和磨耗量的影响。结果表明Al_2O_3添加量和添加方式对产品的耐磨性能有很大影响，液体耐磨技术生产的新型耐磨纸和进口耐磨纸有相似的磨损曲线，其耐磨转数与Al_2O_3添加量之间呈线性正相关。热压工艺过程与产品的耐磨性能之间无明确关系。

为了解决浸渍纸释放甲醛的问题，卢昌晶探索了大豆蛋白胶用于强化地板耐磨纸的压贴工艺。按照工艺流程：单板整理施胶→干燥→板面涂水→组坯→热压→检测，对耐磨纸进行组坯热压，并使用电子万能试验机检测热压冷却后耐磨纸的表面胶合强度。通过实验得出：在热压温度170℃，热压压力2.0Ma，热压时间2min，施胶量60g/m^{2}的条件下大豆蛋白胶可以用于强化地板耐磨纸的压贴，且表面胶合强度大于1.0MPa。

六、展　望

耐磨纸作为一种重要的板材用加工纸，可以赋予各种人造板材料极强的表层耐磨性能，为人造板加工行业所不可或缺的纸张材料，具有良好的市场前景。近年来随着生产工艺的改进和更多生产厂家的介入，市场竞争日趋激烈，产品的售价和利润空间明显下滑，但由于多数厂家并未真正掌握其生产技术，或者一味追求市场占有率而无暇顾及产品质量提升，因此目前的耐磨纸市场竞争处于低水平徘徊阶段，对于高端产品尚不具备真正的威胁。今后，随着对于耐磨纸生产技术要点的进一步了解和把握以及先进生产工艺的不断普及，可以预见，在不久的将来，国产耐磨纸的产品质量和技术有望获得稳步提高，逐步替代进口产品，更好地满足国内市场需求。

第三节　阻　燃　纸

一、概　况

在当代经济飞速发展的背景下，人们对生活质量的追求持续提高。如今，壁纸成为一种应用广泛的室内装饰材料，它的大规模投入使用，使得火灾隐患和火灾造成的损失大大增加。因此，世界各国企业开始集中投入阻燃纸的研发，开辟阻燃材料市场，如阻燃壁纸，阻燃复合板等多种阻燃产品。阻燃纸的主要原理是在样品等加工成型过程中，添加阻燃试剂以达到在外界条件符合燃烧情况下有效隔绝火源和材料接触，从而有效防止火势的蔓延，极大地降低火灾带来的风险和危害。

1. 定义

阻燃纸是通过浆内添加、浸渍和涂布等加工工艺将阻燃剂添加到纸张内部或覆盖在纸张表面而制得，阻燃剂通过产生不燃气体达到稀释空气、隔绝空气或者受热融化后形成不可燃膜构成的保护膜阻止燃烧。换言之，阻燃纸是一类遇火受热时具有能抑制延缓火焰蔓延、遏制燃烧进行的纸类的总称。

2. 分类

阻燃纸通常分为两大类：一类指的是使用石棉纤维抄造、在火中不产生任何变化的纸，这类纸也多称之为防火纸。另一类指的是在纸浆中添加有阻燃性能的化学药品或者用阻燃剂处理植物纤维，使之获得阻燃性能的纸种。这类阻燃纸虽不燃烧，不出明火，但遇火会炭化，变黑变焦。

3. 用途

目前，阻燃纸大致用于以下几个方面：

① 面层贴合材料，主要为阻燃壁纸和装饰贴面纸，如阻燃木纹纸、阻燃壁纸和阻燃香烟纸等。其主要作用是隔离纸面和火焰，阻止火焰在纸面燃烧、蔓延。

② 填芯材料，该类型的阻燃纸代表是阻燃蜂窝纸，经阻燃处理的纸板制成的蜂窝纸称为阻燃蜂窝纸。阻燃蜂窝纸板可用于隔墙、门、窗、柜、家具和隔板的填芯材料。

③ 微波炉的食品加热袋，该阻燃纸要求是无毒或低毒的阻燃纸。阻燃剂要求无色、不挥发，性能稳定，高温下无有毒气体产生。该类阻燃纸虽然用量不大，但是附加值高，是一种新型的阻燃纸。

④ 电器的包装材料，主要用于电器易发热和高压部件的外包装。

二、质量指标

国际上没有统一的标准，目前常用的有以下三种：

① TAPPIT461OS—79 所述的方法。该方法具体步骤为：切取 21cm×7cm 的阻燃纸试样，将其垂直固定在燃烧箱的试片固定夹上，用调整到长度为 4cm 的火焰点火 12s 后移开火焰，测定余烬时间和纸条炭化的长度，余烬时间短、炭化长度短的纸阻燃效果好。平均碳化长度≤11.5cm 者即认为合格。

② 在一定条件下从接触火焰后的碳化长度（碳化后，纸的强度明显发生变化部分的长度）、余火和残存尘埃的有无来分等级。

③ 按照国家标准《GB/T 2406—1993　塑料　燃烧性能试验方法　氧指数法》中用氧指数测定标准来衡量。氧指数小于 20 的为易燃，氧指数在 25～30 之间的为难燃，氧指数在 35～40 之间的为不燃。

三、生产工艺

纸品纤维素阻燃处理机理主要归纳为覆盖层理论、不燃性气体论、吸热论和化学反应论等四种。虽然赋予纸阻燃性的方法和技术很多，但是不管使用哪种机理对纸品进行阻燃处理，概括起来一般有以下几种途径。

(一) 利用无机纤维为原料直接抄造

这种方法是利用石棉、矿棉、玻璃纤维、海泡石等本身具有阻燃效果的无机纤维进行干法或湿法抄造阻燃纸。但由于石棉等无机纤维不利于生产者的健康，具有致癌性，而且成形纸页的各项物理及外观性能较差。在环保日益受重视的今天，其应用范围越来越受到限制。但必须指出，即使用无机纤维制造的纸，也不能说完全不会燃烧，因为在纸抄造过程中，一般都要加入适量的有机黏结剂。

(二) 浆内添加法

浆内添加法就是在打浆时或在供装系统中往浆内添加阻燃剂而得到阻燃纸的方法，这一方法常用于生产模压制品、绝缘板和硬纸板等。这种方法一般只能用不溶性氧化物、三氧化二铝、氢氧化镁、聚氯乙烯等高分子聚合物等水不溶性细粉末状阻燃剂。该方法的优点是适用于各种纸的生产，工艺操作简单，阻燃剂在纸中的分布比较均衡，但阻燃剂的流失非常严重，因而阻燃效果和成本不宜控制。

(三) 浸渍法

浸渍法就是在抄纸后，用阻燃剂的水溶液或水分散液进行浸渍而制得阻燃纸的方法。浸渍法是机外处理，处理量变化范围广，且处理时间短、操作容易，非常适用于棉短绒纸、装饰用皱纹纸、特殊壁纸、无纺布、建筑用浸渍纸等的生产。但该方法得到的阻燃纸也存在耐水性差、吸潮性强、变形大、强度下降显著、易发黄变硬等缺点。

(四) 涂布法

涂布法就是将阻燃剂涂布于纸制品表面使纸制品具有阻燃性的方法，此法不能赋予纸内部阻燃性，但对表面要求耐延燃性的纸相当有效，它可以作为隔氧屏障，适用于热压硬质纤维板、壁纸用板、瓦楞箱衬、纸板等的表面处理。该方法适用于不溶或难溶的阻燃剂。把阻燃剂粉料均匀分散在某种黏结剂中，制成乳状涂料，然后用涂布的方法把此涂料涂在纸的表面上，经加热干燥即可得涂布型阻燃纸。

其优点是阻燃剂大部分集中在纸的表面，对纸的物理性能影响较小，对表面要求的耐延燃性效果明显。但因此法中阻燃剂大部分集中在纸的表面，不能赋予纸内部阻燃性。

(五) 喷雾法

喷雾法是将阻燃剂溶解于溶液中，喷成雾状，然后将纸从该雾中穿过，经干燥箱干燥后，即得成品。喷雾法是近年来在国外应用较多的一种方法。该方法优点是阻燃剂浪费较少，对纸张的强度影响也不大，是一种适合规模化生产的方法。

在实际应用中，为了赋予纸张良好的阻燃效果，加入纸张中的阻燃剂往往是几种阻燃元素的阻燃剂复合或复配而成的，如磷—卤体系、锑—卤体系、磷—氮体系等。这些复合或复配的阻燃剂，可发挥协同作用，比单一元素阻燃剂效果优异得多。

四、质量控制

(一) 纤维原料

纤维素天然高分子材料由于其可燃和易燃性使其应用范围受到限制，因此，阻燃型纤维素材料受到了重视，并迅猛发展起来。常见的阻燃改性方法是加入传统的阻燃剂如卤、氮、磷类阻燃剂，但是这些阻燃剂在制造或使用的过程中会产生有毒性气体，对人体造成二次伤害，同时也对环境造成污染。纤维素自身相对分子质量大，分子内和分子间存在大量的氢键，其制成的材料符合可再生和清洁环保的要求，且具有可生物降解、无毒等多种优点。目前纤维素的研究正在向多功能化、环保化、高效化等方向发展。

（二）阻燃剂

阻燃剂一般通过下面一种或几种途径达到阻燃目的：

① 吸热效应。利用阻燃剂在受热时发生分解反应，通过阻燃剂吸收热量以及热分解产生不燃性挥发物的气化热，使纸及纸制品在受热情况下温度难以升高而阻止聚合物热降解的发生，起到阻燃作用。

② 隔离效应。阻燃剂燃烧时能在纸及纸制品表面形成一层隔离层，起到阻止热传递、降低可燃性气体释放量和隔绝氧气的作用。

③ 稀释效应。阻燃剂在燃烧温度下分解产生大量不燃性气体，如水、二氧化碳、氨气等。这些不燃性气体将可燃性气体浓度稀释到可燃浓度范围以下，以阻止燃烧的发生。

④ 抑制效应。高聚物的燃烧主要是·OH 自由基产生连锁反应，此类物质具有与·OH 自由基反复反应生成 H_2O 的能力，结果抑制了产生自由基的连锁反应。

将现有造纸常用的阻燃剂，按照所含阻燃元素分类，可大致分为卤系、无机类、硼系、氮系和磷系阻燃剂。

1. 卤系阻燃剂

卤素阻燃剂主要有机卤化物、含卤氨类酸盐和含卤高分子等，在气相自由基内发生反应，释放卤素元素，中断火焰和抑制燃烧的放热过程。卤素阻燃剂中，溴化阻燃剂是使用最广的阻燃剂。在众多阻燃剂中，虽然含卤阻燃剂具有廉价高效的优点，添加少量即可赋予材料显著的阻燃效果，但在燃烧时会产生有毒、腐蚀性的烟雾，造成二次污染，增加火场救援的难度。

2. 无机填充型阻燃剂

无机氧化物和无机氢氧化物是两种主要的无机阻燃剂，其用量占阻燃剂使用总量的50%以上。这类金属氢氧化物具有阻燃抑烟，无毒不挥发，可在体系中起到良好的协同阻燃作用等优点，被认为是无公害的绿色阻燃剂。但其目前仍存在诸多问题有待解决：

① 阻燃效率低，添加量往往需要 50%以上，才能达到要求的阻燃性能指标；

② 加工过程困难，材料的熔融指数因阻燃剂的大量添加而直线下降；

③ 材料力学性能减弱，材料添加了大量的粉体以后易变松脆，强度明显下降；

④ 阻燃剂与材料的相容性低，体系中有机/无机组分相界面间的相容性存在较大问题。金属氢氧化物主要的作用是在材料燃烧发烟阶段起到抑烟作用，是通过吸热反应分解释放水蒸气的凝聚相阻燃剂。氢氧化铝多数用于弹性纤维、合成橡胶材料和热固性塑料等着火点低于自身的材料，而氢氧化镁则多数用于树脂材料。金属氢氧化物不能用于棉纤维的阻燃处理，且其使用量要超过 50%才能起到良好的阻燃效果。

3. 磷系阻燃剂

磷系阻燃剂主要有磷酸氢盐、磷酸铵盐、聚磷酸氨和磷酸酯衍生物等。最初应用的是磷酸氢盐，现在应用的主要为有机化合物，如聚磷酸铵、磷酸酯衍生物。含磷化合物的阻燃机理也主要利用了隔离效应：磷化物受热分解所产生的酸，如磷酸、偏磷酸等，在较高温度下和纤维作用，炭化生成焦炭层附着在纸及纸制品表面，隔绝了和空气的作用，同时又防止和减少了甲烷、一氧化碳等气体的生成和逸出，起到了阻燃的作用。在此类阻燃剂中，一般的使用方法是氮—磷组合使用，因为氮的协同增效作用，使得磷系阻燃剂的效果好、热稳定性高、无烟、低毒、具有自熄性。广义上讲，氮—磷系阻燃剂主要有三种：a. 聚磷酰胺类化合物；b. 磷酸三聚氰胺盐；c. 磷氰聚合物。其中磷酸三聚氰胺在木材及纸张中的阻燃效果良好。

4. 硼化物阻燃剂

最初使用的此类阻燃剂为硼酸锌，现在除硼酸锌之外，还有偏硼酸钡、硼酸、硼酸铵等。此类阻燃剂的作用机理主要利用了隔离效应：硼化物在受热分解生成固熔物硼酸酐附着在材料表面，隔绝了与空气的接触，另外，反应放出的水分也在一定程度上增强了阻燃效果。此类阻燃剂为添加型阻燃剂，可作为氧化锑的廉价代用品，与含卤阻燃剂并用产生协同效应。

5. 氮系阻燃剂

氮系阻燃剂主要指三聚氰胺及其衍生物，另外还有三聚氰胺的氰脲酸盐（MC）、磷酸盐、硼酸盐、胍盐双氰胺盐等。它们有的可以单独使用，有的是膨胀型阻燃剂的主要成分。这类阻燃剂无卤、低毒、不腐蚀，对热和紫外线稳定，阻燃效率高，预计今后将更多地为人们所重视。目前在造纸工业中应用较广的为三聚氰胺及其衍生物、双氰胺、磷酸脒基脲、氨基磺酸胍，它们或单独使用或与其他阻燃剂配合使用，对纤维和纸的阻燃效果均较好。

五、发展与展望

何为研究了由N-六羟甲基氨基环三磷腈（HHMAPT）和甲醚化三聚氰胺甲醛树脂（HMMM）复合的阻燃剂制备。当HHMAPT和HMMM的添加量分别为6%和10%时，水洗过的纸样的氧极限指数（LOI）仍高达33.5%，为难燃级别，同时垂直燃烧实验的续焰时间和灼燃时间分别为4.8s和0s，平均炭化长度为12mm，其阻燃级别仍为合格。和原纸相比，水洗后的纸撕裂强度和抗张强度有明显提高，而耐折强度略有降低。

目前，阻燃技术已进入一个新的发展阶段，未来纸基材料的阻燃技术正朝着高效、经济、环保的方向发展。近年来，无机阻燃剂在阻燃纸中的运用得到了快速发展。用于纸张阻燃方面的无机阻燃剂主要包括氢氧化铝、氢氧化镁和镁铝水滑石等。氢氧化镁属于添加型无机阻燃剂，不仅具有阻燃而且具有抑烟的功能，多种性能都优于目前大量使用的氢氧化铝，是今后重点发展的环保型无机阻燃剂。红磷具有高效、抑烟、低毒的阻燃效果，但是在实际应用中存在很多缺点，因此对其进行表面处理是红磷作为阻燃剂研究最主要方向，其中微胶囊化红磷是表面处理最有效的方法。今后发展方向：一是兼具热稳定、增塑和阻燃等多功能的微胶囊红磷阻燃剂；二是寻找合适的消烟剂与之进行复配，促进红磷作为抑烟剂的使用。

目前，可以说能完全满足阻燃纸产品特性要求的产品在市场上还没有出现，从事这方面工作的专家学者也正朝着这一目标积极努力，根据阻燃纸的性能要求，造纸阻燃剂的发展方向主要为：

① 阻燃机理的研究。目前国内外对阻燃机理的研究还远远不够透彻，只有将机理研究透彻，阻燃剂的开发才具有针对性和目的性；

② 使用复合型阻燃剂。复合型阻燃剂具有各种阻燃剂的特性，怎样发挥复合型中每种阻燃剂的最大优势是一个值得研究的方向；

③ 抑烟剂的开发。因“阻燃”和“抑烟”是相一致的，因此，今后相当长时间里抑烟剂将是阻燃剂中开发速度较快的一种；

④ 高效价廉阻燃剂的开发。阻燃纸生产一般需要较多的阻燃剂，从而在一定程度上提高了阻燃纸的生产成本，因此寻找高效价廉的阻燃剂是十分必要的。

就生产工艺而言，研究反应型阻燃剂是纸阻燃技术研究的努力方向。这是因为目前生产的阻燃纸的缺点是阻燃效果不长久。许多阻燃剂受到光照、热的作用，会发生一系列的物理、化学变化，使纸的阻燃性能降低。而反应型阻燃剂与纤维中的组分发生反应，真正成为纤维的一部分，从而赋予纸品长期稳定的阻燃效果。

第四节　壁　　纸

一、概　　况

（一）定义

壁纸也叫墙纸，主要以纯纸、无纺纸等为基材，通过胶黏剂贴于墙面或天花板上，具有色彩多样、图案丰富、保养容易、施工方便、易于更换等优点，所以得到了相当程度的普及。据我国壁纸行业协会统计，我国壁纸生产企业由数十家发展到300多家，集中分布于浙江、江苏、广东等区域。

（二）分类及特点

根据壁纸的不同分类方法可以分为多种壁纸。

首先，从最为直观的产品色彩、纹饰及总体风格来看，壁纸大致包括图案型、抽象型、混合型、特殊效果型等类型，日益流行的腰线壁纸也凭借其在室内装饰中画龙点睛的效果进入了我们的视野。

另外，随着墙纸表面材质的不断丰富，将此作为一条重要的壁纸分类标准就显得十分必要。从这个角度来看，壁纸可作如下分类：

① 纸质面壁纸。作为最常使用的壁纸类型之一，纸面壁纸以其轻薄的材质和丰富的花色受到广泛的青睐；

② 胶质面壁纸。即以塑胶材质作为壁纸表面，质感朴实，经久耐用；

③ 壁布（布面壁纸）。壁布具有出色的视觉表现力，质感温润，辅之以素雅古朴的图案，往往成为室内装饰中的“高亮点”；

④ 木面壁纸。即将实木表皮切割成的薄片作为表材，作少量的空间点缀；

⑤ 金属壁纸。以精巧细腻的加工方法将金、银、铜、铝等金属制成轻巧的薄片装饰于壁纸表层，但其高昂的价格往往成为其推广普及的重要限制性因素；

⑥ 植物类壁纸。即以加工过的草、麻等纤维制品编织成壁纸，颇受崇尚自然气息的“乐活”一族的喜爱；

⑦ 硅藻土壁纸。作为一种新兴的壁纸材质，硅藻土是由生长在自然水体中的藻类遗骸堆积百万年变迁、演化而成。其表面具有无数细微小孔，可充分吸附空气中的有害颗粒，从而使硅藻土壁纸具有了加湿、防霉、除臭的功能，也因此越来越多地应用于居室、书房的装饰设计中。

最后，依照壁纸功能的分类准则，壁纸可大致可分为：a. 防霉壁纸。可起到抗菌、隔潮、防霉的效果；b. 阻燃壁纸。具有难燃，防火的特性；c. 吸音壁纸。其消音效果好，可用于KTV包房的室内装饰；d. 抗静电壁纸。在干燥的室内空间将有效防止静电；e. 夜光壁纸。其“夜壁生辉”的特殊效果深受小朋友的喜爱。

（三）用途

目前，我国市场上出售的壁纸可分为两大类，即纸基壁纸和布基壁纸。纸基壁纸是发展最早的壁纸，其代表作品塑料壁纸是世界上发展最为迅速、应用最为广泛的壁纸，约占壁纸产量的80%。在西方国家塑料壁纸已有五六十年的历史，但至今仍是市场主导装饰材料。我国最早于1979年推出国产壁纸。塑料壁纸是由具有一定性能原纸，经过涂布、印花等工业制作而成的，具有美观、耐用、易清洗、价格便宜等优点，其缺点是质感较差、不够柔和。塑料壁纸又可分为非发泡型和发泡型两类。非发泡普通型塑料壁纸花色品种最多、适用面最广，它以纸作基材涂布聚乙烯糊状树脂（PVC糊状树脂），再经印花、压花而成。目前，我国市场上的主导产品是六色印刷同步印花壁纸，今后若干年内，塑料壁纸将向八色印刷同步压花发展，品种将更丰富、花色将更鲜艳、工艺将更精细，与此同时，还将具有阻燃等功能。布基壁纸是用丝、羊毛、棉、麻等纤维织成的壁纸，此种壁纸具有质感佳、透气性好、柔性强、耐磕碰、易清洗、使用更换便捷等特点（不用浸水，可重贴），但无法更换且价格较贵。目前，我国能够生产布基壁纸的生产厂家，只有北京市金巢装饰材料公司，该公司于20世纪80年代研制成功国产布基壁纸，至今花色品种已达六七十个，且具有阻抗静电、防霉潮等功能，可替代进口产品。布基壁纸在我国的发展还刚刚起步，发展余地非常大，多功能布基壁纸将深受市场欢迎。

二、质量指标或性能要求

（一）原辅料

由于壁纸产品使用的原辅材料是影响产品质量的主要因素，因此对原辅料也有一定的要求。

壁纸产品不应使用有毒有害原料，不应使用回收原料；

纯无纺纸壁纸原纸中合成纤维含量占总纤维含量的比例应≥15%；

无纺纸基壁纸原纸中合成纤维含量占总纤维含量的比例应≥5%；

壁纸在施工中所使用胶黏剂的防霉性能应符合《JC/T 548—2016 壁纸胶黏剂》，胶黏剂的有害物质限量应符合《GB 18583—2008 室内装饰装修材料胶黏剂中有害物质限量》表2中其他胶黏剂的要求，基膜的有害物质限量应符合《GB 18582—2008 室内装饰装修材料内墙涂料中有害物质限量》中水性墙面涂料的要求。

产品印刷油墨应为水基油墨，产品应符合《HJ/T 371—2007 环境标志产品技术要求凹印油墨和柔印油墨》环境标准，甲醛应符合游离甲醛≤100mg/kg的要求。水性油墨介质应符合固含量≥20%、耐高温$\Delta E \leqslant 1$的要求。

（二）尺寸偏差

每卷壁纸都应标明长度和宽度，且长和宽允许偏差均应不超过标称尺寸的±1.5%。尺寸偏差的规定主要是为了防止壁纸的长宽与其标称值差距过大，影响消费者的使用。

（三）每卷段数和最小段长

标准按照每卷纸长度的不同，分别规定了10m、15m和50m的允许段数分别为≤1段、2段和3段，最小段长均为≥3m。

（四）外观

壁纸作为装饰用纸之一，其外观质量也较为受消费者关注，因此标准中也规定外观应符合表6-3要求。

表 6-3　　外观要求

项　　目	规　　定	项　　目	规　　定
色差	不应有明显差异	露底	不应有
伤痕和皱褶	不应有	漏印	不应有
气泡	不应有	污染点	不应有目视明显的污染点
套印精度	偏差应不大于 1.5mm		

（五）有害物质

壁纸中有害物质的限量团体标准和国家标准要求比较见表 6-4。

表 6-4　　壁纸中有害物质的限量要求比较

有害物质名称		团体标准限量值	GB 18585—2001 限量值	备　　注
重金属(或其他)元素含量/(mg/kg)	钡	≤375	≤1000	将国家标准的部分指标值提高到原来的 10 倍
	镉	≤3	≤25	
	铬	≤10	≤60	
	铅	≤9	≤90	
	砷	≤1	≤8	
	汞	≤2	≤20	
	硒	≤16	≤165	
	锑	≤2	≤20	
氯乙烯单体含量/(mg/kg)		≤0.2	≤0.5	
甲醛(干燥瓶法)/(mg/kg)		≤12	≤120	
3 种邻苯二甲酸酯类化合物(DBP、BBP、DEHP)总和含量/(g/kg)		≤1.0	p	新增(采用《GB/T 30646—2014 涂料中邻苯二甲酸酯含量的测定气相色谱/质谱联用法》测试方法，参考《GB/T 22753—2008 玩具表面涂层技术条件》限量要求。)
甲醛(气候箱法)含量/[mg/(m² · h)]		≤0.08	/	新增(采用 ISO 16000—9 标准的测试方法，参考《HJ 571—2010 环境标志产品技术要求人造板及其制品》的限量要求。)
总挥发性有机化(TVOC)含量/[mg/(m² · h)]		≤0.5	/	

邻苯二甲酸酯在人体和动物体内发挥着类似雌性激素的作用，可干扰内分泌系统使男子精液量和精子数量减少，精子运动能力低下，精子形态异常，严重的会导致睾丸癌，尤其对正在处于生长发育期的儿童，此类物质的危害更大，各国都出台了相应的法规对这类物质进行限定。本标准参考《GB/T 22753—2008 玩具表面涂层技术条件》的部分限值。见表 6-5。

表 6-5　　主要国家和地区邻苯二甲酸酯限值指标

国家地区	规范名称	限值指标
欧盟	REAC 法规(2005/84/EC)	非入口：DEHP+DBP+BBP≤1g/kg； 入口：DEHP+DBP+BBP≤1g/kg 且 DINP+DIDP+DNOP≤1g/kg。
美国加利福尼亚州	Proposition 65	每种单项邻苯类增塑剂≤1g/kg
中国	GB/T 22753—2008	DEHP+DBP+BBP≤1g/kg；DINP+DIDP+DNOP≤1g/kg。

（六）性能指标

标准不褪色性能指标见表 6-6。

表 6-6　　**标准不褪色性能指标**

<table>
<tr><th colspan="3">指标名称</th><th>单位</th><th>规定</th></tr>
<tr><td colspan="3">褪色性（ΔE）　≤</td><td>—</td><td>1.5</td></tr>
<tr><td colspan="3">湿摩擦色牢度（ΔE）　≤</td><td>—</td><td>3.0</td></tr>
<tr><td colspan="3">遮蔽性[a]（ΔE）　≤</td><td>—</td><td>1.5</td></tr>
<tr><td colspan="3">防霉性能[b]　≤</td><td>级</td><td>0</td></tr>
<tr><td rowspan="3">伸缩性　≤</td><td>纵向</td><td></td><td rowspan="3">%</td><td>0.4</td></tr>
<tr><td rowspan="2">横向</td><td>纯纸壁纸</td><td>1.8</td></tr>
<tr><td>其他壁纸</td><td>1.5</td></tr>
<tr><td rowspan="2">湿抗张强　≥</td><td colspan="2">纵向</td><td rowspan="2">kN/m</td><td>0.70</td></tr>
<tr><td colspan="2">横向</td><td>0.50</td></tr>
</table>

注：a 对于粘贴后需再做涂饰的产品，其遮蔽性不作考核。
　　b 仅防霉壁纸考核。

标准中规定的性能指标主要包括褪色性、湿摩擦色牢度、遮蔽性、防霉性能、伸缩性、湿抗张强度。

1. 褪色性

褪色性指标主要是反映壁纸在日常使用中受阳光照射后的颜色变化，本标准以壁纸在模拟日光照射前后的色差表示，相较以人眼比对标准比色板的测试方法而言更客观。褪色性指标的试验条件主要参照《EN 233—1999 卷式壁纸——成品壁纸、聚乙烯壁纸和塑料壁纸规范》中光色牢度的测试方法，采用氙灯老化仪测试，试验相对湿度为 60%～70%，机内黑板温度（45±3）℃，辐照度为（42±2）W/m^2（波长在 300～400nm），处理时间为 20h。但是与采用肉眼对比标准比色板不同，标准采用色差的方法，可更客观的对褪色性进行评价。在标准褪色性指标的限定值上，主要根据美国国家标准局推行的 NBS 色差单位与人的色彩感觉差别，具体见表 6-7 描述。本试验采用的 CIELAB 色差公式的单位与 NBS 单位大致相同，所以也可参考引用 NBS 单位与颜色差别感觉程度，根据表 6-7 描述，当色差大于 1.5 时，会存在感觉明显的色差。结合大量样品验证试验，结果显示低于 1.5 的样品均未能观察到明显色差，因此，标准中将褪色性的限定值规定为≤1.5。

表 6-7　　**NBS 单位与颜色差别感觉程度**

色差值	感觉	色差程度	色差值	感觉	色差程度
0.0～0.5	微小色差	感觉极微（trave）	3～6.0	较大色差	感觉很明显（appreciable）
0.5～1.5	小色差	感觉轻微（slight）	6.0 以上	大色差	感觉强烈（much）
1.5～3.0	较小色差	感觉明显（noticeable）			

2. 湿摩擦色牢度

《QB/T 4034—2010 壁纸》中对干摩擦色牢度、湿摩擦色牢度以及黏合剂可拭性三项指标进行了规定，但是这三项指标，都主要是考核壁纸在摩擦情况下的褪色或者破损情况，因此本标准对指标进行了精简，仅规定了湿摩擦色牢度。湿摩擦色牢度是用湿润后的标准白棉布摩擦壁纸样品，以摩擦前后标准白棉布的色差表示。通过对湿摩擦色牢度的测试方法进行大量试验研究，最终确定了测试方法：选择一种标准白棉布，在测试其 $L^*a^*b^*$ 值后放入蒸馏水中浸泡 30s，用滤纸轻轻吸去棉布表面多余的水，固定在耐摩擦试验仪的测试头中，施加 9.8N 压力，与固定在耐摩擦试验仪测试板上的壁纸样品往复摩擦 5 次，然后取下棉布置于（105±2）℃的烘箱中烘 4min，再次测试棉布的 $L^{*}a^{*}b^{*}$ 值，以摩擦前后标准白棉布的色差来表示壁纸的湿摩擦色牢度。参考标准 QB/T 4034—2010 中表 3 色差与颜色差别感觉程度的分类，考虑到在样品试验验证中，采用烘箱干燥处理会导致测试结果偏高，故湿摩擦色牢度的限定值适当放宽，规定为≤3.0。

3. 遮蔽性

遮蔽性是评定光线透过壁纸能见度指标。标准 GB/T 4034—2016 分别以不同亮度的标准白板为衬底测试壁纸的 $L^{*}a^{*}b^{*}$ 值，然后以两者的色差来表示遮蔽性。对于粘贴后需再做涂饰的产品，其遮蔽性不作考核。遮蔽性的测定方法为：采用（84.0±1.0）%和（73.0±1.0）%两种不同亮度的标准白板，模拟不同亮度的墙体，让壁纸样品分别背衬两块标准白板测试 $L^{*}a^{*}b^{*}$ 值，计算色差。遮蔽性的规定值根据样品测试结果以及参考表 3 中色差与颜色差别感觉程度的分类，规定为≤1.5。

4. 防霉性能

壁纸产品发霉是消费者投诉较多的一个问题，也是严重影响壁纸产品质量的指标，因此本标准针对防霉壁纸规定了防霉性能指标，并以附录的形式规定了防霉性的测试方法，防霉壁纸不应长霉，故防霉性能规定为 0 级。

5. 伸缩性

壁纸的伸缩率是影响壁纸性能的重要指标。壁纸的伸缩率不好，易造成壁纸变形以及壁纸黏贴后的接缝处分裂等问题。通过从壁纸生产企业和市场上收集了各种类型的壁纸样品进行大量测试试验，并在试验数据的基础上结合企业生产和产品实际使用情况，规定纵向伸缩率≤0.4%，而根据《GB/T 30129—2013 壁纸原纸》中对纯纸壁纸原纸横向伸缩性的规定为≤1.8%，本标准中也将纯纸壁纸的横向伸缩性规定为≤1.8%，其他壁纸的横向伸缩性规定为≤1.5%。

6. 湿抗张强度

壁纸湿抗张强度低，会使壁纸在涂胶粘贴过程中容易发生断裂，影响正常使用。标准根据样品的验证试验测试结果，规定纵向湿抗张强度≥0.70kN/m，横向湿抗张强度≥0.50kN/m。

三、基本生产工艺

四川青城纸厂从美国路脱斯公司（香港）引进的 PVC 浮雕壁纸生产线于 1986 年 12 月安装投产。该条生产线生产浮雕 PVC 壁纸、高发泡谷染压花 PVC 壁纸、低发泡素色压花 PVC 壁纸、低发泡印花 PVC 壁纸等。品种达几十种。

该生产线可生产高、中、低档的 PVC 壁纸，品种多样，可广泛地用于宾馆、饭店、娱乐场所、会议厅、图书馆档案馆及居住卧室内墙装饰。

PVC 壁纸生产的主要原料有：PVC 粉、增塑剂、发泡剂、稳定剂、着色剂、填充剂、降黏剂、印刷油星、原纸等。

引进的 PVC 壁纸生产线，采用在基层纸上涂布 PVC 糊料或 PVC 色料经发泡、冷却、压花、印花、压纹而成各种不同的产品。

现以生产高发泡网版壁纸为例，说明 PVC 壁纸的生产流程：

基纸→涂布 PVC 糊料→干燥→冷却→网版涂布→发泡干燥→冷却→裁边、分切→卷取→成品检查→复卷→打包→成品。

浙江博氏新材料有限公司提出了一种PVC壁纸的加工工艺及其生产线：

① 放卷工段。将PVC纸基和PET辅料放卷拉出等待加工；

② 贴合工段。将PVC纸基和PET辅料进行热压贴合得到一次基材；

③ 印刷工段。将一次基材表面使用水性油墨进行印刷得到二次基材；

④ 烘干工段。将印刷完成后的二次基材通过环形钢带输送到烘干箱内，高温烘干使水性油墨固化得到成品壁纸；

⑤ 收卷工段：将烘干后的成品壁纸收卷起来存放。该工艺及生产线通过将PVC纸基和PET辅料贴合在一起，提升耐热性，使得印刷后的二次基材能够在烘干箱内高温环境下不会融化，从而使水性油墨高温固化。

四、生产质量控制

（一）主要生产设备的技术参数

1. 混合设备

① SMB—1200超级搅拌机。转速：快175r/min、慢87.5r/min；容积：1200L；冷却方式：水冷；用途：PVC糊配制。

② GPM—200行星式搅拌机。转速：快49r/min、慢37r/min；用途：色浆及发泡剂糊的配制。

③ HS—10高速搅拌机。转速：450～1350r/min无级调速；用途：PVC糊度调整。

2. 碾磨设备

DR900型三辊碾磨机转速比：1∶2∶8.4；用途：色浆及发泡剂糊的碾磨。

3. 刮刀涂布机

烘箱长度：12m长；分三段，排气量：70m^3/min。

4. 三色印花机

烘箱长度：2m，热风干燥。

5. 发泡炉

烘箱长度：1.5m，分三段。

6. 压花机（机械及沟底压花）

烘箱长度：3m

（二）PVC糊配比

1. PVC糊状树脂

要求糊黏度适中粒度小，以国产Ⅰ、Ⅱ号树脂为宜。进口树脂可采用瑞典Kema Nord公司的PE-710，712，709，西德的PE41K，法国Rhone-Poulene公司的PB13OZ，1702，日本钟渊化学的PSL-10，31等。

2. 增塑剂

DOP来源广，价格适中，增塑效率和相溶性好，可作为主增塑剂，DBP作副增塑剂。为提高墙纸的光、热稳定性，可加入适量环氧大豆油（1%～2%）。用DOA或DOS代替部分（8%～15%）DOP，能增加墙纸的耐寒。也可加入适量的阻燃性增塑剂，如TCP和氯化石蜡，并与适量Sb_2O_3配合，制备阻燃墙纸。而TCP还可提高墙纸的防霉性。

3. 稳定剂

常用的有铅盐、硬脂酸盐和液体 Ba/Cd/Zn 复合稳定剂。其中后者由于分散性好，毒性小，稳定效果好而被广泛应用，如与环氧化合物并用，具有良好的协同稳定效果。

4. 发泡剂及发泡助剂

AC 发气量大、效率高、气泡均匀密集，可用于中、高泡墙纸，DBSH 发气量小，分解温度低，可用于微、低泡墙纸。加入适量助剂 ZnO，可使 AC 分解温度由 180～200℃降至 135～150℃，并将发气量由 185mL/g 提高到 250mL/g。而加入适量发泡调制剂如 BAP-1 能改善泡孔的均匀性。

5. 填料

在 PVC 糊中加入一定量的填料，能提高墙纸表面的耐磨性，降低成本，由于碳酸钙来源广，价格低，填充效果好，常被选用。其中以重质和胶质碳酸钙为好，这是因为重质碳酸钙吸油量小，增黏性小，胶质碳酸钙价虽略高，但加入后制品表面光泽好，由于 $CaCO_3$ 的加入会使糊黏度升高，并降低制品的力学性能，所以应控制比例。

6. 偶联剂

加入适量的钛酸酯偶联剂，能够改善 PVC 糊—碳酸钙体系的流动性，提高制品的力学性能。

7. 溶剂

溶剂包括稀释剂和分散剂，以不同方式稀释 PVC 糊。稀释剂的溶剂化力低，可单独使用或与溶剂化力高的分散剂并用，常用的有机脂肪类烃如石油酸或变压器油等，分散剂通常极性较强，挥发性大，常用的有酮类或芳烃类如甲基异丁酮、甲苯、二甲苯等。

8. 油墨

选用上海油墨厂产 PVC 凹印油墨，有的厂自己配制，有一定的配比。

（三）色浆和发泡剂浆的制备

1. 色浆的制备

为使颜料能在糊料中混合均匀，先将颜料和增塑剂以一定的比例混合成浆（膏）状，碾磨 2～3 次即成。不同颜料制浆时与 DPO 的比例见表 6-8。

表 6-8　颜料制浆表

颜料种类	质量比(颜料:DOP)	颜料种类	质量比(颜料:DOP)	颜料种类	质量比(颜料:DOP)
钼铬红	1∶1.5	立索尔宝红	1∶2	青莲	1∶2
柠檬黄	1∶1	橘镉黄	1∶2	酞菁蓝	1∶2
中铬黄	1∶1	钛白粉	1∶1	酞青绿	1∶1.5

2. 发泡剂浆的制备

由于发泡剂在 PVC 糊中分散性大小直接影响发泡质量，同样需要将发泡剂与 ZnO、DOP 混合制成浆，其具体配比见表 6-9。

表 6-9　发泡剂浆配比

原料名称	Ac	ZnO	DOP
配比(质量比)	100	40～50	120

五、工程实例

苏州华尔美特装饰材料股份有限公司发明提供了的一种阻燃壁纸的制备工艺，包括以下步骤：配制阻燃溶液，将聚磷酸铵（APP）、季戊四醇（PER）、磷酸胍（GP）按比例混合，质量比例为 10∶(3～5)∶(5～10)；在阻燃溶液中加入有机蒙脱土（OMMT），搅拌混合；利用 80 目全版涂抹设备将阻燃溶液对基材进行全版涂抹，涂抹多次；利用压辊对涂抹后的基材进行高温挤压，温度为 40～60℃；对基材进行烘干，涂抹水墨印刷层；利用 100 目全版涂抹设备进行表面印刷，完成壁纸生产。本发明提供的一种阻燃壁纸的制备工艺，通过 80 目全版全涂将阻燃溶液刷到基材表面，利用压辊在高温下挤压，使得阻燃溶剂渗透到基材内部，形成阻燃壁纸，提高生产效率的同时，有利于量产推广，节约企业的生产成本。

江苏金戈炜业环保科技股份有限公司发明公开了一种 PVC 壁纸涂布生产线，包括：壁纸印刷装置，设置在壁纸印刷装置后端的壁纸烫金装置和设置在壁纸烫金装置后端的壁纸收卷装置。所述壁纸印刷装置的结构包括：印刷机架，在所述印刷机架前端下方设置有壁纸放料辊，在所述壁纸放料辊后端上方的印刷机架上设置有支撑辊，在所述支撑辊后端的印刷机架上设置有油墨槽，在所述油墨槽内设置有印刷辊，在所述印刷辊与支撑辊之间的印刷机架上设置有支架，在所述支架上通过调节螺栓和调节螺母设置有刮墨刀，在所述油墨槽后端的印刷机架上设置有烘箱，在所述烘箱后端的印刷机架上设置有出料辊。

本发明的优点是：上述 PVC 壁纸涂布生产线，壁纸采用上下涨紧轮 S 走线，通过涨紧弹簧能够对壁纸始终进行自动涨紧，保证壁纸印刷时的涨紧力和平整度，印刷不会产生褶皱，印刷效果好，保证壁纸的质量，同时能够加工多种宽幅的壁纸和烫金膜，投资成本低，适用范围广。另外在收料辊收满壁纸后会自动实现裁剪，圆筒架会自动旋转 180°，从而将新的收料辊送至正前方对壁纸进行第二次收卷。人们在不用停机的状态下可以更换正后方收满壁纸的收料辊，工作效率高，满足了人们的生产需求。

浙江凯恩特种材料股份有限公司发明了一种涂布型防蚊无纺墙纸及其制备方法，该墙纸包括无纺墙纸原纸，无纺墙纸原纸由功能纤维、木浆纤维和胶黏剂混合抄纸制成或者由功能纤维、木浆纤维混合抄纸后采用胶黏剂机内涂布制成所述的无纺墙纸原纸。涂布一层或数层防蚊杀虫剂涂料，涂布量为纸定量的 10%～60%，防蚊杀虫剂涂料中包括防蚊杀虫剂，防蚊杀虫剂占防蚊杀虫剂涂料的用量为 5%～100%。该发明由于采用了以上的技术方案，用本发明生产的防蚊型无纺墙纸，其产品内蚊子的击倒率可达 97%。并且墙纸产品在加工过程中加工时不收缩，无潮湿感，揭纸完整，纸的柔韧性非常好，有击倒附在墙纸表面蚊子的功能。

合肥宸翊商贸有限公司发明了一种属于墙面装饰材料技术领域，具体涉及一种具有空气净化功能的复合墙纸及其制备方法，制备方法包括：

① 将硅灰石纤维加入氢氧化钠溶液中搅拌，然后过滤，在滤渣中加入聚二甲基硅氧烷和光催化剂，搅拌并施以微波辐照，得到负载有光催化剂的硅灰石纤维；

② 将硅灰石纤维加入阳离子表面活性剂中，搅拌混合后，与纸浆混合得到复合浆料；

③ 将复合浆料喷涂到 SMS 无纺布的一侧，再覆盖一层 SMS 无纺布后进入到辊压机中热压贴合，得到所述的复合墙纸。本发明中光催化剂能够对空气中存在的有害气体进行降解；复合浆料浸渍在多孔纤维布中，与两层多孔纤维布紧密结合，形成一整体结构，从而确保了制备得到的墙纸为一复合的整体结构。

安徽银兔装饰材料有限公司发明公开了一种防霉变墙纸及其制备方法。其中，所述制备方法包括：

① 将纸浆和改性纤维混合后滤水，压制成型后烘干，制得墙纸基体；

② 将 PVC 树脂、邻苯二甲酸二辛酯、纳米二氧化钛、氯化石蜡、碳酸钙、氢氧化铝和溶剂混合熔炼，制得涂层；

③ 将制得的涂层涂覆于墙纸基体表面，制得防霉变墙纸。本发明将纸浆和改性纤维混合后滤水，压制成型后烘干，制得墙纸基体，再将 PVC 树脂、邻苯二甲酸二辛酯、纳米二氧化钛、氯化石蜡、碳酸钙、氢氧化铝和溶剂混合熔炼，制得涂层，将上述涂层涂覆于墙纸基体表面，从而使得通过上述材料制得的墙纸具有良好的防霉变性能。

桐乡嘉力丰实业股份有限公司发明公开了一种热敏变色墙纸及其制备工艺，该变色墙纸包括基纸，以及涂覆在其表面的变色层，两者厚度比为 1∶0.08，变色层是由以下质量份的组分制成的：4，4’，4’’-三氨基三苯甲烷 1～2 份，水杨酸锌 2～3 份，2，2-双（4-羟基苯基）丙烷 3～4 份，对苯二酚 2～4 份，甲基丙烯酸甲酯 16～22 份，丙烯酸 21～25 份，二乙烯基苯 13～18 份，吐温-40　8～17 份，过硫酸钾 6～13 份，钛酸钡 5～8 份，水 8～15 份。本发明的变色墙纸随着空气温度变化均有明显颜色变化，特别适合于日常使用，提醒居住者居住环境的温度变化，对低温和高温给出明显预警，且具有更优的涂覆均匀性，可以长期使用。

六、发展与展望

壁纸是一种应用相当广泛的室内装修材料，因其具有色彩多样、图案丰富、安全环保、施工方便、价格适宜等多种特点，在欧美、日本等发达国家和地区得到相当程度的普及。

（一）国内发展现状

壁纸工业在我国起步较晚，我国壁纸生产大致始于 20 世纪 70 年代。到 90 年代中后期壁纸生产企业不足 40 家。近年来，我国国内壁纸行业发展很快，国产品牌在较短时间内迅速崛起，生产企业不仅引进了国外先进的生产设备、技术和工艺，在质量、品种和风格上也有很大的进展。

我国壁纸工业发展大致经历了三个阶段。起步发展阶段（20 世 70 年代中后期至 80 年代中期）。1978 年北京建筑塑料制品厂从日本伦西尔公司引进一条 1000 万 m^2/年的塑料壁纸生产线，开始了我国塑料壁纸的工业化生产。随后我国壁纸工业迅速发展，各地纷纷引进设备，各类壁纸壁布的生产企业达到 100 家左右，形成了一定规模的行业体系。

调整阶段（20 世纪 80 年代中后期至 90 年代中后期）。早期的聚氯乙烯等低档壁纸经过一段时期的使用，逐渐暴露出了易褪色、易老化、透气性差、有异味等缺点，受到其他各种新型装饰装修材料的巨大冲击，企业之间优胜劣汰，到 90 年代中后期壁纸生产企业不足 40 家。

重新发展壮大阶段（20 世纪 90 年代后至今）。我国壁纸行业吸取教训，不断探索，以技术创新为手段，以提高产品科技含量为核心，融合国际潮流，不断推陈出新，谋求重新发展壮大。经过不懈努力，国产品牌在较短时间内迅速崛起，在大型装饰装修工程中逐渐取代了进口壁纸，产品甚至远销国外市场。

目前我国每年约有 600 万卷壁纸出口欧洲及东南亚地区，形成了一定的创汇能力。现在天然材料壁纸和纺织物壁纸在生产原料、生产工程、产品三方面已经实现了环保要求。产品已经销售到法国、英国、德国、意大利、美国、加拿大和日本等国，已连续多年为世界几大高品质的壁纸客商长期供货。

在国内，由于较强的装饰性和随意更换的方便性，壁纸也已经开始受到越来越多的消费者的欢迎。国产壁纸已经从最早的办公场所装饰及在大型装饰装修工程中逐渐取代了进口壁纸，并已开始进入家庭。经过长期的不断发展，国内壁纸的品种、花色种类日趋增多、完善，为美化室内环境起到了积极的作用。目前市场上销售的国产壁纸，主要有天然材料壁纸和纺织物壁纸两种。由于国产壁纸质量稳定、价格适中，再加上环保、美观、个性突出、更换方便等特点，成为都市白领族家庭装饰的新追求。近年来，国内壁纸的市场销售持稳步上升态势，每年销售增幅保持在20%左右。

（二）国内外发展现状

据中国建筑装饰装材料协会墙纸墙布分会2017年年底统计，在欧美壁纸的使用率约50%以上，日韩在98%以上，国内市场中壁纸的覆盖率接近15%，但47%的现代装修家庭也已期望采用壁纸装饰墙面。2017年我国壁纸行业市场规模在334亿元左右。2010—2017年的年均复合增长率在7%左右。从需求品种来看，PVC是目前我国壁纸的最大消费品种。由于无纺壁纸的价格相对较高，普及度较低，目前的市场占有率仅在20%左右；而价格较低且产品具有一定工艺性的PVC壁纸最受消费者青睐，市场占有率高达60%左右；纯纸壁纸由于其具有的高环保、易修饰的特点，具有一定的市场占有水平，保持在120%；其他类型的壁纸大约在总体市场中占据10%的份额。

从图6-4可以看出2011—2017年我国壁纸产量整体呈现出上升趋势，由2011年的2.01亿卷上升至2017年的3.38亿卷。其中2013年为近年来的次高值，壁纸产量3.11亿卷。2016年产量增长较为明显，比2015年增加了0.84亿卷，增幅高达34.5%。

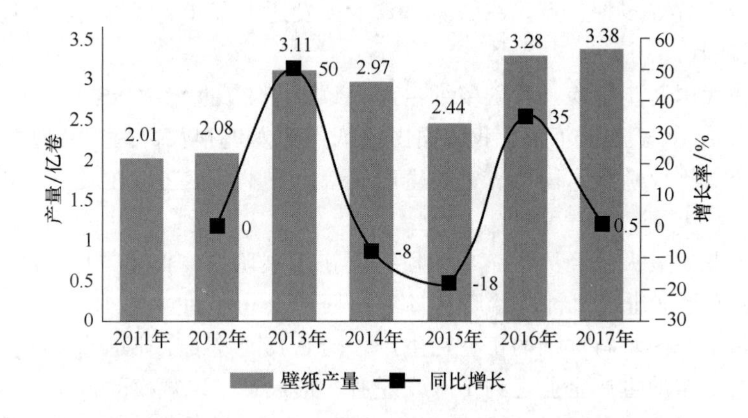

图6-4　2011—2017年中国壁纸产量统计

第五节　其他家居装饰特种纸

一、吸湿壁纸

吸湿壁纸，它的表面有无数微小的毛孔，可以吸收水分，使得墙面和周围的空气变得干燥，因此可以用于湿度比较大的环境中，如贴在洗手间里面。不久前日本发明了一种能吸湿的墙纸，它的表面布满了无数的微小毛孔，$1m^2$可吸收100mL的水分。在国内，泗阳风尚装饰材料有限公司公开了一种吸湿干燥的装饰壁纸。其包括：第一纱布层、第二纱布层、海绵层和纸质层，所述海绵层设置在第一纱布层和第二纱布层之间，所述海绵层中散落分布有干燥剂颗粒物，所述纸质层设置在第二纱布层外侧，所述纸质层上密布有微孔，所述第一纱布层背面间隔设置有塑胶条，所述塑胶条外侧面分别设置有压敏胶层，所述压敏胶层外侧设置有离型纸条。本实用新型所述的吸湿干燥的装饰墙纸，当空气或者墙面的湿气大时，利用海绵层中散落分布的干燥剂颗粒物可以吸收空气和墙面的湿气，当空气干燥时，干燥剂颗粒物吸收的湿气又可以挥发出去，调节功能好，增加了壁纸的多功能性。

二、杀虫壁纸

杀虫壁纸，简单地说就是用来杀死一系列的害虫的壁纸。美国发明一种能杀虫的壁纸，苍蝇、蚊子、蟑螂等害虫只要接触到这种壁纸，很快便会被杀死，它的杀虫效力可保持5年。该壁纸可以擦洗，且不怕水蒸气和化学物质。国内苏州博菌环保科技有限公司发明了一种抗菌杀虫环保壁纸，包括环保型石头纸的底层，在底层上印刷有印花层，在印花层上依次印制含有杀虫剂的透明高亮杀虫印刷层和含有抗菌剂的透明高亮抗菌印刷层后，构成四层结构的抗菌杀虫环保壁纸，所述底层的厚度为100～1000μm，印花层的厚度为20～100μm，透明高亮杀虫印刷层及透明高亮抗菌印刷层的厚度均为10～30μm。本发明由于表面印刷层中含有抗菌剂和杀虫剂，具有高效杀灭蚊蝇等害虫和抗菌防霉功能，且制造成本低。广泛地应用于室内装修，保护环境，预防病菌蚊虫等危害。

三、调温装饰纸

调温装饰纸是可以用来调节温度的一类壁纸。

美国专家最近研制一种调温壁纸，当室内温度超过21℃时，将吸收余热，低于21℃时又会将热量释放出来。这种调温壁纸共有三层；靠墙的里层是绝热层，能把冷冰冰的墙体隔离开来；中间层是一种特殊的调节层，由经过化学处理的纤维构成，具有吸温、蓄热的作用；外层美观大方，上面有无数的孔，并印有装饰图案。

英国研制成功一种调节室温的壁纸，它由3层组合而成，靠墙的里层是绝热层，中间是一种特殊的调温层，是由经过化学处理的纤维所构成，最外层上有无数细孔并印有装饰图案。这种美观的壁纸，能自动调节室内温度，保持空气宜人。

林泽清提供了一种调温壁纸，包括从下至上依次黏合的壁纸基材、第一聚氨酯发泡层、第二聚氨酯发泡层和壁纸面层，在所述第一聚氨酯发泡层和第二聚氨酯发泡层之间涂覆有一红外阻隔层，而在所述第二聚氨酯发泡层的上表面上则分布有复数个内凹的容腔，在各个内凹的容腔内均填充有定型相变材料，且在所述第二聚氨酯发泡层和壁纸面层之间则黏合有一铝箔层。该种调温壁纸不仅具备良好的保温隔热、吸音、阻隔热辐射的效果，而且该壁纸还设置有定型相变材料，当外界温度过高或过低时，设计的定型相变材料可通过改变自身的相态而起到调节温度的作用，而铝箔层的设计则能够使热传递更加均匀、高效。

四、防霉装饰纸

防霉装饰纸是一类可以用于日光难以照射到的房间，如更衣室、洗浴间以及一些低矮阴暗的房间，能有效地防霉防潮。

常州文诺纺织品有限公司发明公开了一种防霉装饰纸及其制备方法，该发明以海藻酸钠为原料，由于海藻酸钠含有大量的—COO^-，在水溶液中可表现出聚阴离子行为，再与聚丙烯酰胺进行反应，由于聚丙烯酰胺是一种高分子电解质，它可以与水中带负电荷的微粒起电荷中和及吸附架桥作用，从而提高海藻酸钠吸附阴离子的能力，且纸张纤维带负电荷，从而能将纤维吸附于表面，同时利用过硫酸钾为质子源，在加热的情况下，过硫酸钾缓慢分解，为海藻酸钠提供氢离子，降低海藻酸钠的亲水性能，从而也就降低了纤维的吸水性能，提高原纸的抗水性能。

五、保温隔热壁纸

保温隔热壁纸是一类能够起保温作用，并隔绝外界热量的一类壁纸。

德国生产出一种特殊的壁纸，具有隔热和保热的性能。这种壁纸只有 3mm 厚，其保温效果则相当于 27cm 厚的石头壁。

福建金创装饰工程有限公司公开了一种具有隔热和保温功能的环保型壁纸，包括环保壁纸本体，所述环保壁纸本体包括壁纸体，所述壁纸体的底部黏接有黏接层，所述黏接层的底部黏接有防护膜，所述壁纸体包括光滑图案层，所述光滑图案层的顶部固定连接有反射隔热保温涂层，所述光滑图案层的底部固定连接有第一防水层。该壁纸能够有效抑制太阳和红外线的辐射热和传导热，隔热抑制效率较高，能保持物体空间里的热量不流失，提高保温性，进行阻热，防止热量的散失，提高隔热性，通过隔热金属片进行隔热操作，使得外界的热量与室内的热量进行隔绝，起到隔热的效果，达到了隔热和保温功能的优点，从而有效地解决了现有壁纸功能单一起不到保暖效果的问题。

课内实验

浆料种类、填料、湿部助剂、打浆工艺等对装饰原纸性能的影响。

选择浆料（针叶木浆、阔叶木浆等），湿部助剂（聚酰胺环氧氯丙烷树脂）和填料（钛白粉）等，制定打浆工艺（打浆设备、打浆方式、打浆浓度），添加各类常用的造纸辅料，抄纸并检测相关物理性能。实验可设计成不同原料、打浆工艺、不同辅料的添加方案，在教师指导下，由学生分组完成实验方案、实验操作和实验报告等。

项目式讨论教学

如何根据装饰原纸的关键指标制定原辅料构成及加工工艺。

教师指定装饰原纸的关键指标，并以小项目形式布置给学生，学生在课外以小组形式，通过收资、小组内部讨论、PPT 制作等工作，完成一些典型装饰原纸原辅料的构成、成形工艺和加工工艺的制订，并在课堂上进行展示及讨论。

习题与思考题

1. 试述阻燃纸的分类及主要特点。
2. 试述壁纸的主要质量指标及影响因素。
3. 试叙述装饰原纸的基本生产工艺。
4. 试叙述耐磨纸的主要特点及用途。
5. 试论述影响装饰原纸质量的主要因素。

主要参考文献

[1] 黎的非，邱文伦. GB/T 34844—2017 壁纸 [J]. 标准生活，2018 (06)：38-43.

[2] 吴莹. 墙纸在现代室内装饰中的应用 [J]. 山西建筑，2013，39 (30)：207-208.

[3] 赵义湘. 壁纸的发展趋向 [J]. 华中建筑，1997 (02)：7.

［4］　李瑞锋．T/CADBM 6—2018 墙纸［J］．标准生活，2018（06）：44-49.
［5］　张传碧．PVC 壁纸简介［J］．纸和造纸，1987（02）：27.
［6］　孔关旭，周传国，孙超然，等．一种 PVC 发泡壁纸用糊料、PVC 发泡壁纸及其制备方法［P］．中国专利 201711045211．7．2017-10-31
［7］　徐国平．PVC 墙纸生产工艺探讨［J］．塑料科技，1991（5）：18-24.
［8］　桂军．一种阻燃壁纸的制备工艺［P］．中国专利 201810577103．2．2018-06-06.
［9］　朱维艳，钱庆中．PVC 壁纸涂布生产线［P］．中国专利 CN201711140817．9．2017-11-16.
［10］　雷荣，陈万平，刘成跃，等．一种涂布型防蚊无纺墙纸及其制备方法［P］．中国专利 201310286298．2．2013-07-09.
［11］　左小虎，王俊杰，武青松，等．具有空气净化功能的复合墙纸及其制备方法［P］．中国专利 201810548917．3．2018-05-31.
［12］　凌清明，周玉斌，吴中建，等．霉变墙纸及其制备方法［P］．中国专利 201711000962．7．2017-10-24.
［13］　吴通明．一种热敏变色墙纸及其制备工艺［P］．中国专利 201610693446．6．2016-08-22.
［14］　张旭宏．我国壁纸装饰材料行业现状及前景［J］．中国经贸导刊，2004（23）：37-38.
［15］　唐浚凌．绿色家居的新思考“系列”——壁纸影响质量安全因子解析［C］．中国科学技术协会年会．2010.
［16］　刘瑞恒，付时雨．装饰原纸质量的影响因素及生产工艺控制［J］．上海造纸，2007（05）：18-21.
［17］　张宝，李霞，周伟，等．新型装饰原纸的研制［J］．黑龙江造纸，2013，41（03）：47-50.
［18］　郑华平，刘俊．磷铝包覆的装饰纸专用钛白粉制备方法［J］．现代工业经济和信息化，2016，6（11）：59-61+66.
［19］　陈夫山，宋鹏瑶，常建栋，等．阳离子淀粉改性 TiO_2 及对装饰纸性能的影响［J］．造纸科学与技术，2015，34（01）：20-23，28.
［20］　张琴琴，邢立艳，蒲俊文．我国人造板饰面装饰纸的发展及质量影响因素［J］．天津造纸，2016，38（03）：13-15.
［21］　李超，惠岚峰，刘忠．阻燃纸的研发现状及趋势［J］．中华纸业，2010，31（23）：62-66.
［22］　公维光，高玉杰．造纸阻燃剂的研究进展［J］．造纸化学品，2002（03）：26-28.
［23］　陈先斌，于春华．纸的阻燃技术［J］．纸和造纸，2003（05）：82-83.
［24］　吴盛恩，刘萃莹，王雄振．阻燃剂在造纸中的应用［J］．杭州化工，2010，40（02）：23-26.
［25］　李超．镁铝水滑石制备阻燃纸的研究［D］．天津：天津科技大学，2011.
［26］　李超，惠岚峰，刘忠．阻燃纸的研发现状及趋势［J］．中华纸业，2010，31（23）：62-66.
［27］　吕健，于钢．阻燃纸生产技术及现状［C］．中国造纸学会涂布加工纸专业委员会 2005 年涂布加工纸、特种纸技术交流会．2005：112-113-114-115-116-117.
［28］　时冉，谭利文，程玲玲，等．阻燃改性纤维素浆粕和阻燃纸的制备及表征［J］．高分子材料科学与工程，2017，33（01）：142-147.
［29］　李群．表层耐磨纸生产技术浅析［J］．天津造纸，2006（02）：8-12.
［30］　陆赵情，张美云，花莉．强化木地板耐磨纸的生产［J］．纸和造纸，2003（03）：55-57.
［31］　程瑞香．耐磨薄木饰面装饰板生产工艺研究［J］．中国人造板，2008（06）：32-34.
［32］　李保军．喷砂耐磨表层纸生产工艺及其应用优势分析［J］．中国人造板，2014，21（11）：16-18.
［33］　宋德龙，张睿玲，贺文明．表层耐磨纸的生产技术及市场需求［J］．中华纸业，2002（08）：32-34，37.
［34］　金昌升．强化木地板耐磨性能及国产化耐磨纸的研究［J］．林产工业，2006（05）：25-29.
［35］　卢晶昌，杨光，李琴．大豆蛋白胶用于强化地板耐磨纸的压贴［J］．林产工业，2015，42（10）：18-22.
［36］　吴立华．壁纸的种类［J］．建材工业信息，2000（Z1）：39.
［37］　鲁永．一种吸湿干燥的装饰墙纸［P］．中国专利：CN207277096U，2018-04-27.
［38］　熊开富．一种抗菌杀虫环保壁纸［P］．中国专利：CN108678311A，2018-10-19.
［39］　林泽清．一种调温墙纸［P］．中国专利：CN205742822U，2016-11-30.
［40］　黄淑枝，乔舍，程依．一种防霉墙纸及其制备方法［P］．中国专利：CN108252162A，2018-07-06.
［41］　作者不详．暖气墙纸［J］．施工企业管理，1987（01）：30.
［42］　刘利铸．一种具有隔热和保温功能的环保型墙纸［P］．中国专利：CN206693530U，2017-12.

第七章　生活用特种纸

第一节　代　布　纸

一、概　　况

代布纸始于20世纪70年代，因当时市场布匹原料紧张而研发生产。主要是通过加入部分的湿强剂、柔软剂或者浆内施胶剂等赋予纸张强度大、吸水性好、纸质柔软细腻、湿强度高等优点，可用来制造一次性衣服、床单、桌布、手巾等专用品，既卫生，又方便。根据文献显示，国内行业企业先后开发出抛光轮纸、膏药原纸及伤湿止疼膏隔层纱布纸，以实现纸产品对棉布的替代。日本通过产学研将竹纤维与其他原料纺成强度和耐洗性能等方面可以和棉织物相似的纱线，开发出了一种竹纤维布料，竹纤维布料在呼吸功效、环保性、抗菌性等方面效果较好，并且竹纤维布料对酸臭和氨气的除臭效果比棉布要好得多，竹纤维布对紫外线的反射率比麻布、棉布低，也就意味着具有更强的吸收紫外线作用，特别是在C波领域，效果更明显。另外，竹纤维布料对各种天然染料、合成染料的染色性与麻布、棉布存在较大差异，吸湿性和回潮率比棉布小。我国台湾的昶和兴业公司将推出印花及具功能性的用即弃纸制布料，这种布料是真正纸制而不是纸制外观，产品兼具防风、防水及观赏等功能，并具有华丽的印花。

(一) 代布纸的性能要求

代布纸主要是突出其对布质原料的替代，凸显其经济性和环保性。因此，代布纸需在拉伸强度（抗张强度）、湿抗张强度（浸水后）、耐摩擦、柔软性等方面具备和布质原料相匹配的性能。

(二) 代布纸质量指标

根据代布纸在仿照布质原料的实际使用要求，或者根据用户的实际需要制定相应的质量标准如表7-1所示。不同功能、用途的代布纸其质量指标要求也不同，在生产工艺上也有较大差异，如抛光轮纸主要突出横向抗张指数与纵向抗张指数的均匀性，膏药原纸突出对湿抗张强度与耐折性能的要求。

表7-1　　代布纸质量指标

项　目		抛光轮纸	药膏原纸	检测方法
定量/(g·m²)		77±5	125～130	GB/T451.2
水分/%		6.5～9.5	6.5～9.5	GB/T 462
抗张指数/(N·m/g)	横向	≥40.0	≥97.3	GB/T 453
	纵向	≥40.0	≥150.8	GB/T 453
湿强度指数(纵向)/(N·m/g)		—	横向≥29.3 纵向≥42.7	GB/T 465.2 浸水时间(5min)
耐磨性		≤低于15mg/1000次	9.3毫克/1000次	ISO 12947马丁代尔法
耐折性		—	纵向≥6000次 横向≥1000次	GB/T 455

二、生产工艺

现有文献对代布纸生产工艺的描述不多。有文献报道1994年浙江诸暨造纸厂以木浆或棉浆为原料，并通过圆网纸机开发并批量生产，1995年浙江诸暨造纸厂又以白纸边（草浆为主）、少量商品木浆生产的代布纸，成纸强度、吸水性较好，纸质柔软，洁白细腻，基本达到全棉代布纸的质量标准，用它加工制成的高附加值一次性厨房用纸、纸桌布、纸揩布、纸枕巾等生活用纸产品，深受宾馆、饭店、家庭主妇的欢迎；同时代布纸还可与多种高分子吸水树脂、有机材料复合，制成用途广泛的高吸水纸、小儿尿片、食品保鲜纸、医用床单、被套、枕套等一系列特种生活用纸产品。基本生产流程如下：

浆料→碎浆机→磨浆→配浆→抄前池→成浆池→冲浆泵→除渣器→压力筛→高位箱→流浆箱→成形→压榨→干燥→卷取。

三、质量控制与生产问题

代布纸最大的特点替代布质材料，或者赋予替代布质材料的同时赋予其他特定的功能。其中代布纸生产中主要的质量控制在于湿强度和柔软度，下面将重点论述湿强度和柔软度的控制以及其化学品应用。

（一）湿强剂

湿强性是指纸张被润湿后，其纤维网络结构仍具有机械强度的性能。纸张的湿强性不仅取决于纤维自身特性，还取决于纤维与纤维的节点数量及结合强度。目前普遍认可的湿强剂增强机理有两种：

① 同心交叉链机理。湿强剂在纤维周围会产生一个交错链状网络结构，可以阻止纤维的润胀和吸水，以保持现有的纤维间氢键。

② 加固新键或相互交错连接机理。纤维与湿强剂之间形成的新的抗水的结合键，如共价键、氢键以交联方式来连接纤维，这种结合在其他自然产生的结合被水破坏后依然存在。并根据其作用原理形成了自交联型湿强剂、纤维静电结合型湿强剂、纤维共价键合型湿强剂和外交联型湿强剂等不同的湿强剂种类。

其中比较常见的湿强剂有：脲醛树脂（UF树脂），三聚氰胺甲醛树脂（MF树脂），聚酰胺多胺环氧氯丙烷树脂（PAE树脂），双醛淀粉（DAS），聚乙烯亚胺（PEI）。其中，PEI最先被应用于造纸生产中，但由于成本高、操作困难等缺点而没有被广泛利用，通常仅用于生产未施胶的湿强纸。OF和MF是热塑性湿强剂，由于它们含有游离甲醛，对人体及环境有一定的危害，近年来国内外开始禁用。

生物质也可通过改性而应用于造纸增强剂领域，如阳离子淀粉和羧甲基纤维素（CMC）可增加纤维间节点数量，并增强纤维间结合强度，从而提高纸张强度性能。同时生物质改性增强剂可以与传统增强剂复合使用。

（二）柔软剂

纸张柔软剂是一种能够吸附于纤维上增加纸的柔软性能，使纸张手感舒适柔软的新型造纸助剂。纸张用柔软剂主要有蜡乳液、金属络合物、聚硅氧烷和反应型柔软剂。

① 蜡乳液的平滑性能优良，但降低纤维间静摩擦系数的效果较差，特别是用在皱纹纸上使纸的吸水性能变差，多用于蜡纸和防水纸的生产。

② 金属络合物是锆、铝、铬等金属络合物，其对纤维有较强的结合力，能使憎水基团

规则地排列在纤维周围，纸的柔软性能较好，但金属锆、铬有毒，不能在卫生纸品上使用。

③ 聚硅氧烷能与纤维的羟基以氢键形式结合，由于甲基的定向排列性，可以使纸品获得独特的柔软性能，同时具有很好的厚实感和滑爽性，是一种性能优良的柔软剂。

④ 国外的纸张柔软剂大多是酰胺类、季铵盐类、乙烯酮类化合物，属于反应型柔软剂。酰胺类柔软剂对纤维吸附力强，降低纤维间摩擦系数的效果很好，并且具有手感平滑的特性。季铵盐类柔软剂靠电性与纤维结合，能大幅度降低纤维间静摩擦系数，同时还具有杀菌防霉作用，但缺少酰胺类柔软剂平滑的手感性能。

此外，常用的提高柔软度的方法是添加阳离子性的化学解键剂，它与阴离子型的纤维分子结合后可降低纤维分子间的氢键作用力，从而达到降低纸张硬度提高柔软度的目的。其缺点是低相对分子质量的阳离子解键剂对皮肤有明显的刺激性，而高相对分子质量的解键剂用量少时达不到提高柔软度的目的，而且解键剂还将降低纸的吸水性和润湿速度。一些亲水性的非离子型表面活性剂复配后也可作为柔软剂。由于其不带电荷，不易吸附在纤维分子上，因而若加在浆池中，留着率不高，须涂在干纸表面上效果较理想。目前国内关于柔软剂的研究主要集中在阳离子有机硅乳液、阳离子双酰胺/乳化剂、生物酶制剂、乳霜等。

四、生产实例

（一）抛光轮纸生产工艺实例

（1）原料

100%南平马尾松硫酸盐本色浆，打浆度 30～32°SR。

（2）浆内施胶

硫酸盐本色木浆 100 份（质量比）；硫酸铝 4 份；经增塑的氯—偏乳液 6 份。

其中，经增塑的氯—偏乳液是指：把质量 100 份的氯—偏乳液（氯乙烯、偏二氯乙烯和丙烯腈的共聚物）与 12.5 份的松香酸钠皂液相混合后放置一段时间（1 号液）；把溶解好的聚乙烯醇（醇解度 88%的质量比占 6 份，醇解度 98%的质量比占 4 份）与 100 份增塑剂（如苯二甲酸二丁醋或苯二甲酸二辛醋，用量为氯偏树脂的 25%～30%，增塑剂内含有 1%的阳离子表面活性剂），在搅拌下混合（2 号液）；把 2 号液倒入 1 号液中，同时搅拌，用水稀释到浓度为 10%～15%，放置 24h 即成为经过增塑的氯—偏乳液。

（3）抄纸

纸机采用双网双缸；起皱采用刮刀式起皱，起皱速比为 25%～30%，起皱速度为 60m/min，起皱时原纸干度为 70%～75%，刮刀厚度为 1～1.5mm，刮刀下平面与烘缸切线间的倾角为 30°～35°，刮刀线压为 5～7.5N/cm。

（4）成纸指标

定量（70±5）g/m^2；纵、横向拉力不低于 4kg；裂断长大于 3000m；纵向伸长率大于 25%；耐磨性低于 15mg/1000 次。

（5）抛光轮纸的特点

抛光轮纸与布轮相比，有切削力强、抛光质量高、长期高速运转不会烧焦、耐用、抛光时没有飞毛和尘粉产生、成本降低 2/3 等优点。

（二）药膏原纸生产工艺实例

（1）原料

针叶树硫酸盐本色浆，纤维长度在 2.5mm 以上；半纤维素在 8%以上；浆料硬度：贝克曼价 90～100。

（2）化学助剂

三聚氰胺树脂（湿强剂）2.5%；硬脂酸皂（柔软剂）3%；硫酸铝（沉淀剂）5%；按以上顺序往压力箱加入药品，并保持 pH 4～5。成浆打浆度 25～27°SR，纤维长度 1.8mm 以上。

（3）几点说明

纸浆硬度应适中，否则会降低成纸的挺度和强度。压榨压力要适中，不能过高，以免降低纸张松软度。烘缸干燥曲线应稳定，以保证纸张的水分能稳定在一定范围内。

（4）产品质量

柔软度：以患者肌体感觉不到有摩擦力为准；强度：膏药经肌体运动一个月内不破裂；抗油脂性：膏药用火烤在 80～100℃ 黏度降低后不透油；湿强度：病人汗水长期浸泡不破裂；定量：125～130g/m^2；厚度：0.212mm；紧度：0.59g/cm^3；干拉力：纵向 15.08kg，横向 9.73kg；湿拉力：纵向 4.27kg，横向 2.93kg；平均裂断长：6120m；耐折次数：纵向 ＞6000 次，横向＞1000 次，平均＞3500 次；耐磨性：9.3mg/1000 次。

五、展　　望

目前，随着环境保护形势的日益严峻，布质材料的难降解缺陷日益显现，代布纸作为一种新颖的环保性材料，将成为未来的一大热点。然而，由于我国的代布纸研究鲜见报道，需要通过自主研发或者技术引进的形式进行代布纸的开发和生产应用。

行业企业可以借鉴布质材料在具体使用中的要求，例如湿强度、柔软性、抗水性、抗张强度、固色性等，选择相应的纤维（植物纤维、化纤）种类和配比、特定的磨浆方式（游离状打浆、黏状打浆），浆内施胶或表面施胶、湿部化学品添加的种类和用量、网部成形的形式（圆网、长网或者斜网成形）等工艺过程以赋予代布纸特定的布料性能，实现植物纤维和纸张成形方式在代布纸中的应用和技术推广。

针对纤维代布纸文献中的二元施胶或者酸性施胶，可以进一步开发中碱性多元施胶工艺，并结合浆内施胶和表面施胶赋予代布纸特定的耐水性、抗水性和耐摩擦性能，或者通过植物纤维、化学纤维的遴选和表面改性，从根本上解决植物纤维或者化学纤维在无纺织状态下的交织性能差和疏水性不佳的技术难题，提高代布纸在实际使用中的可行性和应用领域。

第二节　服　装　纸

一、概　　况

目前的服装纸概念多来源于其他地区和国外，特别是中国台湾地区和日、韩等国家。实际上，我国南北朝时期开始以纸做衣，并且纸材质开始应用于当时几乎所有的服饰种类。到唐宋六百年间纸质服装逐步被当时社会进行了大规模的使用。但是元代以后，随着中棉（一种早熟的春棉品种）的引入和大规模种植，纸质服装迅速且不留痕迹地消失在我国的历史中，但在周边国家得以保留和传承，如日本、韩国，至今仍在使用。在服装设计中，纸装最早是以制作成衣过程中的雏形出现，但随着人类社会的发展，纸装逐渐形成一种独立的服装类别。设计师以纸为料，进行富有变幻的搭配拼贴，成为可展示或使用的作品。例如，用这种纸制作的纸连衣裙，式样新颖、花色悦目；例如，用服装纸做的新婚礼服，印刷图案精致鲜艳，并且环保经济，如图 7-1 所示。

图 7-1　某古装复原纸质服装作品

纸装选用的材料一般有：牛皮纸、色卡纸、皱纹纸、宣纸、拷贝纸和其他特殊纸，等等。传统纸所用的主要原料都是植物纤维，诸如木材、芦苇、竹子、麦秸、稻草、蔗渣、树皮和麻等。随着社会的发展进步，造纸所用纤维原料的种类和造纸产品的应用范围都在不断扩大，采用新的纤维原料和加工措施，各种特殊纸不断出现。如在亚洲，韩国的韩纸和日本的和纸制造原材料都注入新的原材料。韩纸混入了丝绸和棉纤维，面料舒适且可洗涤，同时比起其他的纺织品，韩纸易于干燥；和纸手感类似亚麻，并且具有轻巧、透气、吸收灰尘和气味等功能。

在纸的原始材料基础上加入丝绸、棉等服装面料生产原料，使近几年有很多纸所做的服装功能性上越来越接近成衣，特别是在舞台上加上灯光的效果，使纸装看上去像是真的用布料做出来的一样。同时纸张丰富的种类和一些它自身的特性，纸装的制作可以出现一般服装所无法比拟的效果，利用纸品特性仿照时装样式制作出来的服装不仅拥有时装本身的观赏性而且比较新奇。

根据纸装选用的原料不同，服装纸的分类如下。

1. 牛皮纸

牛皮纸（《GB/T 22865—2008 牛皮纸》）是指以硫酸盐浆或者其他类似的化学浆为主要原料生产的，主要用于包装各类商品。牛皮纸按质量分为优等品、一等品、合格品；牛皮纸分为压光和不压光两种；牛皮纸颜色按订货合同规定；牛皮纸分为平板纸和卷筒纸。

2. 水洗纸

水洗纸，又称冲皮布，洗水标，高湿强仿皮纸，洗水牛皮纸。水洗纸顾名思义就是可水洗、可印刷、可印花、层压、涂覆的牛皮纸，是一种新型的低碳环保材质。由于水洗牛皮纸的原材料为天然纤维浆，具备不含任何有害物质、可循环使用、可降解、可回收再利用等特点，在韩国、日本等地已广泛应用。水洗牛皮纸手感舒适，接近皮革，是高档箱包商家开发的新型材料。也可用于制作电脑包、大型手提袋、服装的标牌、吊牌、皮牌、高档记事本封面。它具有缝合强度高、抗磨损性能强、柔韧高的特点。

3. 色卡纸

色卡纸也叫彩色卡纸，是白卡纸经过浆料的染色而得出来的。白卡纸（《GB/T 22806—2008 白卡纸》）是面层、底层以漂白木浆为主，中间层可加有机械木浆，表面未经涂布的硬质纸板。定量介于 160～500g/m^2，并对耐破度、泰伯挺度、耐折度、吸水性、平滑度等理化指标有明确的要求，同时白卡纸不应使用二次纤维。

4. 皱纹纸

皱纹纸是一种纸面呈现皱纹的加工纸的通称，它在生活、包装、装饰、医用等方面都具有广泛用途。其生产过程是利用轻型薄纸，经涂布染色和预干燥处理，使纸层的水分恰好保持在纤维处于润湿和柔韧的状态，此时纤维具有滑腻和折皱的性能，当湿纸层连续通过刮刀刃部时，纸层被刀刃阻逆，就在纸面上形成了匀整细密的皱纹。并应于医疗包装、纸服装等应用领域。

5. 宣纸

宣纸，是我国传统的书法、绘画和典籍用纸，其品质独特。宣纸制作方法是传统手工纸造纸工艺。宣纸产品的分类，按加工方法分为宣纸原纸和加工纸；按纸面洇墨程度分为生宣、半熟宣和熟宣；按原料配比不同分为棉料宣、净皮宣和特净皮宣；按厚薄分为扎花、绵连、单宣和夹宣；按纸纹分为单丝路、双丝路、罗纹、龟纹等。宣纸多应用于书画、书法、装裱、艺术类创作等应用领域。

6. 拷贝纸

拷贝纸是一种供复写、打字、贴花及高级装潢包装等用的双面光高级薄页纸，现在多用于高级包装和装潢。它的特征是高强度、高白度，具有一定的透气性能，纸面均匀、平滑，有光泽，不许有皱纹、严重泡泡沙、裂口、鱼鳞斑等纸病。

7. 韩纸

韩纸也称“楮纸”，韩纸主要是以楮皮为原料生产的。由于其制作需要上百道工序，因此又称之为“百纸”。根据生产时代和特征，韩纸又可以分为白睡纸、绢纸、鸡林纸、高丽纸、朝鲜纸等。韩纸的最大特点是纸张具有较强的耐久性，纸张纤维长，较厚，纸帘常为粗帘纹，韧性强。现在多被用于修复用纸、高级包装等领域。

8. 和纸

日本传统的和纸制作技艺和中国宣纸有很多类似的地方，日本造纸的主要原料是褶和楮树，后来也使用雁皮树。和纸的制作过程是漫长而烦琐的，一般要求在寒冷的冬季。随着近代科技的发展，和纸生产又分手工制纸和机械制纸两种。手工纸以雁皮、褶、三桠（结香）的树皮为原料，手工制作的日本和纸包括半纸、美浓纸、奉书纸、鸟子纸、画仙纸等。机制纸则以木材、马尼拉麻的纸浆为原料，有坚固的泉贷纸、纸浆半纸等。日本人的书道用纸一般以半纸、画仙纸为主。雁皮纸、鸟子纸、麻纸等手工纸则属于高级书写纸。

和纸受机制生产、信息技术等现代技术手段的影响，开始在造型艺术领域展现出强劲的生命力。和纸改变了传统观念中“纸是平面的”这一概念，将纤维作为素材做立体造型，从抄纸阶段就开始进行创作。在艺术创作中采用折叠、上色，以及拼贴、组合、摹拓等手法。此外，又与布、皮革、金属等素材组合，并以其出色的柔韧性被用于服装、灯笼、名片、长条诗笺，以及各种色彩美丽的染色纸、花纹纸、草花纸、皱纸、纸捻工艺品等领域。

二、生产工艺

按照本文介绍的服装用纸，其中牛皮纸、色卡纸、皱纹纸等纸种比较常见，不再赘述。本文重点描述拷贝纸、水洗纸、宣纸、韩纸、和纸等生产工艺。

（一）拷贝纸生产工艺

拷贝纸生产的基本工艺如下：原料→碎浆机→浆池→浓缩机→浆池（染色）→磨浆机→

浆池→二次磨浆机→浆池→成浆池→调浓池（辅料）→上网池→造纸→卷纸→分切→打包→入库。浆料配比采用70%针叶木浆，30%麦秆浆，并在浆料中加入适量的阳离子淀粉，以增强、助滤；打浆工艺采取混合打浆，分两组串联打浆，第一组以切断为主，打浆浓度3.8%～4.5%，打浆度50～60°SR，湿重9.0～11.0g；第二组以帚化为主，打浆浓度3.8%～4.5%，打浆度87～89°SR，湿重6.0～6.8g；上网浓度0.29%～0.34%，振次200～220次/min，振幅8～10mm，进一压水分88%～89%，进二压水分74%～75%，进烘缸水分67%～69%，烘缸温度由45～90℃由低至高，成纸水分6%～8%，车速90～95m/min。

（二）水洗纸生产工艺

根据现有的文献和专利记载，水洗纸可采用长纤维类纸浆70～80质量份，湿强剂5～15质量份，以及纤维量8%的乳胶5～15质量份，进行混合抄造完成。其中长纤维主要是竹浆纤维，湿强剂主要是PPE型湿强剂，其主要成分包括己二酸，二乙烯三胺，环氧氯丙烷。具体制作步骤如下。

步骤一，制浆：将竹子粉碎，并打成纸浆；

步骤二，过滤形成竹纤维的水悬浮液；

步骤三，再经过脱水，压缩和烘干，形成稀纸料；

步骤四，把稀的纸料，均匀交织并压榨脱水，当湿纸页含水量仍高达52%～70%时，加入纸浆量8%的乳胶质量份混合，再经干燥、压光、卷纸、裁切、选别、包装程序。

水洗纸可以获得如下增益效果：柔韧性好、可重复使用、抗潮性（耐湿性）好、抗变形性强、不会产生细小纤维碎屑、具有较强的抗紫外线能力，等等。

（三）宣纸生产工艺

宣纸（《GB/T 18739—2008 地理标志产品　宣纸》），采用产自安徽省泾县境内及周边地区的青檀皮和沙田稻草，不掺杂其他原材料，并利用泾县独有的山泉水，按照传统工艺经过特殊的传统工艺配方，在严密的技术监督下，在安徽泾县以传统工艺生产的，具有润墨和耐久等独特性能，供书画、裱拓、水印等用途的高级艺术用纸。其生产工艺流程如下：

选料（分别进行青檀皮选料、燎草加工）→制浆（分别进行青檀皮料制浆、草料制浆）→配料（青檀皮料、草料配合，并进行筛选洗涤）→全料→配水→配胶→捞纸→压榨→焙纸→选纸→剪纸→成品。

（四）韩纸手工生产工艺

韩纸是个统称，由于每一种韩纸的原料、制造过程和纸张特性均有所不同，韩纸也分为普通韩纸、改进手工韩纸和机制韩纸等。以前韩纸多以褚皮或桑皮为原料，沿袭中国的造纸术，纸张纤维长，较厚，纸帘常为粗条帘，韧性强。但是随着原料资源的紧缺，当代的韩纸主要是构树，并添加干草、稻草等纤维原料，在原料生产过程中也会添加苏打灰、火碱、漂白粉等的化学原料，造成韩纸的质量参差不齐。虽然韩纸的生产地大部分仍在韩国南边，但抄纸技术不采用韩纸传统方式“单帘抄纸”，而是“双帘抄纸”，打浆过程多采用机制生产代替手工工作。部分韩纸的生产工艺如表7-2。

（五）和纸手工生产工艺

和纸制作的工序与中国传统宣纸生产工艺基本相同，但在漂洗原料、大锅煮料、挑拣粗纤维和打制纸浆后，开始了和纸独特的制作方法——“流漉”，流漉使用的工具是底部镶有竹帘的横木架。工匠平持横木架，用它在滤缸里掬取纸浆，纤维随着手的摆动排列、缠绕、交叠在一起。达到理想的厚度之后，将横木架从滤缸中取出，把滤出的纸浆铺在木板上，每两

表 7-2　　部分韩纸的生产工艺

样品		定量/(g/m²)	蒸煮化学品	打浆	分散剂	干燥
Ui-Ryeong	U-1	38	草木灰	手工	黄蜀葵	木板
	U-2	42	苏打灰	机械		
	U-3	27	苏打灰	机械	PAM	铁板
	U-4	64				
Ga-Pyeong	G-1	45	苏打灰	机械	黄蜀葵	铁板
	G-2	45	草木灰			
Mun-Gyeong	M-1	29	草木灰	手工	黄蜀葵	铁板
	M-2	45		机械		
宣纸	X	30	草木灰＋苏打灰	机械	野生猕猴桃	铁板

层纸浆之间垫一层布，放在阳光下晒干。再一层层地揭开，最后风干成纸。流漉造纸法中重要的环节是当滤缸里纸浆不多时，要适时添加，保持浆料的浓度均一，最后需把多余的纸浆去掉，以防止纸的表面沾上杂质。其基本生产工艺流程如下：

选料（摺、楮树或者雁皮树、三椏树皮）→制浆→配料→配胶→捞纸→压榨→焙纸→选纸→剪纸→成品。

根据文献报道，常见的和纸种类和特点汇总如下，见表 7-3。

表 7-3　　日本常见修复用和纸种类、特点及用途

品种	产地	原　料	特　点	用　途
内山纸	上野县	100%楮皮	楮皮在煮熟过程中很少使用草木灰，漂白不在流水中，而是在雪地摊开、晒白，成纸有较高的白度。纸张有很好的透气性和透光性，韧性好，不易变色	制作日式房屋的障子门，或书道（软笔书法）、修复用纸
美浓和纸	岐阜县	楮皮、三椏、雁皮混合	根据纸张的不同用途，将三种原料进行不同比例的调配以达到不同的厚度和强度，抄出的纸坚韧无抄纸纹	障子纸、书写用纸、工艺品用纸和纸质艺术品修复
越中和纸	富山县	楮皮、三椏、雁皮为原料，黄蜀葵黏液作为纸药	采用雪上晒白的方法漂白，纸浆制备时间长，成纸坚韧、美观，其中鸟子纸具有平滑的光泽	常被用于工艺品制作和修复
土佐和纸	高知县	以楮皮为原料，三椏、雁皮等用米糊混合为辅料	成纸多为彩色纸，有黄纸、浅黄纸、桃色纸、柿色纸、紫色纸、萌葱纸、朱善寺纸，统称为“土佐七色纸”	彩色纸多用于工艺品制作或者包装用纸
大洲和纸	爱媛县	古代的大洲和纸以楮皮为原料，明治以后采用三椏为原料	抄纸的脱水时间根据纸张用途不同而有所差异，障子用纸为 3 小时，书法用纸 1 天。大洲和纸存放时间越长，越便于运笔与着墨	用于书画用纸，现为日本最好的书道用纸、修复用纸
越前和纸	福井县	楮、三椏、雁皮中的一种或者几种混合作为原料，圆锥绣球黏液作为纸药	按用途可分为襖纸、小间纸、奉书纸、檀纸、证券纸、画仙纸等种类，不同种类的纸张采用不同的方法抄制，既有荡纸法也有浇纸法	古代曾用于制作纸币，现在用作证券，另外 100%楮皮制作的奉书纸常用于木板字画印刷

三、生产实例

(一) 拷贝纸生产实例

拷贝纸作为一种高级特种包装用纸，其性能需要具有较高的物理强度，优良的均匀度及透明度，良好的表面性能，细腻、光滑以及良好的适印性。现在大多是采用2640拷贝纸生产线，车速250m/min左右。国内某企业采用3520纸机，车速500m/min，进行拷贝纸的生产。原料配比为80%针叶木浆与20%竹、桉浆（或其他阔叶木浆），另外在浆料中加入适量的阳离子淀粉，以便于增强、助滤。磨浆方式采用常规的长短纤维分别打浆方式，长纤维采用串联式打浆，第一组以切断为主，并有一定的帚化，第二组以帚化为主，并防止浆温过高，有利于保证成浆质量。长纤维成浆工艺，打浆浓度4.0%～5.0%，打浆度90～93°SR，湿重5.0～6.0g。短纤维依然采用两组盘磨串联式打浆，短纤维成浆工艺为打浆浓度4.5%～5.5%，打浆度52～58°SR，湿重1.8～2.5g。

抄纸工艺：

① 造纸机参数：设计车速600m/min，最大操作车速500m/min，网宽4150mm，卷纸宽3610mm，网部出口干度>12%，压榨出口干度32%～35%。横幅平均收缩率<8%。

② 流浆箱采用电控稀释水型水力式流浆箱（飘片型），以确保横幅定量均匀，上网浓度0.22%～0.3%。

③ 胸辊摇振，振幅17mm，振次450次/min。

④ 长网网案长16m；面板材质：进口全陶瓷（氧化铝）。

⑤ 压榨部采用四辊三压区：真空一压区：工作线压50N/mm；真空二压区：工作线压80N/mm；三压区：工作线压120N/mm。

⑥ 烘干部采用单挂排列，压榨部到烘干部采用封闭式引纸。

(二) 宣纸生产实例

工笔画专用熟宣纸及其制作方法（CN201710560711.8 A）：

1. 浆料制备。

① 青檀皮纸浆。将三年生长期的干燥青檀皮用清水浸泡72h，入锅蒸煮12h，常温焖锅10h，出锅后用清水反复漂洗，直至漂洗液无色，然后置入滩窝中用木杆捣碎，检验青檀皮纤维均在5mm以下，再用清水将青檀皮纤维洗涤干净，成为含水量为70%～80%的青檀皮纸浆。

② 燎草纸浆。将干净的成品燎草用清水浸洗，压干，然后置入滩窝中用木杆捣碎，检验燎草纤维长度均在2mm以下，再用清水将燎草纤维洗涤干净，成为含水量为70%～80%的燎草纸浆。

③ 楮树皮浆。将清洁、干燥的楮树皮用清水浸泡72h，入锅蒸煮12h，常温焖锅8～12h，出锅后用清水反复漂洗，直至漂洗液无色，然后置入滩窝中用木杆捣碎，致使楮树皮纤维均在5mm以下，再用清水将楮树皮纤维洗涤干净，成为含水量在70%～80%的成品楮树皮浆。

2. 抄纸

将青檀皮纸浆、燎草纸浆、楮树皮浆，按照所述质量百分配比青檀皮纸浆47%～53%，燎草纸浆28%～32%，楮树皮浆18%～22%，进行配料。浆料混合调浆，再经过一次滤水，使混合浆料的水分含量为50%～60%，然后把混合浆料移至抄纸槽内，再然后加入适量植物胶分散剂，使混合浆料中的纤维达到充分均匀状态，然后用竹帘抄纸，把抄成的纸逐张地重叠放在沥水台上，当纸张重叠量达到200～300张后，用平面压榨机对其进行压榨，将水完全压干，成为纸饼，把纸饼放置于宣纸制作专用火焙装置上烘烤，火焙温度控制在45～65℃，翻烤72h，直到纸饼完全干透，把干纸饼放置于发水台上，用清水浸透，再沥水，然后挪至平案上用竹片均匀拍打，使纸饼松层，从纸饼上逐张揭下纸来，将其平贴在火焙装置外壁上做烘干处理，烘干的纸张揭下来叠放整齐，送至检验车间进行检验、分类、裁切，将裁切好的纸在浓度为10%的明矾水中快速拖过一下，悬挂晾干，完成宣纸制作。

四、展　　望

纸质服装在近年来成为时尚界的新宠，因其既表现出对文化遗产的创意性保护，又顺应低碳生活的可持续发展方式，还具有独特新颖、功能强大和良好服用性的穿着体验，以纸为设计原料的服装在各国受到广泛关注与认可，越来越多地出现在时尚秀场和消费市场。随着时代发展，科技进步，服装设计对各式功能的服装用纸的需求越来越多，并以独特的创意与超前的思维推动了服装纸对特定功能的追求，可以预见服装纸的功能化、个性化的需求将非常广阔。

第三节　化　妆　纸

一、概　　况

化妆纸是供化妆用的一大类卫生薄页纸，或者是由薄页基纸或者无纺布纸复合相应的功能性化妆品制作而成，在国内一直没有确切的定义。按照产品应用类别可分为美容纸、化妆纸、补妆纸、底妆纸、面巾纸、湿巾纸、吸油纸等。化妆用的薄纸或者纸巾料，多需具有手感好、柔软度好、强度高、有收缩性、吸收性较好等特点，以满足消费者的使用需求，其中强度是化妆纸加工或使用的重要特性。因此，浆料品种、功能性化工辅料的选择往往成为国内外开发与生产化妆用纸的主要技术方向。另外，选择性的添加特定的化学品可以赋予纸张理想的柔软度、手感和强度性。有文献报道，薄纸的生产可采用圆网、单网、双网等单缸造纸机，将两张薄纸重叠并由压延机处理可以得到化妆用薄纸。

二、质量技术指标

目前化妆纸并没有明确的质量指标，生产企业多根据卫生类薄页纸质量标准，或者采用日本化妆纸标准（JIS S3104—1992 Facial Tissues），或者根据消费者的具体需求制定相应的企业标准，相关标准见表7-4至表7-6所示。

表7-4　人体用湿巾的国家标准（GB/T 27728—2011）

指标名称			单　位	规　定
偏差	长度	≥	%	−10
	宽度	≥		−10
含液量[a]		≥	倍	1.7
横向抗张强度[b]		≥	N/m	8.0
包装密封性能[c]			—	合格

续表

指标名称			单位	规定
pH			—	3.5～8.5
可迁移荧光增白剂			—	无
尘埃数 b　总数		≤	个/m^2	20
其中：	$0.2mm^2$～$1.0mm^2$	≤		20
	＞$1.0mm^2$，$2.0mm^2$	≤		1
	＞$2.0mm^2$			不应有

注：[a] 仅非织布生产的湿巾考核含液量；
[b] 非织造布生产的湿布不考核横向抗张强度和尘埃度；
[c] 仅软包装考核包装密封性。

表 7-5　　纸巾纸国家标准（GB/T 20808—2011）

指标名称		单位	规定		
			优等品		合格品
			超柔型	普通型	
定量		g/m^2	10.0±1.0 12.0±1.0 14.0±1.0 16.0±1.0 18.0±1.0 20.0±1.0 23.0±2.0 27.0±2.0 31.0±2.0		
亮度(白度)[a] ≤		%	90.0		
可迁移荧光增白剂		—	无		
灰分 ≤	木纤维	%	1.0		
	含非木纤维		4.0		
横向吸液高度 ≥	单层	mm/100s	20		15
	双层或多层		40		30
横向抗张指数 ≥		N·m/g	1.00	2.10	1.50
纵向湿抗张指数 ≥		N/m	10.0	14.0	10.0
柔软度纵横向平均 ≤	单层或多层	mN	40	85	160
	多层		80	150	220
洞眼	总数 ≤	个/m^2	6		40
	2mm～5mm		6		40
	＞5mm，≤8mm ≤		不应有		2
	＞8mm		不应有		
尘埃度	总数	个/m^2	20		50
	$0.2mm^2$～$1.0mm^2$ ≤		20		50
	＞$1.0mm^2$，≤$2.0mm^2$ ≤		1		4
	＞$2.0mm^2$		不应有		
交货水分 ≤		%	9.0		

注：[a]印花、彩色和本色纸巾纸不考核亮度（白度）；
[b]纸餐巾不考核柔软度。

表 7-6　　日本化妆纸标准（《JIS S3104—1992 Facial Tissues》）

项目		性能规定	项目	性能规定
定量/g/m^2		≥12.5	吸水性/s	≤8
抗张强度/gf(N)	干抗张(横向)	≥80(0.78)	白度/%	≥78
	湿抗张(纵向)	≥60(0.59)	荧光	可以接受

三、生产工艺

（一）吸油纸

日常生活中，人的面部尤其是额头和鼻子比较容易分泌油脂，给人们的生活带来不便，吸油纸应运而生。吸油纸最早出现于日本，现在已成为一种面部吸油擦拭用品，被广泛使用。吸油纸多为名片夹大小，方便携带，可以随时吸去脸上的油脂，保持面部清爽干净，又不破坏原有的彩妆。最早期发展起来的吸油纸主要是植物纤维类吸油纸，由棉、麻类和其他合成纸浆制成。李洁等采用麻纤维和木纤维并以一定比例将两者混合制备吸油纸，材料全部为天然纤维，制成的吸油纸吸油性好，柔软度和韧性均较好，能有效吸收面部多余油脂。日本有专利报道采用植物纤维和无机填料混合抄造成吸油纸，也有专利报道采用纸基表面涂覆多孔球形珠，表面涂覆可以解决由于研光或是在纸页表面涂布碳酸钙等粉末所带来的问题，同时球形珠被认为可以提高吸油纸对皮脂的吸收能力。

某专利文献公布的吸油纸生产的基本工艺如下：

原料→碎浆机→浆池→磨浆机→浆池→二次磨浆机→浆池→成浆池→调浓池（吸油填料或者矿浆、香料等）→上网池→抄纸→卷纸→分切→打包→入库。浆料配比采用100%竹浆；打浆工艺采取混合打浆，依次采用圆盘磨和精浆机串联打浆，终了打浆度64～68°SR；矿浆制备工艺采用凹凸棒土［一种含水富镁铝硅酸盐黏土化合物理想的化学成分：$(Mg, Al, Fe)_5Si_8O_{20}(HO)_2(OH_2)_4 \cdot 4H_2O$］和硅藻土按照质量比1∶1.5进行混合，加水配制成混合液中凹凸棒土和硅藻土的质量浓度为10%，浸泡24h，利用高速搅拌机以900～1000r/min搅拌速率搅拌60min，再用超声波处理30min，形成相对稳定的矿浆悬浮液；浆内加填工艺采用混合矿浆，加填量为竹浆质量的2%～6%，香精添加量0.1%，搅拌30～60min；抄纸工艺采用上网浓度：0.3%～0.35%，振幅：8～10mm，振次：190～210次/min。

某专利文献（CN 1124312A）公布的吸油面纸及其制造方法的生产工艺如下：

① 在膜1的一侧表面涂布热塑性树脂成为涂层膜2，热塑性树脂为聚乙烯；

② 用热压的方式将涂层膜2复合于8～30g/m²的原纸3上，热压由压制轮4和接受轮5一起完成，压制轮4的工艺条件为温度：90～150℃，压力：12～18t，速度：4～6m/min；

③ 当涂布膜2上热塑性树脂被热传导至原纸3的一侧表面上，获得吸油面纸。生产工艺流程如图7-2所示。

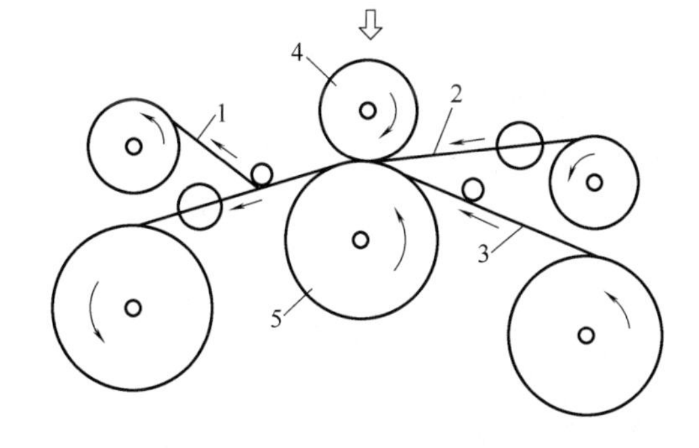

图7-2 吸油面纸及其制造方法的生产工艺流程

1—膜 2—涂层膜 3—原纸 4—压制轮 5—接受轮

（二）卸妆纸

化妆是对人体的面部、五官及其他部位进行渲染、描画、整理，增强立体印象，调整形色，掩饰缺陷，表现神采，从而达到美化视觉感受的目的。长时间地保持化妆状态易导致面部皮肤无法呼吸，产生痘痘或者色素等负面效应，因此卸妆油或者卸妆纸营运而生。

某专利公开一种卸妆纸，具体工艺流程如下：

① 卸妆纸包含棉芯层、网面棉层和防渗水层，其中，棉芯层和网面棉层的原料均选择纯棉薄片或无纺布薄片，防渗水层则为氨基甲酸酯，棉芯层厚度为2mm，网面棉层厚度为

1mm，防渗水层厚度为0.5mm；

② 将网面棉层的表面压制有磨砂颗粒，然后将网面棉层通过两侧压边的方法固定在棉芯层上表面，其中，磨砂颗粒为纯棉颗粒，尺寸为0.1～0.5mm；

③ 棉芯层的下表面设置有防渗水层，防渗水层与棉芯层通过四周压边的方式连接。

四、生产案例

（一）面部护理用纸生产案例

面部护理用纸的加工方法（CN 106368067 A），设计开发了一种吸油能力更好，且无刺激作用的吸油纸，用于吸附并清除人体面部皮肤分泌的油性物质。

① 将聚乳酸和聚3-羟基丁酸己酸酯溶于有机溶剂中，获得聚乳酸和聚3-羟基丁酸己酸酯混合液；

② 将碳酸氢铵溶解于水中，碳酸氢铵的浓度为4.3～6.7g/L；

③ 将聚乳酸混合液分成4～7份，逐份加入至碳酸氢铵溶液中，每加入一份聚乳酸混合液之后进行匀浆处理，匀浆处理的时间为12～25min，且匀浆处理的转速逐次增加，第一次匀浆处理的转速为300r/min，之后每次匀浆处理的转速均比上一次匀浆处理的转速增加100～130r/min，得到混合乳化液，聚乳酸混合液的总用量与碳酸氢铵溶液的体积比为（6～8）∶1；

④ 将混合乳化液置于常温下1～2h，之后将温度从常温降低至5℃，且降温速率控制在0.2～0.3℃/s，并在5℃下继续静置1h；

⑤ 置于−15～−10℃下冷冻干燥3～4h。

（二）卸妆纸生产案例

某专利公开一种卸妆纸、卸妆纸制造方法及卸装方法，卸妆纸的生产工艺流程如下：

① 卸妆精油的成分按质量百分比为：橄榄油44%～46%；辛酸/癸酸三酸甘油酯37%～39%；生育酚0.9%～1.1%；对羟基苯甲酸丙酯0.1%～0.3%；苯氧乙醇0.4%～0.6%；山梨醇聚醚-30四油酸酯14%～16%；硬脂基甘草亭酸酯0.2%～0.4%。

② 将含有卸妆精油的脆性胶囊放在一张混纺面料上，将另外一张混纺面料盖在脆性胶囊上，将两张混纺面料制作成一张无纺布，脆性胶囊含在无纺布内。

③ 无纺布制作完成后，通过压边机在脆性胶囊周边进行压边形成囊袋，用于约束脆性胶囊的位置。

五、展　　望

随着人们对化妆美容越来越多的需要，化妆纸越来越成为年轻一代日常必备用品。化妆纸凭借其方便携带、种类繁多而被大众所青睐。目前市场上的化妆类用纸种类繁多，主要是化妆纸、卸妆纸、吸油纸、面巾纸、湿巾纸等种类，同时也出现了干发纸、美发纸巾、底妆纸、腮红纸等不同功能的化妆用纸，以满足美容市场对化妆用纸的不同要求。

化妆纸有着巨大的潜在市场，但是存在诸多的问题亟待解决：

① 种类繁多、标准化困难。化妆纸多根据某种的具体需求对纸基材料和功能性材料进行复合或者加填，产品的功能性需求多，单一产品的市场容量小，规范化、标准化的难度大。

② 新产品生命周期短、开发困难。化妆的个性化、时代化的特征明显，化妆用纸的市场波动性大，容易造成新产品的生命周期短；化妆用纸多直接接触皮肤，不同的地区、不同

气候和不同皮肤特性的人往往对化妆纸的需求存在较大的差异，造成新产品的开发相对困难。

③ 化妆纸的化工辅料的环保性要求高。化妆纸直接接触皮肤，对原料组成、化工辅料和生产过程的环保性要求比较高，并对整个产业链的环保性提出了严格的要求。

第四节　纸　绳　纸

一、概　　况

纸绳纸，主要是用于编织纸袋、纸绳、编织帽和工艺礼品，也叫工艺礼品纸、编织原纸，这种纸在编织前要首先分切成 0.8～3mm 的十几个宽度的纸盘，经过吸水润湿后进行拧绳和扁绳的加工，再经过纺织机或编织机配色制成各种纸质工艺品，如空调凉席，汽车坐垫、靠背，女式背包，各色草帽等。产品色泽艳丽，花色多样，日晒不褪色，可擦拭，是代替部分塑料制品的绿色环保材料。因此，纸绳纸多具有色泽丰富，纸质柔软，缠结紧密，抗拉强度高，质地轻盈，手感细腻，具有极好的编织、缠绕性能等特性。按照 2017 年国家标准《GB/T 22820—2017 编织原纸》规定，纸绳纸的指标如表 7-7 所示。

表 7-7　　编织原纸质量指标（GB/T 22820—2017）

指标名称		单　位	规　定
定量		g/m^2	20.0±1.0 22.0±1.1 24.0±1.2 26.0±1.3 28.0±1.4
紧度		g/m^3	0.60±0.05
纵向抗张指数　≥		N·m/g	75.0
横向抗张指数　≥		N·m/g	12.0
纵向湿抗张指数　≥		N·m/g	18.0
D65 亮度[a]　≤		%	80.0
同批纸色差 ΔE		—	1.5
色牢度[b]　≤	耐水色牢度	—	2.0
	耐光色牢度	—	2.0
致癌芳香胺[b]		mg/kg	20
甲醛[b]		mg/kg	75
重金属迁移量[b]　≤	砷	mg/kg	47
	镉		17
	铅		160
	汞		94
交货水分　≤		%	8.0

注：[a]仅白色纸考核 D65 亮度。

[b]仅彩色纸考核度色牢度、致癌芳香胺、甲醛、重金属迁移量。

二、生 产 工 艺

（一）生产工艺

纸绳纸的基本生产工艺流程如图 7-3 所示。在浆料选择上，纸绳纸多采用 100%针叶木浆或者配抄少量的阔叶木浆，以赋予成纸较高的抗张强度；打浆方式采用长纤维黏状打浆，打浆度多在30～50°SR范围内；纸机多采用单缸单网或者单缸双网纸机抄造，上网浓度0.25%～0.3%，抄速85～95m/min，纸张定量22±1g/m²，成纸水分5%～6%。抄造工艺中要注意成形工艺条件，干燥过程中应控制好烘缸温度，以获得匀度好、强度高的工艺纸。

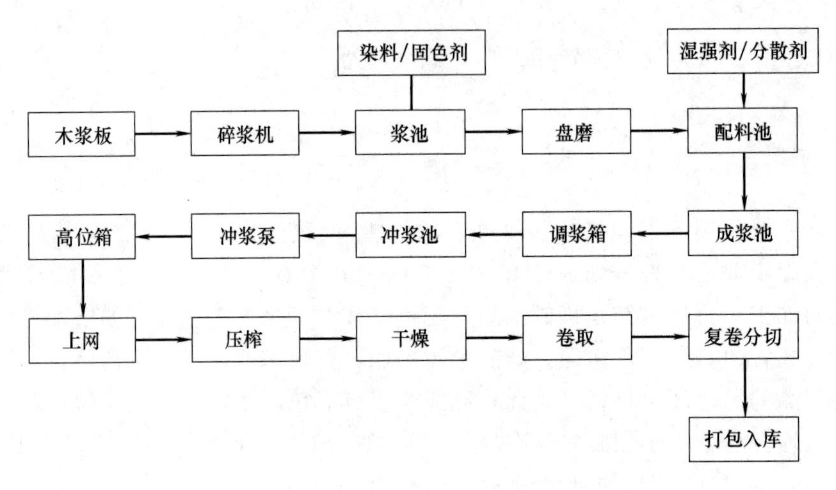

图7-3　纸绳纸的基本生产工艺流程

(二) 染色及化学品选择

染料的选择。纸绳纸多具有上百个颜色品种，不仅色泽鲜艳，而且要求色牢度好、不脱色。直接染料对纤维素纤维的亲和力好，最适宜对不施胶纸浆进行染色。故使用直接染料进行调配染色。各种染料经充分溶解后在打浆前的浆池添加，加入一定的固色剂处理使其染色均匀。染料在打浆前的浆池加入，经过盘磨和疏解机打浆，可使染料颗粒变小与纤维更好结合、减小色差，同时要注意齿盘及水中金属离子对染料的影响。不同纸绳纸的染料配比，如表7-8所示。

表7-8　各种编织纸染料配比

纸种	染料及用量/%
黄色编织纸	直接性嫩黄,0.6
橙黄色编织纸	直接性嫩黄,0.8;直接性橙 0.008
红色编织纸	直接性大红,0.8
红酱色编织纸	直接性红酱,0.3;直接性大红 0.1
绿色编织纸	直接性嫩黄,0.3;直接性绿 0.008;碱性品绿,0.36
紫色编织纸	直接性红酱,0.2;直接性湖蓝 0.2;碱性青莲 0.5
黑色编织纸	直接性黑,1.3;直接性湖蓝 0.5

(三) 固色剂的选择

阳离子固色剂对直接染料固色效果较好，能够大幅度提高工艺纸的水洗、汗渍、摩擦、日晒牢度。一般用量为染料用量的10%～20%。其使用方法：将固色剂稀释10倍以上的浓度，加入浆料循环均匀后再加入染料。

史海真等系统的研究了硫酸铝、阳离子淀粉、阳离子聚丙烯酰胺、聚胺类固着剂等常用固着剂对工艺编织纸水性色浆留着率的影响，研究结果如表7-9所示。研究结果表明，在四种固着剂各自的最佳使用量下，聚胺类固着剂的使用量最少，但ΔE，Δa提高程度最大。

因此，相比较而言，聚胺类固着剂是一种理想的水性色浆固着剂。也有文献研究发现，以聚乙烯胺为固着剂，其添加用量为 0.5‰时，与使用硫酸铝的纸样相比，Δa 达到 7.75，而 ΔE 高达 11.22，效果十分显著。

表 7-9　　常用固着剂对成纸色度指数和色差的影响

固着剂	最佳用量	ΔE	Δa
硫酸铝	8‰	2.21	1.27
阳离子淀粉	2‰	2.91	1.53
阳离子聚丙烯酰胺	0.5‰	6.93	3.48
聚胺	0.5‰	10.46	6.25

纸张色差的测定：采用 CIE 颜色标准中最常用的 CIE *Lab* 匀色空间表示法，*L*、*a*、*b* 值代表纸张颜色和视觉效果，*L* 为明度指数，*a* 和 *b* 为色度指数，其中 *a* 正值表示偏红程度，正值越大越偏红，因研究采用红色染料大红 NGS，因此 Δa 值作为衡量固着剂优劣的一个因素。采用 ΔE 表示两种纸张颜色间的色差，ΔE 越小，两种颜色间的色差越小，因此 ΔE 值也作为衡量固着剂优劣的一个因素。其中，ΔE 与目视色差感觉的关系：当 ΔE 在 0～0.5 范围内时肉眼感觉不到色差；当 ΔE 在 0.5～1.5 范围内时，稍微能感觉出色差，但不明显；当 ΔE 超过 1.5 时，色差明显。

(四) 湿强剂的选用

聚酚胺环氧氯丙烷湿强剂（PAE），是一种热固性树脂，纸页经烘缸加热干燥，PAE 树脂获得好的固化，下机的 PAE 树脂尚未完全熟化，需放置两个星期的时间才能完全熟化，干湿强度都有较大提高。PAE 的加入应尽量避开高剪切作用的设备，加入量 2.5%～3.0%，稀释至 10 倍以上的浓度，一般在流浆箱处加入。

(五) 分散剂的使用

聚氧化乙烯（PEO）是一种较好的纤维分散剂，改善纸的匀度，提高纸的强度，还有助留作用。溶解用水量一般为 PEO 量的 200 倍以上，溶解槽搅拌器的速度 20r/min 以下。稀释好的 PEO 在贮存槽内静置 3～5h 方可使用。聚氧化乙烯加入量一般为 0.1%～0.15%，在网槽处进行滴加。

三、质量影响因素及质量控制

1. 定量均一

纵横向定量差小。工艺编织纸的定量一般为 $22g/m^2$，少量定量为 $35g/m^2$、$45g/m^2$。定量差不允许超过 5%，否则拧出的绳粗细不一，成品薄厚不匀，易变形影响美观度。

2. 抗张强度高

纵向裂断长高、纵横比值大，纵向裂断长应不小于 7.0km，纵横向比值不小于 8。因为拧绳机的速度很高，拉力大。在分切过程中，要求该纸的纤维绝大部分纵向排列，最大限度地提高纵向拉力、降低横向拉力，使其易分切、不断纸。

3. 透气性好

纸面要存在大量微小针孔，在拧绳、扁绳时保证带入绳中的空气及时排出，不易爆破断绳，但不许有较大孔洞（直径 3mm 以上），否则会导致纸条强度迅速下降，造成断纸影响生产效率。

4. 色彩种类多、均一

成品色泽要以订货时的色卡为标准，目前市场上比较通用的色卡为G卡和H卡，纸绳厂也逐渐推出自己的色卡。G卡的最新标准有93种，具有色泽艳丽、纯正的特点；H卡有130多种颜色，大部分以草色及棕色为主。纸质工艺品及纸绳的订货、生产按批次制定计划和采购，要求同型号的纸色泽必须一致。

5. 吸水性好，湿强度大

在加工过程中要对分切好的纸盘喷水润湿16～24h后使用，一般喷水量介于16%～20%，如此制成的纸绳粗细均匀、手感好、拉力大；另外，制成的成品（如凉席、草帽、坐垫等）在使用时应具有良好的吸湿性，能吸收汗渍，并可擦拭、水洗。所以，该纸在抄造时不施胶，加入一定的湿强剂，使湿强度达到15%～20%。

6. 添加染料环保

产品以出口为主，主要市场在欧美及日韩等发达国家和地区，对产品质量和环保指标要求甚严，所以调色用的染料必须符合SGS的要求，不含铅及偶氮等有害成分。

四、生产实例

（一）生产实例一

国内某企业纯木浆工艺编织纸生产案例如下：

① 生产流程。装板→碎浆机→浆池→浓缩机→中间池→盘磨机→配浆机→纸机浆池→调浆箱→中间池→除渣器→旋翼筛→高位箱→网槽→干燥→卷取→纵切→复卷机→打包；

② 原料。原料采用进口加拿大和智利漂白硫酸盐木浆，配比是针叶木浆85%～90%，阔叶木浆10%～15%；

③ 打浆。2台ZDP盘磨机串联循环进行长纤维黏状打浆，打浆浓度6%～6.5%，打浆度为45～50°SR；

④ 配浆。漂白硫酸盐木浆100%，分散松香胶0.5%，硫酸铝3.5%，液体硅0.8%，染料多采用直接性大红、直接性绿、直接性黑等，pH5.5～6.0，加料顺序为浆、胶、硅、矾、色，各个添加的间隔时间为10min；

⑤ 抄纸。1575单网多缸纸机抄造，上网浆浓0.25%～0.35，抄造速度40～50m/min；

⑥ 成纸质量如表7-10所示。

表7-10　国内某企业工艺编织纸的成纸质量

打浆度/°SR	定量/(g/m²)	撕裂指数/(mN·m²/g)	抗张强度(MD/CD)/(kN/m)	耐折度/双次	水分/%
40	28	20～21	3.0/1.8	850～900	5.5
48	25	18～20	4.2/2.1	800～950	6.5
50	23	16～19	4.5/2.0	900～1050	7.0

（二）生产实例二

国内某企业含回用纸工艺编织纸生产案例如下：

① 原料组成采用废纸浆31%～55%，聚乳酸纤维40%～60%，聚酯纤维5%～9%，其中，聚乳酸纤维的长度为7～8mm，纤度为2～4den，聚酯纤维的长度为5～8mm，纤度为1.5～3den。

② 打浆工艺。聚乳酸纤维采用槽式打浆机进行游离打浆，打浆浓度控制在2%～2.5%，打浆压力控制在80～100N，打浆时间为40～50min，打浆度为13～15°SR。

③ 抄造工艺。废纸浆31%～55%，聚乳酸纤维40%～60%，聚酯纤维5%～9%配料，并添加0.1～0.2kg的瓜尔胶混合，送入斜网纸机进行抄造。

④ 压榨、干燥处理。

五、生产操作要点及纸病解决措施

1. 生产时出现色斑或色相偏离

工艺编织纸花色多，改产频繁，如操作不慎，极易出现色斑和色相偏离。应重点解决好以下问题：

① 改产时对系统要彻底冲刷。在生产中，浆池内壁、池顶、管道内壁、网槽内壁、盘磨齿盘、溶解桶壁、毛毯等均有染料的残留成分，改产时必须对其彻底冲刷，必要时可使用少量NaClO进行脱色，然后用清水冲净。

② 按照颜色深浅递进原则，尽量避免大幅度调色。在同一机台逐次生产几个颜色的品种时，要做到统筹计划，按照颜色由浅到深或由深到浅的原则进行搭配，可减少损失和改产的难度。

③ 把好染料及其他化学品采购的质量关。不同厂家、不同型号的染料色力强度和色相有一定的差别，湿强剂的有效含量和加入量也对色相有影响。

④ 稳定调色工艺和干燥温度。染料对溶解温度、pH、化学品、水的硬度及金属离子等非常敏感，操作时尽量降低它们的干扰。稳定车速和烘缸温度可从另一方而减少褪色。

2. 纵向裂断长低，纵横比值小

采购质量较好的针叶木浆。掌握好打浆工艺，减少纤维长度的损失。控制好上网浓度和浆网速比。还取决于湿强剂的效果、成纸的定量、水分、匀度等因素。

3. 匀度差，成纸有孔洞

在生产时添加分散剂可有效改善纤维排列和成纸匀度。分散剂的主要成分是聚氧化乙烯(简称PEO)，相对分子质量在300万以上，具有很高的黏性、水溶性和润滑性，对长短纤维具有良好的分散作用。溶解或使用不好会造成匀度差，甚至大量孔洞。并在使用中注意，溶解时缓慢加入，防止出现聚团；避免高剪切力和高温，搅拌速度小于20r/min，温度低于50℃为宜；溶解好后及时停止搅拌器搅拌，在2h内添加，防止失效，添加时使用过滤网过滤；另外，系统不洁净、纸料清理不及时也会造成孔洞。

六、展　　望

近年来，纸绳纸在饰品衣帽、辅助家具和包袋等领域的应用日渐增加，并体现出凭借纸质材料的环保优越性，受到国内外市场的普遍青睐。例如，编织包是使用拉菲草纸绳进行编织，编织成品造型多变、质地轻盈，同时保留纸绳的原色给人一种返璞归真的清爽气质。并且纸绳凭借其柔软可塑性，也可以结合现代技术手段，用徒手编织、钩针钩织、胶质黏合、天然染色等创意手法，与银、金属以及各种天然宝石结合而成，体现传统、古朴和高科技、现代化的纸绳编织饰品。

另外，随着传承技艺和传承文化的发展，手工编织品将在很长一段时间内受到国内外市场的欢迎，因此彩色鲜艳、韧性强、抗磨性、耐久性好的纸绳纸的开发和使用将成为热点。

在纸绳纸市场需求陡增的同时，纸绳纸在化学纤维与植物纤维的配合抄造与协同使用技术、环保型的染料与固色技术，染色纸绳的回收利用技术依然有待攻关和技术提升，将成为科研与技术开发领域的热点。

第五节　其他类生活用特种纸

一、水溶性纸

（一）定义

水溶性纸是指在木质纤维网络中添加水溶性纤维素聚合物，从而使其具有溶解性的一种功能纸。水溶性纸的抄造方法大致分为3类：有机溶剂抄造法、湿法（水介质抄造法）以及干法抄造。湿法抄造过程与常规的造纸方法相同，但是原料选用和后处理工艺却不相同，基本上可分为3步：首先将羧甲基纤维素的钠盐（CMC）经过酸处理得到不溶于水的羧甲基纤维素酸（HCMC），并于纸浆混合抄成纸页，然后进行喷碱处理，为了防止纸页泛黄，最后进行耐候性处理。抄出的纸页烘干后，用喷雾器将一定浓度的碳酸钠溶液均匀、定量地喷到纸页上，然后于80℃、一定的压力下烘干即得水溶性纸。水溶性纸偏碱性、白色、无味，在中性或碱性的溶液中能溶胀，稍微搅动能分散于水中，但不溶于醇、醚及氯仿等有机溶剂中。

（二）原理

水溶纸的溶解原理：将水溶性纸放入水中，由于纤维之间的氢键断裂，纤维束变得很容易分离。但是，纤维之间又存在错综交织的物理结构，若不施加机械分离作用，纤维束是很难完全分散成单根纤维的。要让水溶性纸在10～20s这样短的时间内就能迅速分散溶解，纤维间结合部分的迅速断裂是必需的。因此，水溶性纸使用了纤维状的羧甲基纤维素（CMC），纤维状的CMC在水中能完全润胀，纤维表面可以完全溶解。含有纤维状CMC的纸张，外观上与普通纸一样，但在水中它的纤维束却能迅速溶解，至少纤维状CMC的那一部分能够溶解到溶液中去。因此，可根据CMC的配比率、CMC中羧甲基的置换度不同，调节纸张的分散溶解性。

由于水溶纸具有遇水快速溶解分散的特性，使它在制药、包装、日用化学、保密部门、金属焊接工业和高压电瓷工业等各行业都有特殊的应用价值。水溶性纸可以书写、印刷，丢弃时可向马桶内一冲，纸页随即消失；可用于包装药品或调味品，可不拆封直接食用；还可加工成妇女化妆纸，市场前景广阔。

（三）水溶性纸用于制药工业

20世纪50年代美国率先把“纸药片”（包括阿司匹林、黄连素、痢特灵等）投放市场，20世纪70年代在我国上海也开始研究纸药片。这些药片的基本载体就是水溶性纸，是把主药和辅料（包括黏合剂等）调制成一定浓度的药汁，定量地喷涂在纸上即成。纸药片服用时完全可以不用水，只需放在患者的舌下，依靠黏膜吸收药剂，载体慢慢溶解，直接进入血液中，这样就有可能部分代替静脉注射，减轻病人的精神负担。

（四）水溶性纸用于包装工程

水溶性纸可以直接与产品接触包装。国外一些餐馆或超市上销售的调味品如胡椒、砂糖、食盐的小袋装，有一部分使用了水溶性纸作为内含物包装。这种包装袋在水中可溶，不必启封，可直接放入汤内或杯内食用。水溶性纸也可以用于其他方面的包装，例如：厨房放置的佐料、浴液、洗发剂、卫生用品、园林杀菌剂、易引起过敏反应的化学药品、不易处理的工业材料（如涂料和肥料）、农业用种子以及贴在容器（如饮料瓶）表面的标签。

（五）水溶性纸用于日用化学方面

据报道，法国的某些高级商店已展售出新式的利用水溶性纸加工的口红纸和指甲纸，这类化妆品在不用时即可水洗去除。也有用水溶纸做成的纹身贴纸，以及医院用一次性物品，例如：围裙、帽子、抹布（搽油用）、医院里病人穿的衣服、婴儿尿布以及标签，此类物品在使用后可通过水冲的形式进行溶解，不易产生二次污染。

二、吸尘器套袋纸

吸尘器套袋纸为用于吸尘器收集灰尘的一次性用纸。该纸一般由二层或三层组成，产品质量要求较高。纸质须疏松透气，便于吸尘器排气，同时还要求有较高的耐破、抗张强度。国内造纸企业可在小型纸机上改造生产吸尘器套袋纸，生产出原纸后再自行加工制袋，随吸尘器专业供货商出口。由企业采用木浆配以化学纤维原料（涤纶、水溶性 PVA 纤维），在圆网造纸机抄造集尘袋纸，生产工艺流程如常规造纸过程相同，采用浆料选配、碎浆机、磨浆机、成浆池、混合池、机前池、高位箱、冲浆池、除渣器、压力筛、双圆网成形器、压榨、干燥、施胶、干燥、卷取、复卷、分切等过程。集尘袋纸产品质量要求见表 7-11。

表 7-11　　集尘袋纸产品质量要求

品种	定量/(g/m^2)	透气量/[$L/(m^2 \cdot s)$]	耐破指数/($kPa \cdot m^2/s$)	抗张指数/($N \cdot m/g$)		撕裂指数/($mN \cdot m^2/g$)	
				纵向	横向	纵向	横向
$45g/m^2$	45±2	≥110	≥3.2	≥47	≥31	≥13	≥17
$50g/m^2$	50±3	≥110	≥3.4	≥40	≥24	≥17	≥20
$55g/m^2$	55±3	≥110	≥3.6	≥45	≥25	≥18	≥21
$60g/m^2$	60±3	≥110	≥3.6	≥45	≥25	≥16	≥20

文献报道的吸尘器套袋纸生产工艺条件：原料采用商品木浆和化学纤维，质量比为 90：10～90：5。化学纤维（涤纶纤维、水溶性 PVA 纤维）在水力碎浆机中分散 2～3min，直接泵送至成浆池；商品木浆经水力碎浆机碎解，碎浆浓度＞3.5%，泵送至贮浆池，加水调节浆浓至 3.5%，用圆盘磨浆机进行打浆处理，不下刀仅疏解，过一遍盘磨，通过量 30～$33m^3/h$。在成浆池中加入湿强剂，加水调节浆浓至 1.5%左右，上网浓度控制在 0.1%左右。纸机采用圆网造纸机，抄造时视分散情况和网槽中的液位在网前恒位箱中加入分散剂阴离子型聚丙烯酰胺（APAM）。分散剂的配制方法如下：分散浓度 0.03%；在加有 $10m^3$ 水的 APAM 制备槽中开启搅拌器，然后缓慢均匀加入 3kg 的 APAM 颗粒，直至溶解即可。视生产实际情况调整分散剂的用量。

三、灯　罩　纸

灯罩纸是用于生产中高档灯饰的灯罩材料。其中仿羊皮纸最好，纸面上具有模拟的血丝、皱褶、厚薄不一的皮质感；中档纸具有丝绸质、粗细麻质；还有手工抄造的纸，添加了花、叶等装饰品。这些抄造效果都是为了在柔和的灯光下，增加灯饰的仿古、艺术、抽象的感觉，以提高灯饰的艺术品位和商业价值。灯罩纸的抄造技术主要是依靠原料配比、抄造工艺来增加强度，甚至增加阻燃性能等技术手段，变化丰富。

彩色仿羊皮的生产原理：彩色仿羊皮纸采用普通长网多缸低速纸机生产，在特定的生产工艺条件下，利用长网部形成均匀的、带有高低错落有致的浆料絮团（即云彩花）的湿纸幅，经压榨部脱水、压榨辊初步整饰、施胶前烘缸干燥、表面施胶、染色和整饰后，再经后干燥、轻度压光、卷取、切选、打包即获得彩色仿羊皮纸。其关键工序为纸机网部湿纸幅的成形和表面施胶机的特殊整饰。湿纸幅在网部要形成均匀的云彩花絮团；带有云彩花絮团的表面凸凹不平（即局部松密度差别大），湿纸幅经压榨、初步干燥后再经过加有染料及辅料的表面施胶机时，纸张凹陷的部分保留多的彩色施胶液，而被压榨辊压紧的地方纸质密吸胶性差，保留少的彩色胶液，经过表面施胶机挤压后彩色胶液量更少。彩色施胶液的不同使纸张形成带有浓淡相间的彩色花纹，施胶纸张最后经后干燥和轻度压光整饰后形成彩色仿羊皮纸。国内某企业彩色仿羊皮纸的企业标准如表 7-12 所示。

表 7-12　　国内某企业彩色仿羊皮纸的企业标准

定量/(g/m²)	平均厚度/μm	高点厚度与低点厚度比例	横向耐折度/次	表面吸收质量/(g/m²)	印刷表面强度/(cm/s)	裂断长		撕裂度/mN	横向伸缩率/%	灰分/%	交货水分/%
						纵向	横向				
80	100±10	1∶(0.6～0.7)	≥100	≤40	≥170	≥5.5	≥3.5	≥650	≤2.0	4.0～6.0	5.0～7.0
100	120±10										
120	145±10										
150	175±10										

国内某企业彩色仿羊皮纸的生产方法如下：

① 配备浆料。选用 100%商品漂白硫酸盐化学木浆，其中针叶浆质量含量为 20%～40%，阔叶浆质量含量为 60%～80%，打浆度 40～45°SR，浓度 4.0%～6.0%；

② 纸机抄造。将上述配备好的浆料用抄纸机进行抄造，所述抄造过程中浆料由流浆箱至网部，浆料为高液位、低唇板开口，浆网速比为 1∶0.8，通过控制浆网速比，形成匀度差的带有高、低错落有致的花纹絮团的湿纸页；纸张低点厚度与高点厚度比在 60%～70%；所述抄造过程中浆料添加有助留剂，助留剂的用量为 150～250mg/kg；

③ 施胶前的干燥和压辊整饰。将上述湿纸页经压榨脱水、烘缸干燥脱水，在纸页进行表面施胶前干燥的过程中，利用压辊对纸张表面进行整饰，将纸张表面若干微小的凸起部分压平，形成含有不同松密度花纹絮团的纸页；压辊整饰部位纸页的水分在 15%～18%，压后继续进行纸页的干燥；

④ 表面施胶。上述纸页通过表面施胶机进行表面施胶，表面施胶液中加有染料，表面施胶液温度为 55～60℃，表面施胶辊间的压力为 0.2MPa，纸页表面凹进的部分因纸质松保留多的彩色胶液，被压平的地方纸质密保留少的彩色胶液，形成带有浓淡相间的彩色花纹的施胶纸页；所述表面施胶液的主要成分为表面施胶淀粉、胶黏剂、表面增强剂，质量比为表面施胶淀粉∶胶黏剂∶表面增强剂＝67.5∶22.5∶10；表面施胶液中还加有染料和消泡剂，染料总的用量为淀粉和胶黏剂质量之和的 1%～8%；

⑤ 施后干燥、分切包装。表面施胶后的纸页经过干燥，纸页表面凹进的部分干燥后色深，被压平的地方色浅，形成立体感强的彩色纸页，分切后即得到成品的彩色仿羊皮纸。

四、纺织材料用纸

近年来，日本在和纸生产开发的基础上，将纸作为纺织原材料，经过染色、并捻等加工工艺，形成粗细不等的纸线，成功地用于生产纺织品。目前，纺织材料用纸向细线（窄条盘纸）发展，如 10mm、6mm、4mm 宽的纸线管，纸越窄，捻线越细，强度要求也就越高，可生产的纺织品品种就越多。日本市场上已有用细纸线与真丝并捻线生产的高档 T 恤衫，其透气性、吸汗性和速干性都较棉织品好得多，生产难度大、技术含量高。

五、尼 龙 纸

将尼龙纤维、维尼纶等合成纤维以抄纸成形的方式制作而成的纸质功能性材料。有专利报道，将尼龙纤维、维尼纶、聚乙烯醇水溶纤维中的两种或者三种纤维原料和聚丙烯酰胺类湿强剂加水混合均匀，稀释调浓后在圆网多缸纸机上抄造，之后用增强剂或者增强剂和表面活性剂的混合液，在机内经表面处理、干燥、卷取、整理而得到的一种纸质功能性材料。该材料具有强度好、耐腐蚀、吸液速度快、透气好等特点，可广泛用于电池隔膜、过滤纸以及有特殊功能的墙壁纸等产品中。

六、仿 布 纸

仿布纸具有由至少两层卫生纸复合的复合层结构，至少在一个层间布有网格状线筋，在网格状线筋与各复合层之间有黏胶层。仿布纸兼具纸的柔性和布的韧性，可以在浸水的湿润状态反复使用，擦拭效果好，又能被水溶化、可降解。产品可以替代塑料袋制品广泛应用于日常生活领域，也可以进行深加工广泛应用于医疗卫生领域，市场前景好。

项目讨论教学

1. 与布质材料相比，研讨代布纸的技术特点与优势。
2. 列举一种代布纸的生产工艺流程，并研讨代布纸的生产中所用化学品种类与用途。
3. 研讨服装纸原料的工艺技术特点与优势。
4. 结合手工制作和机制生产，研讨宣纸、韩纸、和纸的异同。
5. 研讨化妆纸主要种类、特点，并列举国内外产品两种以上。
6. 研讨吸油纸面纸的生产工艺和研究现状。
7. 研讨现代染料和固色剂的现状与发展。

习题与思考题

1. 简述现有市场上常用的代布纸种类和特点。
2. 简述代布纸的基本工艺流程。
3. 湿强剂的作用机理与种类。
4. 柔软剂的作用机理与种类。
5. 简要说明药膏原纸的生产工艺。
6. 简述现有市场上常用的服装纸种类和特点。
7. 列举一种服装纸生产的基本工艺流程。
8. 简述宣纸生产的工艺流程。

9. 简述韩纸生产的工艺流程。

10. 简述和纸生产的工艺流程。

11. 简述现有市场上常用的化妆纸种类和特点。

12. 列举卸妆纸生产的基本工艺。

13. 简述现有市场上常用的纸绳纸种类和特点。

14. 列举一种纸绳纸生产的基本工艺流程。

15. 简述纸绳纸常用的化学品。

16. 简述纸绳纸生产操作要点及纸病解决措施。

主要参考文献

[1] 俞伟军. 生产用特种纸——代布纸 [J]. 黑龙江造纸，1994 (01)：20-20.

[2] 系井彻，王志进，杨以雄. 环保型竹纤维布料的开发 [J]. 国外纺织技术，2003 (01)：27-28.

[3] 俞伟军. 利用再生纸生产生活用特种纸——代布纸获得成功 [J]. 造纸信息，1995 (5)：19-20.

[4] 天津立新造纸厂. 几种代布纸试生产小结 [J]. 造纸技术通讯，1972，(01)：26-27.

[5] 刘波. 我国锦纶帘布市场现状及展望 [J]. 轮胎工业，2008，28 (9)：519-522.

[6] 张光明. 仿布纸：中国，ZL 200620169096. 5 [P]. 2006-12-31.

[7] 张光明. 仿布纸及其生产方法：中国，200610156063. 1 [P]. 2006-12-31.

[8] 陆秀春，张云阁，李鹏修. 柔软剂及其在造纸工业中的应用 [J]. 中华纸业，1999 (02)：59.

[9] 李传友. 生物酶预处理提高生活用纸柔软度的研究 [D]. 天津：天津科技大学，2017.

[10] 杜伟民. 日本开发的几种造纸化学品 [J]. 造纸化学品，2011，23 (01)：71-73.

[11] 程琛，邓锐，王智英. 有机硅乳液在造纸工业中的应用 [J]. 粘接，2011，32 (02)：69-72.

[12] 白媛媛，类延豪，姚春丽. 环保型造纸湿强剂的研究进展 [J]. 中国造纸学报，2016，31 (04)：49-54.

[13] 吴翠玲，李新平，王建勇. 造纸工业常用湿强剂及其发展趋势 [J]. 纸和造纸，2005 (06)：36-39.

[14] 邓敏，付时雨，詹怀宇. 环境友好型纸张湿强剂的研究进展 [J]. 中国造纸，2009，28 (03)：62-66.

[15] 赵传山. 浅谈纸张湿强剂的研究进展 [A]. 华东七省市造纸学会第二十七届学术年会暨山东造纸学会2013年学术年会论文集 [C]. 华东七省造纸学会、山东造纸学会、中国造纸学会，2013.

[16] 邢倩倩. 生活用纸专用湿强剂的研究及应用 [D]. 济南：山东轻工业学院，2012.

[17] 王曦. 纸质服装的创意设计及应用价值 [D]. 无锡：江南大学，2007.

[18] 方薇，廖夏妍，罗一. 纸装与成衣设计之异同 [J]. 纺织工业与技术，2012，41 (6)：69-71.

[19] 蔡阳勇. 从折纸艺术解读折纸服装设计 [J]. 装饰，2009 (12)：102-103.

[20] 张祥磊，杨翠钰. 韩纸的服装设计应用及其三维数字制板技巧 [J]. 工程技术研究，2018 (09)：102-105.

[21] 金小凤. 环保材料在服装设计中的应用--以水洗纸为例 [J]. 西部皮革，2018，40 (21)：66+69.

[22] 糸井彻，王志进，杨以雄. 环保型竹纤维布料的开发 [J]. 国外纺织技术，2003 (01)：27-28.

[23] 郭琳，汤传毅，李楠. 一次性塑料购物袋的替代研究与环保方案论证 [J]. 环境保护，2003 (08)：55-58.

[24] 张美芳. 中日韩修复用手工纸起源与发展的比较研究 [J]. 档案学研究，2013 (03)：55-59.

[25] 蔡文祥. 彩色皱纹纸生产工艺及常见问题处理 [J]. 纸和造纸，2008 (06)：7-8.

[26] 芦青. 传统宣纸的制造工艺创新研究 [J]. 中国民族博览，2018 (02)：20-21.

[27] 程峥，杨仁党，王建华. 打浆与助剂喷涂对改善皱纹纸性能的影响 [J]. 造纸科学与技术，2016，35 (03)：61-64.

[28] 帅亮明. 低定量拷贝纸的生产 [J]. 中华纸业，2016，7 (14)：60-61.

[29] 陈紫君. "高丽纸"变迁及性能变化研究 [J]. 档案与建设，2016 (07)：25-30.

[30] 潘吉星. 和纸技术的发展及政策 [J]. 中外科技信息，1987 (01)：60-62.

[31] 大邱市，胡开堂. 近期市场销售的韩纸（韩国传统纸）的性质 [J]. 华东纸业，2009，40 (06)：28-32.

[32] 赵代胜，高玲玲，孙晖. 浅述宣纸形成要素及发展 [J]. 中国造纸，2018，37 (12)：74-79.

[33] 王阳，盛杰，张志礼. 宣纸的生产工艺与发展 [J]. 中国造纸，2018，37 (11)：61-68.

[34] 王亚杰. 中国东巴纸与日本和纸对比探析 [D]. 昆明：云南艺术学院，2013.

[35]　周凯．一种可水洗环保纸及其制备方法：中国，201610441179. 3 [P]．2016-6-20.
[36]　胡明富．工笔画专用熟宣纸及其制作方法：中国，201710560711. 8 [P]．2017-9-22.
[37]　戴跃锋，康文术，何广文．矿物护肤吸油纸及其制备方法：中国，201611130917. 9 [P]．2016-12-09.
[38]　市原敏生，市原诚三．吸油面纸及其制造方法：中国，CN95109917. 5 [P]．1995-07-10.
[39]　赵晨．聚羟基脂肪酸酯/纤维复合吸油纸的制备及性能研究 [D]．广州：华南理工大学，2017.
[40]　李冬琼．面部护理用纸的加工方法：中国，CN201610741794. 6 [P]．2016-08-26.
[41]　卢柏文．一种补妆蜜粉吸油纸及其制备方法：中国，CN201810364413. 6 [P]．2018-04-23.
[42]　吴浩祥．一种卸妆纸、卸妆纸制造方法及卸装方法：中国，CN201410439400. 2 [P]．2014-09-01.
[43]　邹容．化妆用薄纸的新发明 [J]．中外轻工科技，1997 (04)：26.
[44]　李旺，唐敏捷．可循环利用的新型高选择性纳米高吸油纸 [J]．纸和造纸，2013，32 (03)：62-64.
[45]　姜世襄．日本家庭用纸工业的现在与将来——经受时代考验的对策 [J]．国际造纸，1984 (02)：8-12.
[46]　赵冬梅，乔长军．彩色工艺编织纸的生产技术与实践 [J]．中华纸业，2007 (S1)：21-23.
[47]　肖大锋．工艺编织纸 [J]．纸和造纸，2003 (05)：63.
[48]　盛云东．特种工艺编织纸的生产 [J]．中华纸业，2006 (S1)：21.
[49]　史海真，刘文，李鸿凯，等．几种固着剂对工艺编织纸用水性色浆留着率影响的对比研究 [J]．中华纸业，2016，37 (22)：39-43.
[50]　史海真，刘文，路崇斌，等．聚乙烯胺对工艺编织纸水性色浆留着率的影响 [J]．纸和造纸，2017，36 (03)：32-35.
[51]　詹小芳．帽用纤维及其编织物性能研究 [D]．杭州：浙江理工大学，2014.
[52]　崔璨．纸编家具的创新设计研究 [D]．成都：西南交通大学，2017.
[53]　胡成发．印刷色彩与色度学 [M]．北京：印刷工业出版社，1993.
[54]　袁瑞红．颜料在纸张调配色及表面涂饰中的应用及吸附机理的研究 [D]．济南：山东轻工业学院，2009.
[55]　姜宇雷，杨汝男，李文栋．纸张颜色控制方法的改进 [J]．造纸科学与技术，2005，24 (2)：48-49.
[56]　黄婷，陈港，梁二东，等．液体直接染料纸张染色效果的影响因素 [J]．中国造纸学报，2007，22 (01)：68-71.
[57]　史海真，刘文，路崇斌，等．聚乙烯胺对工艺编织纸水性色浆留着率的影响 [J]．纸和造纸，2017，36 (3)：32-35.
[58]　冒新宇．工艺编织纸：中国，201610701284. 6 [P]．2016-8-22.
[59]　冒新宇．一种彩色工艺编织纸：中国，201610705400. 1 [P]．2016-8-22.
[60]　曹旭，黄婷燕．一种工艺编织纸及其制备方法：中国，201410293559. 8 [P]．2014-6-27.
[61]　江峰，陈君花．一种利用竹木混合浆生产彩色工艺编织纸的方法：中国，201110205692. X [P]．2011-7-22.
[62]　侯玉峰，张红杰，于品育，等．CMC 特性对于水溶性纸性能的影响 [J]．天津造纸，2017，39 (01)：14-16+20.
[63]　张瑞娟．水溶性特种纸 [J]．湖北造纸，2008 (03)：35-37.
[64]　崔明虎，徐立新．水溶性纸的研制 [J]．纸和造纸，2008 (02)：64-66.
[65]　张志慧．水溶性纸的研制 [D]．天津：天津科技大学，2002.
[66]　张志慧，徐立新．水溶性纸 [J]．中华纸业，2002 (07)：55-57.
[67]　黄秀柳．水溶性纸的制备工艺 [J]．上海造纸，1994 (01)：30-31.
[68]　苗红，晁储萌，刘文波，等．高效真空吸尘器集尘袋纸质量的影响因素 [J]．中国造纸，2016，35 (03)：24-28.
[69]　陈雪峰，刘文，许跃，等．一种尼龙纸及其生产方法：中国，CN201410395678. 4 [P]．2014-8-13.
[70]　张光明．仿布纸及其生产方法：中国，200610156063. 1 [P]．2006-12-31.

第八章　食品医用特种纸

第一节　食品包装原纸

一、概　　述

随着人们生活水平的日益提高，食品原料、生产、流通和使用等各个环节的安全日益成为社会关注的焦点。国家对食品生产设备、生产环境和原辅料的应用等环节都制定了相当完备的法律法规和标准进行约束和监督，《食品安全法》更是把食品安全问题提升到了法律的高度。作为食品流通和保存的必需品，食品包装材料被称作食品的“贴身衣物”，其安全与否直接关系着食品的质量安全，不合格的食品包装材料在使用过程中会对人体健康造成不良影响。

在各类食品包装材料中，塑料具有轻便、廉价和良好的阻隔性等特点，在食品包装市场中历来占有较大的份额。但塑料是一种高分子化合物，是由许多单体聚合而成，在制造过程中加入了增塑剂、稳定剂、色素等。据报道，许多塑料单体和增塑、稳定剂、色素等对人体健康有损害。塑料的极难自然降解性还会造成严重的环境污染。以上缺陷使得塑料在食品包装领域的进一步发展受到限制。

纸基包装材料易降解和可回收利用，在全球环保呼声日益高涨的今天，纸基食品包装这一“绿色包装”方式正以其环保性成为不可降解的包装形式的最佳替代品，在食品包装领域的优势越来越明显。顺应这种趋势，国内外市场已逐步禁止使用塑料食品包装，并规定今后食品包装必须要用无毒、无害的纸制品。有些国家甚至规定，包装食品一律禁用塑料制品，提倡采用纸制品进行“绿色包装”。

食品包装纸是以纸浆及纸板为主要原料的包装制品，需要满足无毒，抗油、防水防潮，密封等要求，且符合食品包装安全要求的用于包装食品的纸。

（一）食品包装纸的特点

与塑料食品包装相比，纸质食品包装的多种优势，主要体现在：伸缩性小，更好的稳定性；良好的卫生性和原料来源的可再生性；易降解和可回收利用；良好的温度耐受性；独特的多孔结构，良好的透气性；优异的可塑性，良好的柔软性；对水溶性胶水和水性油墨具有良好的亲和性。另外，纸和纸制品质轻，有良好的挺度和易成型性，可制成各种不同功能和途径的食品包装制品。

（二）食品包装纸的分类

现代食品工业加工技术丰富，产品种类繁多，对食品包装材料的要求也多样化，如防霉保鲜、防油防水、透气防潮、阻菌抗菌、烹饪适应性等。为满足不同食品包装的需求，食品包装原纸种类繁多。根据国家相关标准，总体上分为Ⅰ型糖果包装原纸，用于糖果包装；Ⅱ型普通食品包装纸，主要用于各类型直接入口食品的包装，包括抗渗防油原纸、上蜡原纸、淋膜或覆膜原纸、食品白牛纸以及液体包装纸、食品容器纸等。近年来，随着技术的进步，市场上已经出现生鲜包装吸水机能纸、保温包装纸、长效防霉纸等新品种，食品包装纸的应用范围正不断扩大。食品包装原纸具体可以细分以下几类：

① 纸杯原纸。经单面淋膜 PE 后制杯（热杯）或制杯后涂蜡（冷杯），用于盛放即食的白开水、茶水、饮料、牛奶等；经双面淋膜后制杯（冷杯）、用于盛放冰激凌等。

② 餐盒原纸。经单（双）面淋膜 PE 后制作快餐盒，用于盛放米饭、菜肴等。

③ 面碗原纸。经碗身单面淋膜、碗底双面淋膜后制作方便面碗，用于盛放和冲泡方便面、汤料等。

④ 餐桶原纸。经双面淋膜后制作餐桶，有圆形、方形两种，用于盛放膨化食品和快餐食品等。

⑤ 防油食品卡。经制盒，用于盛放油炸快餐食品等。

⑥ 牛奶卡原纸。经双面淋膜后制作屋顶包，也可制作奶杯，用于盛放新鲜牛奶、酸奶或鲜奶饮料等。

⑦ 液体无菌包原纸。经双面淋膜、单面覆铝后制作无菌利乐包（砖包），用于盛放无菌液体食品碳酸饮料、常温乳制品、植物蛋白、果蔬汁等。

⑧ 单面涂布食品卡。经制作包装盒、食品便当盒、汉堡盒或餐盘，用于盛放固体食品、糕点等；经单面淋膜 PE 后制作包装盒，用于盛放小包装冷冻食品等。

二、食品包装纸的基本要求

食品包装纸因其与食品直接接触，且其包装物大部分都是直接入口的食品，所以食品包装纸最基本的要求是必须符合食品卫生的要求。其次根据食品包装纸使用要求的不同，还必须达到相关的技术标准。这些测试包括物理测试（主要包括密度、抗张强度、裂断长、伸长率等），化学测试（迁移测试、重金属含量测试等），生物测试（各类微生物检测等）。

（一）卫生要求

目前国家相关的标准主要有《GB/T 4806.8—2016 食品安全国家标准 食品接触用纸和纸板材料及制品》食品包装用原纸卫生标准（包括感官要求、理化指标，微生物指标、残留物指标），明确规定了直接接触食品的原纸中铅、砷、荧光物质、脱色试验、大肠杆菌和致病菌等项目的卫生标准。该标准较前一标准增加了原料要求、修改了理化指标、微生物指标，增加了迁移试验要求、筛查方法的规定和标签标识要求等。见表 8-1 至表 8-5。

表 8-1　　感官要求

项　目	要　求
感官	色泽正常，无异臭、霉斑或其他污物
浸泡液	迁移试验所得浸泡液不应有着色、异臭等感官性的劣变

表 8-2　　铅、砷指标

项　目	指标	检测方法
铅(Pb)含量/(mg/kg) *　≤	3.0	GB 31604.34—2016 第一部分，或 GB 31604.49—2016 第一部分
砷(As)含量/(mg/kg) *　≤	1.0	GB 31604.38—2016 第一部分，或 GB 31604.49—2016 第一部分

注：* 以单位纸或纸板质量的物质毫克数计。

表 8-3　　残留物指标

项　目		指标	检测方法
甲醛含量/(mg/dm^2)*	≤	1.0	按照附录A制备水提取试液，然后按照GB 31604.48—2016测定(不进行迁移试验)
荧光性物质波长254nm和365nm		阴性	GB 31604.47—2016

注：*以单位纸或纸板质量的物质毫克数计。

表 8-4　　迁移物指标

项　目		指标	检测方法
总迁移量[a]/(mg/dm^2)	≤	10	GB 31604.8—2016
高锰酸钾消耗量/(mg/kg)水(60℃,2h)	≤	40	GB 31604.2—2016
重金属(以Pb计)含量[b]/(mg/kg)4%乙酸(体积分数)(60℃,2h)	≤	1	GB 31604.9—2016

注：a. 不适用于食品接触表面覆蜡的纸和纸板材料及制品。如果按照规定选择的食品模拟物测得的总迁移量超过$10mg/dm^2$时，应按照GB 31604.8—2016中的5.5.2测定三氯甲烷提取物，并以测得的三氯甲烷提取量进行结果判定。

b. 仅适用于预期接触水性食品或表面有游离水食品的成品纸和纸板材料及制品。

表 8-5　　微生物限量

项　目		限　量	检测方法
大肠菌群数/(/$50cm^2$)		不得检出	GB 14934—
沙门氏菌数/(/$50cm^2$)		不得检出	GB 14934—
霉菌/(CFU/g)	≤	50	GB 4789.15—

对于出口的食品包装纸，这些产品还必须符合进口国对与食品接触的材料及其制品食品级安全的要求。现在国际上普遍认可的检测主要有美国食品和药物管理局（FDA）认证和德国联邦风险研究所（BFR）认证，它们对食品接触用纸和纸板部分做了具体规定。按照美国食品药品监督管理局联邦法规第二十一章176节170款——与水性及油性食品相接触的纸和纸板的成分［FDA21 CFR176.170（d）］的规定进行检测，未对荧光增白剂有限制。成品中可萃取物的量必须符合FDA对食品相接触的纸与纸板的要求。美国FDA还对食品接触物质通报程序批准了一批可用于纸和纸板的物质，其中包括荧光增白剂。

欧盟无针对食品包装纸的法规，普遍遵循德国联邦风险评估所食品接触材料法规第36部分对食品接触用纸的规定。欧洲理事会指令规定，仅厨房用毛巾和餐巾纸可以添加荧光增白剂，最大使用量不得超过0.3%，其他食品接触用纸产品应符合德国Bf R对食品接触用纸的规定。日本、澳大利亚、新西兰等国家无具体针对食品包装纸的法规，仅由食品接触材料通用法规进行管理。

（二）技术指标

食品包装纸的技术要求可以分为以下五大块。根据不同的品种，制定相应的产品技术标准，参见行业标准《QB/T 1014—2010 食品包装纸》。

① 基本指标。包括定量、厚度、紧度、交货水分等。

② 强度指标。包括挺度、抗张强度、伸长率、耐折度、耐破度、撕裂度、内结合强度等。

③ 印刷适性指标：包括印刷表面强度、印刷表面粗糙度、油墨吸收性、光泽度等。

④ 外观指标。包括亮度（白度）、色度、平滑度、尘埃度等。

⑤ 抗液体渗透指标：包括表面吸水性、热水边渗水、乳酸边渗水、过氧化氢边渗水、耐脂度等。

如表 8-6 和表 8-7 所示。

表 8-6　　Ⅰ型（糖果包装原纸）技术指标（QB/T 1014—2010）

指标名称			单位	规定	
				一等品	合格品
定量			g/m²	24.0±1.0 28.0±1.2	24.0±1.2 28.0±1.5
抗张指数 纵横平均		≥	N·m/g	40.4	23.2
撕裂指数(纵向)		≥	mN·m²/g	6.96	4.00
尘埃度	0.3mm²～2.0mm²	≤	个/m²	100	160
	1.0mm²～1.5mm²	≤		8	12
	大于 1.5mm² 黑色尘埃或			不应有	
	大于 2.0mm² 尘埃			不应有	
交货水分			%	6.0～8.0	

表 8-7　　Ⅱ型（普通食品包装纸）技术指标（QB/T 1014—2010）

指标名称			单位	规定	
				一等品	合格品
定量			g/m²	40.0±2.0　50.0±2.5　60.0±3.0	
耐破指数		≥	kPa·m²/g	2.00	1.25
抗张指数 纵横平均		≥	N·m/g	31.4	26.5
吸水性 Cobb 60		≤	g/m²	30.0	
尘埃度	0.3mm²～2.0mm²	≤	个/m²	160	
	2.0mm²～3.0mm² 的黑色尘埃	≤		10	
	大于 3.0mm²			不应有	
交货水分			%	5.0～9.0	

三、基本生产工艺

食品包装纸要求具备较好的光泽度、耐破度、防水防油性能及抗菌性能，同时能满足加工及包装强度要求。原料可采用本色硫酸盐针叶木浆和阔叶木浆，适度的打浆提供强度，可同时采用浆内施胶和表面施胶，软压光提高光泽度，基本生产流程如图 8-1 所示。

四、生产质量控制

（一）原纸水分

当客户要将食品包装原纸加工生产成纸杯或者纸碗时，为了使纸杯、纸碗在盛液态物质时不渗漏，通常进行淋膜，因此要求纸页水分控制在 7%～8%，水分大于 8%则容易皱纸，小于 7%则容易断纸并可能产生静电影响淋膜效果。因此纸页水分不达标对生产连续性和产量均带来了不良的影响。纸页的水分主要由湿部和干部来协调控制，控制水分在此范围内难

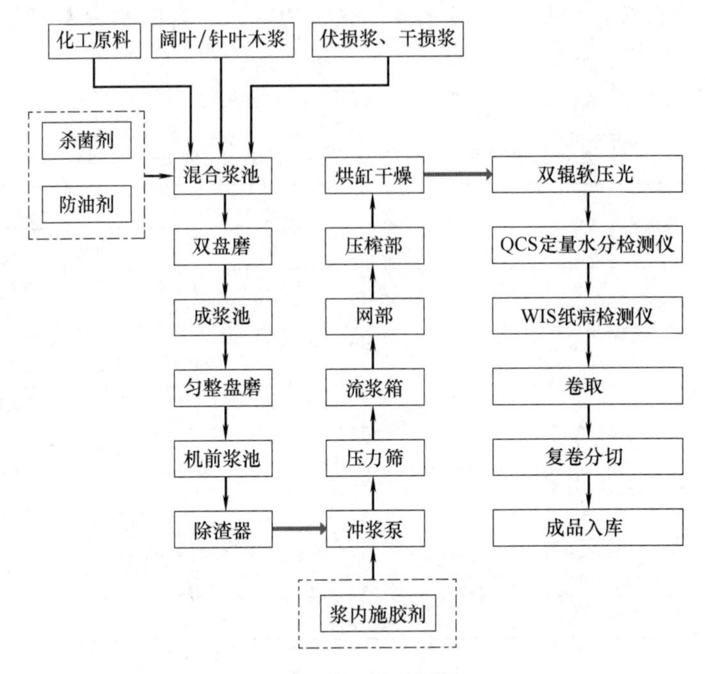

图 8-1 食品包装纸生产流程图

度不大。因此，水分不达标主要可能还是在包装和存放过程引起。

（二）原纸边缘渗水

边缘渗水也是包装原纸的重要指标之一，边缘渗水不达标的食品包装原纸在遇到液态物质时，容易从切边渗水使纸页膨胀。众所周知，纸张的湿强度只有干强度的十分之一，边缘渗水不达标的纸页容易失去防水能力。因此，包装原纸不仅要进行表面施胶，更需要进行内部施胶。

（三）原纸横幅定量差

定量在 170g/m^2 以上的食品包装原纸横幅定量差一般要求低于 5g/m^2，170g/m^2 以下的食品包装原纸横幅定量差要求则相应更小一些。一旦超过该差值，在膜温一定的情况下，定量偏大的部分容易引起淋膜后纸页褶皱。因此，横幅定量差也是纸页质量控制的重要指标之一。横幅定量差主要由以下几方面影响：a. 流浆箱的浆料均匀程度；b. 唇口开度；c. 成形网滤水性能；d. 压榨部、干部的横幅干燥匀度；e. 表面施胶横幅挂浆量。

（四）原纸耐折度和挺度

耐折度、挺度等强度指标主要与纤维间结合力和纤维自身强度有关。其中，纤维间结合力主要有：氢键结合力、化学主价键力、表面交织力和极性键吸引力。其中氢键结合力和化学主价键力是最重要的纤维结合力，化学主价键力是固定的，氢键结合力可以通过打浆提高。短纤维浆料以帚化、细纤维化为主，采用中浓磨黏状打浆；长纤维度浆料可采用游离打浆，浓度相对较低一些。纤维自身强度也是影响食品包装原纸成纸强度的重要因素。因此，除了打浆，浆料配比是关键，长短纤维也须合理配比。

（五）荧光增白剂

食品包装纸禁止使用荧光增白剂。因为荧光增白剂包括许多具有毒性的苯环物质，且苯环连接地也多是对人体有害的基，尤其应当避免荧光增白剂与食品的接触，如果摄取量多了，会产生潜在的致癌因素。由于一些造纸用的天然植物原料，如竹子等本身含有荧光物质，因此国家规定食品用纸中的荧光面积不得超过5%。不超过一定剂量的情况下，荧光增白剂的毒性较小。食品包装纸或一次性纸制品中所含荧光剂对于人体的危害程度与其食物中迁移的量和人摄入污染食物接触剂量密切相关。这里还涉及一个迁移量的问题。包装纸容器可能会或多或少含有一些荧光剂，但是并不代表纸容器全部的荧光剂含量都会转移到食品上，只要其所含剂量在安全剂量范围内就基本不会威胁到人体健康。

五、工程实例

（一）实例1：高光泽度抗菌食品包装纸的生产实践

某公司高光泽度抗菌食品包装纸工艺流程如图8-2所示。

1. 浆料配比制定

因为食品包装纸要求具备较好的光泽度、耐折度、防油性能及抗菌性能，同时能满足加工及包装要求。浆料配比中若全部用针叶木浆，在相同打浆度条件下，虽然耐破度能达到要求，但纸张光泽度下降，同时打浆度高能耗高；若全部用竹浆替代针叶木浆，原纸的耐破度达不到加工要求。经多次生产对比试验，最佳浆料配比为针叶木浆30%～35%，（要求亮度不小于87%左右、尘埃度不大于10mm²/kg），竹浆65%～70%（要求亮度不小于80%、尘埃度不大于15mm²/kg）。

针叶木浆打浆工艺方法为：添加RH-B复合纤维素打浆酶（酶活5000U/g），控制打浆温度在38～45℃、使用量为100～150g/t（对绝干浆料），使纤维细胞外壁快速分丝帚化，不仅能节约打浆时间，而且提高了纸张的耐破度，同时针叶木浆打浆度提高至65～70°SR，使原纸有良好的抗张强度、耐破度及光泽度；竹浆打浆时浓度提高至4.5%，尽可能保持纤维长度，避免耐破度下降。打好的针叶木浆与竹浆在混合槽中按比例混合，上网抄造。

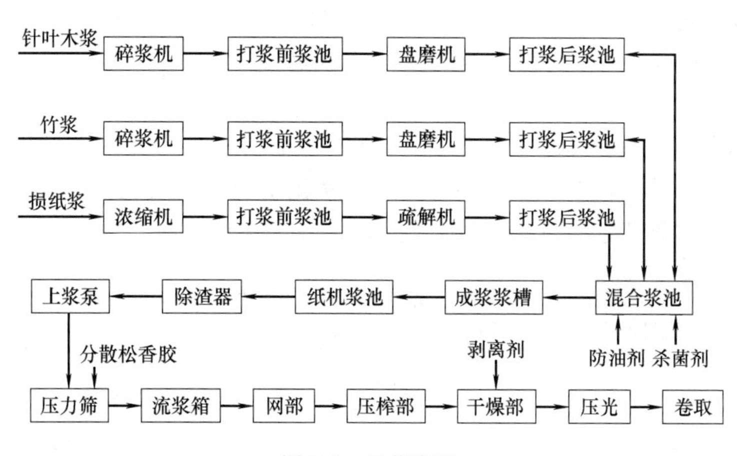

图8-2　工艺流程

2. 化工原料的使用及添加工艺

① 在混合槽中加入氟类食品级防油剂，用量3～3.5kg/t纸，这是一种水溶性的弱阳离子型含氟丙烯酸酯聚合物。在干燥过程中，随着水分蒸发和温度升高，乳液成膜，氟碳基团在纸张表面向外排列，形成垂直紧密的网状结构，因而具有低的表面张力，使油脂等难以润湿。含氟丙烯酸酯防油剂效果明显，应用灵活，留着率高，且纸张可回收再用或在自然界中生物降解，可大大降低对环境造成的危害。

② 在混合槽中加入新型甲壳素杀菌剂，用量0.15～0.2kg/t。可解决纸机白水中的微生物障碍问题，抑制流送系统腐浆的形成，减少纸机的停机清洗次数，延长纸机刷洗周期。化工原料添加步骤：针叶木浆、竹浆、干湿损纸浆用泵按比例抽至1/2池→按比例加入氟类防油剂3～3.5kg/t纸→继续抽浆加白水→新型甲壳素杀菌剂0.15～0.2kg/t纸→循环10min后检测浓度（控制浓度2.5%～2.8%）上机使用。

（二）提高纸张光泽度主要措施

纸张的光泽度是由其表面的平整程度决定的，除与纤维的种类、打浆度有关外，还与压光机的压光程度、胶料种类及添加方式、缸面洁净度及纸张剥离效果等有关。

① 采用两道可控中高软压光机提高纸张光泽度。提高纸张光泽度的重要手段是压光。普通硬压光机容易造成纸张局部紧度不均匀，影响纸面平整度及光泽度，同时在水分含量过高的情况下，部分纸幅会出现片状压光斑点。改用软辊压光机，压区宽度可达5～10mm，是普通压光机的5～8倍。由于压区较宽，纸幅在压区停留时间长，纸幅较薄区和热辊接触良好，厚薄区都可增加其细微平滑度，纸幅整饰效果良好，从而使整个纸幅非常均匀一致。通过控制压光辊温度为92～95℃，压光线压力0.10～0.15MPa，压光后纸张水分7.0%～8.0%，使纸张有较高的平滑度、光泽度；同时，紧度大大提高，减少油的渗透。

② 采用阳离子分散松香胶施胶提高纸张光泽度。阳离子分散松香胶本身带有阳电荷，无须依赖阳离子助留剂，即可留着在纸浆上，硫酸铝需求量低，可在近中性时使用。生产中通过在压力筛前在线加入25～30kg/t阳离子分散松香胶，生产的纸张光泽度明显提高。

③ 添加改性非离子型高分子蜡。生产中采用改性的非离子型高分子蜡，经乳化后生成粒径为10～100nm的乳液，能够最大限度地减少烘缸表面和刮刀的磨损，进而提高纸张剥离性能，减少纸粉的发生，同时与纤维吸附性好，纸面光亮。添加方式为与水在线稀释后添加，添加量为2.0～3.0kg/t纸，通过在纸机大缸表面加装一根喷淋管，控制一定压力，使稀释后增光剂大缸表面上均匀湿润、增加纸张光泽度。

（三）实例2：采用机内涂布生产本色低定量食品包装纸

1. 工艺流程

原料采用本色硫酸盐针叶木和阔叶木商品浆。浆板经计量和拆包后送入高浓水力碎浆机碎解，经高浓盘磨打浆后成浆。成浆稀释后通过净化系统进入纸机，通过网部脱水、压榨、烘干、机内涂布、干燥、卷取等工序成为成品。其主要生产工艺如图8-3所示。

本色硫酸盐针、阔叶木浆→碎解→打浆→净化→网部→压榨→烘干→功能助剂机内涂布→干燥→卷取→复卷→包装→成品

图8-3 机内涂布生产本色低定量食品包装纸工艺流程图

2. 主要设备

5m³ D型高浓水力碎浆机，ϕ550mm DDR20型盘磨机，1.5m² STN压力筛，MDC除渣器，2400型长网十八缸造纸机（带机内双辊涂布机），2500/800全自动复卷机等。

3. 主要生产工艺

（1）打浆

撕裂度等强度是食品包装纸的重要力学性能指标，故配入一定比例的针叶木浆。打浆浓度10%～12%，针叶木浆打浆度42～45°SR，湿重5.0～5.5g；阔叶木浆打浆度45～50°SR，湿重3.0～3.5g。

（2）助剂的选用及涂布量

含氟表面活性剂具有特殊的化学结构及其高效的耐油、抗油性能，用于食品包装，不会失去透气性。故功能助剂选用含氟单体防油剂 HFA/石蜡乳液复配，涂布量为 2.2g/m^2。

（3）抄造工艺

控制好上网浆料浓度、浆速与网速比，以减少纤维絮聚，改善成纸匀度；控制上网浆料 pH 在 6.5～8.0，机内涂布 HFA/石蜡复配助剂；调整好压榨线压力和干燥曲线，使成纸撕裂度，耐破度等性能指标达到最佳效果。

（4）产品性能

产品具体性能指标为：定量 45g/m^2，抗张强度（纵横平均）1.83kN/m，耐破指数 2.30kPa·m^2/g，吸水性（Cobb 值）9.86g/m^2，透油度 4.08g/m^2，透气度 6.01μm/(Pa·s)，水分 6.5%，2～5mm 洞眼 4 个/m^2，5～8mm 洞眼无。

六、展　望

随着人们生活水平的不断提高，人们对食品包装材料的重视程度已经提高到食品本身安全性等同的地位。食品包装纸对治理由于塑料引起的“白色污染”能起到积极的替代作用，是世界公认的“绿色包装”产品，将成为未来食品包装的发展主流。据食品包装的要求不同，新型食品包装纸及其制品正朝着功能型、环保型以及复合型方向发展。

（一）水功能型

脱水包装纸。日本一家公司开发出一种不用加热或加添加剂而具有脱水功能的包装纸。这种包装纸通过沿细胞间隙吸水，不仅能吸收食品表面的水分，而且可吸收深入食品内部的水分，还具有在低温下吸水等功能。因此，该包装纸能抑制酶的活性，防止蛋白质分解，减少微生物繁殖，达到保持食品鲜度、浓缩鲜味成分、去掉水汽、提高韧性等效果。

吸水机能纸，其最大特征就是吸水能力强，它能保持材料自重 10 倍的吸水量，且安全、无害。吸水机能纸不仅纤维间的细孔中能保持水分，而且其纤维本身也能吸水，待吸水后就变得非常柔软。由于具有以上特性，吸水机能纸可用作吸收火腿、香肠等结露的薄膜（片），吸收生鲜食品滴水的薄膜（片）以及化妆用品和卫生材料的薄膜。

耐水加工纸。具有耐水性、透气性好，可应用于食品包装材料，结露吸水薄膜（片）及其他领域。可应用于酒糟腌制食品的真空包装，若与其他材料复合，作为多水分半成品食品的包装纸，充分发挥其防霉、吸水和耐水性的优点。

（二）防腐保鲜型

防腐纸是将原纸浸入含有 20%的琥珀酸、33%的玻璃酸钠和 0.07%的山梨酸的乙醇溶液中，然后对其进行干燥即可。使用这种纸包装带卤汁的食品，可以在 38℃高温下存放 3 周而不变质。长效防霉纸，该纸是把特别的单甘油酯与其中的化合物混合后，作为有效成分溶于水与乙醇的水溶液，然后在纸上进行喷涂或作浸润处理，最后加热干燥而成。它可用来包装各种食品，可以有效地防止食品霉变。水果保鲜纸，这种纸有抑菌、杀菌药剂。用这种纸贮存苹果，半年后启开，果实仍然饱满。

（三）可食性纸

利用各类蔬菜、水果以及其他可食性原料制造的可食用性包装纸。这种纸具有一定营养价值，且可利用原料的天然色泽制成彩色纸，可用作食品的内包装或直接当作方便食品食用，既能减少环境污染，又能增强食品美感，增加消费者的食趣和食欲。如：胡萝卜纸、菠莱纸、草莓纸、玉米纸以及豆渣纸等。

(四) 纳米复合包装纸

用分散相尺寸为1～100nm的颗粒或晶体与其他包装材料复合或添加制成的具有纳米级结构单元的纳米复合包装材料。液体奶无菌包装是近年兴起的新型包装，它对抗菌保鲜和破袋强度都有很高要求。保鲜袋牛奶一般只能保存3d。若用纳米抗菌剂改性的聚乙烯、聚丙烯薄膜包装牛奶，能有效抑制和杀死大肠杆菌、金色葡萄球菌等，防止各种微生物生长，同样条件下保鲜期可延长到8d以上，符合国家卫生标准。

(五) 其他功能型

保温包装纸。这种纸所具备的功能，是能将熟食包装后保持香、鲜、热度，供人们在不同的场合方便地食用，以适应当今人们生活快节奏的需求。这种保温纸的原理是像太阳能集热器一样，能够将光能转化为热能。通常人们只需把这种特制的纸放在阳光能照射的地方，该纸包围的空间就会不断有热量补充进去，从而使纸内的食物保持一定的热度，以便人们随时吃到香热可口的美食。

第二节　医用包装原纸

一、概　　述

在医疗技术日益发展的今天，对于医院感染的控制，通过杜绝感染渠道来降低手术感染概率被证明是确实有效的途径。无菌操作、手术器械的清洁、无菌程度等直接关系到患者术后的恢复，而与之密切相关的医疗器械的包装问题在近年被提到一个相当高的位置。近几年，随着国家卫生行业标准的日益完善，以及对医院感染管理控制重视程度提高，对手术器械灭菌包装要求也越加严格，同时也大力推动了医用灭菌包装材料的发展。手术器械灭菌包装即用于包装手术器械、可进行灭菌及无菌操作的密闭系统，在灭菌前后一定时间范围能有效地阻隔微生物入侵。

(一) 灭菌模式和灭菌方法

灭菌模式可以分为非最终灭菌和最终灭菌。非最终灭菌是在生产过程中需采用无菌作业以确保成品的无菌状态。最终灭菌是生产过程中可在非无菌环境中生产，而产品包装后，最终需通过灭菌措施达到灭菌要求，可以保证被包装的医疗器械在使用之前始终在最终灭菌包装袋内保持无菌状态。最终灭菌模式与非最终灭菌模式最大区别，是灭菌环节从传统“包装前灭菌”变为“包装后灭菌”。具体过程为医疗器械包装完成后，放入消毒器具，通过高压、真空等方式使消毒器具中高温蒸汽、化学药品等通过包装袋上透气孔进入包装袋内，杀灭细菌后再从包装袋内逸出，实现袋内对包装袋内包装物的灭菌。最终灭菌模式与传统医疗器械灭菌过程比较示例（以高温蒸汽方式为例）如图8-4所示。

最终灭菌模式强化了对医疗器械灭菌充分性和运输、储存、使用全流程中沾染风险和临床应用中交叉感染风险的控制，使用安全性显著提高。最终灭菌模式带来医疗器械包装材料的巨大变革，具有良好透气性、表面强度和阻菌性的医疗包装材料获得广泛应用。

现有灭菌方法分为物理灭菌法和化学灭菌法（具体方法见图8-5）。目前用于医疗产品灭菌工业化的方法有：辐射、环氧乙烷、湿热、干热、过氧化氢和臭氧六种，医疗器械最常用的灭菌法为环氧乙烷、辐射和电子束。

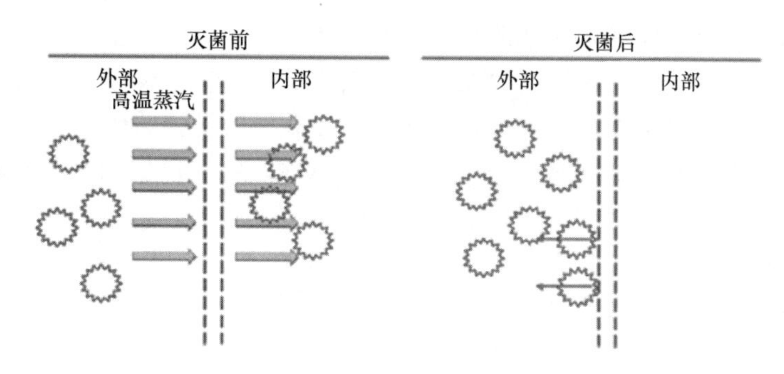

图 8-4　最终灭菌模式与传统灭菌模式的比较

（二）医用包装材料

医用包装材料呈现多样化，主要包括全棉布、无纺布、医用包装纸、医用皱纹纸、医用纸纸袋、医用纸塑袋、Tyvek（特卫强一种以100%高密度聚乙烯为基材纺织而成的综合性能极佳的特殊材料）、硬质灭菌容器等。不同的包装材料适应不同的包装形式、对应不同的灭菌方式以及包装内容物。

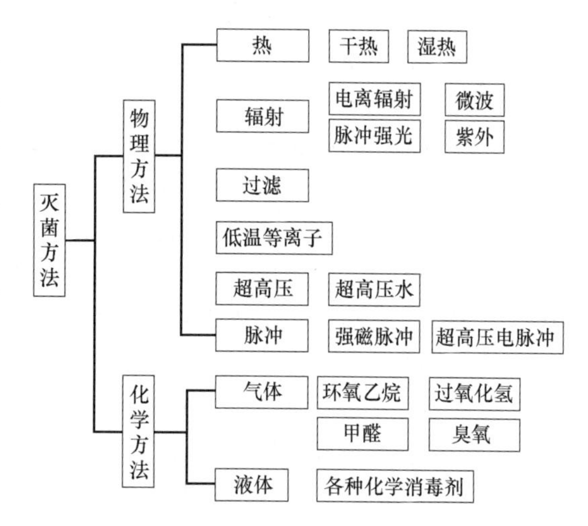

图 8-5　常用灭菌方法

医用无纺布是纺织纤维和（或）无纺纤维联结的网织品，称为非织造布。由聚丙烯制造，通过纺黏→溶喷→纺黏（SMS）的复合过程而形成。溶喷层的纤维直径仅2～4μm，形成高效微生物屏障过滤。

医用包装纸具有良好的微生物屏障作用，同时还具备很好的通透力。质量应符合《GB/T 19633—2005 最终灭菌医疗器械的包装》的要求。医用包装纸材料上不应有穿孔、裂缝、开裂、皱褶和局部厚薄不均等影响材料功能的缺陷，质量与生产者的标称值一致。包括拉伸强度、厚度变化、抗撕裂、气体渗入和耐破程度，以满足医疗器械包装和灭菌过程或最终包装的要求。

医用皱纹纸是最早出现的棉布替代品。具有特殊的多孔排列结构，有比棉布更好的微生物屏障性能，可直接作为包装材料或用于硬质容器的内包装材料。穿透率达100%，可以使高压蒸汽或环氧乙烷气体等杀菌因子自由出入，灭菌效果好；其细菌渗透过滤阻留率达98%，具有较好的阻隔细菌能力。根据我国卫生行业规范，医用一次性纸袋包装的无菌物品，有效期宜为1个月，使用一次性医用皱纹纸包装的无菌物品，有效期宜为6个月。皱纹纸对环境的湿度要求较高，因为医用皱纹包装在潮湿状态下容易破损、变形，导致阻菌性能下降，所以储存时应注意保持环境的清洁、干燥和通风，避免污染，保证灭菌物品的无菌有效期。

医用包装纸袋简称立体纸袋，是由双层医用单面涂胶平板透析纸胶合成的专用包装袋，可用热封或自封的方法包装闭合。医用包装纸袋上涂有的黏合层应是连续的，不应出现空白或裂纹，以免导致在密封处形成间断。在灭菌前、灭菌中和灭菌后，材料黏接剂、涂层、印墨或化学指示物等成分，不应与产品发生反应、污染产品、向产品迁移或对产品产生副作用。不应有足以影响其性能和安全性的释放物和异味。

医用纸塑袋被普遍认为包装操作简便，临床使用广泛。袋型设计，省去了平面包装材料如医用包装无纺布、皱纹纸及棉布需通过折叠才能形成密闭系统的操作。另外自带化学指示色标，省去了粘贴包外化学指示胶带的麻烦，包装只需热封口机一台，节省人力，节约耗材，无菌物品便于存放及使用。

理想的医用包装材料需要具有以下特性：a. 在规定条件下无可溶出物，无味，不对与之接触的医疗器械的性能和安全性产生不良影响；b. 无穿孔、破损、撕裂、褶皱或局部厚薄不均；质量与规定值一致；c. 具有可接受的清洁度、微粒污染和落絮水平；d. 满足确定的最低物理性能（如抗张强度、撕裂度、透气性和耐破度）；e. 满足确立的最低化学性能（如 pH，氯化物和硫酸盐含量）；f. 使用条件下，材料在灭菌前、中、后不释放引起健康危害的毒性物质。

（三）医用透析纸

医用纸塑袋也称灭菌包装袋、消毒包装袋、医疗包装袋，是使用最为广泛的最终灭菌包装材料之一。纸塑袋的一面为医用透析纸，另一面为医用复合膜，是透析灭菌方式下的主要包装材料。塑料膜与透析纸的热黏合原理是将塑料膜的热合层熔化，与透析纸透气面结合，再通过烫合机一定压力的压合，使透析纸与塑料膜之间，具有一定的剥离强度。所谓透析就是允许一部分东西穿透，阻止一部分东西。纸塑袋灭菌包装的作用原理：利用包装材料的阻菌性而透过 EO 环氧乙烷或者蒸汽等灭菌气体的半透透过性来达到灭菌包装以及贮藏运输，在包装袋未必打开之前袋内所包的东西一直保持无菌。

透析纸是拥有良好透气性、表面强度和阻菌性的包装用纸。透析纸一般用于比较高端的一些医疗器械灭菌包装或吸塑包装，作为硬吸塑封合盖材用，如同 PETG、PVC、PS、PP、PET 吸塑盒等材料封合效果良好。在应用过程中，通常经涂布、印刷（上油墨）、制袋，即成纸塑袋。如图 8-6 所示。

图 8-6 医用纸塑袋实物照片

（四）应用

目前国内医用包装纸主要用于创可贴、医用手套、口罩、一次性注射器及输液管等医疗用品等的包装。医用包装纸的应用实例如图 8-7 所示，不同品种医疗包装用纸具体应用场景如表 8-8 所示。

纸塑袋在临床的应用相当普及，使用此类包装材料灭菌后的物品可直接放置于清洁区，大大节省了工作人员的工作量。因而受到行业及生产厂家的青睐，临床使用量最大、应用面最广的一类产品。医用纸塑袋可分别适合于：环氧乙烷（EO）、高温蒸汽，^{60}Co γ 射线辐照的灭菌包装。此外，纸塑袋还有较强的抗湿性，这可减少布类和器械地清洗、灭菌次数10～12 次，降低布的损耗及再处理费用，延长了器械的使用寿命。

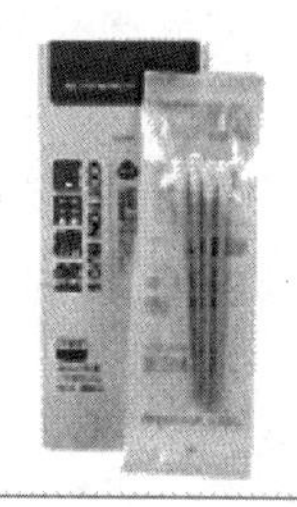

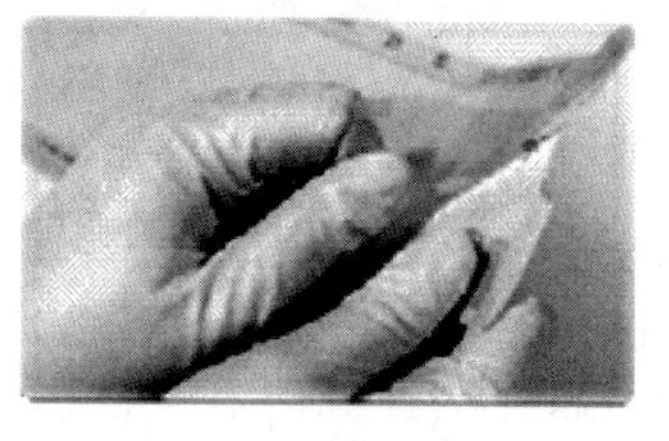

图 8-7　医用包装纸的应用实例

表 8-8　　医用包装原纸的应用范围

原纸类型	包装类型	用纸形式	包装应用
医用透析纸	纸纸三边封合袋	透气面	医用教材、一次性医用注射器械等
	纸塑三边封合袋	透气面	手术衣、输液管、导尿管、注射器等一次性医疗器械
	透气袋	透气面	较大型灭菌医疗器械
	FFS 自动包装	透气面	各类一次性医疗器械或医院灭菌器械
	硬塑盒-盖材	透气盖面	医院用手术包、口腔包、器械包等
医用包装纸	纸纸三边封合袋	涂塑或纸塑复合底面	手术衣、输液管、导尿管、注射器等一次性医疗器械
	医疗用品	外包装	创可贴、棉签等

二、性能要求

尽管各行各业医用包装纸的行业标准各有侧重点，但医用包装纸作为医用包装材料的一部分，首先得满足“医用”要求，即必须得满足卫生安全的需要；其次，得满足包装材料的要求，即满足包装纸的印刷适应性要求，对纸张的印刷表面强度、光泽度、平滑度等方面的要求也在日趋提高。

(一) 卫生安全要求

1. 无荧光

医用包装纸最基本的要求是必须为全木浆的无荧光纸，因为荧光产生辐射对产品不利，对人体有害，并且在灭菌室灯光下产生荧光。

2. 细菌不能超标

经产品质量监督检验所检测，医用包装纸的总砷、铅、菌落总数要符合行业标准或用户要求，必要时为用户提供细菌检验报告。

3. 满足阻菌性要求

医用包装纸是否阻菌通过两个方面体现。一是阻菌性试验又名琼脂接触攻击试验，是通过检测枯草杆菌能否穿透医用包装纸来提示产品能否阻菌。另一种方法是通过控制医用包装纸孔径大小来体现。EN868 规定，孔径大小平均值不大于 35μm、最大值不大于 50μm。这是因为，医疗包装都要经过灭菌过程。目前灭菌方式都采用环氧乙烷，而环氧乙烷灭菌有透气性要求。医用包装纸在使用过程中要在满足灭菌要求透气性的同时，还必须阻止细菌侵入。设置平均孔径值最小为的是保证透气性，设置孔径的最大值为的是控制细菌的侵入，对实现产品灭菌后的保护，能起到真正的作用。医用包装原纸的卫生指标如表 8-9 所示。

4. 不能渗透色素及有毒物质

氯化物和硫酸盐含量符合 EN868 规定。氯化物含量不得大于 0.05%（以氯化钠计，按《GB/T 2678.5—1996 纸、纸板和纸浆水溶性氯化物的测定（硝酸银电位滴定法）》测定），硫酸盐含量不得大于 0.25% [以硫酸盐计，按《GB/T 2678.6—1996 纸、纸板和纸浆水溶性硫酸盐的测定（电导滴定法）》测定]。

5. 满足欧盟 RoHS 指令

RoHS 指令即 RoHS 十六项，用于检测医用包装纸有害物质的含量，如铅、汞、镉、六价铬、多溴联苯和多溴联苯醚，是参照 IEC62321-2CDV（111/95/CDV）方法检测。一般在产品出口时，要求附相关权威部门提供的 RoHS 十六项检测报告。

医用包装原纸的卫生指标见表 8-9。

表 8-9　　医用包装原纸的卫生指标（GB/T 26199—2010）

项　目		单　位	规　定
荧光亮度(荧光白度)	≤	%	0.7
菌落总数	≤	CFU/g	200

(二) 物理技术指标要求

对于用在医疗器械灭菌包装上的透析纸而言，阻菌性与透气性是极其重要的检测指标。所谓阻菌性，是指透析纸能够阻止外界环境中的细菌透过，避免造成医疗器械灭菌过程或灭菌后细菌感染的性能。透析纸阻菌性能的好坏对于灭菌产品的有效存放尤为重要。医用包装原纸的技术指标如表 8-10 所示。

表 8-10　　医用包装原纸的技术指标（GB/T 26199—2010）

指标名称			单　位	规　定
定量			g/m^2	35.0　40.0　45.0　50.0　55.0 60.0　65.0　70.0　75.0　80.0
定量偏差			%	±5
横幅定量差		≤	%	3.0
裂断长(纵向)		≥	km	4.5
平滑度(正面)		≥	s	60
亮度(白度)		≥	%	78.0
吸水性		≤	g/m^2	24.0
耐破度		≥	kPa	82
交货水分		≤	%	7.0
表面强度		≥	级	8
尘埃度	$0.3mm^2$～$1.5mm^2$	≤	个/m^2	20
	>$1.5mm^2$			不应有

三、基本生产工艺

为了确保药品的品质及填充包装、储运过程的安全，要求医用包装纸具有一定的拉伸、抗冲击、耐击穿和耐撕裂强度等，使用时又要容易开口，防水性好。纸张要能接受高剂量的放射处理而不损失强度；考虑到蒸汽灭菌的需要，纸张要有好的湿强度，有一定的透气度，良好的匀度，防护性好；用于消毒必须保障一定的透气度，但是为了安全卫生，需要具有良好防护性，因此要求纸张匀度好，不能有孔洞，防止杂质、微生物进入。

四、生产质量控制

为了开启时无纸屑，达到理想的剥离效果，要求纸张具有良好的表面强度。通过加入填料提高纸张的不透明度，同时具有良好的透气性，填料要求纯度高、颗粒径细小均匀，能通过 180～200 目筛孔。为增加填料的留着率，可选用阳离子淀粉与阴离子聚丙烯酰胺代替硫酸铝做施胶剂的助留剂。医药包装原纸基本生产流程如图 8-8 所示。

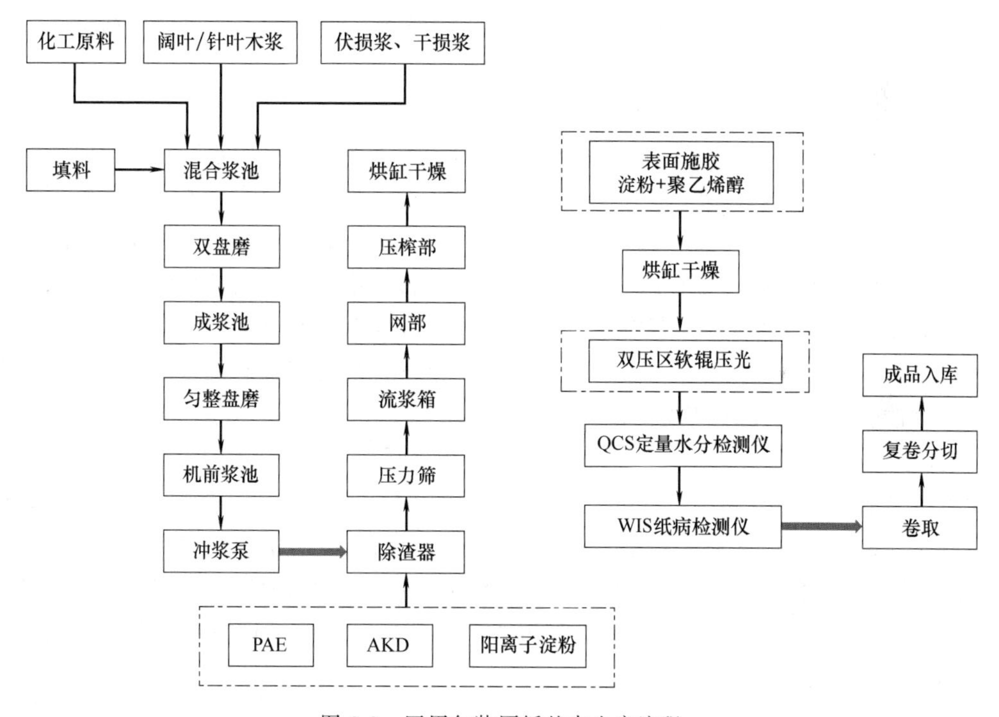

图 8-8　医用包装原纸基本生产流程

医用透析纸是目前使用最为广泛的最终灭菌包装材料之一，在此以透析纸为例介绍生产质量控制。为满足灭菌包装的各方面要求，医用透析纸需拥有适宜的湿强度、透气性、阻菌性等特性，具有较高的制备工艺难度，通常需要控制的指标包括透气度、吸水性、各向抗张强度、荧光物质含量、pH、氯离子等。

（一）原料选择

选用针叶木浆与阔叶木浆的配比。阔叶木浆的纤维较短，一般为 0.8～1.0mm，纤维较粗，长宽比小，其细胞壁较厚，细胞腔小，壁腔比大，与针叶木浆配抄时能够提升纸张匀度，松厚度并调整纸张孔径，但是其强度不佳，需要通过适度的打浆来提升其与针叶木浆的结合。

(二) 打浆

合适的打浆度能够使医用透析纸保持一定的透气度同时满足强度的要求。透气度随打浆度的提升明显降低，打浆方式决定成纸的性能，从医用透析纸要求良好的透气性这一特性考虑，不能采用黏状打浆，但游离打浆又无法满足较高强度和良好匀度的要求，为了兼顾到这一矛盾的两个方面，长纤维半黏状打浆方式，并严格控制打浆度和纤维长度，可保证成纸的质量要求。

(三) 添加助剂

不含荧光物质。必须是低的灰分，不含荧光物质等有害物质，生产中不能随意添加化学助剂，不加填料。纸质中性，离子含量低。纸张必须是中性，并且对纸张的 Cl^-、SO_4^{2-} 的含量有严格限制。不可用松香施胶，而采用 AKD 中性施胶。部分医用灭菌包装在使用前需要通过高压蒸汽灭菌，这就要求医用透析纸具有一定的湿强度，生产中可以通过添加湿强剂的方法提升纸张的湿抗张强度等指标，目前应用最广泛湿强剂 PAE。当 PAE 用量增加时，纸张的抗张指数及湿抗张指数和透气度均逐渐上升。这可能是由于 PAE 能够与纤维进行交联，增加了纤维间的结合，并使纤维发生一定程度的聚集，从而提升强度的同时提升了纸张的透气度。

(四) 表面施胶

由于医疗行业对医疗器械灭菌包装产品使用时的特殊要求，灭菌包装在开启时需洁净开启，即灭菌包装产品开启时无纸毛，且剥开结构应连续、均匀，开启后不污染医疗器械。因此需保证热封合强度适中（0.8～8.0N/15mm），同时也需进一步提升医用透析纸的内结合强度及表面性能，表面施胶是常用的提高表面性能的方法之一。剥离效果的测定方法：采用 15mm 透明胶带贴在纸表面，然后匀速剥离，检查纸张表面起毛情况。可采用淀粉加改性聚乙烯醇对纸张表面进行处理，除了可以提高表面强度外，还可以提高纸张耐破度，加入剥离剂可以大大改善纸张表面的剥离效果。

(五) 压光

最大等效孔径作为医用透析纸重要的指标之一，对医用灭菌包装材料的阻菌性能有很大影响，ISO 11607，EN868 系列以及 GB 19633—2016 等标准中均提出：10 片纸的平均孔径 $\leqslant 35\mu m$，任何一片不应 $\geqslant 50\mu m$ 的要求。压光能够提升纸张的表面性能（如光泽度、平滑度以及表面强度等），压光过程中，纸张厚度减少，纸张中多孔的结构被挤压，孔径也会有所降低，但透气度也会下降。

五、工 程 实 例

(一) 实例 1：高档医用透析纸的试制

某公司试制产品高档医用透析纸，并与进口产品进行比较，主要工艺控制如下。

(1) 打浆

装缸量 200kg（绝干浆），浆浓 4.0%～4.5%；疏解电流 70A，时间 0.5h；打浆电流 95～100A，时间 2h；成浆质量：打浆度 42～45°SR，湿重 9～10g。

(2) 配料

AKD 加入量 0.24%，PAE 加入量 1.0%。加入方法：AKD 直接加入，PPE 稀释 10 倍后加入；NaOH 调整 pH 为 8，AKD 加入要搅拌 0.5h 后再加入 PPE。

（3）抄纸

设备为1092双网双缸圆网纸机，定量60±3g/m²，车速50～55m/min，抄宽1100mm，上网浓度0.2%，烘缸气压：Ⅰ缸0.2～0.25MPa；Ⅱ缸0.1～0.15MPa，成纸水分4%～5%，下机质量为每卷（200±10）kg。

（4）表面施胶

表面施胶设备为1150多功能涂布机，施胶方式为浸渍双辊挤压，车速70～75m/min。配料：淀粉加改性聚乙烯醇，配比5∶1，固形物含量8%，按体积比加入1%的剥离剂，涂布量1.5～2.0g/m²。

试制产品和进口纸检测数据及企业标准如表8-11所示。

表8-11　　试制产品和进口纸检测数据及企业标准

项　目		检验标准	企业标准	试制产品	国外产品
定量/(g/m²)		GB/T 451.2—2002	60±3	60.8	61.2
水分/%		GB/T 462—2008	5～7	5.2	
吸水性/(g/m²)		GB/T 1540—2002	16±2	16.0	17.5
抗张指数/(N·m/g)	纵向	GB/T 453—2002	≥89.0	100.5	104.2
	横向		≥39.0	49.0	
湿抗张指数/(N·m/g)	纵向	GB/T 465.2—2008（浸水60s）	≥16.0	30.6	25.1
	横向		≥5.6	15.3	
耐破指数/(kPa·m²/g)		GB/T 454—2002	≥4.5	7.4	6.8
透气度/[μm/(Pa·s)]		GB/T 458—2008	≥1.0	1.8	1.0
撕裂指数/(mN·m²/g)	纵向	GB/T 455—2002	≥9.2	12.4	4.0
	横向		≥10.0	14.3	4.6
灰分/%		GB/T 742—2008	≤1.5	0.35	
pH		GB/T 154.5—2008	6～8	7.5	5.7
Cl^-/%		GB/T 2678.2—2008	≤0.050	0.020	0.025
SO_4^{2-}/%		GB/T 2678.6—1996	≤0.250	0.015	0.125

（二）实例2：医用透析原纸

（1）主要原材料

浆料：漂白硫酸盐针叶木浆和漂白阔叶木。

化工辅料：湿强剂PAE、浆内施胶剂AKD、阳离子淀粉及表面施胶淀粉、聚乙烯醇（PVA 100-27）。

（2）主要生产设备

1880长网造纸机。

（3）关键工艺

① 打浆方法。将质量比为4∶1的漂白针叶木和漂白阔叶木混合浆料，加规定的清水，通过水力碎浆机碎解，并在碎解浆液中加入0.4%纯碱和5%羧甲基纤维素液，然后加水稀释至浓度为4%的浆料，再打浆至打浆度为26～30°SR的浆料。

② 配浆方法。将打好的浆料抽至配料仓中，加清水调浆料浓度为3.5%，将用量为0.625%的阳离子淀粉液加入，再加入用量为2%的湿强剂、吨纸用量为0.75%的剥离剂，

搅拌均匀备用。

③ 上网成形阶段在线添加 AKD 方法。将制好的浆料经冲浆泵、除渣器、旋翼筛、高位箱、网前箱后，到 1880mm 长网造纸机上网成形，并在冲浆泵入口连续添加吨纸用量为 15kg 或者 30kg 的 AKD 原液。上网浓度为 0.6%，网部速度 200m/min。经压榨脱水、烘缸干燥后制成纸页。

④ 表面施胶方法。制好的纸页进入表面施胶槽内，再进入烘缸干燥、压光、卷取制成透析纸。表面施胶液的制备（两种方案）：向熬胶锅内加入清水 400kg 后，打开搅拌器，缓慢加入已浸泡 4h 的聚乙烯醇 25kg（方案 1）或 37.5kg（方案 2），及表面施胶淀粉 75kg，搅拌均匀后缓慢升温至 95℃保温 30min，然后加清水稀释至规定的刻度线，搅拌均匀后，用 100 目过滤网过滤至储胶桶备用。胶液使用时温度保持在 65℃左右，此状态下，胶液浓度 5.5%（方案 1）或 6.5%（方案 2）左右，胶液的旋转黏度值约为 9.2mPa·s（方案 1）或 13.6mPa·s（方案 2）。

六、展　　望

近年来灭菌技术飞速发展，无菌物品的包装材料也向多元化转变，对各种包装材料的相关性能和阻菌效果的正确认识，可以更好地节省成本，提高灭菌效果，延长保质期，为医疗护理质量保驾护航。20 世纪 90 年代，欧美医疗器械和软包装业界提出了“最终灭菌”的理念，以提高医疗器械的使用安全性。最终灭菌包装成为国际上医疗器械包装的基本要求，系列标准也成为最终灭菌医疗器械包装的国际主流标准。伴随人口老龄、城镇化及医疗体系建设推动国内医疗器械市场保持高速增长，最终灭菌包装材料潜在市场空间广阔。全球医疗器械行业的持续增长是最终灭菌包装材料需求的根本动力。

随着现代医学的发展，安全防范意识的增强，在发达国家示范效应下，最终灭菌模式已成为医疗器械生产和医院器械灭菌的共识要求，在各个新兴国家和地区逐渐得到不同程度的推广应用，最终灭菌模式有望逐渐在医院其他用品、家庭护理急救、宠物医疗用品等领域进一步推广，带来更多医用包装原纸需求。

医用包装纸是使用最为广泛的最终灭菌包装材料之一，改变了传统包装易污染，保质期短，需反复消毒灭菌，浪费人力物力的问题，同时也改变了由于临床过期治疗包，集中返回供应室重新处置，造成治疗包周转不足的拖欠现象。减少了临床护士的麻烦，降低了供应室的工作量，受到临床科室的欢迎。随着人们对医疗用品安全性要求的不断提高，以及对最终灭菌模式优点认识不断深入，为医用包装原纸需求增长提供了持续动力，医用包装原纸市场正在步入增长快车道。

同全球一样，国内医疗卫生投入支出持续增长，特别是国内人口结构面临老龄化的转变，以及医疗保险体系的健全，对医疗器械和药品的消费将保持长期增长态势。过去诊疗机构普遍使用的重复消毒穿刺器械，已被一次性穿刺器械所取代。医疗包、急救包等逐渐进入普通家庭，成为常备家庭用品。过去十年国内市场规模从 2005 年的 353 亿元提高到 2016 年的 3700 亿元，年复合增长率增速超过 20%，从而带动医用包装用纸的需求增长。国内医疗器械市场未来的进一步发展将继续为国内医用包装原纸行业提供广阔的潜在市场空间。2015 年我国医疗包装用特种纸市场规模约为 12.2 亿元，产量已超 10 万 t，近五年复合增长率约为 15%。

目前，我国医用包装原纸企业大多是从食品包装用纸、卷烟纸等领域转换过来，产业发展时间短、市场分散、质量标准低、重复低端产品多，企业的制造和管理水平均较国外大型企业还存在较大差距。随着近年来国内企业在医用包装原纸领域研发生产投入的逐渐增加，部分国产医用包装原纸的产品质量已经逐渐接近国外一些老牌特种纸企业的产品，但是更进一步的超越将涉及机理层面的研究，包括不同工艺路径下原纸微观结构特性，以及不同微观结构对原纸性能的影响等。深入理解原纸微观机理，从而为选择适宜的宏观指标和工艺方案提供指导，还需要国内科研机构、造纸企业一线研发人员的长期努力。

第三节　快速检测试纸

一、概　　况

现场快速、准确地检测各种试样的成分，对于减少和消除各种危险隐患，预防事故的发生起着非常重要的作用。目前所用仪器多是大型精密仪器，操作较为复杂且费时，很难应用于现场的快速测定。试纸法具有携带方便、操作简单、测定速度快等特点，在现场的快速检测中发挥越来越大的作用，已广泛应用于食品、水质、医疗卫生、室内空气监测等各个领域。试纸法还可以和不同类型的检测技术结合，更全面地针对不同的检测目标进行检测。

（一）定义及作用原理

试纸法是利用化学反应的原理，用纤维类滤纸作为反应载体的一种快速检测方法。被测物与检测试纸接触后，在试纸上进行反应，就是把化学反应从试管转移到纸上进行，根据反应前后所呈现的荧光、电压、颜色等变化实现对检测组分的定量或者定性分析。测定时试纸与被测物质接触反应的方式包括自然扩散、抽气通过（需要有抽吸装置）、将待测样品滴加于在试纸上或直接将纸片插入溶液中等。被测物与试纸接触后，在试纸上发生化学显色反应，从而改变试纸颜色，通过与标准比色卡的比较，进行目视定性或半定量分析。

用试纸法测定样品的时间一般都很短，有的是即时的只需几秒，最长也只需几十分钟，根据检测样品化学性质的不同决定试纸测试时间。检测试纸是指专为快速检测特殊制作的纤维类滤纸，目前市场上常见的试纸产品主要有血糖试纸、pH 试纸、早孕试纸、淀粉试纸等，它们已经和人们的生活密切联系在一起，给生活带来许多便利。

（二）分类

根据检测原理的不同，将检测试纸分为显色型、化学发光型、免疫层析型和分子生物化学法四类。

1. 显色型试纸

显色型试纸是水质检测领域中研究最早、应用最广的一类试纸，其原理是利用待测物与浸透在试纸上的显色剂发生反应而产生明显的颜色或颜色变化，通过目视比色或利用光反射仪、光度计等微型装置检测，从而实现对水样的快速检测，典型代表是 pH 试纸。

2. 化学发光型试纸

化学发光分析中可以进行发射光子计量，具有很好的灵敏性和很宽的线性范围，并且用于探测和计量光子的仪器设备简单、廉价且易于微型化。化学发光型试纸是将试纸检测法和高灵敏度的化学发光反应结合，已成为试纸法的一个重要分支。

3. 免疫层析试纸

免疫层析技术是一项有效结合层析法分离能力和免疫反应高度特异性的新型检测技术，

当前在疾病快速诊断、环境污染物分析及致病生物因子检定等领域得到广泛应用。近年，免疫层析技术已被逐渐的用于癌症标志物、艾滋病毒等的早期诊断和筛查。免疫层析试纸的检测原理是将显色标记物（如酶、有色标记物、荧光标记物）固定在结合垫上，将特异性的抗原或抗体固定在硝酸纤维膜上形成检测区，当待检物加入后可将结合垫上的标记物溶解并与之反应通过毛细作用流至检测区，待检物中的受体与检测区的配体进行特异性结合从而将标记物截留，在检测区出现肉眼可见的红色条带或斑点，从而实现对待测物的定性或定量分析。该检测方法避免了加样、洗涤等复杂的过程，使得操作步骤更简单；且不需要专业的技术员、不需要特殊的仪器设备，适用于基层单位。目前，应用最广的免疫层析试纸是早孕试纸。

免疫层析试纸主要由样品垫、结合垫、抗体承载膜、检测线、质控线、吸水垫和底板七部分组成（图 8-9），从测试端至手柄端依次叠加于支撑底板上。样品垫为处理过的纤维棉等，其功能是在较短的时间内吸收样品的溶液，借助虹吸作用不断朝着结合垫方面运动；结合垫一般运用的是纤维棉，对标记的生物材料具有吸附作用，其能够跟待检样品溶液内的靶标结合，获得肉眼可见的复合物；层析膜一般是纤维素膜等，上部固定了两条不同的活性材料（如抗原或抗体），形成“检测线”（T 线）和“质控线”（C 线）印迹，带标记的复合物运动经过该位置时将被拦截，检测的结果肉眼可见；吸水垫即吸水纸板，主要功能是吸收层析膜方面的相应溶液，稳定膜两边的压差。

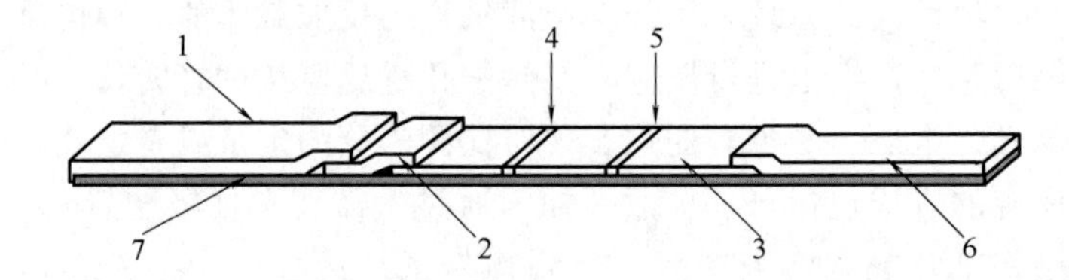

图 8-9 免疫层析试纸条示意图

1—样品垫 2—结合垫 3—抗体承载膜 4—检测线 5—质控线 6—吸水垫 7—底板

免疫层析试纸选择合适的标记材料，对于确保通过人眼或者辅助设备检出微观免疫反应，具有重要意义。目前用于免疫层析试纸（ICTS）的标记物主要包括有机纳米粒子、胶体金、上转换材料和量子点、纳米磁性颗粒等新兴材料。

4. 分子生物学法试纸

分子生物学法试纸是利用分子生物学的相关原理和技术，使检测精度达到了分子水平。目前已经较为成熟的有核酸层析试纸和基因芯片等，这两种方法也是近年来国内外学者研究的热点。前种方法基于核酸扩增和纸层析技术的结合，使核酸层析试纸具有高度的灵敏性、经济性、简单方便等优点。后者是基于基因技术和芯片技术结合并且不断发展而得来的一种以基因为检测目标的检测方法。基因芯片的原理是使用已知序列的基因和未知序列目标基因杂交，通过一定的信息反馈处理，揭示未知基因的序列信息。该检测试纸的检测精度可以达到分子水平，所以具有检出限低、检测效率高等优点。但是缺点也比较突出，第一个是高昂的检测成本；第二个是在检测目标物质之前需要事先测序大量的 DNA 序列。随着科学技术的不断发展以及成本的降低，这种方法还是具有广泛的应用前景。近年来该试纸中比较成熟的种类已经应用于饮食中致病菌的检测以及 Micro RNA 等的检测。

(三) 试纸法应用的特点

试纸法与一般的仪器分析方法相比，具有以下优点：

① 检测速度快且灵敏度高，缩短了实验时间和流程，使用简单；价格便宜，一次性使用，不需检修维护；携带方便，非常适合现场快速检测。

② 延长了保存时间。有些实验在常规实验室中需要溶液和装置即配即用，时间一长就会变性变质，不能够长期保存。而试纸正因为其特殊的反应机理和结构使得试纸上附着的物质可以长时间存在，且呈固态，方便携带和使用。

③ 利用沉淀反应，避免有机溶剂的使用。滤纸与化合物溶液接触反应后会生成沉淀颗粒非常小能够均匀附着在试纸上，不影响观测效果，避免使用对人体和环境有毒害作用、易挥发、易燃的有机萃取溶剂。

基于快检试纸的特点和优势，国内外对快检试纸的研究正方兴未艾，并有许多针对特定对象的快检试纸面市。当然试纸法也存在某些方面的不足：

① 由于试纸一般体积不会很大，能够固定的试剂量有限，有些试纸的灵敏度还不能做到微量检测，检出限有待进一步提高。

② 只能给出定性和半定量结果。

③ 有些样品处于临界状态，难以判定阳性或阴性。

④ 在光线暗处难以目测判读，或条纹微弱不规则不易判读。

⑤ 适用的范围少，很少能够与现有成熟的测定方法联用。国内开发和生产的试纸种类有限，还远远不能满足现场检测的需要。

二、质量技术指标

根据检测原理和制备工艺，试纸可再归为两个大类，检测试纸Ⅰ类：包括显色型、化学发光型试纸，主要以滤纸为载体；检测试纸Ⅱ类：包括免疫层析型、分子生物学型，主要以硝酸纤维素膜为载体。检测试纸Ⅰ类以纤维滤纸为载体，滤纸的技术标准这里不再累述，此处仅提供 pH 试纸原纸的技术指标（《QB/T 4820—2015 pH 试纸原纸》），如表 8-12 所示。

表 8-12　　pH 试纸原纸的技术指标（QB/T 4820—2015）

指标名称		单位	规定
定量		g/m^2	80.0±4.0
厚度		mm	0.18±0.01
毛细吸液高度(纵向)		mm/10min	45～55
抗张强度(纵向)	≤	N/m	1500
湿抗张强度(纵向)	≤	N/m	120
水轴提液 pH(冷抽提)		—	6.5～7.5
D65 亮度		%	85.0～88.0
灰分	≤	%	0.15
交货水分		%	5.0～8.0
尘埃度	$0.2mm^2$～$0.7mm^2$ ≤	个/m^2	15
	>$0.7mm^2$		不应有

检测试纸Ⅱ类主要以硝酸纤维素膜为载体，硝酸纤维素膜的关键技术指标如下：

① 毛细迁移。液体移行速度应不低于 10mm/min。

② 重复性。取同一批号的试纸 10 条，检测同一浓度的样品液，反应结果应一致，显色应均一。

③ 稳定性。在 37℃条件下放置 20d，产品应符合要求。

④ 批间差。取 3 个批号的试纸检测同一浓度的样品液，反应结果应一致，显色应均一。

三、基本生产工艺

试纸的制备工艺可分为两个大类，显色型、化学发光型试纸主要以滤纸为载体进行后续的加工，制备工艺相对简单；免疫层析型、生物化学型以硝酸纤维素为载体，加工工艺相对复杂。显色型和化学发光型试纸，一般是将试剂配成溶液后，浸渍在试纸基底上，然后再以适当的方法干燥；也有将试剂（要求有一定的稳定性，多为染料）分散在纸浆中，制成试纸。试纸制作好之后通常需要进行干燥，常用的干燥方法有自然瞭干、冷风吹干、烘干以及真空干燥等。基于免疫层析试纸的广泛应用，这里重点介绍免疫层析试纸的基本生产工艺。

（一）硝酸纤维素的制备

1. 匀浆配比

购买回来的原料硝酸纤维素粒子是一种非常普遍的有机化学物，溶解形成混浆，在该浆体内，通过加入一定比例的试剂来调整最后形成的膜的性质，一般主要包含表面活性剂/高分子聚合物/盐离子/成型剂等溶解的一个缓冲体系内。

2. 滚筒铺膜

配好的匀浆通过滚筒，形成了一张薄膜，平摊在十分光滑的平面载体上，过程与造纸非常相似。

3. 成型

当匀浆内的成型剂开始挥发，膜逐步干燥成型。同时在这个过程中由于温度比较高，有些企业在这个过程采取了在密闭腔体内成型，同时以补充配方溶液的形式，来避免一些有效成分的蒸发。

4. 切割

通过以上步骤生产出来的膜是呈一个宽度极大的产品，宽度的大小直接和滚筒的大小相关，滚筒越大生产越方便，但设备的成本也越高。宽膜要经过切割才能成为市场上购买到的 25mm 或 18mm（或 20mm）宽的膜，而长度上，成品卷膜和宽膜的长度是相同的。理论上可以让厂家切成任意的宽度，一般综合用料成本和生产便利性基本确定上面说的宽度。

（二）试纸条的构建

试纸条主要分为两种构型，一种是利用纤维素膜的横向层析作用，使样品横向流动；另一种是利用膜的纵向渗透以及过滤作用，使样品纵向移动。试纸条主要由底板、层析膜多为硝酸纤维素膜、金标结合垫、样品吸收垫、吸水垫构成，试纸条的组装是将样品吸收垫、胶体金结合垫、层析膜、吸水垫依次首尾粘贴而成。

试纸条的材料要求廉价、易于获得且可塑性强，通常以聚酯纤维素膜、硝酸纤维素膜、玻璃纤维滤膜以及电纺丝纸等材料为基底。

（三）膜和垫的处理

影响免疫层析试纸特异性和敏感性的 3 个主要因素：第一，检测线和纳米金上标记的抗体必须对 N 抗原决定簇有高度亲和力；第二，合适的纤维素膜也很重要；第三，样品垫和结合垫应该适当预处理。

1. 膜的处理

硝酸纤维素膜（NC膜）是纳米金免疫层析反应的载体，其孔径大小、质量好坏，层析膜的化学处理都直接影响检测结果。使用进口NC膜，不需要进行化学处理，利用其物理吸附能力，即可具备良好吸附蛋白质的能力，使受体固定时间长且性状稳定；但如果使用国产的NC膜则最好使用苯酮法、溴化氰等方法对其作化学处理，使其具有与受体蛋白共价连接的特性。NC膜上点加或喷涂抗原或抗体后，一般需封闭和洗涤后进行干燥。室温干燥NC膜的目的是将抗体和抗原固定在NC膜上。抗原和抗体对硝酸纤维素膜的结合，通过静电机制、非常强大的硝酸酯的偶极与强大的抗体和抗原肽键的偶极相互作用。

2. 垫的处理

一般用玻璃纤维滤膜作为样品垫和结合垫，结合垫和样品垫预处理后于60℃干燥2h。喷涂了免疫纳米金复合物的结合垫于37℃干燥30min至2h。垫预处理液的缓冲液有PBS、Tris缓冲溶液、硼砂缓冲液。不同文献对垫的预处理液成分不一，干燥时间也有差异，实验过程中应根据具体免疫层析系统使用的缓冲体系进行改进。吸收垫一般用吸水性能良好的滤纸，无须预处理。

（四）试纸条的加工

选择好材料后，在纸上先通过光刻蚀法刻出通道或者在合适部位直接包被上特异性蛋白等，再用各种生物化学方法对膜表面进行改性，例如用封闭液将检测膜上的空白位点封闭，调节膜表面的pH等，最后通过压合将材料组装起来，就形成了完整的纸芯片。在金标溶液质量不太好的情况下，为了防止或减少由于不饱满的免疫金颗粒会与膜上的蛋白结合，形成非特异性结合，造成试纸条背景不佳、影响观察结果，需要对样品垫、胶体金结合垫、膜进行封闭处理。

（五）组装试纸条

将样品垫、膜、吸收垫、胶金垫和底板切成合适大小，按顺序依次将样品热、金标结合垫、膜、吸收垫粘贴于底板上。各部分的下方重叠，将组装好的试纸条切成宽约4.0mm放入塑料保护壳中，置于4℃干燥处存放。

四、生产质量控制

快速检测试纸不同种类，生产工艺大不相同，在此以免疫层析试纸为例，介绍它的质量控制。整个生产过程中质量控制包括：纤维膜的选择和处理、胶体金标记工序的中间品、半成品和成品进行检验，检验合格后方可进行下一工序或入成品库。

（一）纤维膜的选择和处理

1. 玻璃纤维膜

一般用玻璃纤维素膜作为样品垫和结合垫。玻璃纤维膜是承载金标抗体的载体，一般选择与金标抗体结合强度适中，释放金标抗体较快，残留量少的玻璃纤维膜作为结合材料。同样大小的金标结合垫上灌注等量的金标抗体，其他条件相同的情况下，不同材料的金标结合垫对金标抗体的结合能力及结合强度的差异，会对试纸条的性能造成不同影响。若玻璃纤维膜对金标抗体的结合强度过大会使层析速度减缓从而影响试纸条的检测速度，过大的结合强度还会使较多的金标抗体残留在玻璃纤维膜上而降低试纸条的灵敏度。玻璃纤维膜未和金标抗体结合前，要进行适当的处理，以减少其疏水性，加大和金标抗体的结合能力；而玻璃纤维膜和金标抗体结合后，将很快失去水分。因此，助溶剂和稳定剂的加入也是很重要的。

2. NC膜的选择和处理

作为固相支持物的包被膜在金标免疫层析试验中至关重要，它能影响到整个试验的质量，用于金标免疫层析试验的膜多为硝酸纤维素膜或硝酸纤维素和醋酸纤维素混合膜，对膜的选择常考虑以下要求：

(1) NC膜的孔径

这是指NC膜可通过粒子的大小，以μm表示。NC膜的孔径影响蛋白质与NC膜的结合，当NC膜的孔径变小时，NC膜的有效表面积增加，蛋白质与结合量增加。因此NC膜孔径大小是金标免疫技术的一个关键因素，一般渗滤试验使用0.3～0.6μm孔径的膜，而层析试验使用膜的孔径多为0.5～1.0μm。

(2) NC膜的流速

选择NC膜时，流速是主要考虑因素之一。NC膜的流速影响金标抗体与NC膜上包被抗原的结合。若流速过快，可以提高检测灵敏度，但有可能出现假阳性，为达到设计要求的灵敏度，则需要增加相应的包被抗原量。较慢流速的NC膜可使待测物在NC膜上停留的时间增加，有助于提高金标抗体与膜上抗原的结合。

(3) NC膜与蛋白质的结合能力

NC膜与蛋白质结合的机理是静电引力，以$\mu g/cm^2$表示，金标免疫层析试验的硝酸纤维素膜1gG的结合力常为50～200$\mu g/cm^2$。如果NC膜结合白质的能力差或结合得不牢固，NC膜上没有包被上足够的包被抗原，则膜上各条带显色会很弱甚至不显色。

(4) NC膜的保存

膜的保存方法是影响膜质量的关键，NC膜应储存在环境湿度为45%～65%的带有干燥剂的铝箔袋中。NC膜本身的水分质量通常是膜质量的5%～10%。当NC膜的储存时间较长时，膜水分挥发而变得疏水，检测时，膜流速太慢，并且膜上易出现灰色的斑点，严重影响试纸条的检测效果。

(二) 胶体金标记工序的中间品

胶体金标记工序完成后，取10uL中间品，用纯化水将中间品稀释100倍后，用紫外分光光度在540nm下检测吸光度（OD）值，OD值应在[1.3，1.6]范围内。

(三) 半成品检验

半成品检验抽样方案：生产部提供样品，质量部进行随机抽样，抽样数量为90人份。依次进行下列项目的检验：

① 外观。在自然光或白炽灯下检测试纸应整洁完整、无毛刺、无破损、无污染；材料附着牢固。

② 膜条宽度。用千分尺随机测量5人份试纸条膜条的宽度，检测试纸的膜条宽度应在4.0mm±0.05mm范围内。

③ 液体移行速度。抽取10人份检测试纸，加入80μL空白对照液开始用秒表计时，直至空白对照液达到硝酸纤维素膜与吸水纸交界线时停止计时，所用的时间记为(t)。用游标卡尺测量样品垫、金标垫和硝酸纤维素膜的总长度记为(L)，则计算L/t即为移行速度，液体移行速度应在10～25mm/min之间。

④ 空白限。抽取10人份试纸条，检测80μL的空白对照液，计算结果的平均浓度X和标准差(S)，空白检出限为$X+2S$，应在[0～0.05] ng/mL范围内。

⑤ 精密度。抽取试纸10人份，检测浓度为1.0ng/mL的样品液。计算测定结果的平均

浓度（X）和标准差（S），计算变异系数（CV），批内精密度 CV（%）应不高于 10.0%。

⑥ 准确度。抽取 3 人份试纸条，加入 80μL 浓度 4.0ng/mL 的肌钙蛋白测定样品液，平行测定 3 次，计算测定结果的平均浓度（X），平均值应在［3.6，4.4］范围内。

⑦ 剂量曲线检测。检测浓度为 0.1ng/mL，1.0ng/mL，2.0ng/mL，4.0ng/mL，10.0ng/mL 的样品液，每个浓度检测 2 人份，记录各浓度水平的测量结果，计算线性回归到相关系数（r），其 r 应大于 0.975。

五、生产实例

（一）实例 1：胶体金免疫层析试纸

采用柠檬酸三钠还原法制备胶体金溶液，标记抗体蛋白制得金标抗体溶液，制成试纸条并对试纸条的性能进行检测。生产过程中的胶体金溶液、包被抗原等试剂的质量对试纸条的性能至关重要，需对其质量进行检测鉴定。工艺流程路线示意图如图 8-10 所示，其中主要生产工序有包被抗原的合成与鉴定、胶体金溶液制备与鉴定、胶体金标记单抗、金标抗体的纯化与鉴定、结合垫喷金、抗原二抗的包被、试纸条组装、切条、压壳和包装等。

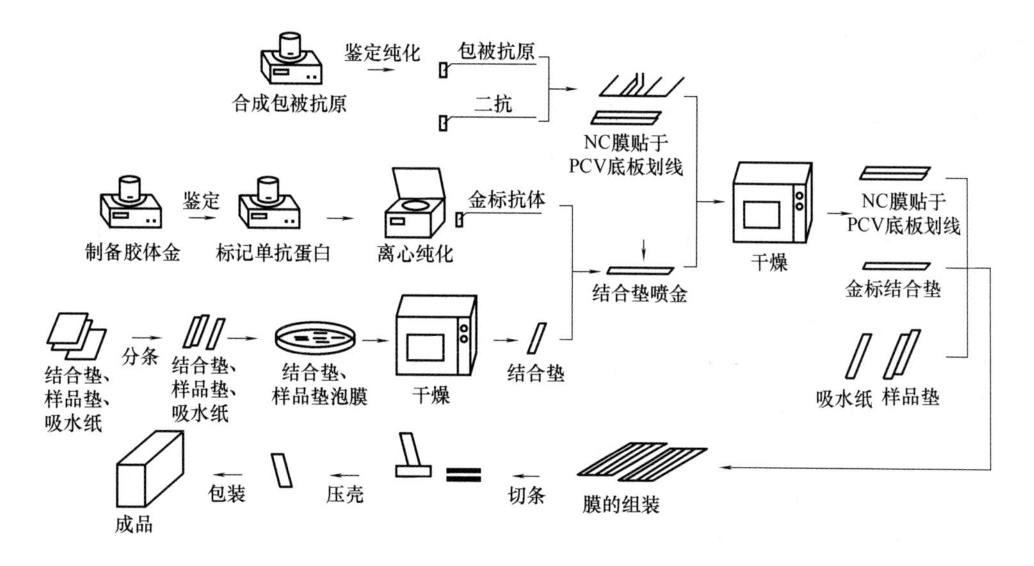

图 8-10　胶体金免疫层析试纸工艺流程图

1. 胶体金溶液制备

制备胶体金器皿的不洁净会影响胶体金颗粒大小的均一性，制备品质优良的胶体金要求用洁净的玻璃器皿，玻璃容器需经过 24h 泡酸、洗净后在 5%二氯二甲硅烷的氯仿中浸泡，然后在室温的条件下干燥之后用蒸馏水冲洗，干燥备用。目前胶体金溶液主要可以通过三种仪器制备，电炉、恒温磁力搅拌器、微波炉。图 8-11 为胶体金颗粒的双电层结构图。虽然有文献报道微波炉加热法制备的胶体金颗粒均匀性良好，但因其制备的量少，无法适应工厂大规模生产。

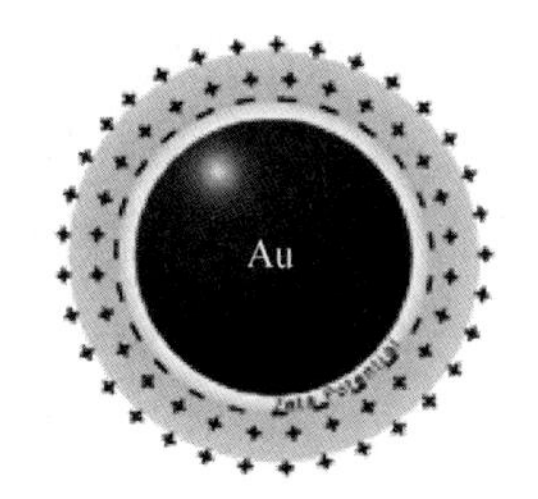

图 8-11　胶体金颗粒的双电层结构图

2. 胶体金溶液的鉴定

肉眼观察，要求胶体金溶液透明均匀，无聚集沉淀现象。再通过透射电镜观察鉴定，优质胶体金溶液颗粒应大小均一，无椭圆形和多角形等不规则形状，取多点平均值测定胶体金颗粒的直径大小，计算粒径的平均值，选择粒径在 20nm 左右的胶体金溶液。

3. 金标抗体的制备

将蛋白用胶体金标记，莱克多巴胺单克隆抗体在 pH 为 8.0 时标记时稳定性高，故标记前先用 0.1mol/L 的 K_2CO_3 将胶体金溶液 pH 调节为 8.0 按 9.6μg/mL 为最适蛋白剂标记量，根据需制备胶体金溶液的量计算需要添加的单克隆抗体的量，用搅拌子边搅拌边缓慢地添加抗体，加完后继续搅拌 30min，加入稳定剂（含 1%BSA，0.02% NaN3），再搅拌 30min。如图 8-12 所示。

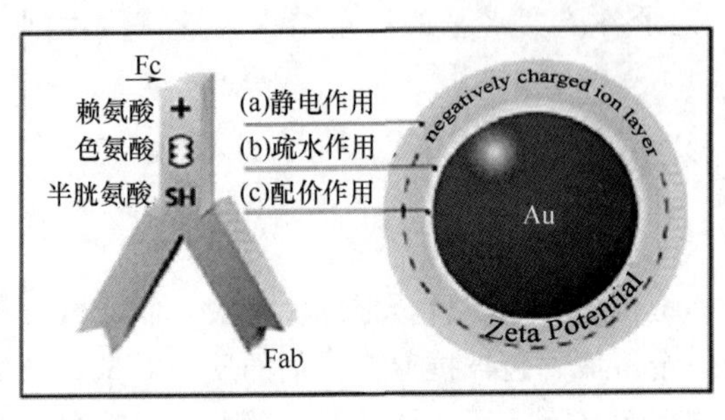

图 8-12 抗体与胶体金粒子结合示意图

4. 金标抗体的纯化及鉴定

采用低温高速离心法纯化金标抗体，先将金标抗体溶液在离心机中低速离心，去除大分子聚合物和凝集的胶体金颗粒，再转高速离心去上清，纯化浓缩金标溶液。纯化金标抗体溶液后，对金标抗体的活性进行鉴定，在 NC 膜上包被 2μL 包被抗原后放入 37℃气浴恒温振荡箱干燥 10min，取出 NC 膜在包被抗原位置滴加金标抗体 3μL 后静置 Smin，用 PBST 洗液洗涤充分，若有明显的红色斑点，说明金标抗体有活性。

5. 金标结合垫的干燥

金标结合垫喷金之后需要干燥，将金标结合垫置于气浴恒温振荡箱干燥，干燥方式为 37℃干燥 30min。

6. 抗原、二抗的包被

将 NC 膜黏附在 PVC 底板上，用 2mg/mL 抗原溶液、20 倍稀释二抗溶液，在划线仪上对 NC 膜划检测线和质控线。

7. NC 膜的干燥

将划好线的 NC 膜在气浴恒温振荡箱中 370℃干燥 20min 取出备用。

8. 组装试纸条

将包被干燥好的 NC 膜、金标结合垫、样品垫、吸水纸与 PVC 底板进行装配。

9. 切条、压壳、包装

将切条机设置好参数，对组装好的试纸板进行切条。将切成条状的试纸条装在塑料盒中并进行压壳、包装处理。

（二）实例 2：甲醛残留定量检测试纸

试纸制备的工艺流程图如图 8-13 所示。

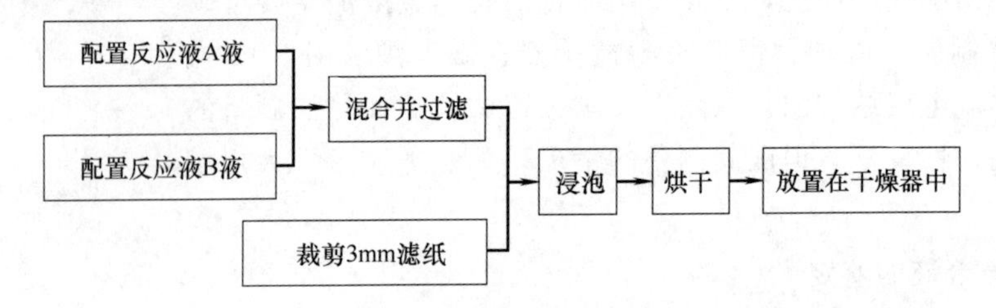

图 8-13 甲醛残留定量检测试纸工艺流程图

冲鼻。有幸的是，除臭纸的出现，解了燃眉之急，创造了一个清新的氛围空间。

（三）除臭纸的种类

目前市场上的除臭纸品种主要有活性炭纸、沸石纸、正磷酸铝纸等。

1. 活性炭除臭纸

活性炭是表面结构微细多孔的物质，极易保留在纤维上，不管是加于浆中还是涂布，效果均佳。原纸涂布时加一种可吸附各种有机溶剂的黏合剂，作拭擦眼镜、防尘面具和生理卫生材料用品，品质高，吸附除臭效果好，价廉。用活性炭作的各种除臭纸，其吸附氨、乙烯、乙醛气体的特性好。

2. 沸石纸

沸石与活性炭不同，它是多孔性的无机物质，具有吸附、触媒和离子交换功能。并具有下列特性：

① 沸石的结晶分子有吸附作用，由于分子的形状和大小变化，可吸附分离；

② 由于结晶构造有阳离子作用，具有双极子、四极子、不饱和的结合物质，故应选择极性高的物质吸附；

③ 沸石具有吸附硫化氢和氨的优良性能，而其本身是白色，能提高产品的附加值。

沸石其易吸附相对分子质量小，有极性的氨气、硫化氢等气体，但是当周围环境中水分大时，不易吸附水分子以外的气体。因此在封闭系统，水分子少的环境中，沸石纸同时具有吸附湿气和臭气的作用。

3. 方英石纸

方英石的主要成分是二氯化硅，是将硅藻土做成糊状物，经煅烧制成的一种含硅矿物质。硅藻土是以一种古代单细胞水生植物硅藻遗骸沉积为主生成的一种生物沉积岩。其主要化学成分为 SiO_2，矿物成分为蛋白石及其变种。它具有多孔性、高孔隙率、比表面积大、密度小、吸附性强的特点。集耐热、隔热、相对不可压缩性及化学稳定性于一身，成为稀有的多功能原料。硅藻土是优良的吸附载体，对氨、硫化氢等臭气有良好的吸附性能。目前通过浆内填加的方式，制成除臭纸用于冰箱除臭、居室除臭等。

4. 阿米龙（Amiyon）纸

阿米龙纸是将阿米龙原料加于浆中或涂布于原纸上而得名。阿米龙属超盐基性岩类的一种，其主要成分为 SiO_2 32.5%、CaO 19.4%、MgO 16.8%、其他无机物 10.9%、有机物质 10.5%，H_2O 9.9%。

5. 正磷酸铝纸

这是易吸附氨、胺类的内添加磷酸铝纸。另外还有一种与活性炭纤维并用的类型。这种纸对于硫醇的吸附效果更明显。

6. 几种新型除臭纸

① Anico 除臭纸，该纸以硫酸亚铁为主要成分，以 L-抗坏血酸（维生素 C）作氧化抑制剂。

② 植物提取物除臭纸，以茶为代表的山茶科植物提取的类黄酮类物质和针叶、阔叶树提取物，或有机酸等物质加工到纸上的除臭纸。

③ 芳香纸和保鲜纸，利用薄膜与纸复合的薄膜芳香纸，保持芳香时间可达 1 年，用浸水树脂防止菠柿黑斑症，有较好的保鲜效果。

④ 枕巾、床单、被罩除臭纸，在除臭纸表面复合一层聚乙烯薄膜，或在除臭纸的两层

之间夹一层高强度聚酯薄膜或无纺织布，可延长使用时间。

(四) 除臭原理

1. 除臭纸的原理

从机能原理分类如下：有感觉脱臭、化学脱臭、物理和化学脱臭、物理吸着及生物脱臭等。最早是用芳香植物抽取的消臭芳香剂，如香草油、樟脑和玫瑰液。吸附脱臭剂用木炭、活性炭和沸石作主要原料。阿米龙是天然矿物粉末原料。用这些原料加入浆中或用黏合剂涂布原纸上，则成各种不同的活性炭纸、沸石纸、阿米龙纸和保鲜纸等。现在去除异味的总体是靠吸附的原理来解决的。当两相组成一个体系时，其组成在两相界面与相内部是不同的，处在两相界面处的成分产生了积蓄（浓缩），这种现象称之为吸附。已被吸附的原子或分子返回到气相或液相中去，称之为解吸或脱附。

① 固相表面吸附原理。固相表面原子或分子的力场是不均衡的，存在表面张力和表面能，任何表面都有降低表面能的倾向，由于固体表明难于收缩，所以只能靠降低界面张力的办法来降低表面能，而通过吸附其他分子或原子，能达到降低表面能的目的，这就是固体表面能产生吸附作用的根本原因。

② 吸附类型。吸附是固体表面质点和气体分子相互作用的一种现象，按作用力的性质可分为物理吸附和化学吸附两种类型。由于相互作用所产生的吸附是物理吸附，物理吸附是分子间力，即范德华力。由静电作用产生的吸附是化学吸附，化学吸附实质上是一种化学反应，固体表面与被吸附物之间形成了化学键。

③ 除臭纸的制造原理。主要有两大类一种是以纸为除臭剂的载体，制备得除臭纸；另一种是制造除臭纤维，然后利用制浆造纸工艺抄造成纸。前者重要的除臭机理就是其中加入除臭剂的除臭机理，后者则是具体的纸张的除臭机理，可以做高透气度的纸张，增加纸张的比表面积等方法来增加其除臭效率。

2. 影响除臭的因素

影响固—气界面吸附的因素很多，当外界条件（如温度、压力）固定时，体系的性质即吸附剂和吸附质分子的本性是根本因素。

① 温度。气体吸附是放热过程，因此无论是物理吸附还是化学吸附，温度升高时吸附量减少，当然在实际工作中要根据体系的性质和需要来确定具体的吸附温度，并不是温度越低越好。

② 压力。无论是物理吸附还是化学吸附，压力增大，吸附量皆增大。物理吸附类似于气体的液化，故吸附随压力的改变而可逆地变化。化学吸附过程往往是不可逆的，即在一定压力下，吸附达平衡后，要使被吸附的分子脱附，单靠降低压力是不行的，必须同时升高温度。无论是物理吸附还是化学吸附，吸附速率均随压力增大而提高。

③ 吸附剂和吸附质的性质。吸附剂、吸附质的品种繁多，因此吸附行为十分复杂，影响吸附的性质很多。例如：极性（非极性）吸附剂易于吸附极性（非极性）吸附质，如硅胶、Al_2O_3 等极性吸附剂易于吸附极性的水、氨、乙醇等分子；活性炭、炭黑等非极性吸附剂对烃类和各种有机蒸气吸附能力较大。还有就是酸性吸附剂易吸附碱性吸附质，反之亦然。如石油化工中常见的分子筛、酸性白土等酸性吸附剂易于吸附氨气、芳烃蒸气等碱性气体。

此外，一般说来，吸附质分子的结构越复杂、沸点越高，被吸附的能力越强。这是因为分子结构越复杂，范德华引力越大；沸点越高，气体的凝结力越大。这些都有利于吸附。吸附剂的孔结构是影响吸附的重要因素。吸附剂的孔隙大小和孔隙率不仅影响吸附量的大小，还影响吸附速率。关于多孔物质孔大小的尺寸，国际理论与应用化学联合会（IURAC）统一推荐使用：微孔＜2nm，中孔 2～50nm，大孔＞50nm。孔径过大，复合物比表面积小，降低吸附能力。孔径太小，会增加吸附阻力，从而降低吸附速率，而且可能限制吸附质种类。典型的例子是分子筛的吸附行为。例如 SA 型分子筛可吸附正丁烷（分子临界直径为 0.49nm），基本上不吸附异丁烷（分子临界直径为 0.56～0.59nm），这就是因为分子筛孔径分布较窄，SA 型分子筛平均孔径＜0.56nm，即分子筛具有选择吸附型，当然这种选择吸附性有很重要的应用，如气体分离、纯化等。

二、产品质量指标

除臭纸多是在生活用纸的基础上浆内添加除臭剂，主要指标可以参考生活用纸标准《GB/T 26174—2010 厨房纸巾》，另外增加氨、硫化氢、乙醛等气体的吸附量，目前没有相应的行业标准和国家标准。其技术和生物指标如表 8-13 和表 8-14 所示。

表 8-13　　厨房纸巾技术指标（GB/T 26174—2010）

指标名称		单位	规定
定量		g/m²	16.0±1.0　18.0±1.0　20.0±1.0 23.0±2.0　27.0±2.0　31.0±2.0 35.0±2.0　39.0±2.0　44.0±3.0　50.0±3.0
亮度(白度)		%	80.0～90.0
横向吸液高度　≥	单层产品	mm/100s	15
	双层、多层产品		20
横向抗张指数　≥	≤40.0g/m²	N·m/g	25
	＞40.0g/m²		30
纵向湿抗张指数　≥	≤40.0g/m²	N/m	15
	＞40.0g/m²		20

表 8-14　　厨房纸巾微生物指标（GB/T 26174—2010）

指标名称		单位	规定
细菌菌落总数		CFU/g	≤200
大肠菌群		—	不得检出
致病性化脓菌	绿脓杆菌	—	不得检出
	金黄色葡萄球菌	—	不得检出
	溶血性链球菌	—	不得检出
真菌菌落总数		CFU/g	≤100

三、基本生产工艺

现有两种方法制造除臭纸：一种是湿法，即采用化学木浆抄成原纸后，再把除臭剂涂料施加在原纸上。另一种是干法，即通过干法造纸机把各种经过加工处理的纤维，采取气流式喂料机吹送到成形箱，在圆筒成形器和真空抽吸系统的作用下，形成均匀一致的干纸页，再经过压紧机、喷胶嘴（加有各种除臭剂）、干燥室等，然后切边、整饰和复卷，即为成品。

从外表上看，除臭纸与一般纸并没有很大的不同，但是，内中所含有的除臭药剂却相差甚大。多数的除臭涂料是由柠檬酸和某些树脂等混合调制的，树脂包括丙烯酸类树脂、醋酸乙烯酯类树脂等。涂料中还添加有能够吸收恶臭气体的无机物，如结晶硫酸钡以及交联剂、有机溶剂等。柠檬酸的质量浓度为10%～30%，可以单面或双面涂布，每面的涂布量是5～20g/m^2，能采用现有的各种涂布方法和干燥方式进行。

根据不同的用途，对除臭纸要求的性能有所不同。作生理卫生用的材料，要求干、湿强度高，柔软度好，耐磨损，吸收氨、氮气味和水分能力强，与人体接触赋予舒适感；作蔬菜水果的保鲜，要求有较强的吸收腐败气味能力和一定的吸湿能力。

四、生产质量控制

除臭纸生产质量控制可参考生活用纸，除臭吸附材料可通过浆内添加和表面涂覆两种形式施加到纸页内或纸页表面。影响除臭纸效果的最主要因素是吸附材料的留着率和吸附材料的比表面积。浆内添加形式需采用助留剂提高脱水成形过程中吸附材料的留着率；表面涂覆形式需安排机内施胶或机内涂布装置。

五、工程实例

（一）实例1：抗菌除臭生活用纸

在生活用纸的加工上我们同时采用了物理法和掩盖法，即在纸浆中添加有抗菌作用的物质和在纸面进行喷雾处理的办法，从而达到良好除臭效果。其生产工艺流程如图8-14所示。

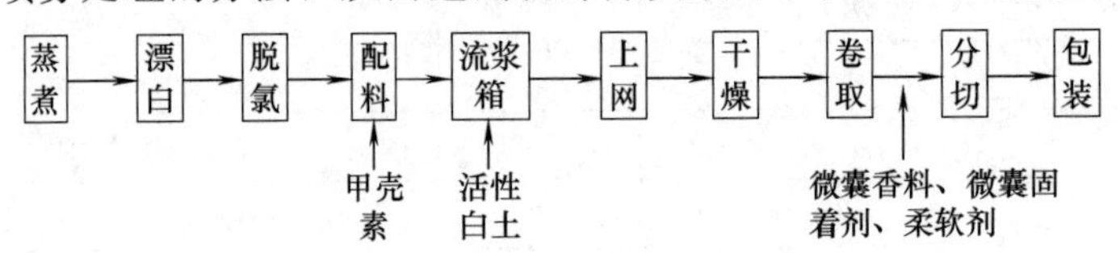

图8-14 抗菌除臭生活用纸生产工艺流程

1. 工艺配方

甲壳素：15%（相对于绝干浆）；活性白土：10%（相对于绝干浆）；微囊香料：15mL/L；微囊固着剂：10mL/L；柔软剂：0.5mL/L。

2. 工艺说明

① 采用虾、蟹、昆虫等的壳制成的甲壳素，是一种天然、环保型材料，具有良好的吸湿性、透气性和杀菌防臭的功能，而且原材料丰富、成本低，纸张的松软度好。

② 活性白土由于具有极强的吸附性能（粒度75微米≥85%），因此，用于生活用纸作填充剂能快速地吸除异臭味。

③ 活性白土具有较高的表面活性，和阳离子有很强的交换能力，它能吸附大量色素、胶状物和其他杂质。

④ 活性白土的亲水性能高，因此纸张包装后要放在干燥处，从而防止活性白土失效。

⑤ 将微囊香料、固着剂和柔软剂用水稀释后，在1.5g/m^2 的压力下喷向纸面。

⑥ 纸张经分切后，立即封包包装，减少香味的挥发和细菌的侵蚀。

（二）实例2：多孔磷酸钙除臭纸

发明专利：一种多孔磷酸钙除臭纸（200810020330.1）：它是由纸浆料，多孔磷酸钙、湿强剂、阳离子聚丙烯酰胺和硅铝微粒按一定质量百分比制成，或者是由多孔磷酸钙、水和胶黏剂按一定质量百分配比制成；其制备方法分为湿部法和涂布法两种，其中湿法制备步骤为：首先配浆料，其次配制多孔磷酸钙，然后在浆料中加入湿强剂，多孔磷酸钙，再加入阳离子聚丙烯酰胺及硅铝微粒，搅拌均匀，最后在抄片机上成形烘干制得除臭纸；涂布法的制备步骤是将多孔磷酸钙加水搅拌分散均匀后，再加入胶黏剂，加热溶解胶黏剂，待降温后制成涂料液，最后将涂料液用涂布机均匀涂布在原纸表面经烘干制成。该除臭纸对氨气、甲醛的吸附效果好，使用方便，成本低。

六、展　望

除臭纸最早出现于20世纪90年代，日本利用铜酸甲基纤维素（铜CMC）开发出一种除臭纸，是在两张无纺布间夹入除臭基材而制成，其透气性高、除臭能力是活性炭的两倍，除臭能力可保持半年时间。对氨气和硫化氢的恶臭（100mg/kg）在30min内可以完全消除，是一般活性炭类除臭时间的一半。

最近除臭纸还应用在防臭包装上。由于超市和速食店的发展，近年国外兴起并流行一种HMR新观念，HMR市场发展很快。为了防止包装物品臭味（指异味和臭味）的影响，研制开发了除臭包装。现在除臭包装材料已有40余种，主要分三种类型：A类属化学除臭型，能除去氮系化合物和硫系化合物如氨气、二甲胺、三甲胺、硫化氢等臭味或异味。B类属物理型，主要用于除去硫化氢、羧酸等类臭气或异味，其特点是对高浓度硫化氢除臭效果好。C类材料是混合除臭型。主要用活性炭除臭剂制成，低浓度除臭力好是此类材料的特点。除臭包装纸薄膜用于食品包装还可以起到除臭保鲜的效果。一般除臭包装主要用于那些各具特殊气味或异味的食品，以及农产品、水产品的包装。

国内对除臭纸也开展了广泛的研究。据报道，TiO_2的脱臭能力为高效能活性炭的150倍，王正顺等开发了一种光触媒壁纸，利用喷淋或涂抹使壁纸原纸吸附纳米级TiO_2作光触媒，纳米级TiO_2光触媒在有光照射下产生强氧化功能，达到高效分解有机污染物及消毒、灭菌、除臭目的。刘秉诚等利用硅藻土具有的多孔性、高孔隙率、比表面积大、吸附性强的特点，研究了添加硅藻土作除臭纸的除臭效果。结果表明，加填一定的硅藻土能有效地提高除臭纸的除臭效果，并且得出化学浆的除臭效果要优于机械浆；在相同情况下，硅藻土的留着率越高，除臭效果就越好，当打浆度提高时，添加硅藻土的留着率降低，除臭纸的除臭效果也同步降低；并且还得出施胶对此种除臭纸却起反作用；影响除臭纸效果的最主要因素是硅藻土的留着率和硅藻土的比表面积。徐红霞等开发了一种可变色的抗菌除臭壁纸，可以变换颜色具有艺术性，同时可以抗菌除臭，保证室内卫生。可变色的抗菌除臭壁纸包括底层壁纸基层、PVC中间印刷层、变色层和抗菌除臭复合层。抗菌除臭复合层为硅藻土和竹炭纤维合成材料，变色层为由印刷水墨和温敏变色粉混合所得的温敏变色水墨匀浆。抗菌除臭复合层通过凹版印刷轮或者圆网印刷轮涂布于PVC中间印刷层上，并烘干而成。变色层通过凹版印刷轮或者圆网印刷轮涂布于抗菌除臭复合层上，并烘干而成。底层壁纸基层为原纸、无纺纸或者纯纸。

除臭纸的应用越来越受到人们的重视，应用的领域也越来越广泛，含有多孔磷酸钙的除臭纸的制备和应用研究在美国等一些国家早已开始，由于它的高吸收性能及抑菌作用，在医学领域得到推广应用。近年来，人们正在探索以纸浆纤维作为多孔磷酸钙的载体，制成不同功能及用途的吸附纸，以满足不同使用环境的需要。这种有益于人类健康的新型纸张在不远的将来必将越来越受到人们的重视，有广泛的市场前景。

第五节 无 尘 纸

一、概 况

无尘纸（Airlaid Paper），也叫干法造纸非织造布（Airlaid pulp nonwovens），是干法非织造布的一种，将纺织短纤维或者长丝进行定向或随机撑列，形成纤网结构，然后采用机械、热黏或化学等方法加固而成。简单地讲就是：它不是由一根一根的纱线交织、编结在一起的，而是将纤维直接通过物理的方法黏合在一起的，所以，是抽不出一根根的线头。因为最早引进到亚洲时是以乳胶喷涂黏合绒毛浆的工艺生产的，因此叫胶合无尘纸，这种纸张具有良好的干湿强度和不掉粉尘的特点，这在与传统的湿法抄造的卫生纸类相比较时尤为显著。

（一）分类

① 胶合无尘纸（Vicell）：胶合无尘纸是木浆纤维气流成网后经胶乳黏结而成；

② 热合无尘纸（Zorbcor）：热合无尘纸是木浆纤维与热熔纤维混合成形，纤维主要依靠热熔纤维的熔化进行黏结；

③ 综合无尘纸（Vizorb）：综合无尘纸则介于二者之间，既有热熔纤维的黏结，也有少量的胶乳黏结。

（二）特点

① 高吸收性能：无尘软纸的吸水能力可达到本身质量的8～12倍。

② 高湿强度：产品吸水后，其强度仍然保留80%左右，而且纤维不发生游移。

③ 极好的柔软性及松厚度：在相同的质量下，其松厚度可超过普通生活用纸的5倍。

④ 去污能力强，能消除静电干扰。

（三）纸页成形方法

目前已工业化的无尘纸的成形方法有以下几种。

1. 弹道式

该方法将备料后的绒毛状纤维输送到车头箱之文丘里风口吸入吹进作用室，另外吹入二次风增加纤维流速，成一层均匀散布之纤维片，网下有真空吸引以助纤维之散布均匀稳定，另有第三道辅助风吹入帮助纤维层散布，纤维连续吹入连续降落，网案连续运转调整两者的速度即可制出不同的产品。

2. 空气动力式

该方法利用空气动力学原理，使纤维在高速循环的气流中沉淀于运转的网面上。纤维分散及起毛，主要是用一锯齿形的舐喂辊起撕裂作用。气流激荡必须妥善控制，纤维交织才能均匀。该方法的优点是网速快，所产纸定量低产量大，但缺点是风速形成的激荡控制不善，将影响纤维组成。

3. 纤维成形式

该方法是将卷筒纸浆由喂入辊计量进至撕裂区，由一个高速的舐喂辊撕裂纸浆，使纤维分散起毛。用输入空气使纤维流动及沉积于运转之网面，承接网底装有真空吸引装置，使纤维沉积层坚实。

4. 筛式

该方法原理如常用的面粉筛，细小分散起毛的之纤维喂入大型转动筛上，借振动落于筛底下的运转网面上。网底置吸收箱，使纤维组织坚实，并经压辊压紧，添加热塑树脂可成型。该方法可将未打散的纤维团等筛除循环利用，所制纸张质地良好而均匀，但筛式车头箱流量少、车速慢。

（四）纤维结合技术

无尘纸干法成形纤维结合技术有两种基本工艺方法，一种为化学黏合法（喷胶法），另一种为热熔法。

1. 化学黏合法

化学黏合无尘纸生产流程如图 8-15 所示。

绒毛浆纤维分散→气流成形为薄的纸层→成形网输送→正面喷胶（化学黏合剂）→反面喷胶（化学黏合剂）→烘干→压榨→后整理→卷取成卷筒纸

图 8-15　化学黏合无尘纸生产流程

化学黏合无尘纸生产过程中，纸页通过折叠的热风烘干箱，使普通的正反喷胶都变为正面喷胶，也就是说黏合剂由上而下喷洒于纸页上表面，由于重力作用和真空箱的抽吸作用，使胶乳充分完全渗透到纸页芯层，防止纸页分层，而且不会使纸页两表面发硬，同时给生产操作带来极大方便。另外，卷纸前的加湿表面处理系统给成纸赋予了特殊的性能，柔软舒适富有纺织手感。化学黏合法主要特点是纤维在成形过程中两面喷胶，使之黏合成纸。黏合法的生产成本较低，但产品柔软性、蓬松性和手感和热熔黏合法相比均较差。干法造纸胶合纸生产流程如图 8-16 所示。

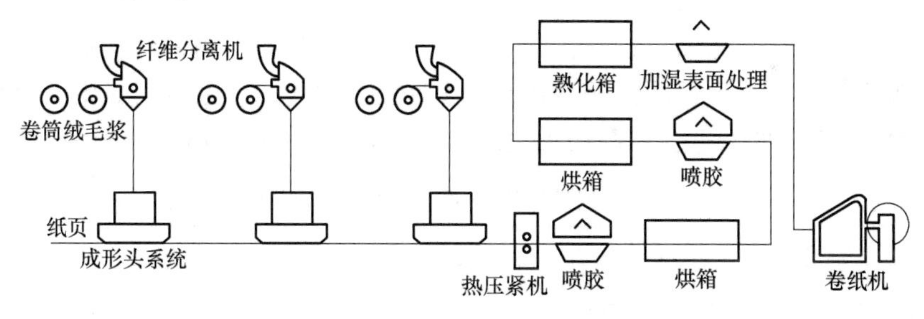

图 8-16　胶合型干法造纸机

2. 热熔黏合法

热熔黏合法的主要特点是在植物纤维分散投料过程中，热熔纤维也同时开松投料，两种纤维均匀混合后在成形网上成形，进入热熔烘箱通过 200℃热风加热后，热熔纤维与植物纤维均匀黏合，再经干燥烘箱烘干成形。最后在卷纸机上，经过纵切或不经过纵切卷取成原纸卷或再经过后加工设备加工成不同规格的小包装类最终产品。利用本方法生产的产品吸水性、湿强度、柔软性及松厚度均优于化学黏合法产品。

PE/PP、PE/PET 的热熔机理：合成纤维通常具有无定形区和结晶区两部分，结晶区的存在使纤维具有一定的强力和模量，无定形区的存在可使纤维大分子链自由运动，从而使纤维的性质接近于非晶态的高聚物，具有非晶态高聚物所特有的力学性质，即玻璃态、高弹态和黏流态，热熔黏合机理正是利用了合成纤维这一特征。纤网通过穿透烘箱时，热熔纤维吸收热量达到一定温度，纤维的 PE 皮层因熔点较低，开始软化熔融，微观上非晶区的纤维大分子链的构象发生变化，而且通过链段的相互跃迁，使整个大分子链上相互滑移，宏观上表现为热熔纤维在外力作用下发生黏性流动，同时由于毛细渗透现象，熔流进行扩散使芯部PP与绒毛纤维更好地黏合。

（五）用途

由于无尘纸具有防静电功能、高效吸水性、柔软不会损伤物体表面等独特性能，现已广泛用于生产制作：

① 生活用品。如湿纸巾、印花餐巾、台布、手帕，床单、沙发巾、卫生巾（含卫生护垫）、婴儿纸尿裤和成人纸尿裤（含纸尿片）以及护理垫等。

② 医疗用品。如手术衣、帽、床单、保护纸、擦拭纸、手术包、产包等。

③ 工业擦拭用品。如半导体生产线芯片、微处理器、半导体装配生产线、碟盘驱动器、复合材料、LCD显示类产品、线路板生产线、精密仪器、光学产品、航空工业、PCB产品、医疗设备、实验室、无尘车间和生产线等高精制造业。

④ 汽车工业领域及其他方面。绝缘材料、涂层基布、车内壁面料（代替毛毯做绝热防潮用）等、吸油吸墨和吸音材料、过滤材料（气体、空气、液体）、香烟过滤嘴、包装材料（水果或易损物）、电缆绝缘材料、禾苗生长基垫等。

无尘纸的终端产品在扩大，主要原因是其蓬松性、强吸水性、柔软性好，另外其成本较低，经济又卫生。浆粕气流成网非织造布市场产品在未来的一段时间内发展将体现在以下几方面。卫生巾、婴儿尿布将是进一步扩展，擦布类产品是第二大市场，食品包装材料、厕所用浆粕气流成网产品又是新的市场，地板清洁布、一次性拖把是新的增长点，另外一次性卫生用品、护垫及医用材料、与皮肤接触的柔软材料、各种家用清洁产品都会有发展。

二、质量技术指标

无尘纸的物理特性指标包括定量、干湿抗张强度、柔软度、膨松度、横向吸水速度和吸水能力等。对于每一个物理特性指标，其影响因素是多方面的。卫生用品用无尘纸技术参见国标《GB/T 24292—2009 卫生用品用无尘纸》，技术指标如表8-15所示。

表8-15　　无尘纸技术指标（GB/T 24292—2009）

<table>
<tr><th colspan="2">指标名称</th><th>单位</th><th>规定</th></tr>
<tr><td colspan="2">定量偏差</td><td>%</td><td>±10</td></tr>
<tr><td colspan="2">宽度偏差</td><td>mm</td><td>±3</td></tr>
<tr><td colspan="2">厚度偏差</td><td>mm</td><td>±0.4</td></tr>
<tr><td colspan="2">纵向抗张指数　≥</td><td>N·m/g</td><td>1.5</td></tr>
<tr><td colspan="2">亮度(白度)</td><td>%</td><td>75.0～90.0</td></tr>
<tr><td colspan="2">吸水倍率　≥</td><td>倍</td><td>2.0</td></tr>
<tr><td colspan="2">pH</td><td>—</td><td>4.0～9.0</td></tr>
<tr><td colspan="2">交货水分　≤</td><td>%</td><td>10</td></tr>
<tr><td rowspan="4">尘埃度</td><td>总数　≤</td><td rowspan="4">个/m^2</td><td>20</td></tr>
<tr><td>$0.2mm^2$～$1.0mm^2$　≤</td><td>20</td></tr>
<tr><td>$1.0mm^2$～$2.0mm^2$　≤</td><td>1</td></tr>
<tr><td>大于$2.0mm^2$</td><td>不应有</td></tr>
<tr><td colspan="2">直径允许偏差</td><td>mm</td><td>+50
−100</td></tr>
<tr><td rowspan="2">接头　≤</td><td>盘纸</td><td>个/盘</td><td>2</td></tr>
<tr><td>方包纸(平切纸)</td><td>个/包</td><td>14</td></tr>
</table>

注：含高分子吸收树脂的合成无尘纸不考核吸水倍率。方包纸（平切纸）不考虑直径偏差。

三、基本生产工艺

生产弹性大、机械强度高、吸收性和透气性强的无尘纸，多用纤维长的棉、麻植物纤维、黏胶人造丝，尼龙、卡普纶等合成纤维和石棉、玻璃纤维、矿棉等矿物纤维等为原料。干法造纸的备料系统采用三级锤式粉碎制备系统，即浆板经过开包、撕裂、粗碎、精碎、筛分，使纤维得到充分的分散后，再进入干法成形系统。

（一）原料

1. 浆粕

所用的主要原料就是短纤浆，它是用木材一类的纤维制成的浆粕纤维，尤以松木浆最好。除此之外，橘子皮、茶叶、竹纤维、秸秆纤维、豆腐渣、废纸、皮革纤维、烟叶纤维等也可作为其原料。

2. 复合纤维

气流成网工艺中用来黏结浆粕纤维的低熔点纤维一般都用复合纤维，多数为PE/PP复合纤维，并且是皮芯、偏心或并列3种形式的，PE在外层；或者用PE/PET或者PP/PET复合纤维。复合纤维仅作为一种黏结纤维，先开松然后喂入成网系统，再与木浆纤维及主体纤维混合。

3. 高吸水剂

这种高吸水物质是高吸液聚合物SAP，一般是粉末或颗粒状的，有的还利用高吸水纤维（SAF）来提高产品的吸水性能。它们的吸水能力是其自重的10～100倍，也取决于吸收液体的种类及吸收时间。这种吸水剂广泛用于浆粕气流成网生产线中，用来生产卫生巾、尿布、成人失禁垫、运动裤中的芯吸材料。它可以减少木浆纤维的用量，使产品更灵巧，包装运输费降低。一般SAP在成形头中与短纤浆混合。

4. 乳胶

浆粕气流成网工艺中使用的乳胶即黏合剂主要是聚丁二烯、聚丙烯腈及其他聚合物，多数情况是以液态喷洒或泡沫形式加入。黏合剂的用量、种类对最终产品的性能影响很大，如悬垂性、强力、弹性、吸湿性、外观、柔软性、手感、防菌、防腐蚀性等。

（二）基本生产工序

1. 化学黏合基本工序

化学黏合基本工艺流程如图8-17所示。

绒毛浆纤维分散→气流成形为薄的纸层→成形网箱送→成形网箱送(化学黏合剂)→反面喷胶(化学黏合剂)→烘箱干燥→冷却→压榨→后整理→卷取成卷筒纸

图8-17 化学黏合基本工艺流程

化学黏合法主要特点是纤维在成形过程中两面喷胶，使之黏合成纸。黏合法的生产成本较低，但产品柔软性、蓬松性与手感与热熔黏合法相比均较差。

2. 热熔黏合基本工序

热熔黏合法的主要特点是在植物纤维分散投料过程中，热熔纤维也同时开松投料，两种纤维均匀混合后在成形网上成形，进入热熔烘箱通过200℃热风加热后，热熔纤维与植物纤维均匀黏合，再经干燥烘箱烘干成形。最后在卷纸机上，经过纵切或不经过纵切卷取成原纸卷或再经过后加工设备加工成不同规格的小包装类最终产品。利用本方法生产的产品吸水性、湿强度、柔软性及松厚度均优于化学黏合法产品。其基本生产工艺流程如图 8-18 所示。

绒毛浆纤维分散 → 热熔纤维浆包开包疏松、计量 → 植物纤维、热熔纤维混合 → 气流铺装成形 → SAP吸湿剂层间喷洒 → 成形网箱送 → 压紧 → 热熔烘箱加热 → 蓬松剂喷涂 → 烘箱干燥 → 冷却 → 压榨 → 后整理 → 卷取成卷筒纸

图 8-18 热熔黏合基本工艺流程

3. 综合无尘纸生产流程

典型的综合无尘纸生产流程如图 8-19 所示。

(三) 生产设备

无尘纸造纸机是采用干法造纸原理的造纸机，因成形部分的原理或烘干部结构不同而有各种型式。但都是以热风穿透为原理的烘干方式和以气流铺网为原理的成形方式，因产品和设备的不同其工艺流程也有所不同。

梳散式干法造纸机的成形部分是将梳散了的纤维铺在传送带上成为连续的纸层，纸的定量较大时以多台梳纤机与传送带逐层地益铺，纸层被引到通过胶槽的无端网上并夹在上毛毯与网间被浸胶和通过压榨，然后纸层在烘缸上被干燥，在压光机上压光，卷取。

气流式干法造纸机的成形部分则把无端网在胶槽前方延长成为一段网案，被梳散的纤维在空气中扩散成为悬浮状态进入沉降室，沉降室一直延伸到网面上把整个网案也盖住。借助于网案下方的真空抽吸作用，使空气悬浮中的纤维均匀地沉降在网面上形成纸层，这种形式的干法造纸机的生产能力和所抄造的纸的定量比前一种形式大。

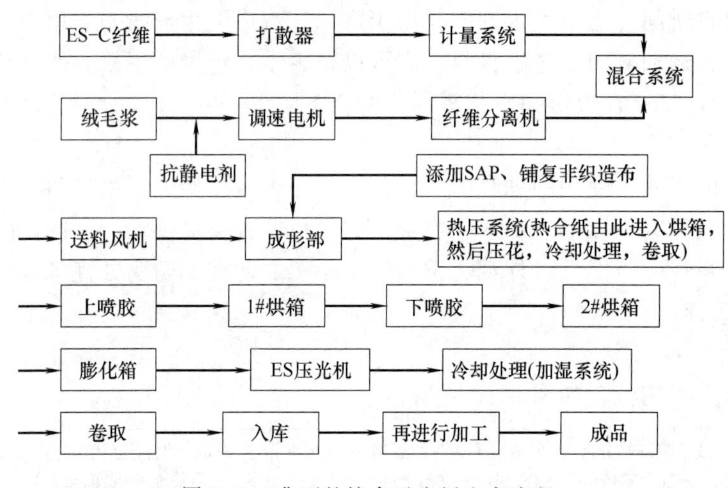

图 8-19 典型的综合无尘纸生产流程

四、质量控制

(一) 定量误差

与普通湿法纸相比，无尘纸的定量误差比较大。企业标准中规定无尘纸的定量允许误差为±5%。定量误差又分为纵向误差和横向误差。纵向误差一般为绒毛浆的进料速度所致(热合纸中还包括热熔纤维的计量误差)，其影响的程度较小，相对来讲也比较易于调整；而横向误差则主要与空气成形有关，影响程度也最大。在成形部的每个成形箱下面是真空箱，要保证定量的分布均匀，则必须保证沿成形网横向的每点真空度大小保持一致。真空度的分

布调节是通过真空箱内的一块隔板来完成的，气流从隔板下穿过，每点的真空度大小不仅与隔板和箱底的距离有关，也与风机口到该点的距离有关。此外，横向定量误差与喷胶系统也有关系，喷胶部一般是由交错分布的两排喷嘴同时喷雾，以消除两支喷嘴的交叉与非交叉部分的胶量不一致现象。

（二）抗张强度

对胶合无尘纸而言，影响强度的因素主要有：

① 绒毛浆因素。一般来说，纤维越长，强度越好；针叶材比阔叶材的强度好；硫酸盐浆比亚硫酸盐浆的强度好；使用未处理浆比处理浆强度要好。

② 黏合剂因素。喷胶量越大，强度越好。

③ 与压花机压力有关。在不考虑其他指标的情况下，压花机压力越大，纸幅越紧密，强度越好。

④ 与所用的传递网（压花网）的网纹有关，使用平纹网生产的纸比用其他网纹的纸强度更好一些。

⑤ 与网子的清洁程度和喷胶部的真空度大小有关，网子不干净会使透气性变差，胶乳不能很好地穿透纸幅；喷胶部的真空度太小时，胶乳停留在纸表面很快成膜，易使纸页分层，影响强度。

对热合无尘纸而言，强度主要由热合纤维的表层融化黏结作用获得，胶黏剂用量极小，只起整饰纸页表面、避免产生掉毛掉粉现象的作用，所以影响热合无尘纸强度的主要因素是：

① 热辊的温度与压力。经试验热熔纤维在60℃时，其表层就有少量融化黏结作用，考虑到温度太高，易产生黏辊现象，所以热辊的温度一般在90～100℃最佳；至于热辊的压力并非越大强度越好，因为热熔纤维的弹性较大，通过热压时也只有极少量的黏结，加压力太大，通过热辊以后，纸页因反弹作用而变得太蓬松，影响强度。

② 烘箱的温度：我们使用的热熔纤维一般为外层聚乙烯和内层聚丙烯的双组分纤维，外层熔点为135℃，内层熔点为155～160℃，烘箱温度一般定在内、外层熔点温度之间。温度太低，热熔黏结效果不理想，影响强度；温度太高，热熔纤维外层全部融化流失，内层也有少量融化，失去其骨架支撑作用，不仅内强度很差，还会造成纸幅的局部大量收缩开裂。

③ 与热熔纤维通过烘箱的时间有关。一般认为热熔纤维在烘箱中通过时间为12s时各项指标均最佳。

④ 在工艺允许范围内，热熔纤维用量越大，其强度也越好。

（三）湿强度指标

对胶合无尘纸而言，湿强度主要与黏合剂的类型关系较大。一般使用无尘纸专用胶乳，其主要成分为乙烯—醋酸乙烯共聚物，内部添加有抗温（180～220℃）的湿强剂，最终纸幅的湿强度较好，可达到50％左右甚至更高。而一些国产VAE胶乳，虽然干强度好，但湿强度太差，达不到使用要求。

对热合无尘纸而言，湿强度主要取决于热熔纤维的加入量、热熔黏结的好坏。值得一提的是热合无尘纸的湿强度相对较高，一般都在50％～60％以上，如热熔纤维量加入较大时，甚至可以达到100％，和干强度保持一致，这也是热合无尘纸的一大优势。

（四）厚度和膨松度

此两项指标基本上是一致的，相同定量下，厚度越大，膨松度也越好。

对胶合无尘纸而言，影响因素主要有：

① 绒毛浆因素：绒毛浆纤维越长，粗糙度越高，最终纸页的膨松度也越好；硫酸盐浆比亚硫酸盐浆的膨松度好；未处理浆比处理浆的膨松度好。

② 压紧机、压花机的温度和压力越高，纸页被压得越紧密，膨松度越差，厚度越小。

③ 与成形部细小纤维的留着率有关：生产过程中一般采用 80 目的碳网，1.0mm 以下的细小纤维占总量的 5%左右，如果控制成形部的真空度，使细小纤维流失降低或者对其进行循环利用，均可使纸页的膨松度提高。

④ 与所用的传递网（压花网）网纹有关系，使用平纹网生产的纸膨松度比其他大网纹的要好。

⑤ 高定量的纸页膨松度比低定量的要好。

对热合无尘纸而言，除了以上因素外，影响膨松度和厚度指标的主要因素还在于烘箱温度。在工艺允许范围内，温度越高，热熔黏结情况越好，膨松度与厚度都越高。

(五) 柔软度指标

柔软度主要取决于两方面的因素：一是纸页的挺度，二是纸页表面的摩擦力。

对胶合无尘纸而言，影响柔软度指标的主要因素有：

① 绒毛浆因素。绒毛浆纤维粗糙度越大，挺度也越大，最终纸页表面磨擦力也大，纸页柔软度越差。

② 与成形过程中细小纤维的留着率也有关系，细小纤维保留较多时，纸页较为膨松，手感也较柔软。

③ 热压的压力较大时，纸页较紧密，柔软性能较差。

④ 黏合剂因素：一是黏合剂的种类，必须是无尘纸专用胶乳，手感才较好，面发硬，柔软性很差；二是黏合剂的用量，在可以保证强度的情况下，胶乳用量应越低越好，这不仅提高柔软性能，还可以降低成本；三是黏合剂在纸页中的分布，如喷胶时在整个纸幅内外层均匀分布，柔软性较好；黏合剂在两个表面分布较多时，将使纸页表面粗糙发硬，柔软性能急剧下降。

对热合无尘纸而言，其影响因素除绒毛浆外主要是热熔纤维的影响：一是热熔纤维本身的柔软程度；二是热熔温度。在工艺范围内，烘箱温度越低，柔软性能越好；烘箱温度较高时，特别是超出外层熔点温度较多，随着外层熔化黏结点增多，纸逐渐变厚，挺度加大，柔软性能有所降低。

此外，无论是胶合无尘纸还是热合无尘纸，在整饰卷纸时经适当压光和加湿处理后，柔软性能均有不同程度地提高。

(六) 吸液能力

一般包括两个方面，即横向吸水速度和饱和吸水能力。影响吸液能力的主要因素有：

① 绒毛浆因素。绒毛浆纤维越长、粗糙度越高，可使最终产品获得高的膨松度，提高吸液容量和吸收速度；绒毛浆的纤维化程度越高，细小纤维含量越低，则吸液能力越强。

② 黏合剂因素。一般选用亲水性能较好的胶乳，产品才会有好的吸收性。此外，胶乳用量越大，产品的吸液性越差。

③ 要获得好的吸收性，热压压力必须适当降低，以使纸页尽可能地蓬松，增加吸液空间。

④ 对热合无尘纸而言，热熔纤维融化黏结情况的好坏将严重影响到吸液性能。在胶合

无尘纸中，吸液容量越大，横向吸收速度也越快；在热合纸中，纸页的垂直吸收速度（Z向）较快，而横向吸收速度（X向，Y向）较慢。

五、工程实例

（一）实例1：年产10000t干法无尘纸生产线

由丹麦NIRO公司配备了一台干法造纸机，该机配有3组压力成形箱，生产定量范围较大的多层纸张。在工艺过程中无传统湿法打浆，使纤维无法产生水化及帚化作用，故纤维结合力很弱，为此，在生产过程中采用二级喷胶黏合成形技术，较好地解决了成纸的干湿强度，其黏合剂系采用改性聚酯胶乳，据丹麦NIRO公司介绍该胶乳已通过美国食品医药组织（FDA）的检验认定，该胶乳对人体无害，可用于医药工业及食品工业的相关材料。胶乳制备系统及工艺方法由丹麦NIRO公司配套提供。其主要参数如下：抄宽：2700mm；抄速：定量60g/m^2，182m/min；定量70g/m^2，156m/min；定量120g/m^2，91m/min；生产线装机总容量：4200kW；生产线最大使用负荷：2500kW。

生产线耗用原材料如下：漂白卷筒针叶木浆8400t；胶乳（固含量45%）1600t；电2040万kW·h；水3400m^3；液化气400t；纹形：布纹、方块状态花纹、平纹；纸张规格：最大幅宽：2700mm；最小幅宽：200mm；纸卷直径：750～1100mm。

（二）实例2：M&J公司干法造纸热合纸的生产

根据产品的用途及使用性能来选择利用ES双组分复合低熔点纤维PP/PE或PE/PET。同时，成形系统是当前最新的气流成网技术，它是由多个成形头组成。含纤维的气流经进气口被引入两组同向旋转的搅拌分散器中间以便大部分纤维团分散成单根纤维，被分散的单根纤维在成形网下真空抽吸的作用下通过圆孔平板振动筛吸附到成形网上，形成纤维网。

在这里需要说明的是，采用多个成形头，一方面可以增加成纸的层次性、垫高性，另一方面是加入SAP特别好，可以将SAP尽可能加入到中间的几个成形头中，使SAP集中在纸页的芯层，生产的成纸中的SAP就不会轻易脱落。在成形网上形成的纤网经过热压后进入热风烘干箱，进行热黏合，以热熔纤维本身在加热过程中产生的表面熔化和流动形成与纤维素纤维之间的热黏合点，从而黏合成纸。从烘箱出来的纸进入压光或压花机进行压紧，紧接着进入网带状冷却系统，对成纸进行表面处理和定型。随后纸页进入卷纸机，分切打包入库。干法造纸热合纸生产流程图如图8-20所示。

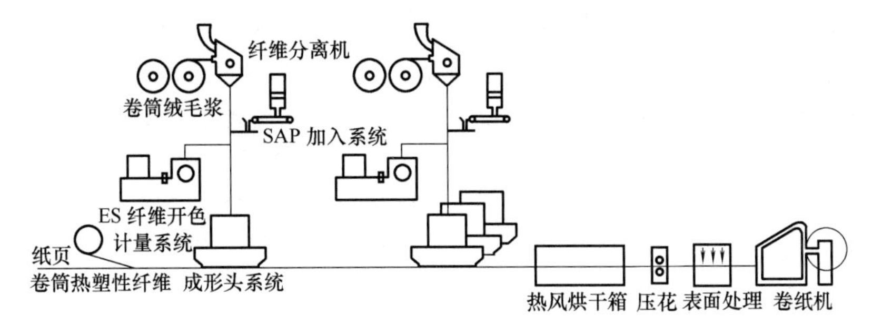

图8-20　热黏合型干法造纸机

六、展　　望

用无尘纸生产的系列生活用纸在欧洲和北美等地区，由于环境保护意识的提高和对健康的重视，正在普遍被人们接受。另一个重要原因是由于干法无尘纸生产比湿法造纸更容易加入合成纤维和添加剂，其成品抗静电、可加热、消毒、复合和印染，实现纸的特种功能用途。

（一）产品向复合方向发展

非织造布的成网技术和固结技术不断地互相交叉、互相渗透，使非织造布的产品更加丰富多彩，技术水平不断提高。浆粕气流成网产品向复合化的方向发展也是一种必然趋势。一个含有2、3层或多层三明治结构的产品使人们可以利用不同性能的优点，如强力、蓬松性、柔软性、吸水能力等或更多其他的选择，优化产品性能。

气流成网复合产品可以方便地在气流成网设备上采用多成形头完成，各组成形头可以独立地混有多种新纤维、新材料，特别是功能性的纤维和材料，使之赋予各层以不同的功能，然后几层同时一次固结。复合产品能显著改善性能的应变性，成本合理，表面涂层可控，并可添加活性化学剂。

（二）生产线向大型化发展

采用多组成形头，增加幅宽，提高输网帘速度，能大幅度地提高生产线的生产能力。目前国外5万t/a生产能力的设备已投入生产，10万t/a生产能力的设备也在设计中。此外，国外一些大企业正在酝酿将浆粕气流成网生产尿布料、包装成形以及最终尿布生产线在一组生产设备上完成从原料到最终产品一条龙生产。这种生产方式不但可以减少投资，降低生产费用、节省运输成本，还可实现更好、更精确的质量控制，加快实现产品升级。

另外，一般的浆粕气流成网设备包括过去的Dan-Web和M&JFiber-Teeh都只能适应8mm以下超短纤维的加工。过长的纤维，纤维间容易缠结不易加工。设计加工更长纤维长度设备也是今后一个发展方向，丹麦已经做出了新的贡献。最近欧洲非织造布展览会Index’05上Dan-Web Fomring公司首次展出可加工纤维长度达到3cm的气流成网样机。另有一个丹麦FomrifbersPike公司也展出了号称可加工2～75mm的气流成网装置。据称，Fmrifbers Pike的成形头单位产量比一般成形头大10倍，并可用于代替传统成形头。

发展我国的干法造纸技术具有非常重要的意义：一是使我国轻工业有机会了解和跟踪世界最先进的技术，提高自我发展能力和研究能力，发展我国自己的无尘纸生产设备。二是有利于促进我国绒毛浆生产技术及相关化工原料工业的发展和提高，与无尘纸生产有关的功能化工原料，如超吸水树脂（SAP），胶黏剂、抗静电剂等也处于发展初期或者是空白。三是能有效地占领国内无尘纸市场份额；同时能提高卫生产品的档次和竞争化，改善我国卫生产品方面“高进、低出”的局面。四是符合国家对新的轻工基建项目的环保目标是“增产不增污”。五是有利于我国造纸行业产业结构调整和吸引外资，实现本行业发展的“市场化、国际化”的战略目标。

第六节　其他食品医用类特种纸

一、吸油面纸

吸油面纸的发明是日本人无心插柳的结果。在制作金箔的过程中，需要用纸张层夹住金箔，称为金箔压模纸。当金箔被挤压到可以薄薄地伸展开来时，纸张纤维也同时被碾碎粉化，制造商在此过程中意外地发现了它的吸油功能。后来金箔制造业逐渐衰退，用亚麻和纸浆制造的吸油纸逐渐普遍。吸油面纸的流行，与彩妆的流行几乎同步。面孔雪白的日本京都艺人，争相使用这类产品，以维持妆容的完整性。之后，吸油面纸成为当地艺品店的特产，如今变成亚洲地区美容业的特殊商品。吸油面纸的最常见颜色为白色，慢慢地，人们接受了自然的亚麻色，到现在，吸油面纸丰富多彩。吸油面纸就是将脸部泛出的油脂抹净的一种薄纸张或纸巾。脸部分泌油脂就意味着精心涂抹的粉底要脱妆，使用吸油面纸可以除去脸上的油光。

一般来说，吸油面纸分为以下几种：

1. 传统的金箔吸油面纸

又叫金叶纸，薄薄的一层金黄色面纸是由密度较高的纸质和极细的金箔制成，金箔具有杀菌的作用，并拥有强力的吸油功能，适用于大部分肤质。

2. 粉质的吸油面纸

上面含有细微的白色粉质，同时兼具吸油与补妆的功效，比较适合有化妆习惯的女性使用。

3. 麻纸吸油面纸

天然麻纸的吸油效果不错，但是纤维相对其他材质会稍微粗一些，使用时应该轻轻按压脸部，避免伤害细嫩的肌肤。

4. 米纸

与一般吸油面纸在吸收一定油脂呈饱和状态后便无法再吸取有所不同，米纸的纤维特别细致紧密，可将脸上的油脂储存在纤维内，因此可以重复吸油。同时，米纸只吸油不吸粉，不会破坏妆容。

5. 蓝膜吸油面纸

有采用柔软而富弹性的蓝色胶质材料，质地坚韧，像塑料薄膜，纸质非常柔和纤细，不易破损，在吸油的同时，还能较好地保留肌肤所需的水分，吸油量比一般吸油面纸多 3 倍，可以彻底去除油光，避免毛孔受阻。吸油后独特的天蓝色吸油蓝膜即转为透明。

另外，有些吸油面纸还可特别添加天然的护肤成分，例如蜜粉添加型，就是添加一层薄薄的蜜粉，除了可以吸附油脂之外，纸上的蜜粉还具有补妆的功效。添加天然绿茶的吸油面纸，凭借绿茶消炎镇静的功效，在去油的同时还能收缩毛孔、控制皮脂分泌，淡淡的绿茶芳香也令使用者感到心旷神怡。也有一些吸油面纸会添加诸如芦荟、矿物质等成分，使用时具有消炎、补水、收细毛孔等功效。其他的还包括添加玫瑰精油、叶绿素、蜂蜜等美容成分等。

一张优质的吸油面纸，首先要做到吸油力强劲，能及时吸去脸上的油分，却不会失去水分，所以要求一定憎水性能；其次要使肌肤感觉到光滑，不会擦伤皮肤，纸质要求柔软舒适并有足够的韧度，不易撕破。通常，吸油面纸越薄越好，但重点是薄而不破才是关键。

吸油面纸许多不同材质的品种，市面上的吸油面纸有胶质的、粉质的、清洁及吸油二合一等多种选择。胶质的吸油面纸吸油力强之余，防水性亦颇高，非常适合油性的肌肤使用；油脂分泌不太旺盛的用含粉质的吸油面纸即可；如果外出，选择兼具吸油和清洁功能的则非常方便。

二、面 膜 纸

冬夏换季之际，不管男女，敷面膜已经成为护肤的重要步骤。面膜因其携带方便、效果明显等优势，成为深受爱美人士欢迎的护肤产品。面膜纸的材质细密度和渗透力决定了皮肤的吸收和效果，其形状与剪裁决定了面膜纸与皮肤的贴合程度。细密度不够，或细密度够，但渗透力不够，都会很大程度上影响皮肤的吸收和效果，造成浪费。形状与剪裁方面，根据面部肌肤的不同需要，面膜纸也制造出了不同的形状。

面膜按照使用方式可分为两大类：非贴式面膜和贴式面膜，非贴式面膜的成膜材质主要为水溶性增稠剂，贴式面膜载体材质包括无纺布、蚕丝、概念隐形蚕丝、水凝胶、纯棉纤维、生物纤维、黏胶纤维、天丝和竹炭纤维。贴面式面膜产品如下。

① 全棉纸是日本药妆店开架面膜的主流材质，全棉材质的最大特点是安全，不易引起过敏，因此深获众多药妆品牌的青睐。但是该材质吸附力不足，精华液容易滴落，膜布本身吸收的大量精华不能被肌肤有效吸收。

② 蚕丝面膜含有蚕丝纤维和活性蚕丝蛋白，用了无纺布工艺成形。因为蚕丝蛋白中含有对人体极具营养价值的18种氨基酸，属多孔性物质，透气性好，吸水性极佳，能够加速皮肤自身的修复机能，通过蚕丝纤维的细腻贴合来让受损肌肤迅速得到修复。值得注意的是，蚕丝面膜基布拉伸性差，易破、成型不佳且成本高，使用受到一定限制。

③ 概念隐形蚕丝面膜是全天然纯棉的材质，是无纺布的升级品，与蚕丝面膜基布一样具有吸水性强、渗透力佳，贴肤性好，隐形效果佳；而且拉伸性强，可以根据不同脸型拉伸调节，使之覆盖到肌肤的每个角落，具有蚕丝的光泽和丝滑感，所以被称为蚕丝面膜，是目前最受消费者喜爱的面膜材质之一。

④ 水凝胶面膜是以亲水性凝胶作为面膜基质，对皮肤无刺激，内部可以注入各种功效性成分（如熊果苷、维生素 E、烟酰胺、谷胱甘肽等成分）而制成功能性面膜，同时贴肤性强，不易蒸发、干燥，其退热舒缓的效果对急性皮肤损伤（如过敏、长痘、擦伤）有良好效果，也是目前比较畅销的面膜之一。

⑤ 生物纤维素面膜由葡糖醋杆菌发酵制成的细菌纤维素，是一种兼具生物可降解性与生物相容性的天然高分子材料，具有极强的吸水性、贴肤性和韧性，能贴入皱纹与皮丘深处，因此较一般布织面膜更具提升和紧肤效果。由于具有不被人体排斥的特性，在医学界被用来作为心血管修复与人造皮肤使用。但目前生物纤维面膜基布生产存在工艺复杂、成本高、要求严格、面膜灌装工艺困难等缺点。

⑥ 天丝是黏胶纤维的升级版，以木浆为原料经溶剂纺丝方法生产的一种崭新的纤维，具有棉的“舒适性”、涤纶的“强度”、毛织物的“豪华美感”和真丝的“独特触感”及“柔软垂坠”，无论在干或湿的状态下，均极具韧性。

三、甲壳质—壳聚糖纤维纸

甲壳质—壳聚糖纤维纸（chitin-chitosan fibers paper）是医疗外科手术上使用的一种新型特种纸。甲壳质又叫甲壳素，旧称甲壳多糖，是甲壳动物（虾、蟹）的骨骼和菌类（地衣）等细胞壁的重要成分，为白色半透明固体，可由虾壳、蟹壳直接酸解提取而得。壳聚糖又名脱乙酰几丁，是利用甲壳质经过脱乙酰化处理后得到的产物，具有相同脱乙酰度而不同相对分子质量以及相对分子质量相近而脱乙酰度不同的壳聚糖，对金黄色葡萄糖球菌、枯草杆菌、白色念珠菌、隐球菌和假单胞菌等都有抑菌功能和效果。而且低相对分子质量的壳聚糖比高分子壳聚糖的抑菌活性还要高一些。

由于甲壳质、壳聚糖及其衍生物均来自生物体，是自然界中仅次于纤维素的第二大类有机物质，因此其资源相当丰富。另外，甲壳质、壳聚糖具有良好的生物相容性和生物活性，毒性极低，易于生物降解（可分解性高），其化学结构与纤维素相近，在纤维素葡萄糖基C原子2位羟基（—OH）分别被置换成：在甲壳质中是乙酸氨基（$NHCOCH_3$）而在壳聚糖中是氨基（$—NH_2$）。纤维素、甲壳质和壳聚糖分子结构如图8-21所示。

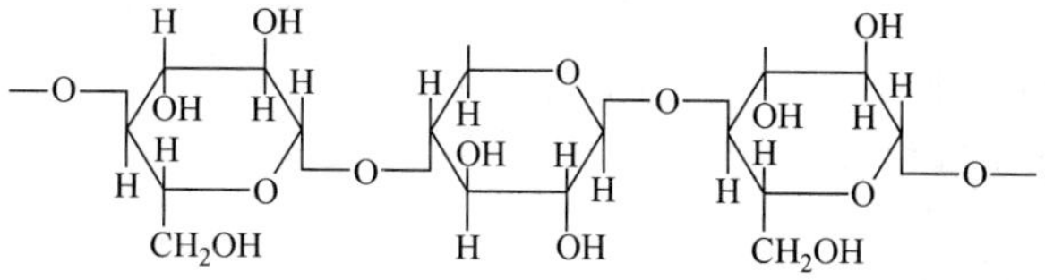

纤维素

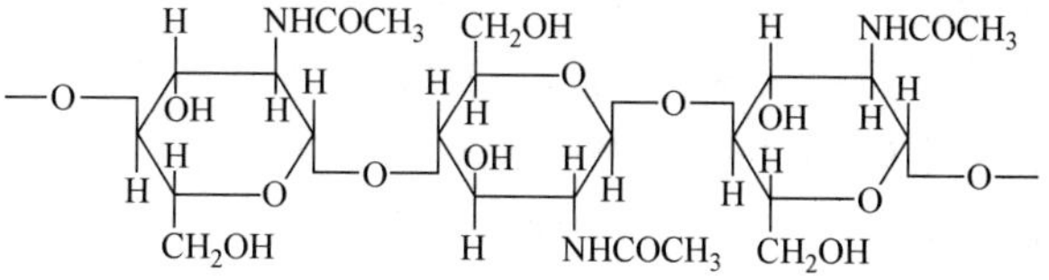

甲壳质

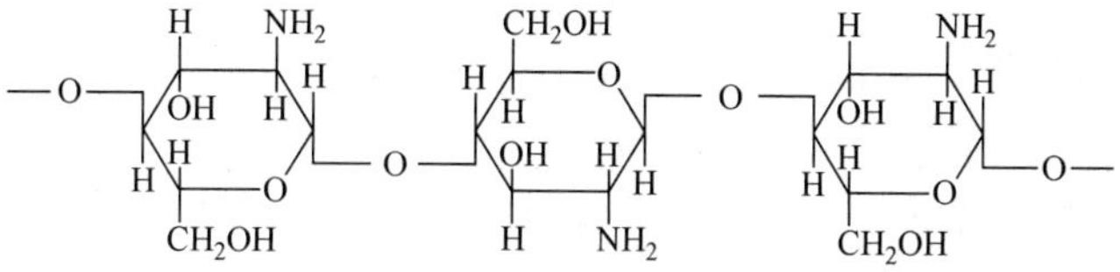

壳聚糖

图8-21　纤维素、甲壳质和壳聚糖分子结构

经过处理可把甲壳质、壳聚糖加工而成纤维，再与棉或精制木浆配抄而制成特种纸。这种新型材料在医学上可用于制作人工肾膜、止血贴、伤口治疗促进剂等。这些人造材料对医学的现代化发展，意义重大。其市场前景看好，应该引起更多的关注，着力加以开发。

四、止　血　纸

有效的止血是外科手术、外伤中急需解决的主要问题，采用的止血方法包括机械止血、药物止血和局部止血，各种方法都有其有效性和局限性。其中局部止血应用较为广泛，目前用于局部止血的材料包括生物蛋白胶、胶原蛋白海绵、生物纸、明胶海绵，可溶性止血纱布、氧化再生纤维素等制品。其中，生物纸是一种采用天然多糖材料制成的生物可降解材料。

生物纸具有明显的止血作用，主要作用表现在以下几个方面：首先生物纸对组织表面有较强的黏附性，对创面有封闭作用；吸收血液中的水分后使血液黏稠，减少血液的流动性；生物纸吸水后形成的水凝胶分子中的羟基能和纤维蛋白原分子形成氢键，促进纤维蛋白的交链，减少出血量和缩短出血时间。

近期，日本首创一种以海藻为原料的具有特殊止血功能的药用纸。海带及裙带类海藻中的藻朊酸有强大的止血功能，如果人体皮肤出现小伤口出血时，贴上一点止血纸即能止血。

复方三七止血药纸由三七、苦参等中药经提取加工，按一定比例配成混合液，将100％木浆制成柔软的纸性材料在药液中浸泡后，取出阴干、消毒，制成。有止血消炎止痛，活血祛瘀的功效。其中三七有散瘀消肿定痛作用，苦参有清热利尿燥湿杀虫功能。

课内实验

原料配比、助剂添加、打浆工艺等对纸页孔隙结构及吸收性能的影响。

选择浆料（针叶木浆、阔叶木浆、棉浆等），浆内施胶剂和填料等，制定打浆工艺（打浆设备、打浆方式、打浆浓度），添加各类常用的造纸辅料，抄纸并检测相关物理性能。实验可设计成不同原料、打浆工艺、不同辅料的添加方案，在教师指导下，由学生分组完成实验方案、实验操作和实验报告等。

项目式讨论教学

如何根据食品医用特种纸关键指标制订原辅料构成和成形及加工工艺。

教师指定典型食品医用特种纸的关键指标，并以小项目形式布置给学生，学生在课外以小组形式，通过收资、小组内部讨论、PPT 制作等工作，完成一些典型食品医用特种纸原辅料的构成、成形工艺和加工工艺的制订，并在课堂上进行展示及讨论。

习题与思考题

1. 简述食品包装纸的主要特点。
2. 简述食品包装纸的基本要求。
3. 根据食品包装纸的技术指标阐述食品包装纸的生产工艺要点。
4. 论述食品包装纸质量控制的主要因素。
5. 简述提高食品包装纸张光泽度主要措施。
6. 比较非最终灭菌模式和最终灭菌模式。
7. 试述理想的医疗包装材料应具有的特性。
8. 简述医用纸塑袋的构成及灭菌包装的作用原理。
9. 试述医用包装纸的物理技术指标要求。
10. 根据透析纸的物理性能指标论述生产工艺的控制要点。
11. 试述试纸法的定义及检测的基本原理。
12. 试述试纸法的优点与缺点。
13. 简述硝酸纤维素的制备工艺。
14. 试述免疫层析试纸的玻璃纤维膜选择和处理。
15. 试述免疫层析试纸 NC 膜的选择和处理。
16. 简述除臭纸的作用原理。
17. 简述除臭剂的类型及施用。
18. 简述除臭纸要达到理想的除臭功能需要具备的特性。
19. 简述除臭纸固相表面吸附原理。
20. 简述除臭纸的基本生产工艺。
21. 简述除臭纸的涂料的组成。
22. 简述除臭纸的生产质量控制。
23. 什么是无尘纸及特点。
24. 简述目前已工业化的无尘纸的成形方法。
25. 试述化学黏合无尘纸的生产特征。

26. 简述 PE/PP、PE/PET 的热熔机理。
27. 试述生产无尘纸的复合纤维的主要特点。
28. 试述生产无尘纸的高吸水剂的主要特点。
29. 简述热熔黏合基本工序。
30. 试述影响胶合无尘纸强度的主要因素。
31. 试述影响热合无尘纸强度的主要因素。
32. 简述影响胶合无尘纸柔软度指标的主要因素。

主要参考文献

[1] 彭慧，龙柱. 浅谈纸质食品包装材料 [J]. 江苏造纸，2012，106 (1)：37-42.
[2] 玉贵书，姚瑞忠. 食品包装原纸生产常见质量问题 [J]. 轻工科技，2012，166 (9)：116-117.
[3] 韩志诚. 食品包装纸的发展和应用 [J]. 造纸科学与技术，2013，32 (6)：165-170.
[4] 余仕发. 高光泽度抗菌食品包装纸的生产实践 [J]. 纸和造纸，2017，36 (3)：1-3.
[5] 万洪安，刘朝浮. 采用机内涂布试产本色低定量食品包装纸 [J]. 纸和造纸，2013，32 (5)：1-2.
[6] 夏银凤. 透析纸阻菌性及孔隙结构影响因素的研究 [D]. 西安：陕西科技大学，2012.
[7] Anhui Winbon Specialty Paper Co.，Ltd. A productionmethod of sterilization paper：CN，201110101320. 2 [P]. 2011-08-17.
[8] 安徽华邦特种纸业有限公司. 一种杀菌包装纸生产方法：CN，201110101320. 2 [P]. 2011-08-17.
[9] Kimberly-clark Worldwide，INC. Saturating composition and its use：WO，0231248 (A2) [P]. 2002-04-18.
[10] Mondi AG. Online treated sealable and peelablemedical paper formedical sterilization packaging：WO，071986 (A1) [P]. 2014-05-15.
[11] 季剑锋，刘文，胡江涛，等. 医用透析纸透气性能的研究 [J]. 中国造纸，2015，34 (09)：21-26.
[12] 周文春，宋连珍，叶一心. 高档医用透析纸的试制 [J]. 纸和造纸，2014，33 (09)：56-59.
[13] 郑梦樵. 中国医用包装透析纸行业现状与发展趋势 [J]. 中华纸业，2017，38 (14)：67-71.
[14] 胡江涛，洪缨，仇红英. 医用透析原纸施胶对纸塑医疗包装剥离强度的影响 [J]. 安徽科技，2017，3：54-56.
[15] 汪生云，高诚伟，李刻朋. 快检试纸法对职业危害化学物质的检测与应用 [C]. 第二十届海峡两岸及香港、澳门地区职业安全健康学术研讨会论文集. 成都，2012-09-11，617-624.
[16] 程楠，董凯，黄昆仑，等. 水产品中甲醛残留快速定量检测试纸的研制与应用 [J]. 中国食品学报，2017，17 (10)：254-261.
[17] 王正顺，李与文，袁令赟，等. 光触媒壁纸及其性能研究 [C]. 山东造纸学会第十一届学术年会论文集，130-136，2006-03-01.
[18] 刘秉钺、张浩森、郝军，等. 硅藻土用作除臭纸的研究. 上海造纸，2008，39 (1)：36-40.
[19] 罗冲，周英鹏，程栋. 除臭纸的初步认识 [J]. 天津造纸，2012，02：10-12.
[20] 徐红霞. 可变色的抗菌除臭壁纸 [J]. 中华纸业，2016，37 (12)：106.
[21] 张芳. 肌钙蛋白检测试纸生产中质量控制研究 [D]. 北京：中国科学院大学，学位论文，2015，11.
[22] 徐腾，安庆坤. 纸页的抗菌除臭工艺方法 [C]. 江苏省造纸学会第八届学术年会论文集，2005，11.
[23] 侯海涛. 无尘纸常见质量问题及解决办法 [J]. 中华纸业，2003，24 (9)：44-46.
[24] 裴粕气流成网技术. 2006/2007 中国纺织工业技术进步研究报告 [R]. 纺织导报，2006 (S)，240-248.
[25] 刘喜宏，田健夫. 浅议无尘纸生产工艺及其在国内市场前景 [J]. 林产工业. 2008，04：13-17.
[26] 汪浩. 蔬菜复合纸面膜成型机系统研发 [D]. 天津：河北工业大学，2014，03.
[27] 邓亚军，谭阳，冯叙桥，等. 新型加工食品果蔬纸研究进展 [J]. 食品科学. 2017，38，(21)：30-35.

第九章　特种过滤纸

第一节　汽车过滤纸

一、概　　况

汽车滤纸是生产汽车滤清器的主材料之一，应用于动力车辆和设备上的发动机，可有效地滤除掉进入汽车发动机内空气中的硬质杂质、腐蚀性微粒、机油中的微量切屑、机油本身氧化腐败淤泥、胶质等，从而净化含尘空气，保持发动机机油清洁和防止尘埃与微量水珠混入燃油，进而使发动机免受磨损，安全运转，延长发动机使用寿命。

汽车滤纸主要分为三类：机油滤纸、燃油滤纸、空气滤纸（本小节讲述前两者）。它们是经过树脂浸渍的过滤用纸，在滤清器生产线上经过分压、压波、收波及固化等工序制成滤清器，其在汽车、船舶、拖拉机等内燃机上，起到汽车发动机之“肺”的作用，以除去空气、机油和燃油中的杂质，防止发动机机件的磨损，延长其使用寿命。滤清器的过滤材质有许多，如纤维素、毛毡、棉纱、无纺布、金属丝及玻璃纤丝等，现在基本为树脂浸渍的纸质滤芯所替代，随着世界汽车工业的高速发展，以滤纸作为过滤材质已被世界汽车滤清器行业广泛接受采用。

机油系统中的油液具有传递功率、减少元件间的摩擦、悬浮污染物、控制元件表面的氧化及冷却等多种功效，如果当系统内部由于元件的磨损产生的颗粒及油液的老化产生的胶状油泥会腐蚀金属而导致油液被污染后，将会破坏其原有功效，这些污染物对系统的工作可靠性和元件的寿命有直接的影响，导致系统运行中的各种故障，为了保证系统的正常工作，必须采取有效的净化措施清除油液中的各种污染物，以提高或保持油液必需的清洁度，其中最有效而又最可靠的净化方法是过滤，因纸质滤芯与其他滤清器比较，不但成本低、滤清效率高，而且体积小、质量轻、使用简单。

燃油滤纸，如柴油滤纸是柴油滤清器中的关键组成部件，决定着柴油滤清器的性能。近年来，在节能减排相关国家政策的引导下，各发动机厂家推出的柴油机已能达到国Ⅳ以上的排放要求。现代柴油机已进入电控时代，在各种工况下柴油机对燃油喷射的控制更加严格。为实现上述的精确控制，供油系统需要有足够高的响应速度，同时，系统中各种装置必须具备足够的可靠性，尤其是供油泵和喷油器，它直接影响到电控的质量。供油泵和喷油器精密偶件的磨损是电控失效的主要原因之一。而引起精密偶件磨损的主要原因是柴油中的污染物质，包括是3～10μm的颗粒和水。因此在现代汽车发动机供油滤清器中，在满足高精度过滤的要求下，滤纸具有油水分离功能是必不可少的。

汽车滤纸的特点主要包括：纸浆不含任何杂质（包括半纤维素、木素、灰分），其α纤维素含量可高达98%；松厚度高；其次，孔隙率高和均一的孔径是汽车滤纸最重要的特性。为达到此目的，常用长纤维与短纤维进行混抄；滤纸的孔径较小，以高效率除灰尘；由于空气黏度低，使得空气滤纸的作用力比燃油及机油滤纸的低，且前者的重量高，密度低。滤纸均需浸渍以抵抗使用过程中的高温。在润滑系统中，油性杂质会随液体进入，且其黏度要比空气高。为了避免杂质所带来的阻力，需要对润滑油进行深层过滤。燃油滤纸是具有一定孔隙率的起皱滤纸，主要用于过滤经燃油发动机细喷嘴过滤的油；另一特性在于成纸匀度、厚度及定量的均一性。具有一定的强度且高渗透性的纸张才能满足加工要求。滤纸的纸浆需要浸以湿强树脂及其他化学品以具备交联和耐高温的性能。

二、质量指标或性能要求

同其他过滤纸类似，汽车滤纸的性能指标很多，概括起来有以下方面：物理性能、过滤性能、化学性能和特殊性能。其中物理性能包括一般工业用纸所需的强度指标，如抗张强度、撕裂度等以外，特别要求具有较低的定量，良好的松厚度、耐破度以及挺度。过滤性能，包括透气度、孔隙度、最大孔径、平均孔径、过滤效率、过滤精度、起始压差及使用寿命和纳污容量等。化学性能及特殊性能包括阻燃性能等。

（一）滤纸的物理特性与滤清器性能的关系

1. 定量

定量在滤清器中主要表现在滤清器的重量和价格两个方面。对一过滤清器来说，其过滤面积是一定的。在一定的过滤面积下，定量越大，滤纸就越重，滤清器也越重。由于滤纸成本在滤清器成本中所占的比例较大，所以成本就较高。

2. 厚度

对波纹式筒状滤清器来讲，滤纸的厚度能够限制滤清器的最大过滤面积。

3. 挺度和耐破度

挺度和耐破度表示滤纸的抗变形、抗压差能力、高挺度和高耐破度，可以表现出滤清器耐用性好，但挺度太高容易变脆，滤清器容易损坏。

4. 树脂含量

滤纸中加入树脂是为了增加滤纸的挺度和滤纸加工中的定型，根据使用不同，一般在10％～30％之间。树脂含量太高，树脂容易把滤纸孔隙结构堵死。

（二）滤纸的过滤特性与滤清器性能之间的关系

1. 滤纸的透气度

透气度是滤纸性能的综合反映，是滤清器设计中首要考虑的指标。它与滤清器的流阻特性、滤清效率、原始阻力、储灰能力（寿命）等性能指标密切相关，滤纸的透气度越大，流阻越小，原始阻力也越小，反之则相反。透气度与流阻之间存在着相反的定性关系。

对滤清器加工工艺的影响。透气度也是滤纸防潮能力的指标。滤纸透气度越大越容易吸潮，吸潮后滤纸变长。加工尺寸不稳定，影响大批量生产。加工工艺性能较差。严重情况下造成质量下降。在端盖黏接前受潮，滤纸长2～4mm，影响滤芯高度控制。黏接后受潮，滤纸胀长，滤纹发生扭曲，严重影响滤芯质量。

2. 最大孔径、平均孔径

根据平均孔径和最大孔径的大小可以近似判别滤清器的精度。平均孔径与滤清器的过滤效率密切相关，平均孔径越小，过滤效率越高。

三、基本生产工艺

汽车滤纸的典型生产工艺流程如图9-1所示。将纸浆加入碎浆机进行碎解，然后利用磨

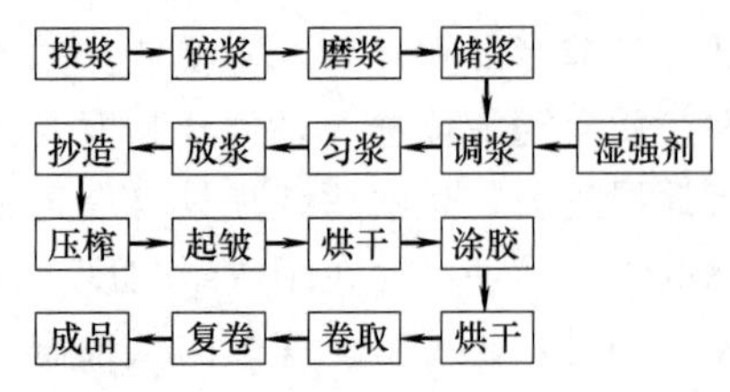

图 9-1 汽车滤纸的生产工艺流程

浆机进行磨浆，在调浆池中加入湿强剂进行匀浆分散。将制备好的浆料经流浆箱上网脱水成形和压榨脱水后，当水分含量为40%～60%时，在第一只炼制上对纸张进行起皱处理，然后利用烘缸把纸张干燥到90%以上的干度，再进行表面涂胶，最后经烘缸干至成品所需干度，再进行卷取和完成整理。

四、生产质量控制

（一）影响因素

1．打浆

打浆方式和打浆度是影响机油滤纸过滤阻力的主要原因。游离状打浆方式在兼顾纤维平均长度和纤维间结合情况下，适当切断纤维，避免过于细纤维化，使纤维组织均匀，可以更好地控制孔径的大小，利于提高过滤纸的过滤性能。一般根据不同浆种限定打浆度。

2．纤维原料的选择及配比

不同种类的纤维原料对机油滤纸的成本、结构性能、使用性能都有很大影响。最早的时候抄造机油滤纸是采用具有较高的纯度、高强度、高松厚度的棉短绒为原料，又由于它的纤维宽度较窄，使原纸具有较好的过滤性能。目前主要采用经过丝光化处理的木浆纤维，能提供给过滤纸很好的透气性和过滤性能，且其成本更低，强度高。最初抄造机油滤纸是采用棉短绒为原料，它有高的纯度、松厚度、强度及较小的纤维宽度构成了原纸优良的过滤性能。现在则多采用经过丝光化处理的木浆纤维，能提供给滤纸很好的透气性和过滤性能，且其成本更低，强度更高。若把针叶木木浆、阔叶木浆、棉浆混合使用，则可获取更良好的性能。添加未丝光化处理的针叶木浆，因其纤维较长，在滤纸成形过程中，起到骨架作用，有利于提高其强度和降低成本；而加入阔叶木浆，因其纤维较短，在滤纸成形过程中，起到补强和调整孔径大小的作用，有利于纸页的成形；由于棉浆的部分纤维光滑、扭曲，加入它有利于提高过滤性能。

3．分散剂、湿强剂用量

对于一些需要配抄合成纤维生产具有特殊性能的机油滤纸时，由于合成纤维的纤维比植物纤维较长、较细，会在水中缠绕成团，分散困难，影响成纸匀度。因此，在抄纸过程中必须加入分散剂。由于机油滤纸要求具有较高的湿强度和湿抗压度，且机油滤纸原纸结构松厚，纤维交织疏松，强度较差，会影响后续树脂浸渍工艺，因此需要加入一定量的湿强剂来提高纸页湿强度。

4．树脂涂布量

滤清器滤纸采用涂布工艺，其主要目的就是提高纸张的物理强度和抗水性能。涂布纸可提高纸张的耐破度和抗张性能，同时对纸张透气度有一定的影响。如果滤纸在生产过程中涂布浸渍树脂的量过大或过小，必定会影响纸张的强度和透气度，树脂的涂布量过小，纸张强度不高，用量过大，对透气度有一定的降低。因此，控制好滤纸涂布浸渍量对滤清器滤纸有着重要的作用。生产空气滤纸、柴油滤纸采用丙烯酸树脂，生产机油滤纸采用水溶性酚醛树脂。

（二）生产问题

汽车发动机在燃烧做功过程中会产生氮氧化物、非甲烷碳氢、颗粒污染物等有害物质，以尾气的形式排放到大气中。近年来，我国的汽车行业迅猛发展，为降低污染物的排放，促使汽车生产厂家改进产品，我国对汽车的颗粒污染物排放标准提高了82%。然而单靠发动机技术提升是不能满足标准要求的，过滤系统的质量提升至关重要。其中，纤维基的滤纸材料是其核心部件，然而目前国内汽车用空气滤纸市场仍被国外产品所占有，比如美国H&V公司，德国Mann+Hummel公司和意大利BOSSO公司等，如意大利BOSSO公司生产的用于桑塔纳汽车的空气滤纸的定量为150g/m^2，其平均孔径为35μm以下。

近10年内汽车工业迅速发展及家用汽车普及，极大地刺激带动了汽车工业滤纸的迅速发展，迄今为止国内正常生产且上规模的企业和产品如本节六中工程实例中所述。然而目前国内产品仍然较难达到进口高端产品的水平，至今国产过滤纸的市场份额仅为10%左右，从质量和性能上分析其主要原因在于：a. 过滤效率低、过滤精度差、容尘量低，导致使用寿命短；b. 耐温、耐水、耐油的性能不如进口产品，导致使用寿命短；c. 质量波动大、稳定性差。

五、化学品的应用

以天然植物纤维为主要原料，抄造机油滤纸原纸，由于植物纤维本身的一些特性，造成滤纸原纸紧度低，纸页疏松，其固有强度低，不能经受住系统中油的冲击，也达不到滤芯使用时所要求具备的一些特性。为提高机油滤纸产品的质量，所以一定要采用树脂浸渍剂对原纸进行浸渍处理来提高纸页的物理强度及其结构强度。再对机油进行过滤时，采用树脂浸渍剂进行浸渍处理后的滤纸可阻止滤纸的纤维和其他组分发生错乱窜动；在一定压差下，采用树脂浸渍剂对滤纸原纸进行浸渍处理后可以确保滤芯结构坚挺结实，并维持滤纸的原有孔隙，获得最大的强度，保持良好的过滤性能。除了上述目的外，滤纸的树脂浸渍处理能够改变滤纸的润湿特性，并赋予滤纸较高的抗化学性和抗溶剂性能，并可提高其容尘量和使用寿命。滤清器滤纸采用浸渍工序，其主要目的就是提高纸张的强度，体现在耐破度和抗水性性能上，而对纸张透气度指标有一定的影响，如果滤纸在生产过程中浸渍树脂的量过大或过小，必定会影响纸张透气度质量指标的高或低，因此，控制好滤纸浸渍树脂量对滤清器滤纸有着重要的作用。目前较常用的树脂为水溶性树脂，例如丙烯酸树脂、水溶性酚醛树脂。

水溶性酚醛树脂是改性酚醛树脂，是以水为溶剂，并可用于稀释。该水溶性酚醛树脂的固含量为45%，可用水稀释8倍以上，凝胶时间60～120s（150e）保存期比一般的酚醛树脂短，原料为苯酚、甲醇、酸、碱等化工原料。主要用于工业化生产，它既具有强度高、韧性好的特点，而且耐高温比丙烯酸强。可以给予过滤材料较好的抗油性、抗水性、稳定性、抗化学性及其他优良性能；它的最大的特点就是以水代替大量的有机溶剂，减少或消耗溶剂的污染与浪费，有利于环境保护，且生产操作安全，因此它具有环保节能的优点。

丙烯酸树脂是由丙烯酸酯类和甲基丙烯酸酯类及其他烯属单体共聚制成的树脂。通过选用不同的树脂结构、不同的配方、生产工艺及溶剂组成，可分成不同类型、不同性能和不同应用场合的丙烯酸树脂。这里介绍的丙烯酸树脂，为乳液状，是通过单体引发剂及其反应溶剂一起反应聚合而成，一般所成树脂固体含量为50%左右的树脂溶液。它具有强度高、韧性好、耐高温的特点，广泛应用在汽车、造纸等领域。

六、工程实例

迄今为止国内正常生产且上规模的企业和产品有：杭州新华纸业有限公司“双圈”牌滤

纸、杭州特种纸业有限公司“新星”牌滤纸、山东普瑞富特纸业有限公司“绿竹”牌滤纸、广东元建特种材料科技有限公司、苏州新业造纸有限公司等，产品年产总量在 1.3 万 t 左右。杭州特种纸业有限公司部分产品质量指标见表 9-1。

表 9-1　　杭州特种纸业有限公司部分产品的质量指标

指标	定量	厚度 ≥	瓦楞深度	透气度(Δp=127Pa) ≥	耐破度 ≥	最大孔径 ≤	平均孔径 ≤
单位	g/m²	mm	mm	L/(m²·s)	kPa	μm	μm
机油滤纸	135±6	0.40	0.30±0.10	350	260	95	80
	156±6	0.50	0.30±0.10	350	260	100	80
	200±10	0.60	0.30±0.10	350	300	90	75
	130±7	0.36	0.30±0.10	90	300	60	40
燃油滤纸	150±7	0.40	0.30±0.10	100	350	60	40
	180±7	0.50	0.30±0.10	100	400	60	40
	95±6	0.36	—	30	120	50	30
	260±20	0.65	—	25±10	400	25±5	15±5

七、发展与展望

汽车滤纸的发展与汽车工业的发展息息相关，早在 1860 年美国贺氏特殊材料公司（现在的美国 HV 公司）就开始研制开发汽车工业滤纸等新产品，经过 100 多年开发生产，到现在已成为年产 2 万多吨、100 多个品种的跨国公司。美国科学公司南方滤纸厂也是国际上最大的汽车滤纸生产厂之一，其年产汽车滤纸也达 1 万多吨，其中 40%的产量供应本国，60%出口到国外。德国 GESSNER 公司和意大利 BOSSO 公司年产汽车滤纸都在 1 万多吨，主要供应欧洲市场和亚洲市场。英国普瑞克制纸公司、德国奥斯特洛姆公司，也是欧洲较大的汽车滤纸生产厂，年产量也在 8000t 以上，主要供应欧洲市场。日本阿波制纸公司和韩国奥斯龙公司是亚洲最大的汽车滤纸生产厂，年产都在 1 万 t 以上，主要供应亚洲市场。上述八大公司是目前世界上最大的汽车滤纸生产企业，它们的产量占世界汽车滤纸总量的 70%以上，特别引人注目的是这些跨国公司已经把生产基地开始向新兴的发展中国家转移，特别是到中国、印度、巴西等地，美国 HV 公司到中国苏州工业园建立合资企业，即贺氏（苏州）特种材料有限公司，日本阿波制纸公司在上海建独资企业，英国普瑞克制纸公司和山东滨州富尔特纸业公司成立了合资企业。所有这些跨国公司登陆中国市场，对中国汽车滤纸民族工业的发展，对国内众多汽车滤纸厂，既是挑战与竞争，更是促进与提高。我们国内滤纸厂只有做大、做强、做精，走性价比、差异化的发展道路，才能与这些外企抗衡竞争。我国目前汽车保有量已达到 1 亿辆以上，因此汽车的易耗品滤清器的需求将呈直线上升，而与之配套的汽车滤纸的需求也自然而然地成倍增长。汽车滤纸国内总需求达到 5 万 t，但是，高档滤纸和主机配套的滤纸主要依赖进口，每年将达到 2 万 t 以上，产品主要由美国 HV 公司和韩国奥斯龙公司提供。随着汽车工业的快速发展，今后汽车作为个性消费将普及化，消费者对车辆维护的认识程度也在不断加深，作为维护发动机的主要三滤部件更是关键，所以产品随着消费者认知理念的改变，要求会越来越高。许多欧美发达国家的发展经历已证明这一事实。相反现有维修市场上存在的劣质、低档汽车滤纸的生存空间将会越来越小。

第二节　空气过滤纸

一、概　　述

随着我国排放标准的提高，汽车发动机的过滤系统性能也需不断提升。对于汽车发动机，滤清器起到“肺”的作用，可分为机油、燃油及空气三种滤清器，即“三滤”。其中，空气滤清器的核心材料是空气滤纸，它可以保证进入气缸的空气质量，保护发动机气缸和活塞环，并防止灰尘进入曲轴箱机油内，减缓曲轴颈和轴承的磨损，从而延长发动机使用寿命。已有研究表明：汽车发动机的早期损坏70%与空气滤纸相关，其质量直接影响发动机的可靠性和使用寿命，是国家规定的内燃机质量强制检验项目之一。同时，高精度过滤材料可滤清空气中的悬浮尘埃、颗粒，使不含杂质的清洁空气进入发动机气缸内部，从而保证可燃混合气的充分燃烧，减少二氧化硫、一氧化碳等污染气体的排放。

空气滤纸是空气滤清器的核心材料，能够过滤掉空气中的颗粒液体和固体颗粒等，有效地缓解发动机内部积垢、磨损、腐蚀等问题。

纤维过滤主要是通过机械或静电的机理，使过滤介质从被污染的气体或者液体中捕集颗粒的过程。纤维过滤材料过滤方式大多是深层过滤，可以将尺寸远小于材料孔隙的粉尘过滤掉，而并非简单的筛滤。从“单纤维过滤理论”的角度出发，过滤机理大致可以分为惯性碰撞、布朗扩散、直接拦截和静电效应等。

① 惯性碰撞。当颗粒物的惯性大到具有足够的动量，能使其挣脱空气流线和冲击纤维时，产生惯性碰撞效应。质量越大，或颗粒越大，惯性碰撞效率越显著。

② 布朗扩散。非常小的颗粒不受流体影响，做布朗扩散运动，最终被纤维捕捉。颗粒物的质量越小，布朗扩散运动越剧烈，越容易被纤维捕集。

③ 直接拦截。当颗粒质量不够大，其惯性不足以脱离流体流线，颗粒直径撞击纤维，从而产生截留效应。

④ 静电效应。如果气溶胶颗粒物或者纤维带有静电时，颗粒物由于静电吸引被吸附到纤维表面。

由于颗粒污染物尺寸并不均一，而是具有一定的分布，实际的过滤过程是一个复杂的截留、捕集颗粒的过程，以上几种机理协同竞争。

纤维过滤的过程可以分为两个阶段：在过滤过程的初期，清洁滤材的结构形状保持不变，被捕集的颗粒物对正在进行的过滤过程影响可以忽略，因此在这个阶段，过滤过程为稳定状态，效率和阻力都保持不变，此时的过滤效率被称作初始效率，此时的过滤阻力也被称作初始阻力或洁净滤材的阻力。随着过滤过程的继续进行，沉积在纤维上的颗粒使滤材内部结构发生变化，开始对过滤过程产生影响，使过滤不再保持稳定状态，过滤效率和阻力都会随着过滤过程的进行而发生改变。

二、质量指标或性能要求

过滤效率、过滤阻力和容尘量是评估空气过滤纸过滤性能最重要的三个参数。过滤效率是过滤产品分级的首要依据，决定着空气能否满足净化要求；过滤阻力和容尘量是区分产品质量的重要指标，过滤阻力越低，空气过滤时进气负荷越小，降低运行成本；滤材的容尘量高，则过滤器使用寿命也倾向于更高。

在发动机工作过程中，会吸入易燃物或发生回火现象，致使空气滤纸发生燃烧，对生命财产安全造成很大的威胁。所以，越来越多的发动机厂商对空气滤纸的阻燃性提出了要求。目前国内已经出台关于阻燃性空气滤纸的产品标准，如表 9-2 所示。

表 9-2　阻燃性汽车空气滤纸的技术指标

指　　标		单　　位	规　　定	
			K130FR	K400FR
定量		g/m^2	133.0±6.0	135.0±7.0
平板纸厚度		mm	0.40～0.50	0.50～0.62
瓦楞纸厚度		mm	0.36～0.46	0.42～0.52
瓦楞深度		mm	0.18～0.30	0.18～0.30
耐破度　≥		kPa	250	220
最大孔径　≤		μm	75	110
平均孔径　≤		μm	60	90
透气度(Δp=127Pa)　≥		L/(m^2·s)	130	400
挺度(纵向)　≥		mg	1000	1100
阻燃性	炭化长度≤	mm	115	115
	续焰时间≤	s	5	5
抗水性			合格	
水分		%	3.0～8.0	

三、基本生产工艺

汽车工业空气滤纸的生产工艺流程（图 9-2）主要分为两个阶段，即滤纸原纸的抄造和乳液浸渍，原纸的抄造部分包括打浆、配浆、抄纸和干燥等环节，乳液浸渍包括浸渍、干燥、画线、压楞和成纸等环节。在整个汽车工业空气滤纸的生产工艺流程中，首先要进行打浆操作，在打浆过程中要控制好打浆度，要保证纤维的平均长度，也要使纤维适度细纤维化，这样可以更好地控制滤纸孔径，有利于过滤性能的稳定。在滤纸原纸生产中的配浆阶

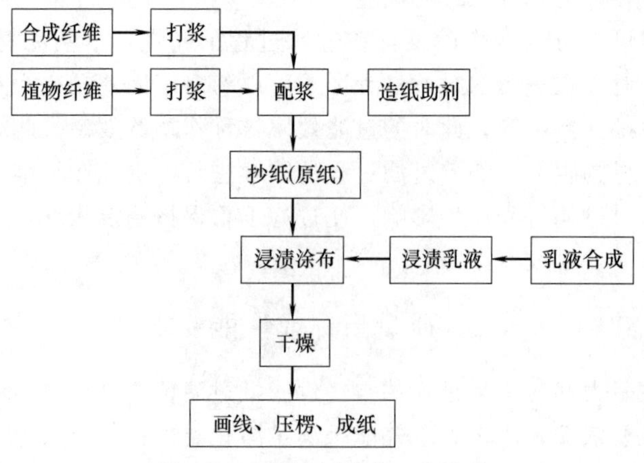

图 9-2　空气滤纸生产工艺流程

段，不论造纸助剂的添加种类还是添加量都很少，尤其是造纸填料几乎不需要添加，但是考虑到滤纸原纸需要有一定的湿强度，这时就需要在配浆过程中加入适量的湿强剂。由于空气滤纸对过滤效率和容尘量有较高要求，因此原纸必须要疏松多孔，松厚度好，因此，抄纸形成的滤纸湿纸页一般不进行压榨处理。由植物纤维抄造而成的滤纸原纸强度较低，纸页疏松，各项性能指标不符合滤纸的使用要求，为了保证汽车工业空气滤纸产品的质量，必须采用浸渍乳液对滤纸原纸进行浸渍加工处理，目前对滤纸的浸渍加工处理主要有两种方式，一种是浸渍挤压方式，滤纸原纸进入浸渍槽中，吸满乳液，然后在橡胶辊的挤压作用下将过量的乳液挤出，另一种浸渍处理方式是辊式浸渍工艺，这是目前较为常用的滤纸原纸浸渍工艺，操作原理主要依靠原纸的自然吸水性能，将浸渍乳液均匀分布在滤纸纤维上，滤纸原纸经过乳液浸渍环节之后，接下来要进行干燥处理，在干燥处理过程中，切忌进行强制烘干，因为浸渍乳液中的树脂部分会因为强烈蒸发作用而"迁移"至滤纸表面，容易产生树脂聚集现象，从而使滤纸表面平均孔径变小，影响滤纸的透气性能和过滤性能。

四、生产质量控制

纤维直径是影响空气过滤纸过滤性能的主要因素。性能优良的空气过滤纸应该具有较高的过滤精度、相对较低的过滤阻力和较高的纳污能力。细纤维可以使空气过滤纸的密实度高、孔径小，过滤效率高，但代价是阻力高；粗纤维制备的空气过滤纸密实度低，透气性好，但是过滤效率低。在实现高效率的同时尽可控制滤纸的阻力，不仅需要直径小的纤维，还需要对滤纸的纤维搭配和结构进行控制。用于制造空气过滤纸的纤维原料包括植物纤维和非植物纤维。与植物纤维相比，非植物纤维可以根据空气过滤纸具体用途的需要对其进行改进，具有较好的灵活性和适应性。非植物纤维的制备过程决定了其几何形状可以按照需要灵活设计，纤维之间可以实现从几十纳米到几百微米，长度也可以通过切断技术进行控制。截面可以实现圆形、椭圆形、星形、中空、三角形、三叶形等各种各样的形状，也可以加工成具有一定卷曲度的纤维。这些异形纤维的特性可以很好地补充植物纤维的不足，为控制空气过滤纸的结构和性能提供了丰富的手段。

五、化学品的应用

随着世界汽车工业的高速发展，以滤纸作为过滤材质已被世界汽车滤清器行业广泛接受采用。并且随着汽车滤清器的滤纸品种的增加以及制备技术的进步，汽车滤纸逐渐向高品质、功能化以及高性能方向发展。特别是近年来，由于气缸的高温、热气回流等原因导致的空气过滤纸燃烧事故频发，越来越多的发动机主机厂商对空气过滤纸的阻燃性能提出了要求。目前常用的阻燃剂包括磷系阻燃剂、氮系阻燃剂、磷氮系阻燃剂、硼系阻燃剂、金属氢氧化物、层状双金属氢氧化物以及其他无机填料类阻燃剂。

① 磷系阻燃剂包括红磷、聚磷酸铵和磷酸盐等，这类阻燃剂主要产生凝聚相阻燃作用。凝聚相阻燃是指在凝聚相中延缓或中断燃烧的阻燃作用。磷系阻燃剂大多具有低烟、无毒、低卤等特点，符合阻燃剂的发展方向，所以磷系阻燃剂的用量得到快速的发展，且具有很好的发展前景。

② 氮系阻燃剂与其他阻燃剂相比发展得较晚，它是一类新型的环保型阻燃剂，具有毒性小、阻燃效率高、腐蚀性小、热分解温度较高、对环境友好等特点。目前常用的为三聚氰胺及其衍生物。

③ 磷氮系阻燃剂是膨胀体系的重要组分，也是通过凝聚相阻燃发挥作用的。磷氮系阻燃剂的阻燃机理为：磷化合物与氮化合物反应生成含 P-N 键的中间体，原位生成的 P-N 键能提高纤维素羰基反应活性和磷酯化速率，因而能进一步提高成炭率，氮化合物能延伸磷化合物的挥发损失；另外，P-N 系统中的氮化合物能加强磷的氧化，且能放出包括氨在内的惰性气体，所以其阻燃体系具有阻燃效率高、低毒、无腐蚀性等优点。

④ 硼系阻燃剂是一种应用较早的无机阻燃剂，主要有硼酸锌、硼酸和硼砂等，其中硼酸锌是主要的硼系阻燃剂，具有阻燃、成炭、抑烟、抑阴燃和防止生成熔滴等多种功效。

⑤ 氢氧化铝和氢氧化镁是最为重要的金属氢氧化物无机阻燃剂，两者具有相似的阻燃机理，都是在受热分解过程中放出大量结晶水，结晶水蒸发吸收大量的热量，从而起到冷却聚合物材料的作用，产生的水蒸气可以稀释可燃气体，抑制燃烧蔓延，新生成的金属氧化物具有较高的活性，可以吸附固体颗粒，起到抑烟的作用。另外，覆盖在聚合物材料表面的金属氧化物可以促进基材表面成炭，阻止火焰传播。

⑥ 层状双金属氢氧化物是一种新型的无机功能材料，镁铝水滑石是层状双金属氢氧化物的代表，其性能优于氢氧化镁和氢氧化铝阻燃剂，是一种高效、无卤、无毒、低烟的新型无机阻燃剂。

⑦ 其他无机填料类阻燃剂主要有海泡石、蒙脱土和硅藻土等。

六、工程实例

目前国内外主要汽车工业空气滤纸的生产厂家包括美国 HV、韩国奥斯龙、日本东丽、德国 GESSNER、日本阿波制纸、唐纳森、杭州特种纸业、杭州新华等。目前国内以杭州特种纸业的“新星”牌滤纸为代表的产品，正在以其高品质赢得更多市场，其部分产品质量指标如表 9-3 所示。

表 9-3　杭州特种纸业部分产品质量指标

指标	定量 /(g/m²)	厚度 /mm ≥	瓦楞深度 /mm	透气度 /[L/(m²·s)] (Δp=127Pa)≥	耐破度 /kPa ≥	最大孔径 /μm ≤	平均孔径 /μm ≤
空气滤纸	115±6	0.30	0.30±0.10	90	300	50	40
	125±6	0.30	0.30±0.10	150±30	300	50	40
	127±6	0.36	0.30±0.10	160	260	70	60
	127±6	0.36	0.30±0.10	200	260	75	65
	123±6	0.36	0.30±0.10	250	250	80	70
	145±6	0.42	0.30±0.10	270	300	80	70
	135±6	0.40	0.30±0.10	430	260	105	85
阻燃空气滤纸	130±5	0.45	—	240±30	260	58	48
	145±6	0.42	0.30±0.10	270	300	80	70
	140±5	0.50	—	450±30	260	85	70
	125±5	0.36	0.30±0.10	250±50	260	60	50
纳米空气滤纸	130±6	0.40	0.30±0.10	300	260	90	80

七、发展与展望

不论是汽车工业空气滤纸还是空气滤清器都是以外资企业为主，国内企业所占份额偏小。随着国内市场的崛起，国外品牌开始关注中国这个庞大的市场，这些欧美、日韩企业纷纷在中国投资办厂或成立合资公司，以夺得市场激烈竞争的先机，这些国外企业都是经过资本市场和技术市场多年优胜劣汰的残酷竞争而生存下来的佼佼者，他们不论是在品牌影响力、市场占有率、技术研发能力还是资本充足率等方面都具有强大的优势。反观国内企业虽然坐拥中国庞大的市场，然而滤纸和滤清器产业起步较晚并且发展缓慢，大多企业普遍走低端路线，在产品丰富度、研发实力、品牌影响力、产业链整合能力等都与国外跨国公司有很大差距。尤其是在技术方面，当前国内汽车工业空气滤纸与国外同类先进产品之间还存在较大差距，国内高档汽车工业空气滤纸主要依赖进口，国内企业仍处于研究探索阶段，存在的主要差距表现在容尘量低、过滤效率低、抗水性差等，然而这些最关键的指标影响着滤纸的性能和使用寿命。因此，下一阶段，国内滤纸和空气滤清器企业必须要走兼并重组和技术创新的道路，通过借鉴学习、消化吸收和开拓创新，由小而多逐渐过渡到大而少最终实现大而强的目标。

第三节 电池隔离纸

一、概 况

电池隔离纸，也称电池隔膜纸，是电池中隔离正负极之间的一层微孔膜，其作用在于：隔离电池正负极，从而避免正负极直接接触发生短路；电池充放电过程中为离子在正负极间的迁移提供有效传输通道；当电池内部温度过高，隔膜会通过闭孔来阻止电流的传导。

根据结构和成分的不同，隔膜可分为：微孔聚合物膜，无纺布膜，无机粒子复合膜，凝胶聚合物电解质膜；根据生产原料的不同，隔膜纸可分为聚烯烃纤维电池隔膜纸、纤维素纤维电池隔膜纸、聚乙烯醇纤维隔膜纸、天丝纤维电池隔膜纸等；根据用途的不同，电池隔离纸可分为锂电池隔膜纸、碱锰电池隔膜纸、镍氢电池隔膜纸等。

电池隔离纸的特点在于具有优良的隔离性能，防止正负极之间的活性物质相互接触；良好的电解液吸收性能与保液性能；良好的化学稳定性；对电子呈现出高电阻，而对离子呈低电阻，保证离子迁移通畅；较好的机械性能和韧性，满足生产线连续生产的要求；良好的尺寸稳定性，防止因变形而造成的电池内部短路。

二、质量指标或性能要求

电池对隔膜纸的要求主要包括以下几个方面：

① 机械强度、热稳定性。强度和热稳定性是影响电池安全性能的重要因素，一旦电池中隔膜发生破裂或者热收缩，将会导致正负极直接接触，有可能导致电池着火或爆炸。因此隔膜需要具备高的机械强度和热稳定性，保证电池在变形和高温的情况下不发生破碎。

② 化学稳定性、优良的电子绝缘性。在电池充放电过程中，电极材料发生氧化反应和还原反应，因此隔膜需要具备抗化学腐蚀的能力，同时在电压范围内不发生副反应，以及不与电解液发生反应，而且隔膜长时间放置不会发生降解。

③ 厚度。如果隔膜太厚将会导致电池内阻增加，功率密度降低，同时也会增加电池的厚度，但是隔膜太薄将会导致机械性能变差，容易引发安全问题，通常情况下隔膜厚度在

25～50μm。

④ 孔结构。隔膜内部需要有适当的空间来存储电解液，从而使锂离子能够快速穿越隔膜，如果隔膜的孔结构是贯通的，孔径的尺寸必须小于电极材料颗粒的粒径大小，防止短路，如果是交织的弯曲孔结构，可以有效地防止正负极接触，并缓解电池的自放电，同时孔的尺寸以及数量决定了隔膜的透气性和孔隙率，一般锂离子电池隔膜的孔隙率要求在40％～50％之间。而透气性用GuHey值表示，通常Gurley值越小，孔隙率越高，内阻越小，电池表现出的电化学性能越好，但是透气性过好，将会导致安全问题和电池自放电。

⑤ 浸润性、吸液率。优异的浸润性能够使电解液在电池组装过程中快速的浸润隔膜，减少静置时间，同时高的吸液率有利于提高隔膜的离子电导率，进而提高电池的电化学性能，高的吸液率和保液率有利于延长电池使用寿命。

⑥ 成本。隔膜的成本占据整个电池成本的25％左右，目前商业化的聚烯烃类隔膜，材料本身成本较低，但是加工工艺复杂、成本高。因此，利用低成本的材料和生产工艺生产高性能的锂离子电池隔膜是未来研究的主要目标。

三、基本生产工艺

隔膜的生产方式主要分为干法、湿法以及聚合物挤出成网，干法有熔融拉伸、化学黏合、热黏合、机械加固等方法；湿法主要包括热致相分离和造纸工艺；聚合物挤出成网有熔喷法和静电纺丝法。

干法工艺主要采用熔融拉伸法，拉伸方式分为单向拉伸和双向拉伸。主要是将聚合物在高应力下熔融挤出，然后拉伸，使聚合物材料在垂直于挤出方向平行排列的片晶形成微孔。干法单向拉伸工艺是通过生产硬弹性纤维的方法，制备高结晶度和取向度的聚烯烃类隔膜，这种生产方法的隔膜由于只进行单向拉伸，具有扁长的微孔结构，横向强度比较差。由于受国外专利和知识产权的保护，国内工业化进展缓慢。干法双向拉伸工艺通过在制备过程中加入具有成核作用的改进剂，利用聚丙烯材料不同相态间密度的差异，在拉伸过程中出现晶型转变形成微孔，进而制备性能优异的PP隔膜。与单向拉伸相比，可以通过调整拉伸工艺改变隔膜的性能，制备所需性能的聚丙烯隔膜，同时也可以提高隔膜的机械强度，而且双向拉伸工艺所制备的隔股孔径更加均匀，透气性更好。干法拉伸工艺无污染并且操作简单方便，是大规模制备锂离子电池隔膜的常用方法，但该工艺制备的隔膜孔径及孔隙率较难控制，同时低温拉伸时容易导致隔膜穿孔，产品不能做得很薄。

热致相分离法首先将液态烃或一些小分子物质与聚烯烃树脂均匀混合，然后通过加热熔融形成均匀的混合物，通过降温方式进行相分离得到膜片，再将膜片加热进行双向拉伸使分子链取向，得到隔膜，最后易挥发物质洗脱残留的溶剂，制备出相互贯通的微孔膜材料。静电纺丝法将高分子溶液或者熔体置于高电压的装置中，使喷丝头和接收板之间存在一个强的静电力场，在喷丝头上液滴内的阴离子向正极方向移动，阳离子向负极方向移动。随着电源电压增高，球形的液滴被拉伸成锥形体，当电场力超过液滴的表面张力时形成喷射流，由于纤维距离正负极距离不同，收到静电力大小不同，射流变弯曲，在接收板上形成纵横交错的纳米纤维网状结构。按照传统造纸工艺的步骤，利用植物纤维素、纤维和特种纤维，如芳砜纶纤维、海藻酸钙纤维等，通过合适的制浆方法，优选打浆方式及打浆度，进行湿法抄造。干湿法隔膜性能比较见表9-4。

表 9-4　　干湿法隔膜性能比较

比较性能	干法工艺	湿法工艺	比较性能	干法工艺	湿法工艺
孔径大小	大	小	横向拉伸强度	低	高
孔径均匀性	差	好	横向收缩率	低	较高
拉伸强度均匀性	差，显各向异性	好，显各向同性	穿刺强度	低	高

熔喷非织造材料生产工艺是采用较高熔融指数（简称 MF1）聚合物切片经过螺杆挤压加热熔融成为流动性能很好地高温熔体后，利用高温高速的热空气流将从喷丝板喷出的熔体细流吹散成很细的纤维，在接收装置（如成网机）上聚集成纤网、并利用自身余热相互黏合缠结成布的过程。非溶剂气致相转化是相转化方法中的一种，由于其制备的多孔膜具有对称的孔结构而被广泛应用。非溶剂气致相转化的成膜过程主要是，将均匀的溶液放置在非溶剂气相中，通过气相中的非溶剂进入到溶液中进行分相，从而成膜。发生相分离的原理是，由于非溶剂的进入使得原本稳定的溶液变为非稳定的状态，从而发生分相。

四、质 量 控 制

影响电池隔膜纸质量的因素包括：

1. 厚度

电池对厚度的要求是在保证安全的前提下越薄越好，隔膜越薄，锂离子穿过隔膜的阻力就会越小，电池的内阻就会小，但是隔膜越薄，其绝缘性能就越差，力学性能越差。

2. 机械强度

隔膜的机械强度越高越好，隔膜的机械强度较差，当电池内部产生锂枝晶或受到强烈撞击时，就会容易被击穿，导致电池着火或爆炸，安全性能没有保障。机械强度包括穿刺强度和拉伸强度，直接影响锂电池的安全性能。

3. 孔隙率和孔径分布

锂电池需要隔膜有适当的孔来储存电解液，为锂离子的传输提供通道，隔膜的孔隙率和孔径大小分布及孔结构影响锂离子在电极表面的嵌脱和迁移的均匀性、电池的电阻、离子传导率。孔径太小，电阻就会增大，孔径太大则隔膜的绝缘性和机械强度就会太差，锂电池的隔膜孔径应在 0.03～0.12μm 之间，并且孔径均匀、大小一致。孔隙率是指隔膜中孔隙的体积占整个隔膜体积的百分率，孔隙率是决定电池的循环性和安全性的关键因素，孔隙率越高电池的循环性能和倍率性能越好，但是安全性就越差。隔膜透气性一般用 Gurley 值来表示，Gurley 值越小，隔膜透气性就越好，电池内阻越小，电池的电化学性能就越好，但是透气性过好，电池的自放电越严重。

4. 吸液率

吸液率反映了隔膜浸润电解液的性能，吸液率越大，隔膜与电解液的亲和性就越好，锂离子传导的速度就越快，离子导电性就越大。

5. 热稳定性、化学稳定性

电池在过充、短路、撞击时，会发出大量的热，温度会急速上升，隔膜应当具有高温下保持原有的尺寸和机械强度的特性。由于电池中的电解液为有机溶剂，在电池充放电过程中，隔膜需要具备不与电解液发生反应的能力，因此要求隔膜具有足够的化学稳定性（表 9-5）。

表 9-5　　锂离子电池隔膜性能对锂离子电池性能的影响关系

隔膜性能	电池性能					
	安全性	容量	倍率	循环性能	质量	体积
厚度↑	↑	↓	↓	↓	↑	↑
孔隙率↑	↓	—	↑	↑	—	—
透气阻力↑	↑	—	↓	↓	—	—
内阻↑	↑		↓	↓	—	—
热收缩率↑	↓	—	—	—	—	—
穿刺强度↑	↑	—	—	—	—	—
机械强度↑	↑	—	—	—	—	—
孔径↑	↓	↑	↑	↑	—	—
均一性↑	↑	↑	↑	↑	—	—

备注："↑"、"↓"分别表示两性能间的正负相关性，"—"表示两性能间相关性不明显。

五、化学品的应用

1. 表面修饰

通过润湿剂或者接枝亲水性官能团的方式来改善聚烯烃类隔膜的浸润性和吸液率。主要通过物理法和化学法两种方式，物理法主要通过等离子体处理使亲水性基团接枝到隔膜上，通过选择不同的气体可以接枝氨基、羟基、羧基等亲水性基团。化学法包括氟化、磺化、接枝聚合等方法，对于聚烯烃类隔膜首先通过辐射诱导或者紫外光照射生成聚合物自由基，然后再进行后续反应。

2. 表面聚合物包覆

通过使隔膜和电极材料接触紧密的方式可以大幅度减小界面阻抗，提高电池的循环性能，在隔膜表面通过浸渍或者喷涂的方法包覆一层聚合物如聚氧乙烯、聚偏氟乙烯-六氟丙烯、聚偏氟乙烯等，不仅可以改善隔膜的浸润性，同时也提高隔膜的吸液率，进而提高电池的电化学性能。

3. 复合无机粒子

Al_2O_3、TiO_2、$CaCO_3$ 等无机粒子通过黏结剂涂覆在隔膜的表面，可以大幅度改善隔膜的浸润性，同时其中掺杂无机粒子的隔膜与电池正负电极具有良好的相容性，这种隔膜组装的电池具有良好的容量保持能力和倍率性能。

六、工程实例

目前生产及应用最多的隔膜材质有两种：PP 和 PE，产品的主要结构有 PP 单层，PE 单层，PP/PE/PP 三层复合膜。目前美国 Polypore（原 Celgard）的隔膜采用干法单向拉升制作，孔隙率较小，透气度较大，适合于高容量体系，如：手机电池或笔记本电池等，主打产品有 PP/PE/PP 结构的 20μm Celgard 2320，PP/PE/PP 结构的 16μm Celgard C200，以及单层 PP 的 16μm 的 Celgard A273。另外，PP 结构的 25μm Celgard 产品其孔隙率达 50%，透气度达到 200s/100mL，具有很好的倍率放电性能，然而短路和低压较难控制。PP/PE/PP 结构的 32～38μm 隔膜亦可用于电动车。日本 UBE 的电池隔膜主要是三层结构，工艺同 Polypore 相同，然后 UBE 的孔隙率更大，透气性更好，其代表性产品是 20μm 的三层膜，其透气度范围在 400s/100mL 左右，16μm 的三层膜，其透气度在 280s/100mL 左右。

韩国SK隔膜，从电镜结果来看属于湿法的单层PE膜，厚度范围在9μm到25μm，特点是孔隙率大，锂电池工艺制程中存在短路率低，低压高的特点。其25μm的隔膜孔隙率可达60%。

七、发展与展望

作为一个锂离子电池生产和消费大国，我国已经基本形成从矿产资源、电池材料和配件到锂离子电池及终端应用产品的完整产业链。近年来，我国锂离子电池市场一直保持快速增长的形式，我国锂离子电池市场规模由2011年的277亿元增至2015年的850亿元，年均复合增长率高达32.4%。虽然我国的锂离子电池市场呈现欣欣向荣的景象，但我国不是一个锂离子电池强国。

锂电池隔膜是四大材料中技术壁垒最高的部分，其成本占比仅次于正极材料，约为10%～14%，在一些高端电池中，隔膜成本占比甚至达到20%。我国锂离子电池隔膜在干法工艺上已经取得重大突破，目前已经具备国际一流的制造水平。但在湿法隔膜领域，国内隔膜企业受限于工艺、技术等多方面因素，产品水平还较低，生产设备主要依赖进口。我国的隔膜产品在厚度、强度、孔隙率一致性方面与国外产品有较大差距，产品批次一致性也有待提高。

第四节　其他过滤纸

口罩滤纸

由于空气中存在较多细小微尘粒子或细菌等污染物，人们可佩带口罩以减轻危害，而口罩滤纸就是以植物纤维为主要原料，通过物理、化学等改性方法对纤维进行一定程度处理，制备出的具有一定强度、韧性、耐潮湿性及优良过滤性能的滤纸。

实际生产中，口罩的结构及层数会略微不同，其过滤机理基本都遵循“梯度过滤”原则。其中最外层为抗湿面层，滤纸的孔径尺寸较大，负责过滤较大的微粒子，内层多为皮肤亲和材料，使人呼出的水汽尽快散出，保持嘴部皮肤干爽、舒适，中间层则是口罩的核心部位，可过滤更微细的粒子，此设计使各层滤料之间分工合作，在保证较高过滤效率的同时又能保持较好的舒适度和达到较大的容尘能力。

课内实验

原料配比、助剂添加、打浆工艺等对纸页孔隙结构及过滤性能的影响。

选择不同浆料，如针木浆、阔叶木浆或纳米纤维素，并配备化学品助剂，根据性能目标的不同，制定打浆工艺及成纸方式并检测物理性能、过滤性能及阻燃性等特殊性能。实验可设计成不同原料、打浆工艺、不同辅料的添加方案，在教师指导下，由学生分组完成实验方案、实验操作和实验报告等。

项目式讨论教学

通过如何调配纤维种类或改善纸页成形工艺以构建汽车滤纸的梯度孔隙结构，从而实现过滤效率等关键性指标。

教师指定典型汽车滤纸的关键指标，并以小项目形式布置给学生，学生在课外以小组形式，通过收资、小组内部讨论、PPT 制作等工作，完成汽车滤纸的纤维调配及改性、纸页成形工艺的制订，并在课堂上进行展示及讨论。

习题与思考题

1. 汽车滤纸的主要应用是什么？
2. 汽车滤纸生产过程常用的化学品有哪些？
3. 简述空气过滤纸的基本工艺。
4. 影响空气过滤纸工作效率的因素包括哪些？
5. 电池隔离纸的工作原理是什么？
6. 电池隔离纸的质量指标包括哪些？

主要参考文献

[1] 龙爱云，赵传山，姜亦飞. 机油滤纸的生产工艺及其发展前景 [J]. 纸和造纸，2014，33 (3)：68-73.

[2] 吴安波. 树脂涂布量对滤清器滤纸性能的影响 [J]. 华东纸业，2009，40 (6)：73-76.

[3] 龙爱云. 机油过滤纸结构及成纸性能的研究 [D]. 济南：齐鲁工业大学，2015.

[4] 赵璜，屠恒忠. 提高过滤纸用浆质量的可取措施 [J]. 纸和造纸，2003，(3)：12-14.

[5] 于天. 原纤化超细纤维复合空气过滤材料的制备与性能研究 [D]. 广州：华南理工大学，2012.

[6] 韩欣成，贾仕奎，高梦寒，等. 锂离子电池隔膜的成型工艺新进展 [J]. 广州化工，2018，46 (10)：7-9.

[7] 张丙旭. 采用湿法成型工艺制备碱性电池隔膜纸的研究 [D]. 天津：天津科技大学，2017.

[8] 王旭霞. 相转化法制备聚醚酰亚胺锂离子电池隔膜及其性能研究 [D]. 北京：北京理工大学，2016.

[9] 张丽珍. 纤维素基电池隔膜纸的纸页结构和性能的研究 [D]. 济南：齐鲁工业大学，2017.

[10] 吴安波. 高档汽车滤纸专用胶黏剂的开发 [J]. 华东纸业，2016，47 (1).

[11] 吴安波. 高精度燃油滤纸的研制与开发 [J]. 华东纸业，2016，47 (6).

[12] 吴安波. 滤纸原料对滤纸性能的影响 [J]. 华东纸业，2011，42 (2)：36-41.

[13] 吴安波. 乳液复配对汽车滤纸抗水性的影响 [J]. 华东纸业，2015，(2).

[14] 吴安波. 造纸过程中树脂浸渍量对滤清器滤纸性能的影响 [J]. 造纸科学与技术，2009，28 (6)：73-75.

[15] 赵璜，屠恒忠. 普通工业滤纸研制中几个质量问题的解决途径 [J]. 纸和造纸，2006，25 (01)：49-52.

[16] 王雅婷. 疏水亲油纸基复合材料的制备及其油水分离特性的研究 [D]. 广州：华南理工大学，2017.

[17] 温志清，胡健，杨进，等. 水性酚醛树脂在燃油滤纸基中的应用 [J]. 中国胶黏剂，2010，19 (10)：37-41.

[18] 任盼玲，杨进，付艳艳，等. 改性硅油的制备及其在酚醛增强机油滤纸中的应用 [J]. 暨南大学学报（自然科学与医学版)，2017，38 (5)：457-461.

[19] 冯建永. 汽车机油过滤材料的结构、性能与机理及制备技术研究 [D]. 上海：东华大学，2013.

[20] 曾旭，张红杰. 空气过滤纸的研究进展及发展概况 [J]. 天津造纸，2014，4：11-14.

[21] 杜丹丰，刘红玉，于淼，等. 汽车发动机空气滤芯过滤理论研究方法 [J]. 重庆理工大学学报（自然科学版)，2017，31 (1)：15-20.

[22] 高旗. 玻纤增强木纤维发动机空气滤芯过滤性能研究 [D]. 哈尔滨：东北林业大学，2016.

[23] 梁云，刘尧军，于天，等. 高精度复合柴油过滤材料的性能与结构分析 [J]. 中华纸业，2010，31 (14)：30-33.

[24] Park，Y. O.，Park，H. S.，Park，S. J.，et al. Development and evaluation ofmultilayer air filtermedia [J]. Korean Journal of Chemical Engineering，2001，18 (6)：1020-1024.

[25] Yoon，K.，Kim，K.，Wang，X.，et al. High flux ultrafiltrationmembranes based on electrospun nanofibrous PAN scaffolds and chitosan coating [J]. Polymer，2006，47 (7)：2434-2441.

[26] 刘振，梁云，曾靖山，等. 各层孔径变化对 3 层复合滤纸过滤性能的影响 [J]. 纸和造纸，2013，32 (4)：12-16.

[27] 中国环境科学研究院. 车用压燃式、气体燃料点燃式发动机与汽车排气污染物排放限值及测量方法：（中国Ⅲ、Ⅳ、Ⅴ阶段）[M]. 北京：中国环境科学出版社，2005.

[28] 王瑞忠. 国内外汽车滤纸的发展现状分析 [J]. 中华纸业，2010，31 (23)：67-69.

[29] 杜丹丰，马岩. 发动机空气滤清器的应用现状及过滤效果分析 [J]. 交通标准化，2010，9：221-224.

[30] 黄铖，曾靖山，梁云，等. 滤纸多层复合对透气率的影响 [J]. 纸和造纸，2011，30 (10)：39-42.

[31] Aumann，G.，Aigner，H.，Schuster，H. K. Multilayer filtermaterial，process for itsmanufacture and the use thereof：美国，US4661255 [P]. 1987.

[32] Ward，B. C.，Stoltz，G. M. Multi-layer，fluid transmissive fiber structures containing nanofibers and amethod of-manufacturing such structures：美国，US8939295 [P]. 2015.

[33] Kaukopaasi，J.，Shah，N. Multi layered sheet：themedia of the future for automotive filtration applications [J]. Tappi Journal，2002，85 (1)：127-132.

[34] Thiele，R.，Badt，H. Multilayered deep-bed filtermaterial：美国，US5766288 [P]. 1998.

[35] Thomson，C.，Godsay，M.，Keisler，R. Filtermedia suitable forhydraulic applications：美国，US8950587 [P]. 2015.

[36] 梁云，胡健，周雪松. 汽车用梯度结构过滤纸的研制 [J]. 中国造纸，2005，24 (8)：18-21.

[37] Irwin M Hutten. Handbook of nonwoven filtermedia [M]. Dutch. Elsevier Science，2007.

[38] Dharm Dutt，A K Ray，C H Tyagi，J S Upadhyay and Mohan Lal. Development of specialty paper is an art：Automobile filter paper from indigenous rawmaterials—Part XVII [J]. Journal of Scientific & Industrial Research，205，64，447-453.

第十章　航空航天用特种纸

第一节　芳　纶　纸

一、概　　况

芳纶纸又名“聚芳酰胺纤维纸”，是指将芳纶短切纤维和芳纶浆粕通过湿法成形技术抄造成形，再经过热压成型制得的一种薄片复合材料。

芳纶纸根据原料不同，分为间位芳纶纸和对位芳纶纸。间位芳纶纸最早由美国杜邦公司于20世纪60年代研制成功，命名为Nomex纸，是以Nomex短切纤维和Nomex芳纶浆粕为造纸原料，斜网抄造湿法成型制成的。后来杜邦公司又推出对位芳纶纸，命名为Kevlar纸，是以强度和模量更高的Kevlar短切纤维和Kevlar芳纶浆粕为原料抄造而成的纸。

芳纶纸具有以下特点：具有很高抗张强度和撕裂强度、良好的耐磨性、弹性和柔韧性；具有良好的耐高温性能，可在180℃下使用10年以上，在200℃干热状态下放置1000h，力学强度仍保持原来的75%，在120℃湿热状态下放置1000h，力学强度仍保持原来的60%以上；具有很好的阻燃性能，其极限氧指数（LOI）值≥28%，不会在空气中燃烧、熔化或产生熔滴，在>370℃温度下时才开始分解；具有优良的电绝缘性能，相对介电常数和介质损耗因数较低，可以使绝缘电场分布更均匀和运行介质损耗更小，是一种良好的环保型绝缘材料；具有良好的化学稳定性和适应性，能耐大多数高浓的无机酸，对其他大多数化学试剂和有机溶剂十分稳定；具有优良的抗辐射能力，耐β、α和X射线的辐射性能十分优异，在50kV的X射线辐射100h，它的强度保持原来的73%，在β射线辐射量积累到1000Mrad时，其强度仍基本保持不变。

Nomex纸基材料起初主要用于军事领域，特别是宽频高透波材料，用在火控和预警雷达天线罩、敌我识别器及红外透波窗口等飞机和导弹的零部件中。因其同时具有优异的机械性能和耐高温绝缘性能、突出的耐热和阻燃性能，也被广泛应用于电气绝缘、高温过滤材料、高温防护服、蜂窝结构材料和雷达天线等民用领域。与Nomex纸相比，Kevlar纸在比强度、比模量、耐湿热、介电性能等方面都具有明显优势，以其制成的芳纶纸蜂窝材料综合力学性能更好，可以在更为苛刻、减重要求更高的领域使用，主要用于先进战机、新型民用大飞机、高速列车等的次承力结构和内饰结构部件，在降低结构质量、改善相关零部件的加工性能方面起着重要的作用。

二、质量指标或性能要求

在过去几十年间，杜邦公司芳纶纸的生产技术日趋成熟，产品结构不断优化，产品质量逐步提高，芳纶纸市场几乎被杜邦公司所垄断。目前，杜邦公司已经根据用途不同，开发出不同型号的Nomex纸，其中最常用的几种型号是T411（T410未经热轧的原纸）、T410

(热轧的绝缘用纸)、T414(与T410不同热轧工艺的绝缘用纸)、T412(蜂窝用纸)等。每种型号又有不同的厚度可供不同的用途选择。其中T411型有五种不同厚度(0.13～0.58mm),T410有十二种不同的厚度(0.05～0.76mm),T414型有五种厚度(0.09～0.38mm)。不同型号Nomex纸0.25mm规格产品的性能如表10-1所示。Nomex纸蜂窝与Kevlar纸蜂窝的性能比较如表10-2所示。

表10-1　不同型号Nomex纸的性能指标(纸厚0.25mm)

型号	抗张强度(kN/m)		撕裂度/N		伸长率/%		电气强度/(kV/mm)	极限氧指数/%
	纵向	横向	纵向	横向	纵向	横向		
T411	3.5	2.0	8	13	5.2	3.4	9	29
T410	28.5	15.2	42	71	19	15	32	30
T414	22.9	11.9	38	73	16	13	29	30
T412	31.0	14.1	45	65	18	12	28	63

表10-2　两种芳纶纸蜂窝性能比较

类别	抗压强度/MPa	抗压模量/MPa	抗张强度/MPa	抗剪切模量/MPa	回潮率/%	强度保持率(500℃)/%	介电常数	热膨胀系数
Kevlar纸	2.6	280	3.5	138	1.4	80	1.051	8×10^{-6}
Nomex纸	2.2	138	2.2	50	3.3	52	1.088	22×10^{-6}

随着国内经济的迅猛发展和产业结构的优化升级,国内市场对间位芳纶纸的需求不断增加。国内市场对间位芳纶纤维纸的旺盛需求首先表现在电气绝缘领域。其中,变压器是目前我国使用芳纶绝缘纸最多的领域。我国的铁路电气化以及城市地铁、轻轨的建设步伐正在加快,对包括大功率牵引变压器、机载变压器在内的高速列车的相关设备提出了更高的要求,都要采用间位芳纶纸绝缘系统的变压器。芳纶纸蜂窝是我国间位芳纶纸市场的另一个重要领域,我国正在集中力量研制大型客机和大型军用运输机,作为已在国外飞机中得到成熟运用的高性能轻质航空材料,芳纶纸蜂窝结构在国产大飞机中的应用比例会越来越高。

国外的高端芳纶纸及其蜂窝材料对中国实行技术壁垒,近年来国内已有数家公司加快进行芳纶纸的研发与产业化,目前已有烟台民士达特种纸股份有限公司、上海圣欧集团、深圳昊天龙邦复合材料有限公司等企业实现了芳纶纤维及芳纶纸的工业化生产。烟台民士达生产的间位芳纶纸民士达™(MetaStar™)按用途可分为电气绝缘用间位芳纶纸(YT516、YT564)和蜂窝芯材用间位芳纶纸(YT812、YT822)两大类。上海圣欧集团有限公司生产的超美斯™(X-Fiper™)间位芳纶绝缘纸主要有2种:X-316,X-630及X-612,目前也已经广泛应用于复合绝缘材料和变压器电磁线绕包,为电机、变压器的国产化降低了不少成本。深圳昊天龙邦新材料有限公司也开发出了型号为EN的间位芳纶纸和型号为EKT的对位芳纶纸。部分0.05mm规格的国产间位芳纶纸及对位芳纶纸的性能如表10-3所示。

表10-3　国产芳纶纸的性能指标

产品型号	抗张强度/(kN/m)		撕裂强度/N		伸长率/%		介电强度/(kV/mm)
	MD	CD	MD	CD	MD	CD	
YT516	3.59	1.89	0.65	1.02	6.6	8.3	13.9
YT564	3.36	1.69	0.58	0.87	6.0	7.3	13.6
X-316	3.09	1.78	—	—	6.3	5.3	10.2
EN	2.54	1.88	0.84	0.93	5.5	4.8	
EKT	4.12	3.62	0.70	0.78	2.8	2.5	18.2

三、基本生产工艺

Nomex 纸以间位芳纶短切纤维和芳纶浆粕为造纸原料，经斜网抄造湿法成形并热压制成。Nomex 的分子式、短切纤维和浆粕的结构如图 10-1 和图 10-2 所示。短切纤维直径约为 0.01mm，表面光滑而挺硬，如棒状结构，纤维之间无化学结合，无法独立成纸。芳纶浆粕是芳纶的差别化产品，化学结构与芳纶纤维相同，但由于其成型工艺独特，使其具有一些区别于芳纶纤维的特性。芳纶浆粕的密度为 1.41～1.42g/cm^3，比芳纶纤维略小一些，表面呈毛绒状微纤丛生，毛羽丰富，如木材浆粕一样粗糙，纤维轴向尾端原纤化成针尖状，它可单独成纸，赋予纸页以纸的通性。

$$\left[CO-C_6H_4-CO-NH-C_6H_4-NH \right]_n$$

图 10-1　间位芳纶的分子结构式

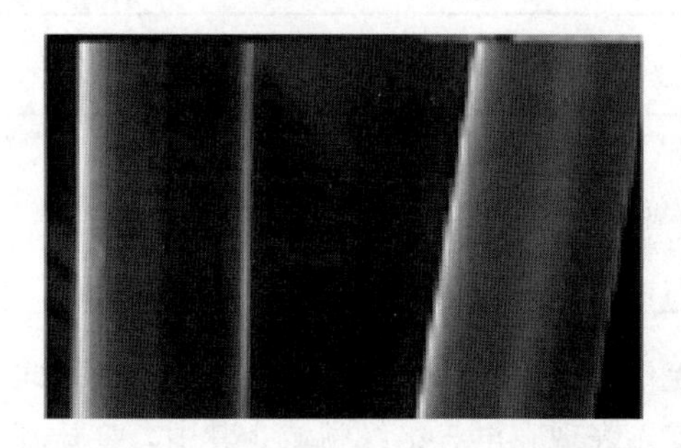

图 10-2　芳纶短切纤维和芳纶浆粕

芳纶纸湿法抄造的基本生产工艺流程及芳纶纸基材料的结构如图 10-3 和图 10-4 所示。在芳纶纤维纸结构中，短切纤维作为骨架材料，均匀分散在纸张中，决定着纸张的物理强度和机械性能；芳纶浆粕作为填充和黏结材料，在热压过程中部分熔融，通过黏结短切纤维及自黏结作用形成纸张整体力学结构，赋予纸张整体强度和绝缘性能。

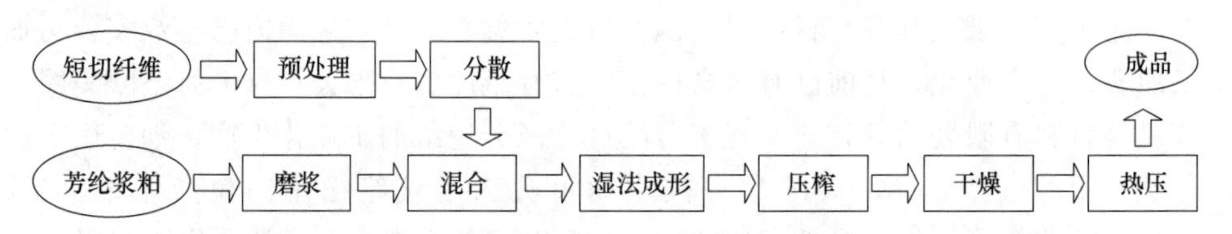

图 10-3　芳纶纸湿法抄造基本工艺流程

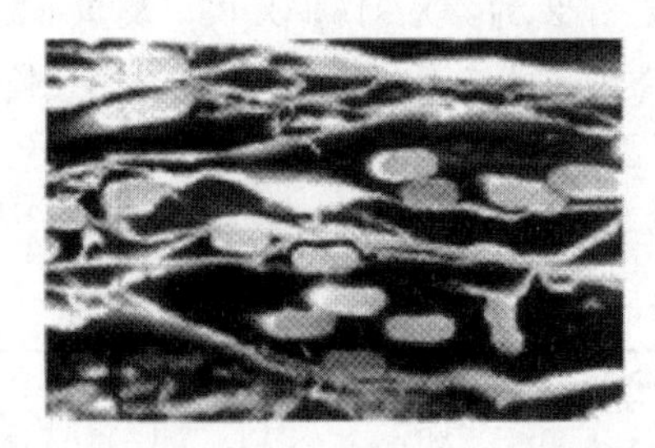
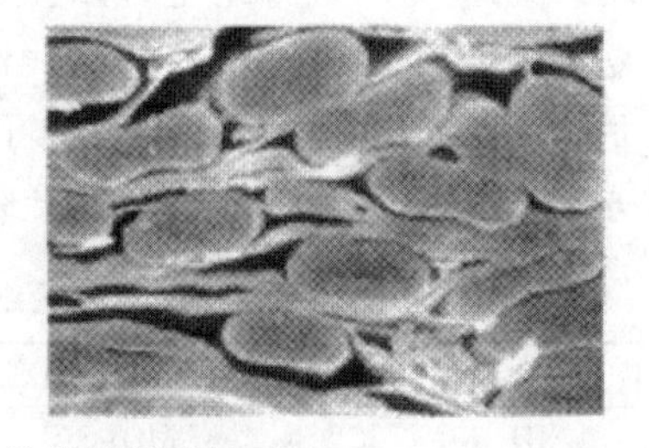

图 10-4　热压前后的芳纶纸基材料

芳纶纸蜂窝是由芳纶纸经涂胶、叠块、固化、切割、拉伸等一系列复杂的工艺过程后，再通过浸渍树脂定形，同时通过控制树脂上胶量来获得密度和性能不同的蜂窝。芳纶纸蜂窝的制备流程如图 10-5 所示。

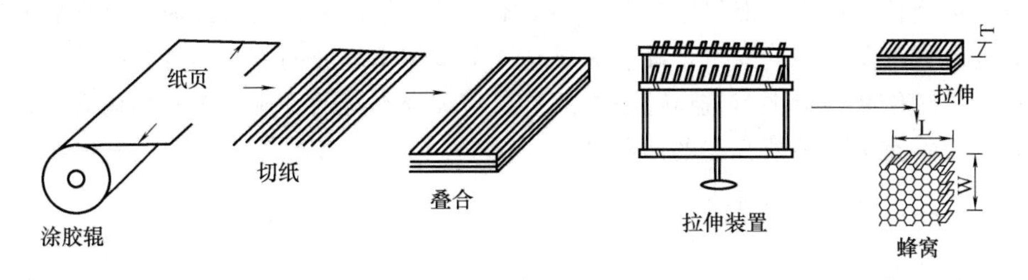

图 10-5　芳纶纸基蜂窝材料的制备流程

四、生产质量控制

（一）影响芳纶纸质量的因素

1. 短切纤维与浆粕的配比

制备芳纶纸时，芳纶短切纤维和芳纶浆粕按一定比例混合，均匀分散在水中。大量试验证明，芳纶纸中芳纶浆粕与短切纤维的比例为 1.3∶1 或更大些。芳纶浆粕含量越多，纸的介电性能越高，机械强度则越低。反之，增加短切纤维含量，纸的抗张特别是抗撕强度有所提高，但介电性能下降，并引起造纸工艺上的困难。

2. 短切纤维的长度

短切纤维的长度对造纸工艺的性能有很大影响。短切纤维不是越长越好，纤维过长，不易均匀分散在水中，制浆造纸时容易絮聚，纸的匀度因而下降。此外，纤维只是在某一适当长度时，才能使纸具有最大抗张强度。纤维过长，反而使纸的抗张强度显著降低。专利报道，制 Nomex 纸时使用的短切纤维长度是 6.3mm。另外，纸的抗张强度不但与短切纤维长度有关，还与其细度有关，当抗张强度最大时，纤维长度与细度之比约为 465。

3. 芳纶纤维的分散和流送

芳纶纤维对水的润湿性较差，使其在水相中的分散比较困难。此外，为得到高强度的芳纶纸，芳纶短切纤维必须具有足够的长度，但纤维加长在水介质中更易于絮聚，给芳纶纸抄造成形带来更大的困难。为解决这些问题，可选择高效的分散助剂及适当的水溶性高分子聚合物，提高芳纶纤维对水的浸润性，降低水相体系的表面张力，改善纤维在水相中的絮聚情况。

4. 芳纶纸的成形

为保证均匀的成形，必须将纤维的浓度降到较低的程度，水介质的流量非常巨大。传统的造纸成形技术已不能满足这一要求，必须采用一种新的斜网成形技术，有效地防止用长网成形时可能出现的“后浪追前浪”现象，以及用圆网成形时出现的不均匀现象，使得芳纶纤维可以均匀地抄造成纸。

5. 热压工艺

芳纶纸成形之后，纤维之间的结合力很小，材料中的缺陷较多。因此，成形的芳纶纸还必须经过热压使芳纶沉析纤维熔融将芳纶短切纤维黏结在一起，减少纤维之间的空隙，提高纤维之间的结合力才有可能得到高强度的芳纶纸。热压温度、时间、压力等因素对芳纶纸的性能有着重要影响，适当的热压工艺是获得综合性能优良的芳纶纸的关键所在。

（二）生产问题

尽管芳纶纸已实现国产化，但国产纸在强度、外观等方面与进口芳纶纸还有一定的距离。目前国产间位芳纶纸只能局限在强度要求不高的低端用途，与聚酯薄膜复合后能达到普通电机、变压器的基本绝缘要求，在航天航空、军事技术领域的高性能芳纶纤维纸只能依赖进口。国产芳纶纸在性能上与进口芳纶纸的差距与纤维本身的合成技术和结构有关，还与芳纶纤维造纸技术有关。主要存在的问题是：

1. 芳纶纤维的分散技术需提高

对芳纶纤维在水介质中的分散絮聚特性及相应的纤维分散技术缺乏系统的研究，生产过程中纤维易分散不匀，生成的芳纶纸匀度、强度较差。

为了改善芳纶纤维的分散性，防止其絮聚，提高芳纶纸的匀度和强度，在芳纶纸的生产过程中常添加 PEO 或 PAM 等一些化学助剂。

PEO 是聚氧化乙烯的简称，PEO 分子中含有亲水和疏水基团，使其具有表面活性，可以降低表面张力，有助于水对固体的湿润性，可促进芳纶纤维在水中的分散。

PEO 的加入将使纤维悬浮液的黏度上升，使纤维与水的共混分散相变得更稳定、更均匀，使纤维的运动轨迹变得相对简单，纤维的运动速度下降，减少了纤维之间的碰撞，降低了纤维之间的摩擦力，从而使纤维之间的絮聚明显减少，反映在纸页上就是芳纶纸的匀度和强度得到了提高。实验证明，当 PEO 用量为 0.15%时，芳纶纸的抗张强度、撕裂强度等指标均有所提高，但当 PEO 用量超过 0.15%时，其抗张强度和撕裂度反而下降。

PAM 的化学名称为聚丙烯酰胺，由于分子链中含有羧基，对带负电的纤维有分散效果，在相对分子质量为 300 万左右时，能提高浆液黏度，有利于纤维悬浮，是一种长纤维的高效分散剂。实验证明，PAM 的用量为 0.16%时，芳纶纸的伸长率和撕裂度都有一定的提高，但当 PAM 的用量超过 0.3%时，会影响芳纶纸的热压以及热压后的相关性能。当芳纶纸热压温度高于 200℃时，PAM 将发生分解，会影响芳纶纸的耐热性和外观。

2. 芳纶纸的成形设备有待改进

为了改进芳纶纸的成形匀度，国外发展了各种结构的斜网成形器，并且提出了完备的专利技术保护方案，在国内这一技术仍是空白。在一些中国专利中所提及的斜网成形技术并非真正的斜网成形，只是改良后的长网成形，并不能从根本上解决芳纶纸的成形问题。

3. 热压技术急需完善

热压是芳纶纸生产中最关键的一个环节。纤维几何形状尺寸、芳纶纤维和芳纶浆粕组成、热压工艺、纤维在纸中的排列等因素对芳纶纸性能的影响相互牵制。而国内基本上是孤立地从热压工艺进行研究，所以芳纶纤维的优异力学性能在纸基材料中远未得到发挥。在热压工艺上，对于温度、时间、压力的控制，以及纤维和浆粕的配比和尺寸都尚有许多技术难关有待攻破。

芳纶纸热压前后纸张白度会发生较大的变化，热压后芳纶纸的白度均低于未热压的芳纶纸，表明在热压过程中芳纶纤维和芳纶浆粕的化学结构发生了变化，其表面产生了较多的发色基团。为了减少芳纶纸热压过程中的返黄，在芳纶纸的生产过程中可加入少量的硝酸铋等化学助剂。

硝酸铋受热分解会形成一系列的含铋的氧化物，铋系氧化物具有很好的阻燃消烟作用，可使高分子化合物的极氧指数提高，在高分子材料的阻燃和防老化方面有极好的应用前景。在杜邦公司生产的 Nomex410 芳纶纸中也检出铋元素。实验证明，在未热压芳纶纸中加入少量硝酸铋，可防止芳纶纤维在不断升温过程中的氧化降解作用，从而使其白度下降趋势变缓。但是随着硝酸铋的加入，限制了纤维间的紧密结合，其引起的强度下降，故加入硝酸铋后，芳纶纸的抗张强度略有下降，但变化不明显。实验证明，当硝酸用量超过1.5%后，白度变化不大，而抗张强度却随着硝酸铋用量提高而下降，故比较合适的硝酸铋用量为1.5%。

五、工程实例

1. 美国杜邦

芳纶纸是20世纪60年代最早由杜邦公司发明，产品名叫Nomex绝缘纸，在过去几十年间，芳纶纸市场几乎被杜邦公司所垄断。由Nomex短切纤维和Nomex沉析纤维，斜网抄造湿法成型制成。到20世纪90年代研发出了对位芳纶浆粕，推出对位芳纶纸Korex，主要应用于蜂窝结构材料。杜邦是全球间位芳纶绝缘纸的垄断企业，杜邦公司非常注重Nomex纸业务，将其Nomex纤维的40%的产量用于造纸，绝缘纸产量达1.5万t/a，我国间位芳纶纸基本是从杜邦公司进口的，每年进口量达3000t左右。

2. 烟台泰和新材料科技有限公司

美士达芳纶纸是由泰和控股公司烟台民士达特种纸业股份有限公司生产和销售，烟台美士达公司于2009年成立。烟台泰和芳纶1313于2001年5月中试成功，2003年9月芳纶沉析纤维中试成功，2004年5月年产500t芳纶纤维中试成功，2007年7月18日年产500t间位芳纶纸项目投料试车，2009年5月首推出YT564和YT516产品（厚度为0.05～0.13mm），2010年3月YT511产品上市（厚度为0.13～0.58mm），2011年10月YT812和YT822产品问世（厚度为0.04～0.08mm），2011年7月2日推出YT812型航空级蜂窝芯材用间位芳纶纸，通过中国航空工业集团基础技术研究组织的鉴定，标志着泰和蜂窝芳纶纸产品首次应用于航空领域。

3. 日本帝人

日本帝人公司和王子制纸公司在2000年商品化对位芳纶纸，面密度只有36g/m^{2}和55g/m^2，应用于电子印刷线路板基材。2003年兼并荷兰阿克苏，成为继杜邦之后第二大对位芳纶纸生产企业。

4. 江苏圣欧集团

圣欧是国内较早生产芳纶纸的企业之一，生产的超美斯™（X-FIPER™）2007年问世，圣欧集团（中国）有限公司与东华大学合作以此绝缘纸获得中国教育部发出的科技进步奖全国二等奖。该纸同时已经取得UL94阻燃认证，符合欧盟之RoHS标准。超美斯™（X-FIPER™）芳纶绝缘纸现有两种主要绝缘纸：X-316，X-630及X-612。

5. 深圳昊天龙邦复合材料有限公司

昊天龙邦复合材料有限公司前身为成都龙邦新材料有限公司，1997年开始研发芳纶纸，2007年产业化，产品包括对位芳纶（1414）纤维纸、间位芳纶（1313）纤维纸、碳纤维纸、PPS纤维纸等，拥有芳纶纸基蜂窝材料生产能力。重点供应蜂窝用纸、高端电路用纸、高端绝缘材料用纸等。“神舟七号”载人航天工程机载雷达罩研制机构、陆航直升机项目都已应用此公司产品，目前公司正着力推动在汽车车体关键防护蜂窝结构件（防撞、防爆、绝缘、阻燃）、高端印刷材料、建筑阻燃隔热材料、高端电路板等方面的应用研发。

六、国内外现状与进展及展望

美国杜邦公司在成功开发出间位芳纶纸之后的几十年间，一直独家垄断着全球芳纶纸市场。我国科研人员经过几十年的攻关，目前困扰我国多年的芳纶纤维原料国产化问题已经顺利解决，芳纶纸制造的关键技术也已取得突破，芳纶纸已经实现了国产化。烟台民士达、江苏圣欧集团、昊天龙邦等企业的芳纶纸都已实现了工业化生产。

随着国内经济的迅猛发展和产业结构的优化升级，国内市场对间位芳纶纸的需求不断增加。尽管间位芳纶纸已实现国产化，但国产纸在强度、外观等方面与 Nomex 纸还有一定的距离，国产间位芳纶纸只能局限于一些中低端用途，在航天航空、军事技术领域的高性能芳纶纸还是依赖进口。今后还需要不断进行芳纶纤维原料生产技术和芳纶纸成形、热压等造纸关键技术的研发，突破技术障碍，提高国产芳纶纸的性能，争取完全取代进口。

第二节　绝　热　纸

一、概　　况

绝热纸是供高真空多层绝热装置专用的特种纸，是以质轻、导热系数低的玻璃纤维、陶瓷纤维（硅酸铝纤维）、石棉纤维等保温隔热材料所制得的具有超强的保温隔热作用的一类特殊纸种。

绝热纸按使用温度可分为高温绝热纸、中温绝热纸和低温绝热纸三种，按照原料分为陶瓷纤维绝热纸、石棉纤维绝热纸和玻璃纤维绝热纸等。陶瓷纤维纸是由高纯度的耐火纤维制成，主要用于高温隔热领域，如隔热密封垫、车辆中的热阻材料（消音和排气装置，隔热罩）等。石棉纤维纸是由石棉纤维、植物纤维和黏结剂制成的具隔热、防火、耐酸碱和电绝缘性能的特种纸，主要用于天花板、墙壁、高温车间的隔热，也可用作耐热电绝缘材料。由于石棉纤维容易引起肺癌，石棉纤维制品现已被限制使用。玻璃纤维纸是以玻璃纤维或玻璃棉为主要原料抄制成的一种特种纸，具有优良的耐高温性、难燃性、抗化学药剂性、尺寸稳定性，常用作过滤材料、吸音材料、绝热材料、电绝缘材料等。由于其导热系数小，主要用于低温绝热，多应用于深冷液体储运容器及配套管路的真空多层结构中，也可用于低温超导、航空航天等领域的低温绝热。

二、质量指标或性能要求

（一）陶瓷纤维纸

又名硅酸铝纤维纸，是以分类温度不同的硅酸铝纤维棉（如普通型、高纯型、高铝型、含铬型、含锆型、晶体型）为主要原料通过湿法成型的工艺加工制作而成，主要用于高温隔热领域。陶瓷纤维纸，根据其分类温度不同，不同的生产厂家将陶瓷纤维纸分为多个种类。陶瓷纤维纸的质量指标目前尚无统一的国家标准，表 10-4 为河北某陶瓷纤维制品厂陶瓷纤维纸的性能指标，表 10-5 为国内外陶瓷纤维纸的性能比较。

表 10-4　　陶瓷纤维纸性能指标

主要性能	1050 纤维纸	1260 纤维纸	1350 纤维纸
分类温度/℃	1050	1260	1350
工作温度/℃	1000	1260	1300
密度/(kg/m³)	180～210	180～210	180～210

续表

主要性能	1050 纤维纸	1260 纤维纸	1350 纤维纸
加热线收缩/%	3.5	3.1	3.1
抗拉强度/MPa	0.5	0.65	0.65
有机物含量/%	<10	<8	<8
纤维纸的尺寸	宽度:610/1220mm;厚度:0.5/1/2/3/4/5/6mm		

表 10-5　　　　国内外陶瓷纤维纸性能比较

生产厂家	南京双威	山东鲁阳	美国 Lydall	德国 RATH
使用温度/℃	600～1200	1000	1000,1400	1000,1400
密度/(kg/m^3)	180～220	180～220	96～144	96～144
有机物含量/%	4～8	6～8	8	8.5
厚度范围/mm	0.5～6	1～2	0.8～6.4	0.8～6.4
最大宽度/mm	1220	1220	1830	1220

(二) 玻璃纤维纸

玻璃纤维纸是以玻璃纤维或玻璃棉为主要原料抄制成的一种特种纸。根据玻璃纤维形态及成纸性能不同，可分为普通低温绝热玻璃纤维纸和高强超薄绝热玻璃纤维棉纸。以微纤维玻璃棉为原料的微纤维玻璃棉绝热纸，具有导热系数低、孔隙率高、含湿率低、接触热阻高和在真空条件下放气率小等特点，是真空条件下低温绝热的最佳材料之一，且用于绝热结构的微纤维玻璃棉绝热纸通常为低定量的薄页纸。

为了尽量减少低温液体在存储与运输过程中的损失，提高储存效率，最好能采用高效的高真空多层反射绝热材料。渗碳玻璃纤维纸是由活性炭与超细玻璃纤维按一定的比例混合，在纸机上抄造而成的绝热纸。其主要的作用是吸附层间的气体，抑制残余气体导热从而提高绝热性能。渗碳玻璃纤维纸作为一种具有吸附功能，且吸附面积大的间隔材料，在多层绝热中能有效吸附层间放出的气体，降低层间的压力，提高绝热性能，应用前景很好。渗碳玻璃纤维纸已经广泛应用于各种低温液体储罐、容器和低温液体输送管道上。

高真空多层绝热材料是同间隔物与反射屏交替复合成而成的，间隔物是用在反射屏之间防止相邻两层反射屏直接接触的绝热材料，主要为玻璃纤维纸。玻璃纤维纸中带入的油脂类的有机物会以可燃物的形式表现出来，从而影响真空度，所以，玻璃纤维纸除了需要有厚度、抗张强度等质量指标要求之外，还要求其可燃物质量分数不大于 1.0%。国内外玻璃纤维纸性能比较如表 10-6 所示。

表 10-6　　　　国内外玻璃纤维纸性能比较

生产厂家		常州某企业	杭州某企业	上海某企业	美国知名企业
厚度/mm		0.046	0.043	0.056	0.054
定量/(g/m^2)		10.6	13.4	13.0	17.0
含水率/%		0.62	0.30	0.32	1.33
抗张强度/(kN/m)	纵向	0.035	0.062	0.032	0.035
	横向	0.0084	0.0081	0.0081	0.0084
有机物含量/%		0.86	0.48	0.54	1.61

美国知名企业的玻璃纤维绝热纸在厚度与抗拉强度方面比较好，但定量、有机物含量、

含水率方面偏高。

三、基本生产工艺

(一) 陶瓷纤维纸生产工艺

陶瓷纤维纸主要采用分类温度不同的陶瓷纤维棉为主要原料，掺入少量无机纤维、有机纤维后采用湿法斜长网成形工艺制备，在生产过程中需要施加合适的黏结剂以提高陶瓷纤维的强度。先将陶瓷纤维及辅助纤维按要求加入打浆机或疏解机内，加入水、纤维分散剂等进行打浆或疏解，制备均匀分散的浆料，然后浆料经离心和沉降除渣系统除去渣球，再抽送到配浆池中，加入白水和助剂配制成浓度为0.3%～1.0%的浆料，配制好的浆料送贮浆池备用。贮浆池的浆料按一定的流量流送上网，在网部脱去大量的水，再经真空抽吸形成湿纸页，最后经烘干成纸。在陶瓷纸生产过程中必须施加黏结剂以提高纸张的强度。采用以水溶性丙烯酸为主的黏结剂系统可解决陶瓷纤维纸强度、柔软性、阻燃性等问题。施加黏结剂的方式主要有浆内施胶法和外部施胶法。浆内施胶法是将黏结剂、分散剂等助剂加入到配浆池中，而外部施胶法是将配制好的黏结剂经施胶装置均匀地分散到湿纸页上。其工艺流程如图10-6所示。

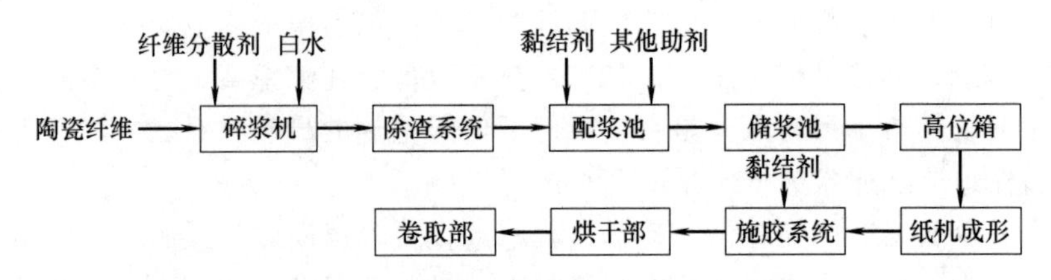

图10-6 陶瓷纤维纸的生产工艺流程图

(二) 玻璃纤维纸生产工艺

玻璃纤维为无机非金属纤维，主要成分是SiO_2，含量高达50%～70%。玻璃纤维种类繁多，按其成分中的含碱量可分为无碱玻璃纤维，中碱玻璃纤维、高碱玻璃纤维和特种玻璃纤维。按形态可分为连续玻璃纤维、定长玻璃纤维和玻璃棉（长度在150mm及以下）。玻璃纤维的生产方法是将玻璃球在1500℃左右的温度下熔融，然后利用拉丝或高压熔喷的方式加工成纤维状材料，其中拉丝方法得到的玻璃纤维直径较均匀，通常称为玻璃纤维或粗玻纤，而熔喷得到的纤维直径较细，形成的一种棉状的玻璃短纤维，通常称为玻璃棉。玻璃棉外形与棉絮相似，呈蓬松状态，可作为性能优良的绝热材料、过滤材料和吸声材料。平均直径≤4.5μm的玻璃棉称为微纤维玻璃棉。玻璃纤维具有绝缘性好、耐热性强、抗腐蚀性好、机械强度高的优点。玻璃棉实物如图10-7所示。

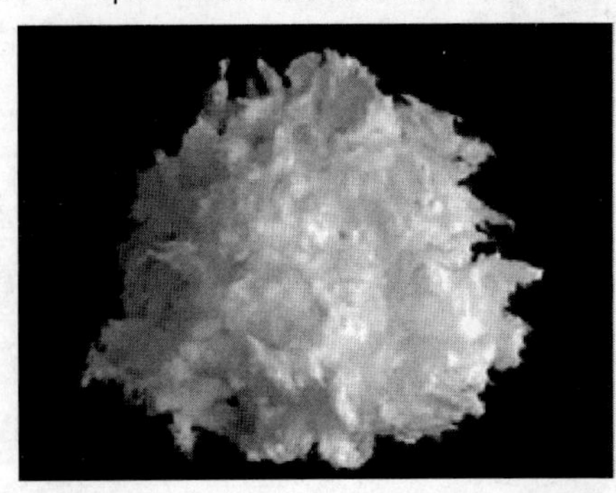

图10-7 玻璃棉

玻璃纤维比较细，可以利用湿法成形方式抄造成纸，其制备与普通植物纤维造纸存在一些差异，玻璃纤维截面呈圆柱状，表面光滑，不会产生分丝帚化，纤维之间的有效结合面积较小，生产中通常是将玻璃纤维经疏解，添加所需的胶黏剂或化学木浆抄造而成。玻璃纤维不具有亲水性，抄造时滤水性能较好，且玻璃纤维的脆性较大，易断裂，故在抄纸成形后一般无须压榨脱水。成形后的玻璃纤维纸彼此之间没有结合力，无法满足产品的强度要求，所以玻璃纤维纸一般都需进行树脂增强处理。目前增强树脂以水性树脂居多，上胶后的玻璃纤维纸通常采用热风干燥方式取代烘缸干燥，避免对烘缸表面产生污染。其工艺流程如图 10-8 所示。

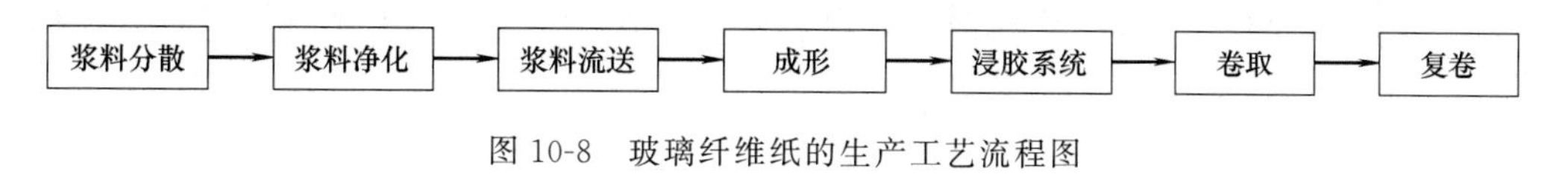

图 10-8　玻璃纤维纸的生产工艺流程图

1. 普通低温绝热纸生产工艺

将直径为 0.1～1.0μm 的超细无碱玻璃纤维在打浆机中打浆到 45～50°SR，用水稀释至 1.0%，加硫酸调节 pH 为 2.5，之后继续用白水稀释至 0.1%，调节 pH 为 2.5，搅拌均匀后用锥形除渣器进行除渣处理，用白水再次稀释至 0.05%后上网抄纸，经脱水成形后进入烘道烘干，最后经切边后卷取成卷。所得成品定量为 12～18g/m^2，厚度在 0.06～0.09mm。

2. 高强超薄绝热纸生产工艺

将直径为 0.001～0.01mm、打浆度为 39～45°SR 的微玻璃棉与直径为 0.004～0.0055mm、长度为 4～6mm 的无碱短切玻璃纤维按照 100∶(2～3) 的比例在水中混合，加入硫酸，以 200～250r/min 的速度在水力碎浆机疏解 30～45min 至均匀分散，使不同直径的纤维交错黏结悬浮于浆液中。控制纸浆的 pH 和打浆度，用锥形除渣器进行除渣处理，去除微玻璃棉中直径大于 0.1mm 的非纤维化杂质和短切纤维直径大于 0.007mm 的粗纤维。然后稀释上网，再经过负压式干燥、卷曲得到高强度超薄绝热纸，产品厚度为 0.04～0.06mm，定量为 9～10g/m^2，其纵向抗张强度为 230N/m，横向抗张强度为 101N/m，延伸率为 1.84%，抗张强度显著高于普通绝热纸。

3. 渗碳玻璃纤维纸生产工艺

渗碳玻璃纤维纸是一种新型间隔保温绝热材料，由活性炭与超细玻璃纤维按一定的比例混合，在纸机上抄造而成。首先把活性炭投入调料桶中，加水使其固含量为 30%左右，搅拌均匀，使桶内完全没有块状物。然后开启砂磨机，将活性炭悬浮液倒入，控制砂磨机的出口排液量，使活性炭颗粒能满足工艺的要求，研磨结束后备用。将玻璃纤维投入打浆机中，调整其 pH 为 3，轻打使纤维分散开来，当玻璃纤维完全分散以后，把活性炭研磨液倒进去混合。混合好的玻璃纤维与活性炭送入锥形除渣器以除去粗大、不合格的部分后，浆料悬浮液即可送至抄纸机上进行抄造。其干燥是由烘缸—烘房—烘缸三段组成。纸页成形和干燥过程都比较缓慢，以确保成品的匀度一致。一般来说，绝热纸中的活性炭成分不得少于 25%，纸面不应有残留的颗粒。在生产和包装及其他使用中，一定要严格禁止绝热纸与油脂、胶黏剂等接触，以免造成高真空的渗漏甚至丧失。

四、生产质量控制

陶瓷纤维与玻璃纤维一样均属于无机纤维，其共同特性是表面不存在亲水性羟基，具有较强的憎水性，在水介质中难以实现均匀的分散，同时抄纸时纤维之间无法形成氢键结合，成纸强度较低，需进行增强处理。在此仅以玻璃纤维纸为例，介绍生产过程中的影响因素和存在问题。

（一）影响因素

影响低温玻璃纤维绝热纸质量的影响主要有：纤维的直径、纤维的打浆处理等。

1. 纤维直径

纤维直径小的材料可以抄造成薄型纸张，且成纸孔隙率高、孔径小，绝热性能也比较优良。应用玻璃纤维耐温隔热材料，要提高它的热性能，可采用减小纤维直径的方法来达到。当纸张的定量相同时，纸张厚度越薄，其导热系数越小。在多层绝热中，单位厚度内的层数越多，绝热效果越好，因此要求纸页越薄越好。

2. 纤维原料打浆度

随着纤维原料打浆度的增大，纤维的平均直径减小，比表面积增大，纸页总的孔隙体积和孔隙面积均呈增大的趋势，纸页中值孔径和平均孔径减少，孔隙率增大。打浆度增大，纸页的松厚度增大，透气度减少，导热系数减少，且纸页的导热系数与孔隙率之间存在着明显的负相关性。

(二) 生产问题

1. 玻璃纤维的分散

玻璃纤维原料的分散是影响玻璃纤维纸性能的关键因素。玻璃纤维与植物纤维不同，表面不存在亲水性羟基，具有较强的憎水性，在水介质中难以实现均匀的分散。玻璃纤维似玻璃棒，单根挺硬而细长、长宽比大，其表面带有负电荷，其 Zeta 电位很高。所以在抄造前，配成浆料时纤维间容易互相缠绕，形成大量不易分散的纤维团，浆料短暂静置就会产生絮聚现象，从而影响玻璃纤维纸的匀度。实验证明，在 pH 为 2.5 时，玻璃纤维的 Zeta 电位绝对值最大，纤维分散状况最佳，所以在玻璃纤维的分散状况是可以通过调节浆料体系的 pH 来实现。为了保证玻璃纤维浆料在上网时具有较好的分散状态，一般可以采取下列措施：

① 使用稀酸调节悬浮液的 pH，一般 pH2.5～3.0 为宜。

② 降低上网浆料的浓度到 0.1%以下，玻璃纤维纸通常采用斜网或短长网纸机抄造；由于玻璃纤维的相对密度较大，为减少沉降造成的匀度下降，采用较短的成形网。

③ 调整白水循环系统。

除此之外，可通过分散剂或其他化学药品改善玻璃纤维表面的润湿状况，从而改善其分散性。如：在浆料中添加聚氧化乙烯（PEO)、六偏磷酸钠（SHMP）和羟乙基纤维素（HEC）等分散剂可显著改善玻璃纤维的分散性。PEO 的添加可使玻璃纤维浆料的黏度增大，限制了纤维在悬浮液中的运动，还可以改善玻璃纤维表面的润湿状况。PEO 的最佳添加量为 0.03%。添加 HEC 也能改善玻璃纤维浆料的分散性，其最佳添加量为 0.08%。当添加 SHMP 为分散剂时，其最佳添加量为 0.05%。玻璃纤维是疏水性的，可以通过添加硅烷偶联剂修饰它的表面，以改善浆料的润湿性能，提高其与水的相容性。

2. 玻璃纤维的成形

玻璃纤维表面光滑，无分丝帚化现象，纤维表面也没有可以形成氢键的—OH 基，所以在成形及烘干脱水时无法使成纸自然产生强度，为了保证玻璃纤维在造纸过程中能够牢固地穿插在混抄纤维之中，常常对玻璃纤维进行预处理，或是将成形的纸幅做喷胶或浸胶处理。预处理的主要作用是使得玻璃纤维纸具有良好的匀度、厚度均一、表面无凸起的纤维团，而喷胶或是浸胶类的后处理主要是赋予成纸更好的强度或是其他特殊性能。

3. 玻璃纤维纸的干燥

由于玻璃纤维较脆易碎，所以玻璃纤维纸很少有压榨的过程，这就导致了带有大水分的湿纸幅进入到干燥过程，为了解决玻璃纤维纸干燥时水分量大的问题，在生产中通常在湿纸幅进入干燥前通过真空抽吸作用吸走部分水分。

由于玻璃纤维纸为了提高强度或要满足其他特殊应用性能，需在抄造过程中加入黏结剂或在成形后经过树脂浸渍，使湿纸幅中的成分更加复杂。要在短时间内脱除玻璃纤维纸中的大量水分并保证成纸平整、强度良好、黏结剂或树脂胶液分布均匀且有较高的保留率，就需要采用特殊的干燥方式。微波干燥和热风穿透干燥是玻璃纤维纸常用的两种干燥方式。

五、工 程 实 例

高真空多层绝热结构自20世纪50年代首次研制成功后，由于其优越的绝热性能而在空间计划和超导技术中得到广泛的应用。随着工业化程度的不断深入特别是近几年天然气在各国能源战略中的地位得到提升，各种低温液体储罐得到大量的应用，高真空多层绝热结构也由此进入工业化的广泛应用阶段。在高真空多层绝热结构中作为绝热主体的低温绝热纸不同品种间的选择和它们本身的性能优劣将直接决定系统的绝热效果。

（一）绝热纸在LNG储罐中的应用

由于常压下液化天然气的体积约为标准状况下其气体体积的1/625，这就决定了储存同样量的天然气，液化天然气的储存容积比气态天然气容积小得多，因此液化天然气作为一种经济的储运方式正日益被人们所接受，具有良好的发展前景。并且液化天然气是一种以甲烷为主的多组分液态气体，具有可燃性，因此液化天然气储罐的研制重点，除应考虑绝热保温及内部结构外，还应考虑防火、防爆等安全性问题。在LNG储罐中采用高真空多层绝热，是在内筒体外表面包扎许多平行于冷壁的绝热纸，可以大幅度的减少辐射热而达到高效绝热，为目前绝热效果最好的一种绝热形式。

（二）绝热纸在超导领域的应用

高温超导磁悬浮环形杜瓦瓶内部采用真空多层绝热结构，在整个外表面包裹了玻璃纤维深冷绝热纸，工艺简单，绝热效果好。

（三）绝热纸在航空航天领域的应用

杭州某公司为神舟八号和天宫一号交会对接提供了一整套温场热软罩，能在地面隔绝大气环境，安全模拟场真实太空的环境变化。太空环境复杂多变，太阳照射时最高温度超过100℃，有时又低于零下100℃。这个隔热软罩是由几十张薄如蝉翼的低温绝热纸加上极薄的金属膜复合而成，其中关键点是超细玻璃棉阻燃型低温绝热纸。

六、国内外现状与进展及展望

在国外，低温绝热纸以及相关产品主要由美国、英国等发达国家的几个公司生产，在前几年国内低温液体储运罐生产企业刚起步时主要选用他们的产品，但由于这类材料是一种军民两用的敏感产品，不仅价格很高，服务跟不上，而且限制很多。近年来，国内的一些公司相继在这方面做了大量的工作，开发了多个不同用途的低温绝热材料品种，特别是用玻璃纤维棉为原料的阻燃型低温绝热纸产品，不仅替代了进口应用于绝大多数专业厂家，而且还获得了较好的评价。

随着低温绝热技术应用的不断推广，对绝热容器的性能也提出了更多的要求，尤其像液氮、液氢这类汽化潜热小，沸点低的低温液体，对储运容器的绝热性能要求很高。为了尽量减少低温液体在存储于传输过程中的损失，提高储存效率，就需要提高隔热材料的隔热性能。国内生产的多层绝热低温储运容器绝大多数采用玻璃纤维纸作为真空多层绝热中的间隔物，其对多层绝热结构的隔热效果起到至关重要的作用。低温绝热纸是制造多层绝热低温容器的重要材料之一，在对低温绝热储罐的制造方面起着非常重要的作用。在我国采用的低温材料很多，但是对于低温绝热纸的研究还是很少。由于低温绝热纸在生产和使用方面要求都比较严格，一般都是在一些对绝热要求很严格的情况下才会使用。随着LNG清洁能源的推广使用、超导技术以及航天等领域的发展，玻璃纤维低温绝热纸需求量将不断增大，将会有良好的发展前景，有待我们进一步的开发。

第三节　导　电　纸

一、概　　况

导电纸是一种具有导电特性的功能纸，可广泛应用于防静电包装材料、电磁屏蔽材料、新能源和电化学材料、面状发热材料、传感和制动材料等领域。为赋予纸张导电功能，需要将其与具备导电功能的材料相结合进而制备具有导电功能的复合纸基材料。导电材料的主要种类有金属类、导电高分子类和碳材料等。

金属纤维是采用特定的方法将一些延展性较好的金属加工成为纤维状，常见的金属纤维有不锈钢纤维、铜纤维、铝纤维、镍纤维等。金属纤维具有导电、导热、防静电、防辐射、抑菌等性能，可用于防伪纸、电磁屏蔽纸、抗静电和抑菌纸等的制备。导电高分子型纤维是由聚乙炔、聚苯胺、聚吡咯、聚噻吩等高分子导电材料直接纺丝制成的有机导电纤维。碳纤维是新型碳材料，以有机纤维为原料经过高温炭化制得的，根据原丝种类不同可分为聚丙烯腈基（PAN)、沥青基和黏胶基三种，目前商品化的碳纤维中主要为PAN基碳纤维。碳纤维具有强度大、刚度好、耐高温、高导电等优点，与其他纤维原料（合成纤维、植物纤维）混合抄造可制得具有特殊功能的碳纤维纸。碳纤维纸性能及用途因碳纤维含量多少、长短、混抄纤维原料及加工工艺不同而有较大的差异。如用于燃料电池领域的具有导电性和多孔性的扩散层炭纤维纸；用于气体、有毒物质等分离的具有较高吸附性的活性炭纤维纸；用于精密仪器、信息保密场所等领域的碳纤维屏蔽纸等。

碳纤维导电纸是一种最常见的功能导电材料，通常是通过将植物纤维与碳纤维经混合抄造制备得到的。植物纤维间通过羟基的氢键作用相互结合，形成纸页的基本框架，而碳纤维则作为导电相无序地分布在植物纤维框架中，构建形成导电网络，通过碳纤维含量的改变，碳纤维纸具有可调的导电性能，可以适应不同用途的要求。将碳纤维与其他纤维混合抄造可制得具有不同电阻率的导电功能纸，此外，碳纤维导电纸还具有轻薄柔软、机械性能好、导热、电热性能优异的特点，因而被广泛应用于新能源、电磁屏蔽、电热、电子器件和抗静电等许多领域，而不同的应用领域又对碳纤维导电纸的性能提出了不同的要求。

将石墨烯与纤维素复合制备石墨烯基导电纸，由于其具有较好的柔性、导电性及力学性能等，在可穿戴设备、柔性显示、触摸屏、柔性印制电子及超级电容器等电子领域有着其他材料无法比拟的优势。目前研究中的石墨烯基导电纸方阻相对较大，Kang等采用热还原法制备的石墨烯在十二烷基硫酸钠作用下与纸浆充分混合抄造成纸，该导电纸弹性模量为0.19GPa，方块电阻为1063Ω/口；Liu等将面巾纸置于氧化石墨烯分散液中浸渍处理，后在高温高压条件下使用肼蒸气对其还原制备出具备较好柔性的复合导电纸，其方块电阻为1100Ω/口，因而进一步提升石墨烯的导电性能成为制备具有优异性能导电纸的关键。

碳纳米管导电纸是一种具有特殊导电性的功能纸，被广泛应用于电磁屏蔽材料、复合导电材料、防静电材料、超级电容器、电池材料等重要的领域。碳纳米管作为纳米材料，具有优异的物理化学以及机械性能，其导电性好，比表面积大，吸附性强，长径比大，易构成三维导电网络。纸浆纤维几乎不导电，与碳纳米管混合经处理后，纸浆被剪切成很细的纤维，碳纳米管以纸浆纤维为基体，附着在纸浆纤维上并相互堆叠和连接，最终形成了导电网络，根据导电学通路学说及隧道跃迁理论，导电粒子需要相互接触构成导电网络，导电粒子之间的比例接近到能使载流子（电子或空穴）发生隧道跃迁效应，就能表现出导电性能。由于小尺寸效应，表面效应，量子尺寸效应和宏观量子隧道效应的共同作用，使得碳纳米管导电粒子复合上述理论，表现出良好的导电性能。

近年来，由苯胺和吡咯在水溶液电解质中原位化学聚合制备的导电纸，因其过程简单性、高成本效益和环境友好型，引起了人们极大的兴趣。原位化学聚合过程是单体如苯胺或吡咯在纸浆纤维存在下聚合的过程。这种方法不但能赋予纸特定的功能，而且还能为导电聚合物的加工利用提供新的可能。

二、质量指标或性能要求

导电纸是一种具有良好导电性能的纸，要求其导电性对外界环境的湿度变化不敏感，具有较高的抗张强度和撕裂强度。其中碳纤维导电纸是最常见的一类导电纸，具有导电均匀、抗静电、防屏蔽等功能。同时还要求其具有以下特点：化学稳定性好，热稳定性好，耐腐蚀；具有多孔性，能保障燃料气体供给和副产物的顺利排出；具有良好的导电性，接触电阻小，大大的降低了电池的内耗；具有一定的力学强度，增加了电极的使用寿命；性价比高，制造成本低。

三、基本生产工艺

（一）制备方法

导电纸的制备方法有湿法成形、干法成形、导电涂料涂布法、化学镀法和纸浆纤维吸附聚合法等。

1. 湿法

导电纸的主要制备方法是纸浆纤维与一些特殊的导电材料如炭黑、石墨、金属粉末或导电纤维等混合抄造。采用金属纤维、金属涂覆纤维和碳纤维等导电纤维配加适量的纤维素纤维的纸浆生产导电纸。根据需要加填或不加填导电的无机粉末，如炭黑、铜粉、镍粉等无机粉末，纸浆配比量少时，则采用聚乙烯醇等黏合剂，再加入阳离子增强剂。导电纤维含量多时，还要用分散剂。含 60％导电纤维的导电纸，电场屏蔽效果最大为 72dB，磁场屏蔽效果最高为 60dB，含 20％导电纤维的导电纸，电场屏蔽效果最大为 59dB，磁场屏蔽效果最高为 43dB。这种导电纸的特点是：通过选择纤维配比，根据用途可随意改变屏蔽效果；通过选择定量，能随意改变屏蔽效果；定量低；容易加工。这种导电纸与建筑材料复合，可用作工厂、医院、办公室、游乐中心及家庭的屏蔽用建筑材料，切断外部不必要的电磁波侵入，也可用作电子仪器的包装材料。

2. 干法

这种方法与干法成形纸的生产工艺相似。一种是胶黏型干法成型导电纸生产工艺，一般采用导电纤维为原料，以水溶性胶乳作为胶黏剂。另一种是热黏型干法成型导电纸生产工艺，一般采用的是导电纤维与热熔性化学短纤维为原料生产，以热熔纤维本身在加热过程中生产的表面熔化和流动形式与导电纤维之间的热黏合点，从而黏合成导电纸。日本专利曾经报道将一种热熔性合成纤维与有机导电纤维进行热熔合然后制成纸，有机导电纤维位于熔合的合成纤维之间的空隙中。日本东丽干法纸工艺流程图如图 10-9 所示。

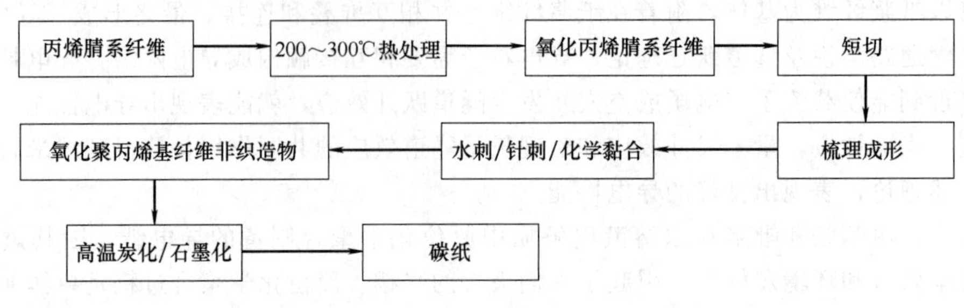

图 10-9 日本东丽干法纸工艺流程图

3. 导电涂料涂布法

导电涂料是涂于高电阻率的高分子材料上，使之具有传导电流和排除积累静电荷能力的特种涂料。导电涂料按是否添加导电材料可分为本征型与添加型。本征型导电涂料是以导电高聚物为基本成膜物质，以高聚物自身的导电功能使涂层带电。添加导电涂料是在绝缘高聚物中添加导电填料，使高聚物具有导电性。这种导电性能并非高聚物固有的特性，其导电过程靠金属微粒提供自由电子载流子来实现。

4. 化学镀法

化学镀法被广泛应用于化学、机械、汽车、电子以及航空航天等工业领域。与电镀相比，化学镀不需要外加电源。利用溶液中的还原剂将金属离子还原为金属并沉淀在基体的表面上形成镀层，操作方便，工艺简单，镀层均匀，孔隙率小，外观良好，而且能在塑料陶瓷等多种非金属基体上沉积。美国一家公司采用玻璃纤维和水的悬浮液中加入银氨溶液，类似于制造玻璃镜那样，利用化学还原的方法使银析出沉淀在玻璃纤维上，已镀银的玻璃纤维再与各种类型的纸张结合制造导电纸，该类导电纸的电导率容易随空气相对湿度的变化而变化，导电性不稳定。

5. 纸浆纤维吸附聚合法

该法是将聚苯胺等有机导电聚合物现场吸附聚合于纸浆纤维上，然后抄造得到导电纸。国内外已经利用现场吸附聚合法制备了多种导电纺织纤维，如导电涤纶，导电锦纶，导电聚氨酯等，这些纺织纤维的导电性能均优良持久。

(二) 生产工艺流程

几种导电纸的生产工艺流程如下。

1. 碳纤维电磁屏蔽纸的工艺流程

碳纤维纸是最常见的一种电磁屏蔽纸，是由碳纤维与普通的植物纤维按一定比例混合经过湿法抄造而制成的，其屏蔽作用主要靠反射损耗，其屏蔽效果与碳纤维含量有很大关系，当碳纤维含量低于 15%时，SE 小于 30dB；含量高于 25%时，SE 可达到 30dB 以上；双层纸可达到 35dB 以上，接近铜箔的屏蔽效果。

碳纤维电磁屏蔽纸导电性良好、质量轻，具有较好的电磁屏蔽效能，可用于普通商业或民用防辐射等方面，但其屏蔽效能对于军工、重要政治及商业等保密场合还有一定的差距。为了进一步扩展电磁屏蔽纸的应用范围，提高其屏蔽效能，可通过在碳纤维原纸表面涂布电磁屏蔽涂料以制备碳纤维电磁屏蔽涂布纸、在碳纤维电磁屏蔽纸抄造过程中添加导电粒子为填料以改善其导电性或通过表面镀导电金属的方式对碳纤维进行表面改性等。电磁屏蔽涂料由合成树脂、导电填料、助剂等混合而成，通过涂布的方式涂覆于基体表面而产生电磁屏蔽效果，目前应用较多的是银系、碳系、铜系、镍系导电填料制备的屏蔽涂料。

将碳纤维经过适当的预处理后与植物纤维按一定比例混合，疏解、分散均匀后经湿法成形、压榨、干燥后制成碳纤维电磁屏蔽纸。其工艺流程如图 10-10 所示。

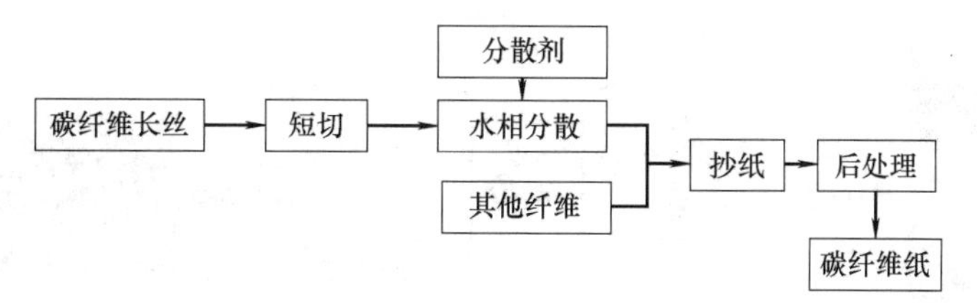

图 10-10　碳纤维电磁屏蔽纸湿法抄造工艺流程图

从高温碳化炉出来的碳纤维表面含有焦油等污染物，且表面活性不高，呈现出憎液性，不易在水中分散，因此一般在使用前要对其进行抽提和表面化学氧化等预处理。抽提用的有机溶剂主要是乙醇、丙酮等，能降低碳纤维的表面能，以提高碳纤维的可浸润性。预处理前后碳纤维表面形貌如图 10-11 所示。

图 10-11　抽提前、后及氧化处理后碳纤维表面形貌

强力搅拌也是改善短切碳纤维分散性的常用方法。短切碳纤维原料和高速分散后的碳纤维形态如图 10-12 所示。

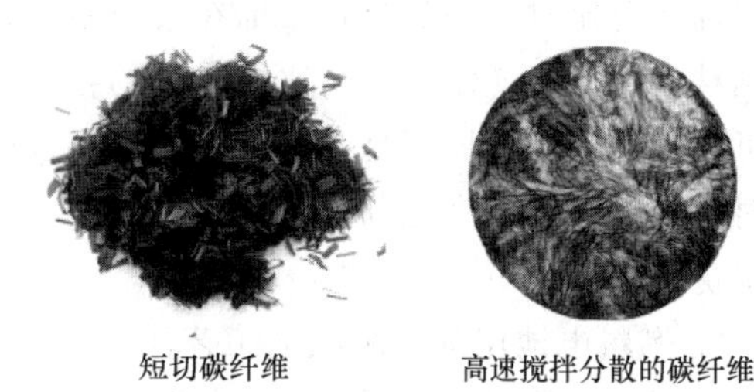

图 10-12　短切碳纤维和高速分散后的碳纤维

研究发现，在抄纸之前用化学镀镍的方法对碳纤维进行表面金属化处理，可明显提高碳纤维纸的屏蔽效能。在湿部纤维悬浮液中添加炭黑、银包铜粉、铁硅铝粉、镍粉等导电粉体，也可改善碳纤维纸的屏蔽效能。在各种提高碳纤维纸屏蔽效能的方法中，导电涂料涂布法具有使用方便，成本低廉，适用面广等特点，是最实用有效的一种方法。以银粉、铜粉、镍粉、铁硅铝粉等为电磁屏蔽填料，丙烯酸树脂、羧甲基纤维素（CMC）、丁苯胶乳、聚乙烯醇等单独使用或复配使用作为胶黏剂，同时添加分散剂和偶联剂及消泡剂等助剂制备电磁屏蔽涂料，涂敷于碳纤维纸表面制备电磁屏蔽涂布纸，可达到较好的电磁屏蔽效能。

2. 石墨烯基导电纸的工艺流程

石墨烯基导电纸的制备主要为湿法。湿法制备方式包括抄造、抽滤、浸渍等方法，其主要适用于纤维及纤维衍生物与石墨烯混合制备导电纸。其他可以借鉴的制备方式还包括精细化打印、涂布、转印等方式，打印制备方式通常将石墨烯制备为导电油墨，并将其打印至基底材料制备石墨烯基复合导电材料。

首先制得具有优异导电性能的石墨烯，并采用湿法成形工艺将石墨烯与植物纤维复合制备石墨烯基导电纸（图 10-13）。

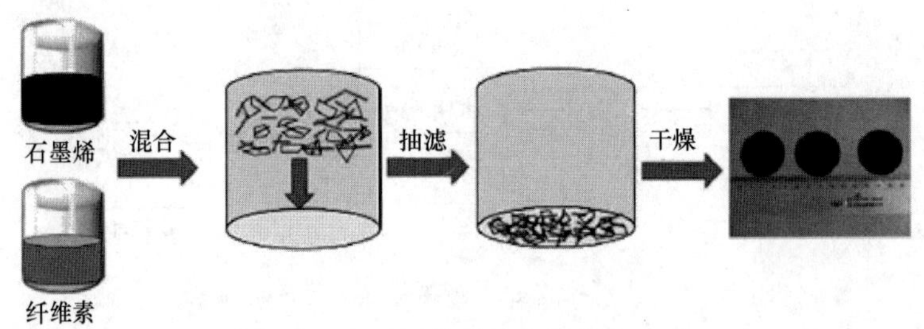

图 10-13　石墨烯基导电纸制备过程

当石墨烯用量较少时，导电纸的表面形貌中仍含有较多的孔洞结构，石墨烯首先被吸附至纤维表层，将纤维包覆为具备导电性能的导电纤维，但孔洞的存在使其仍无法构成有效的导电网络；随着石墨烯复合量的不断增加，石墨烯不仅完全吸附在纤维表面，而且还填补了纤维与纤维间的孔洞结构，使导电纸表面形貌呈无孔状，这就在纤维间构成了完整的导电通路，可赋予纸张良好的导电特性。

当导电纸的定量相对较低时，随着导电纸定量的增加，其电阻显著下降，弹性模量大幅提高；进一步增加定量，其导电纸的导电性及弹性模量增加幅度明显减小。石墨烯基导电纸适宜的定量为 60～70g/m^2。

有研究发现，相比纤维素和石墨烯的定量，两者的复合比例在制备石墨烯基导电纸的过程中具有更大的影响力。分析原因为当采用高纤维素定量，低石墨烯复合比例时，大部分石墨烯被吸附至石墨烯的表层，然而纤维间的孔洞中少有石墨烯存在，致使导电通路仅仅局限于被石墨烯包裹的纤维，由于交叉点过多，大大降低了导电纸的导电性能，而当采用较高的石墨烯复合比时，一部分石墨烯在被吸附至纤维表面的同时，仍有部分可以填充至纤维间的孔洞结构中，这样便构成了比较完整的导电网络，在该通路中大大降低了交叉点的存在，因而可以较大程度地提高复合导电纸的导电性能。同时，由于纤维素与石墨烯复合比例差别较小时，二者可以更为充分的结合，可以更大程度地提升体系内部氢键的作用，因此其力学性能也更为突出。

3. 燃料电池用碳纤维纸的工艺流程

不同用途的碳纤维纸制备工艺差异很大。用于燃料电池的碳纤维纸要具有以下性能：均匀的多孔结构，优异的透气性；低的电阻率，赋予其高的电子传导能力；结构致密、表面平整，以减少接触电阻，提高导电性能；具有一定的机械强度；具有化学稳定性。碳纤维燃料电池用纸的制备流程如图 10-14 所示：

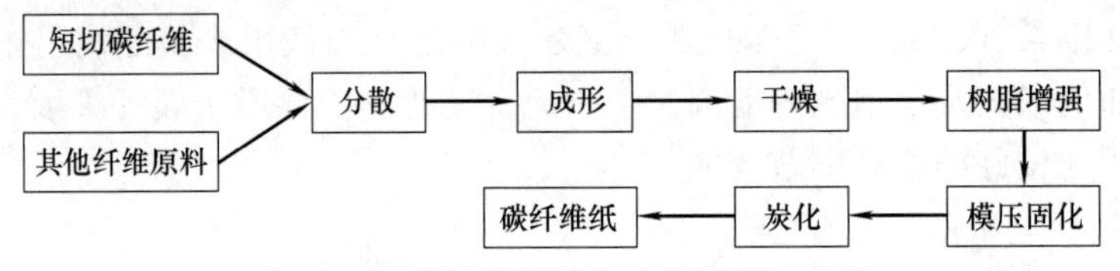

图 10-14　碳纤维燃料电池用纸制备过程

将短切碳纤维与作为黏结剂的高分子溶液或纤维原料混合并分散均匀，利用造纸技术在纸机上成形、干燥，使短切纤维相互黏结，然后利用酚醛树脂等可炭化的稀溶液进行浸渍，经模压、固化、炭化后可行到燃料电池用碳纤维纸。

碳纤维的分散是制备碳纤维燃烧电池用纸的关键，常用添加化学助剂的方法来改善其分散的均匀性。为了取得良好的原纸匀度，成形的最佳设备是斜网成形器，上网浆料浓度最好控制低于0.1%。干燥方式可采用烘缸或烘道，其中以烘道为佳。浸渍树脂均为热固性树脂，对碳纤维纸起到增强的作用，模压可使树脂有适当的流动性，使其更均匀地分布在碳纤维之间。最后一个工序是炭化，通常是在惰性气体的保护下升温到1800℃以上，在此过程中，非碳纤维成分如树脂等会发生部分分解并挥发，导致碳纤维纸质量、厚度下降，而导电性能显著上升。

四、生产质量控制

（一）影响碳纤维电磁屏蔽纸质量的因素

1. 碳纤维长度的影响

在碳纤维含量较低的情况下，由碳纤维长度不同而引起的导电性能的差异是明显的。在相同含量条件下，当碳纤维含量≤5%时，5mm碳纤维比3mm碳纤维抄造纸页的体积电阻更低，而在碳纤维含量>5%后，两种长度碳纤维抄造的导电纸的体积电阻率差别不大。这是因为对于导体来说，除了本身电阻外，导体之间接触时会产生电阻，即“接触电阻”。导体间接触点越多，接触得越松弛，接触电阻越大。因此对于相互搭接的导电材料来说，要提高材料的导电性，除了使用电阻更少的导电原材料外，还应尽可能减小接触电阻。一般来说，在同样质量分数下，纤维越长，纤维数量越小，接触点越少，所产生的接触电阻就越小。但纤维过长，在抄纸过程中容易分散不良而影响其导电性。短纤维分散性好，但可能因为数量多而导致接触点多，从而使接触电阻增加。3mm碳纤维比5mm碳纤维更容易分散。

2. 碳纤维含量的影响

碳纤维电磁屏蔽纸具有优异的电学性能，其体积电阻率在10^{-2}～10^{7}Ω·cm范围内变化，可根据导电性的不同要求调节纸张的定量及碳纤维含量来控制纸张的导电性。在碳纤维电磁屏蔽纸结构中，植物纤维作为“黏结剂”形成纸张的基本框架，而碳纤维在植物纤维构成的框架中构建导电网络通路。植物纤维的数量会对碳纤维的接触面积产生影响，进而影响接触电阻。

随着碳纤维含量的增加，纸张的紧度、抗张强度、耐破度、耐折度等物理强度指标有所下降。随着碳纤维含量的增加，纸张的体积电阻率下降，屏蔽效能提高。因此需要考虑碳纤维含量对纸张强度和纸张导电性之间的平衡问题。在碳纤维含量≤25%时，体积电阻率随碳纤维含量的增加而急剧下降，之后电阻率下降幅度变缓。故一般采用25%的碳纤维与植物纤维配抄碳纤维电磁屏蔽纸。碳纤维含量一定时，电磁屏蔽纸体积电阻率一定，但不同定量纸张电阻值不同，电阻值随着定量的增加而减小。

3. 造纸工艺的影响

改变植物纤维的打浆度对碳纤维电磁屏蔽纸有一定的影响。随着植物纤维打浆度的上升，纸张体积电阻下降，而这种现象是由纸张紧度提高引起的。对于同一碳纤维含量的电磁屏蔽纸来说，随着打浆度的升高，纸张的紧度提高，纸中碳纤维之间结合地更加紧密，因而接触电阻变小，体积电阻率下降。加强对碳纤维电磁屏蔽纸的湿压榨能有效减小接触电阻，使纸张的体积电阻率下降。压榨时间延长，压力提高，纸张紧度提高，可使接触电阻变小，体积电阻率下降。压光对纸张导电性影响很大，体积电阻率随着压光强度的升高而迅速上升。碳纤维是一种脆性材料，在压光辊线压的作用下碳纤维很容易被压断，使得原本接触导电处的导电性能变差或不导电，导电网络被破坏。

4. 导电填料的影响

在碳纤维电磁屏蔽纸生产过程中添加导电填料可改善纸张的电磁屏蔽性能。常用的导电填料有镍粉、铁硅铝粉、炭黑、银包铜粉等。由于炭黑、镍粉、银包铜粉等为带负电荷的颗粒，所以在加填时需添加阳离子型助留剂如 CPAM，以提高其留着率。导电填料的加入会使纤维间的交织和氢键结合减弱，使纸张的抗张强度下降。粉体存在于纤维表面及纤维间，通过直接接触和隧道效应而使导电粒子之间及导电粒子与碳纤维之间产生传导，从而提高了导电网络的导电性。由于碳纤维和导电粒子的存在，使得纸页中具有两种不同的导电特性，碳纤维的相互搭接提供了主要的接触导电网络通路，提供了远程导电能力，导电粒子则改善了网络的近程导电能力，而且还在碳纤维之间起了“桥接”作用，连接了周围的碳纤维，增强了导电网络的导电性能。导电粉体加填后纸页的屏蔽效能得到较大幅度的提高。

5. 涂布工艺的影响

增加碳纤维含量和添加导电填料可提高电磁屏蔽纸的屏蔽效能，但会影响纸张的物理强度。采用表面涂布的方式既可以改善纸张的屏蔽效果，同时也可以提高纸张的力学性能。电磁屏蔽涂料由合成树脂、导电填料、助剂等混合而成，影响电磁屏蔽涂布纸性能的主要因素包括填料/树脂质量比、涂布量、干燥时间、偶联剂添加量等，每一因素对涂料性能的影响都存在一个最佳范围，但是各因素不是独立的，而是相互影响的，这种协同作用会影响涂膜的最终性能的体现。以碳纤维含量 25%的原纸为基体，采用铁硅铝金属粉末作为导电填料、丙烯酸树脂为胶黏剂制备电磁屏蔽涂料时，涂料的最佳制备工艺条件为：填料/丙烯酸树脂质量比为 3.0∶1，偶联剂用量为 2.5%，50℃下固化时间为 40min，涂层厚度为 110μm，在最佳涂布工艺条件下，其涂布纸的最高屏蔽效能达到 56dB。

(二) 生产问题

1. 碳纤维的分散问题

碳纤维的直径为 7μm，有较大的比表面积和表面能，因此碳纤维难以在水溶液中分散成单根纤维。碳纤维是由碳—碳之间以非极性共价键相连接的，使得碳纤维表面活性基团少，表面活性低，憎水性强，在水中易絮聚成团，分散性差，影响成纸的匀度和强度。因此如何使碳纤维均匀地分散在水中是碳纤维电磁屏蔽纸生产过程中的关键，也是国内碳纤维电磁屏蔽纸研制进展缓慢的问题所在。对碳纤维进行预处理、选择适当的分散剂并进行强力高速搅拌分散是目前常用的解决碳纤维分散性的方法。

分散剂分散碳纤维的机理主要体现在：选择高效分散剂，大幅降低碳纤维的表面能；加入与纤维表面电荷相同的阴离子型表面活性剂，赋予纤维表面电荷，从而增大纤维间的斥力，减少纤维间的絮聚；加入与纤维表面电荷相反的阳离子型表面活性剂，使其吸附于纤维表面，导致纤维表面电性反转，纤维间相互排斥；加入高分子型分散剂，使浆水体系黏度增高，在纤维表面附着一层薄的润滑膜，使纤维相互滑过而不发生缠结。

造纸过程中常用的分散剂有 PEO、CMC、CPAM 等。实验证明，CMC 对碳纤维的分散性改善有限，不能满足抄纸的要求。与 CMC 相比，PEO 能明显提高碳纤维的分散性，尤其是对 3mm 长的碳纤维分散性明显改善。但 PEO 对碳纤维在水中的稳定性提高不明显，容易发生絮聚。与CMC、PEO相比，CPAM能显著提高对碳纤维在水中的分散性，其添加量为1.0%时所达到的分散效果比PEO添加量为2.0%时的效果还要好，且相对稳定，能满足抄纸的要求。

在碳纤维电磁屏蔽纸生产过程中为了消除泡沫的影响，通常加入磷酸三丁酯作为消泡剂，用量为0.01%。

2. 碳纤维纸的强度问题

碳纤维为脆性材料，碳纤维之间不会产生氢键结合，其自身无结合强度，无法独立抄纸。在与植物纤维配抄电磁屏蔽纸时，植物纤维借助氢键结合可以形成相互连接的稳定网络，通过碳纤维与植物纤维配抄形成植物纤维、碳纤维及二者之间互相联系、交叠的网状结构。随着碳纤维含量增加其电磁屏蔽效能提高，但会导致其耐折度、抗张强度等物理性能下降，需采取特殊的工艺以提高其强度性能，同时保证其导电性能。

五、工程实例

日本东丽（Toray）公司是全球生产和销售碳纤维纸的领先者，由Toray公司生产的碳纤维纸具有高导电性、高透气率、高强度等多种优点。Toray公司的3种碳纤维纸的性能如表10-7所示。

表10-7　Toray公司3种碳纤维纸的性能

碳纤维纸	厚度/mm	电阻率/(mΩ·cm)		孔隙率/%	紧度/(g/cm³)	抗张强度/(N/cm)
		纵向	横向			
TGP-Ⅱ-060	0.19	80	5.8	78	0.44	50
TGP-Ⅱ-090	0.28	80	5.6	78	0.45	70
TGP-Ⅱ-120	0.36	80	4.7	78	0.45	90

国产碳纤维的质量与日本等国家存在很大差距，并且我国对应用基础研究的投入较少，这些都给国产高性能碳纤维导电纸的研制工作带来了很大困难。

六、国内外现状与进展及展望

碳纤维导电纸作为一种高性能的多功能材料具有广阔的发展前景，在燃料电池、电磁屏蔽等领域都已经得到了广泛的应用。随着应用领域的不断扩展，碳纤维导电纸的研究和开发在国防军工和民用领域都占有重要的地位。

目前燃料电池用碳纤维纸生产技术基本由国外掌握。国外发达国家由于碳纤维工业发展比较早，成本较低，碳纤维纸的生产工艺技术已逐渐趋于成熟。PEMFC多孔气体扩散电极的关键材料碳纤维纸的研制水平较高并能批量供货的主要有加拿大Ballard Material Products公司、德国SGL技术公司和日本东丽公司等少数几家公司。关于燃料电池的碳纸和多孔碳电极基材料的专利有许多，其中以日本公司专利为多。

我国碳纤维导电纸的制备和应用目前主要还停留于实验室研究探索阶段，部分科研单位也完成了小试和中试，但都没有得到规模化生产并实现产业化。一方面，碳纤维的表面处理和分散技术在工业生产中一直是有待解决和优化的难点；另一方面，在将实验室研究成果过渡转变为工业化生产的过程中，还面临着许多问题，如何实现碳纤维纸的生产和宽幅化，保证其性能的均匀性和稳定性等都是有待解决和深入研究的重要课题。为了早日实现碳纤维导电纸的产业化，使其在军民领域发挥更大作用，还需要投入更多的人力和物力进行系统而深入的研究，解决碳纤维导电纸产业化过程中面临的工程问题。

第四节　电解电容器纸

一、概　况

电解电容器纸，指在装满绝缘液体的电容器的箔片之间用作介电质的纸。它作为电解液的吸附载体，与电解液共同构成铝电解电容器的阴极，同时起到隔离两极箔的作用。电解电容器纸又称为隔离纸或电解纸，是生产电解电容器的重要材料。

电解电容器纸、铝箔和电解液作为铝电解电容器的三大要素，直接影响着铝电解电容器的质量，并对性能起着决定性作用，高性能的电解电容器离不开高性能的电解电容器纸。近年来，随着电子行业的快速发展，电解电容器的需求量也不断增多，随之对电解电容器纸的需求量逐年增大。

电解电容器纸的种类繁多，由于各生产厂家所用的原料和生产工艺不同，所采用的分类方法及标准也不同。目前该产品已经有数十个系列数百个规格品种。根据电解电容器纸承受的电压强度的高低，可将其分为中高压电解电容器纸和低压电解电容器纸两大类。

中高压电解电容器纸是指承受电压在160V以上的产品，它一方面要求纸张由较高的耐电压强度和耐铝箔毛刺性能，表现在纸的性能上就是应有较高的紧度，另一方面要求较好的吸收性能，以改善其电气性能，表现在纸的性能上就是应有较低的紧度。因此，电解电容器纸生产企业一般采用双层双密度的方法来解决这一矛盾，即采用高紧度层达到较高的耐压强度和耐铝箔毛刺性能，利用低紧度层达到较好的吸收性能。中高压电解电容器纸主要有开关电源用电容器、储能充放电电容器、交流电动机启动电容器及闪光灯电容器等。随着电子工业的发展，中高压电解电容器的应用领域也在不断地拓展。目前中高压电解电容器纸的主要品种有日本NKK公司的PED、PDEH、PE（单层纸）、LD、LEDM等系列，我国KAN公司的WS2、WM2、W2、W1（单层）等系列，德国SPO的EDH、ESH（单层纸）、ES（单层纸）、ESL（单层纸）系列以及民丰特纸的W1（单层）系列。全球中高压电解电容器纸的用量约占电解电容器纸总量的50%～60%。

低压电解电容器纸是指工作电压在100V以下的产品。由于低压电解电容器纸对阻抗要求高，所以纸的密度相对较低，并采用了阻抗值较低的原料，目前主要的产品有日本NKK公司的MER、MR5D、ME、STZ、RTZ等系列，我国KAN公司的SM2，S2，C2，WB2系列及日本大福公司的ME、MEX、MEK系列等。全球的低压电解电容器纸的用量约占电解电容器纸总量的40%～50%。

二、质量指标或性能要求

电解电容器纸的品质直接影响电解电容器的损耗、漏电流、容量、额定电压四大主要指标。电解电容器纸应满足下列要求：a. 纯度要高，必须严加控制影响电解液和电极性能的不纯物，如各种酸根粒子和导电金属粒子等；b. 纸质要均匀，厚度要均一，纤维排列要均匀，同时不能有孔洞、纤维束等纸病；c. 要有充分必要的机械、电气强度；d. 要求对电解液具有良好的吸收性；e. 要与电解液形成复合体时，从低温到高温范围内具有低阻抗性。

根据电解电容器纸的国家标准《GB/T 22920—2008 电解电容器纸》按原料和纸的层状结构不同，可分为多种型号，见表 10-8。每个型号的纸张根据其紧度和厚度等不同又分很多种，其质量指标如表 10-9 所示。

表 10-8　　电解电容器纸的型号及原料

型号	主要原料	型号	主要原料
W1	W 纤维单层纸	WB2	W 纤维与 B 纤维双层复合纸
W2	W 纤维双层复合纸	MJ2	M 纤维与 J 纤维双层复合纸
WS2	W 纤维与 S 纤维双层复合纸	SM2	S 纤维与 M 纤维双层复合纸
WM2	W 纤维与 M 纤维双层复合纸	S2	S 纤维双层纸

表 10-9　　电解电容器纸的质量指标

型号	紧度/(g/cm³)	厚度/μm	纵向抗张强度/(kN/m) ≥	吸液高度 /(mm/10min) ≥	
				纵	横
W1	$0.55^{+0.035}_{-0.025}$	40±3.2	1.20	18	10
		50±4.0	1.40	30	1
	$0.65^{+0.035}_{-0.025}$	30±2.4	1.30	3	2
		40±3.2	1.50	5	3
		50±4.0	1.60	7	4
		60±4.8	1.70	8	5
	$0.75^{+0.035}_{-0.025}$	22±1.6	1.10	—	—
		30±2.4	1.40	—	—
		40±3.2	1.60	—	—
		50±4.0	1.80	—	—
	$0.80^{+0.035}_{-0.025}$	22±1.6	1.20	—	—
		25±2.0	1.40	—	—
		30±2.4	1.50	—	—
		40±3.2	1.80	—	—
		50±4.0	2.00	—	—
	$0.85^{+0.035}_{-0.025}$	22±1.6	1.30	—	—
		30±2.4	1.70	—	—
		40±3.2	1.90	—	
	$0.90^{+0.035}_{-0.025}$	22±1.6	1.40	—	—
		25±2.0	1.50	—	—
		30±2.4	1.80	—	—
		40±3.2	2.00	—	—
W2	$0.55^{+0.035}_{-0.025}$	40±3.2	1.20	8	5
	$0.60^{+0.035}_{-0.025}$	40±3.2	1.30	7	4
	$0.70^{+0.035}_{-0.025}$	40±3.2	1.60	5	3
		45±3.6	1.70	6	4
		50±4.0	1.80	6	3
		60±4.8	2.00	8	5
		70±5.6	2.20	10	6

续表

型号	紧度/(g/cm³)	厚度/μm	纵向抗张强度/(kN/m) ≥	吸液高度/(mm/10min) ≥	
				纵	横
W2	$0.75^{+0.035}_{-0.025}$	40±3.2	1.50	3	2
		45±3.6	1.60	4	2
		50±4.0	2.00	5	3
		60±4.8	2.50	6	4
		70±5.6	3.00	8	5
		80±6.4	3.50	10	6
	$0.80^{+0.035}_{-0.025}$	40±3.2	1.70	3	2
		50±4.0	2.00	4	2
		60±4.8	2.50	5	3
		70±5.6	2.70	7	5
	$0.85^{+0.035}_{-0.025}$	40±3.2	1.80	2	1
		50±4.0	2.00	3	2
		60±4.8	2.50	4	2
		70±5.6	2.80	6	4
WS2	$0.75^{+0.035}_{-0.025}$	40±3.2	1.40	3	2
		45±3.6	1.60	4	2
		50±4.0	1.80	5	3
		60±4.8	2.20	7	4
		70±5.6	2.60	10	6
		80±6.4	3.00	14	8
	$0.80^{+0.035}_{-0.025}$	40±3.2	1.60	3	2
		45±3.6	1.80	3	2
		50±4.0	2.00	4	2
		60±4.8	2.40	5	3
		70±5.6	2.80	7	4
		80±6.4	3.20	10	6
	$0.85^{+0.035}_{-0.025}$	50±4.0	2.40	3	2
		60±4.8	2.80	4	2
		70±5.6	3.20	7	4
WM2	$0.70^{+0.035}_{-0.025}$	35±2.8	1.50	4	2
		40±3.2	1.60	5	4
		45±3.6	1.70	6	5
		50±4.0	1.80	7	6
		60±4.8	2.00	9	7
		70±5.6	2.20	13	10
		80±6.4	2.60	17	14
		90±7.2	3.00	18	16
WB2	$0.60^{+0.035}_{-0.025}$	40±3.2	1.30	12	10
		45±3.6	1.40	13	10
		50±4.0	1.50	14	11
	$0.65^{+0.035}_{-0.025}$	60±4.8	1.60	13	10

续表

型号	紧度/(g/cm³)	厚度/μm	纵向抗张强度/(kN/m) ≥	吸液高度/(mm/10min) ≥	
				纵	横
MJ2	$0.30^{+0.035}_{-0.025}$	40±3.2	0.40	50	—
		50±4.0	0.50	60	—
		60±4.8	0.70	70	—
	$0.35^{+0.035}_{-0.025}$	40±3.2	0.40	45	—
		50±4.0	0.50	60	—
		60±4.8	0.70	65	—
	$0.40^{+0.035}_{-0.025}$	40±3.2	0.60	40	—
		50±4.0	0.80	55	—
		60±4.8	1.10	60	—
	$0.45^{+0.035}_{-0.025}$	40±3.2	0.80	35	—
		50±4.0	1.10	45	—
		60±4.8	1.30	50	—
	$0.50^{+0.035}_{-0.025}$	40±3.2	1.30	30	—
		50±4.0	1.70	40	—
		60±4.8	2.00	45	—
SM2	$0.40^{+0.035}_{-0.025}$	40±3.2	0.60	35	21
		50±4.0	0.75	45	27
	$0.45^{+0.035}_{-0.025}$	40±3.2	0.60	30	18
		50±4.0	0.80	38	23
	$0.50^{+0.035}_{-0.025}$	40±3.2	1.10	25	15
		50±4.0	1.20	34	20
	$0.55^{+0.035}_{-0.025}$	40±3.2	1.30	20	12
		50±4.0	1.40	30	18
		60±4.8	1.50	34	20
	$0.60^{+0.035}_{-0.025}$	40±3.2	1.30	13	8
		50±4.0	1.40	21	12
SM2	$0.60^{+0.035}_{-0.025}$	60±4.8	1.50	25	15
	$0.65^{+0.035}_{-0.025}$	40±3.2	1.40	8	5
		50±4.0	1.50	13	8
		60±4.8	1.60	21	12
S2	$0.45^{+0.035}_{-0.025}$	40±3.2	0.60	27	16
		50±4.0	0.80	35	21
	$0.50^{+0.035}_{-0.025}$	40±3.2	0.80	24	14
		50±4.0	1.30	32	19
	$0.55^{+0.035}_{-0.025}$	40±3.2	1.30	22	13
		50±4.0	1.40	30	18
		60±4.8	1.60	36	22
	$0.60^{+0.035}_{-0.025}$	40±3.2	1.40	18	11
		50±4.0	1.50	22	13
		60±4.8	1.60	25	15

续表

型号	紧度/(g/cm³)	厚度/μm	纵向抗张强度/(kN/m) ≥	吸液高度/(mm/10min) ≥	
				纵	横
S2	$0.65^{+0.035}_{-0.025}$	40±3.2	1.50	15	9
		50±4.0	1.60	18	11
		60±4.8	1.70	22	13
	$0.70^{+0.035}_{-0.025}$	40±3.2	1.60	14	9
		50±4.0	1.80	17	11
		60±4.8	2.20	20	12
pH=6.0～8.0,交货水分:3.0%～7.0%,电导率(mS/m)≤2.8[a](≤1.4[b]),水溶性氯化物(mg/kg)≤2.0[c](≤10.0[d]),铁微粒子(个/1800cm²):0.08mm²～0.1mm²≤5,>0.1mm²不应有					

注：[a] 按 GB/T 7977—2007 中方法一进行；
[b] 按 GB/T 7977—2007 中方法二进行；
[c] 按 GB/T 2678.2—2008 中硝酸银电位滴定法进行；
[d] 按 GB/T 2678.2—2008 中硝酸汞法进行。

三、基本生产工艺

电解电容器纸不仅要求纸张具有很高的机械性能和极高的化学纯度，而且要有优良的电气性能，因此它的生产不仅涉及造纸技术，还涉及了电气、基础化学、高分子材料化学、纯水制备等技术。

为了保证电解电容器纸的物理性能，浆料一般需要经过高黏状打浆处理，不添加任何辅料，利用专门的长网薄页纸机进行抄造。为了确保纸张具有优良的绝缘性能，其生产设备都是由特种材料制成的，而且整个生产系统的用水必须进行软化处理，使铜、铁、氯离子含量极低。

电解电容器纸一般采用未漂硫酸盐针叶木浆或麻浆为原料。由于电解电容器纸纯度要求较高，因此用于生产电解电容器纸的纸浆需具备较低的灰分和电导率，在生产中必须对纸浆进行纯化处理。纸浆的纯化包括酸处理和洗涤，其中酸处理不同于其他的制浆工序，能使一些不溶性灰分溶解，经洗涤后除去，以减少灰分，降低电导率，洗涤时也需要使用高纯度的脱盐水。

四、生产质量控制

影响电解电容器纸质量的因素如下所述。

(一) 电解电容器纸的原料

电解电容器纸要求纸质均匀，有良好的机械性能、电气强度、吸收性和低阻抗性，因此，对于制备电解电容器的原料选择也有一定的要求。不同的电解电容器对于电解电容器纸的性能要求不同，所选用的纤维原料也有所不同。电解电容器纸主要用马尼拉麻纤维、木质纤维、剑麻纤维、西班牙草纤维、棉纤维等原料。不同纤维原料制得的电解电容器纸性能各不相同。

中低压电解电容器用电解纸要求有良好的吸收性和电气性能，所以马尼拉麻木纤维因为其纤维长、抗张强度大、纯度高、吸收性好、电气性能优良成为此类电解电容器纸的首选材料，但价格较高。剑麻纤维比马尼拉麻纤维短，抗张强度低，但其纯度高，电气性能优良，价格适中，因此大量用于和马尼拉麻一起抄制复合纤维材料电解电容器纸。木材纤维材料致密、耐高压、耐铝箔毛刺、价格低，但该材料纯度低、吸水性差、等效串联电阻（ESR）大，制成的电解电容器纸用于普通型产品及高压产品。棉纤维纯度高、吸收性好、温度特性优良、低温阻抗小、工作温度范围宽，因而适用于低压产品和宽温产品的生产。

单一纤维材料制成的电解电容器纸总是存在一些缺点，为弥补这些缺陷，现在常采用两种纤维材料复合，抄成复合纤维材料纸，如 SM 纸、WM 纸、WB 纸、MER 纸、MR5D 纸等，这些复合纤维材料纸各具特点。

（二）电解电容器纸的抄造

由于电解电容器纸的特殊要求，电解电容器纸的生产设备都是由特种材料制成的。为了满足不同品种、不同性能、不同原料的生产，需要各式各样的电解电容器纸生产设备，仅抄纸设备就有圆网—长网复合纸机、圆网—特种网复合纸机、长网多缸纸机、多圆网纸机、斜网纸机等。圆网成形的纸紧度低，一般为 0.30～0.65g/cm^3，该类型纸吸收性较好，ESR 较小，但耐铝箔毛刺性差，产品短路率高，一般为中低压产品选用。长网成形的纸紧度大，一般为 0.60～0.85g/cm^3，该类型纸耐铝箔毛刺性好，产品短路率低，但吸收性差，ESR 大，一般为普通产品及中高压产品选用。

（三）电解电容器纸的层数

根据层数的不同，电解纸可分为单层纸和双层纸两种。单层纸可以是单一纤维单层纸，如 PE 纸、ME 纸、C1 纸、S1 纸，也可以是两种不同的纤维材料单层纸，如 MER 纸、WC 纸。双层纸可以是单一纤维材料双层纸、如 PED 纸、PEDH 纸、MED 纸、WED 纸。这种双层纸一般为双密度纸，双层中也可以是两种不同纤维材料双层纸，如 SM 纸、WM 纸、MR5D 纸。

对于相同的纤维原料、同紧度、同厚度的电解纸，单层纸抗张强度较大且价格较低，双层纸吸收性较好，ESR 较小。因此通常根据对电解电容器纸质量的需求选择单层或双层纸。

（四）电解电容器纸的特殊加工

电解纸的特殊加工方式有凸凹加工、膨胀加工和涂浸加工。

凸凹加工是采用高密度电解纸经机械挤压使电解纸成凸凹不平状［见图 10-15（b）］。电解纸厚度增加，使纸表面形成大量的空隙。用该种纸卷绕成电容器芯子，两铝箔间的间隙比普通电解纸大，电容器芯子浸渍工作电解液时，芯子迅速吸收工作电解液，缩短了浸渍时间。浸渍后，凸凹电解纸膨胀，表面空隙消失，与普通电解纸性能完全一样。使用凸凹纸，

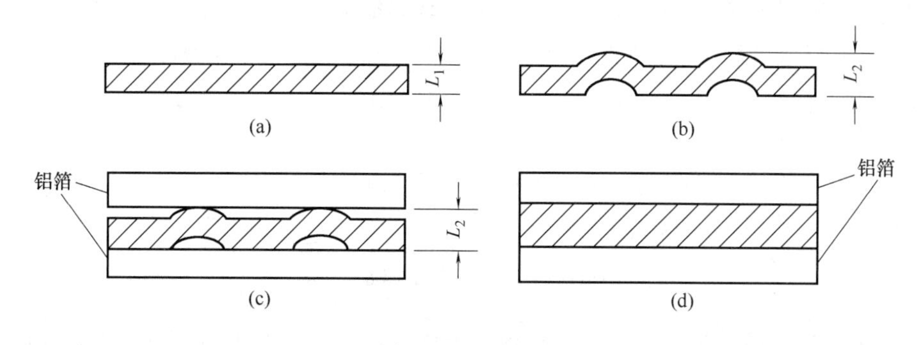

图 10-15　凸凹纸

（a）凸凹加工前的原纸剖面　（b）凸凹加工后纸的剖面

（c）卷成芯子后，铝箔与纸的关系　（d）芯子浸电糊后，凸凹纸膨胀

节省了生产时间，提高了生产效率，也便于铝电容器生产一体化。凸凹加工纸与普通纸性能对比见表 10-10。

表 10-10　　凸凹加工纸与普通纸性能对比

电解电容器纸品种	厚度 /μm	紧度 /(g/cm³)	抗张强度 /(N/15mm)	吸水度* /mm	浸渍时间 /min	1kHz ESR /Ω
PED50 凸凹纸	50	0.60	40.2	9	50	2.35
PEDH50 纸	50	0.75	101.0	7	240	2.80
TGP-II-120	50	0.65	56.9	34	140	1.98

注：* 吸水度是十分钟内吸水的高度。

膨胀加工时采用化学方式对电解纸进行处理，在电解纸的厚度、紧度、抗张强度等机械性能基本不变的前提下，使电解纸的电气性能特别是吸水性和保液量大大改善。其性能对比如表 10-11 所示。

表 10-11　　膨胀纸与普通纸性能对比

电解电容器纸品种	厚度 /μm	紧度 /g·cm⁻³	抗张强度 /(N/15mm)	吸水度* /mm	浸渍时间 /min	1KHz ESR /Ω
ME2.5-40 膨胀纸	40	0.55	44.1	60	41	0.70
ME2.5-40 纸	40	0.55	49.0	30	34	0.77

注：* 吸水度是十分钟内吸水的高度。

为了满足特种铝电解电容器在性能方面的需要，可以在电解纸表面涂浸一层化学物质，如瓷粉、石墨粉等，经涂浸加工的电解纸具有特殊的性能。

五、工程实例

（一）KAN 公司

电解电容器纸是凯恩特种材料股份有限公司（KAN）的主导产品，该公司从 20 世纪 70 年代开始生产电解电容器纸，几十年来，先后共研制开发了一百多个品种的电解电容器纸，研制开发并掌握了高纯化技术、低损耗技术、高压低阻抗技术等关键技术，并独创了世界独有的电解纸纤维横向排列技术、不同原料双层双密度纸的制造技术。其生产的电解电容器纸有 9 大系列，能满足高、中、低不同电压条件下电容器的性能要求。其中高中压系列主要有 W1、W2、WS2、WM2、WC2、WB2 型纸，低压系列主要有 S1、S2、SM2 型纸。

凯恩特种材料股份有限公司主导产品电解电容器纸标准水平优于国际电工委员会《IEC 60554—1998 电解电容器纸》，品质达到国际先进水平，产品国内市场份额达 70％、国际市场份额达 35％，处于行业竞争的制高点。

（二）NKK 公司

日本国高度纸工业株式会社，该公司最早发明了电解电容器纸，并致力于工业应用。几十年来，已研发了数十个系列数百个品种的电解纸，代表了该行业的最高水平。

六、国内外现状与进展及展望

电解电容器纸由于批量少、品种多、技术难度大，长期以来世界上只有少数几家企业生产。国内主要生产厂家是浙江凯恩特种材料股份有限公司（简称 KAN）和浙江民丰特种纸股份有限公司。国外主要生产企业有日本的 NKK、德国的 SPO、日本大福、美国 MHD 等。

而系列化生产中高、低压电解电容器纸产品的企业仅有我国的 KAN 公司和日本的 NKK 公司，其他企业大都只生产产品系列中的个别产品。日本 NKK 公司的电解电容器纸生产技术代表了世界最先进水平，NKK 公司电解电容器纸占全球市场占有率约为 60%～70%；我国生产的电解电容器纸全球市场占有率为 20%～30%。近几年国内又有浙江莱勒克纸业有限公司、山东鲁南纸业有限公司等企业开始生产电解电容器纸。2016 年我国电解电容器纸产量在 1.59 万 t 左右。

目前，我国与世界领先水平的主要差距不是在性能方面，而是在质量的稳定性方面。近几年在这方面有改观，特别是 WM2 和 SM2 型等，更是如此。许多发达国家都能生产电解电容器纸，目前世界上已经能利用木材纤维，各种取自叶、茎或者种毛的长纤维和人造纤维等原料生产上百个品种，可以满足各种电解电容器的需求。在众多的生产商中，日本 NKK 公司在整体上处于领先水平。

随着当今电子行业的迅速发展，作为电解电容器的重要原材料，电解电容器纸的发展也具备很大的空间，为满足电解电容器长寿命、低阻抗、宽温度、高性能、高频率、小型化、多品种、低成本的要求，电解电容器纸正朝着低阻抗、高纯度、高均一、多品种、低成本的方向发展。

（一）中高压电解电容器纸的发展趋势

1. 高频低阻抗

随着电解电容器能量转换效率不断提高，使得其工作频率要求也越来越高，例如开关电源的工作频率已从 30kHz 提高到 100kHz，并且有提高到 1MHz 的趋势，这类电容器的波纹频率很高，但其幅度却很小。为了让高频电流能以顺利通过，要求这类电容器在高频下表现为低阻抗。因此，作为其关键材料的中高压电解纸也必须具有超低等效串联电阻（ESR）。

2. 高均一、高可靠性

随着中高压电容器的不断发展，对耐压的要求也越来越高，目前，高压电容器的承受电压已经达到 500V，甚至有的已到达 630V，电解纸的均一性是影响电解电容器的耐压能力重要因素，而且还影响到阻抗、漏电流等指标。因此，均一性的好坏，是衡量电解电容器纸质量水平高低的重要标志。

3. 高紧度薄型化

随着整机向集成电路技术和数了技术方向发展，也不断促进电解电容器等电子元件向小型化方向发展，因此电解纸也在向薄型化方向发展。但中高压电解容器要承受较高的电压，电解纸过薄会造成耐压强度的下降，因此必须提高电解纸的密度，以提高中高压电解纸的耐压强度。

（二）低压电解电容器纸的发展趋势

1. 低损耗

对电解电容器来说，其损耗值的大小取决于电极箔的固有介质损耗和电解质的等效串联电阻。当电极箔的固有介质损耗一定时，减少损耗的主要措施是提高电解电容器纸的吸收性。为提高低压电解纸的吸收性，大部分厂家都采用损耗值较低的纤维作为低压电解纸原料，并且在保证抗张强度的前提下降低纸的密度。在生产工艺方面，我国 KAN 公司的 S2 系列产品首次采用了纤维横向排列技术，通过增加纤维纵向毛细吸液作用从而提高了纸的横向吸收性。在产品结构方面，大部分厂家采用双层复合甚至多层复合结构降低低压电解纸损耗值。

2. 高纯度

漏电流较大是电解电容器的性能缺点，低压电解电容器对精度要求较高，因此对漏电流也有特别的要求，而作为电解电容器原料的电解纸的纯度是影响漏电流的关键因素。

3. 高强度薄型化

随着电解电容器生产的自动化程度越来越高，电容器的包卷速度在不断提高，对电解纸的强度要求也越来越高。为了满足电解电容器低损耗的要求，需要电解电容器纸具有良好的吸收性，即需有较低的密度，而为了满足电容器小型化的要求，电解纸将会越来越薄，但密度太低或厚度太薄都会影响电解纸的强度。因此，在满足电容器低损耗和小型化的前提下，提高低压电解电容器纸的强度，是低压电解电容器纸发展的一个方向。

课内实验

研究打浆工艺及分散剂种类、用量等对芳纶纤维、玻璃纤维、碳纤维等非植物纤维原料分散性和滤水性的影响。

项目式讨论教学

根据航空航天用特种纸关键指标制定原辅料构成，并根据原辅料特征确定分散、成形及加工工艺。

教师指定典型航空航天用特种纸的关键指标，并以小项目形式布置给学生，学生在课外以小组形式，通过收资、小组内部讨论、PPT 制作等工作，完成一些典型航空航天用特种纸原辅料的构成选择，并根据原辅料特征制订分散、成形工艺和加工工艺，在课堂上进行展示及讨论。

习题与思考题

1. 什么是芳纶短切纤维？什么是芳纶浆粕？
2. 简述芳纶纸的制备方法及其特点。
3. 试述间位芳纶纸与对位芳纶纸的差异及主要用途。
4. Nomex 纸有哪些型号与规格？各自用于哪些方面？
5. 试述芳纶纸蜂窝的制备过程。
6. 简述我国芳纶纸的生产现状及存在的主要问题。
7. 如可改善芳纶纤维有水中的分散性？分散剂改善纤维在水中分散的主要作用机理是什么？
8. 影响热压效果的因素有哪些？热压提高芳纶纸强度的作用机理是什么？
9. 绝热纸分哪几种？其原料有哪些？
10. 试述玻璃纤维绝热纸的种类及生产工艺特点。
11. 如何改善玻璃纤维的分散性？
12. 玻璃纤维与植物纤维抄纸的区别主要体现在哪些方面？
13. 试述导电纸的分类及用途。
14. 简述碳纤维电磁屏蔽纸的制备流程及用途。
15. 简述燃料电池用碳纤维纸的特点及制备流程。
16. 影响碳纤维导电纸质量的因素有哪些？

17. 试述碳纤维纸生产中存在的问题及解决方法。
18. 试述电解电容器纸的种类及用途。
19. 生产电解电容器纸有哪些特殊的要求？
20. 试述电解电容器纸的发展趋势。

主要参考文献

[1] 胡健，王宜，曾靖山，等. 芳纶纸基复合材料的研究进展 [J]. 中国造纸，2004，23 (1)：49-52.

[2] 陆赵情，张美云，王志杰，等. 芳纶纸基复合材料研究进展及关键技术 [J]. 宇航材料工艺，2006，36 (6)：5-8.

[3] 陆赵情，张美云，王志杰，等. 芳纶 1313 纤维纸基复合材料及其研究进展 [J]. 材料导报，2006，20 (11)：32-34.

[4] 王曙中. 芳纶浆粕和芳纶纸的发展概况 [J]. 高科技纤维与应用，2009，34 (4)：15-18.

[5] 张美云，杨斌，陆赵情，等. 对位芳纶纸性能研究 [J]. 中国造纸，2012，31 (8)：23-27.

[6] 张美云主编. 加工纸与特种纸 [M]. 第三版. 北京：中国轻工业出版社，2014.

[7] 陆赵情，江明，张美云，等. 对位芳纶沉析纤维对芳纶纸基材料结构和性能的影响 [J]. 中国造纸，2014，33 (8)：21-25.

[8] 黄钧铭，孙茂健，朱敏英，等. 蜂窝结构材料用国产芳纶纸性能分析 [J]. 高科技纤维与应用，2008，33 (6)：33-38.

[9] 王厚林，王宜，姚运振，等. 芳纶纸蜂窝力学性能与纸张性能相关性的研究 [J]. 功能材料，2013，44 (3)：349-352.

[10] 郝巍，罗玉清. 国产对位芳纶纸蜂窝性能的研究 [J]. 高科技纤维与应用，2009，34 (6)：21-25.

[11] 郝巍，罗玉清，王萌. 国产对位芳纶纸蜂窝与 NH-1 蜂窝性能的对比研究 [J]. 高科技纤维与应用，2011，36 (4)：17-20.

[12] 罗玉清，郝巍. 民用芳纶纸蜂窝性能的研究 [J]. 高科技纤维与应用，2009，34 (1)：34-37.

[13] 穆举杰，刘玉，闫海杰. 国产对位芳纶纸蜂窝芯的性能研究 [J]. 高科技纤维与应用，2013，38 (6)：21-23.

[14] 唐爱民，贾超锋，王鑫. 热压工艺对对位芳纶纸强度性能的影响 [J]. 造纸科学与技术，2010，29 (6)：61-64.

[15] 陆赵情，张美云，王志杰，等. PEO 在芳纶纸基复合材料开发中的应用研究 [J]. 化学与黏合，2006，28 (6)：385-388.

[16] 张美云，路金杯，张素风，等. 间位芳纶浆粕结构的表征及芳纶热压纸的物理性能 [J]. 纸和造纸，2009，28 (11)：32-35.

[17] 莫继承. 原位合成法制备低温型保温隔热纸的研究 [D]. 哈尔滨：东北林业大学，2012.

[18] 刘仁庆. 前景诱人的特种纸 [J]. 华东纸业，2004，35 (3)：29-32.

[19] 何红梅. 低温绝热纸材料及其性能的研究 [D]. 西安：陕西科技大学，2015.

[20] 汤新华，樊福定. 玻璃纤维薄毡的制备方法：CN 1515723 A [P]. 2004.

[21] 胡珺. 玻璃纤维绝热毯：CN104743872A [P]. 2015.

[22] JC/T 978—2012，微纤维玻璃棉 [S]. 北京：中国建材工业出版社，2012.

[23] 刘燕. 玻璃微纤维的制备及应用 [C]// 绝热材料的前景与施工. 2002：2-5.

[24] 田耀斌. 微纤维玻璃棉浆料性能及其成纸导热性能的研究 [D]. 西安：陕西科技大学，2017.

[25] 王海毅，田耀斌，郑新苗. 基于分形理论的微纤维玻璃棉绝热纸的结构与性能研究 [J]. 陕西科技大学学报，2016，34 (5)：1-4.

[26] 李杰. 微纤维玻璃棉及其制备隔热纸性能的研究 [D]. 西安：陕西科技大学，2014.

[27] 应建明. 低温绝热纸、制备方法及其应用：CN，CN101058961 [P]. 2007.

[28] 周哲，张志坚，李儒杰. 一种高强度超薄绝热纸及其制备方法和应用：中国，103924476A [P]. 2014-07-16.

[29] 陈叔平，李喜全，俞树荣，等. LNG 球形贮罐绝热计算 [J]. 低温与超导，2009 (1)：5-7.

[30] 李弘. 吸附性间隔材料改善真空多层绝热性能的实验研究 [D]. 上海：上海交通大学，2004：9-11.

[31] 李弘，鲁雪生. 吸附性多层材料绝热性能的试验研究 [J]. 能源技术，2004，25 (1)：7-9.

[32] 项菊芬. 发展中的耐温隔热纸 [J]. 国际造纸，1995 (6)：8-12.

[33] 陈叔平，安彭军，刘振全，等. 立式高真空多层绝热液化天然气（LNG）储罐的研制 [J]. 甘肃工业大学学报，2003（2）：62-64.

[34] 李双晓，尚庆武，王权科，等. 绝热纸的制备方法及用途 [J]. 纸和造纸，2017，36（3）：76-78.

[35] 黄涵洋，王国民. 高温超导磁悬浮环形杜瓦的漏热分析 [J]. 低温与超导，2013，41（4）：5-8.

[36] 赵君，胡健，梁云，等. 碳纤维纸的应用 [J]. 天津造纸，2007，29（4）：13-18.

[37] 南松楠. 基于石墨烯导电纸的制备及其性能研究 [D]. 广州：华南理工大学，2015.

[38] B. B Gutman. Electroconductive paper [J]. Bumazhnaya Promyshlennost，1956，31（6）：12.

[39] CALGON Corporation. Improvements in themaking of a paper having an electroconductive layer [P]. US，462742. 1965.

[40] 钱学仁，宋豪，王立娟. 导电纸的开发与应用 [J]. 纸和造纸，2006，25（4）：37-40.

[41] 施云舟，王彪. 碳纤维导电纸的研究现状及其应用 [J]. 化工新型材料，2014（4）：192-194.

[42] 陈耀庭，周明义，王国全，等. 碳纤维/聚合物复合材料的导电性及电磁屏蔽性能的研究 [J]. 塑料科技，1997，12（6）：6.

[43] 陈立军，张心亚，陈焕钦. 导电涂料的研究现状及发展趋势 [J]. 合成树脂及塑料，2004，21（6）：71-74.

[44] KIMBERLY-CLARK Corporation. Electrically Conductive Paper and Method of Making It [P]. US Patent，No 834396，18 August，1963.

[45] 薛茹君. 电磁屏蔽材料及导电填料的研究进展 [J]. 涂料技术与文摘，2004，25（3）：3.

[46] Johnston James H，Richardson，Michael J，et al. New Conducting Polymer and Metallized Composites with Paper and Wood and Their Potential Application [C]. International Symposium on Wood，Fibre and Pulping Chemistry. Australia：Appita Inc.，2005.

[47] Youngs，et al. Conductive Paper and Method：US，46067 0 [P]. 1 86-08-1.

[48] Walker N J. Papers—a New Dimension in Carbon Fiber Material [C]. Carbon Fibers Ⅲ. London：Plastics & Rubber Inst，1 85.

[49] 李灵炘. 高性能碳纤维纸及其应用 [J]. 高科技纤维与应用，2002，27（5）：15.

[50] 张美云，钟林新，陈均志，等. 碳纤维导电纸的性能及应用 [J]. 中国造纸，2008，27（3）：13-17.

[51] 黄乃科，王曙中，李灵忻. 高科技纤维与应用 [J]. 2002，27（6）：37-40.

[52] 裴浩，张学军，沈曾民，等. 碳纤维纸的组成优化及其结构表征 [J]. 北京化工大学学报（自然科学版），2008，35（3）：49-54.

[53] 吕金艳，张学军，沈曾民. 中间相沥青粒子对 PEMFC 用碳纤维纸性能的影响 [J]. 电源技术，2006，30（10）：803-805.

[54] Geim A K，Graphene：status and prospects，Science，324（5934），1530（2009）.

[55] Geim A K，Novoselov K S，The rise ofgraphene，Naturematerials. 6（3），183（2007）.

[56] Liu L，Niu Z，Zhang L，Zhou W，Chen X，Xie S，Nanostructured Graphene Composite Papers for Highly Flexible and Foldable Supercapacitors，Advanced Materials，26（28），4855（2014）.

[57] Kang Y，Li Y，Hou F，Wen Y，Su D，Fabrication of electric papers ofgraphene nanosheet shelled cellulose fibres by dispersion and infiltration as flexible electrodes for energy storage，Nanoscale，4（10），3248（2012）.

[58] Gao Y，Shi W，Wang W，et al. Inkjet Printing Patterns of Highly Conductive Pristine Graphene on Flexible Substrates [J]. Industrial & Engineering Chemistry Research，2014，53（43）：16777-16784.

[59] Huang L，Huang Y，Liang J，et al. Graphene-based conducting inks for direct inkjet printing of flexible conductive patterns and their applications in electric circuits and chemical sensors [J]. Nano Research，2011，4（7）：675-684.

[60] Secor E B，Prabhumirashi P L，Puntambekar K，et al. Inkjet Printing of High Conductivity，Flexible Graphene Patterns [J]. The Journal of Physical Chemistry Letters，2013，4（8）：1347-1351.

[61] Iijima S. Helicalmicrotubules ofgraphitic carbon [J]. Nature，1991，354（6348）：56-60.

[62] Raffaelle R P，Landi B J，Harris J D，et al. Carbon nanotubes for Power applications [J]. Mater Sci Eng B，2005，116（3）：233-236.

[63] Feng Yongcheng，Yan Meizhen，et al. Application of carbon nanotubes in conductive coatings [J]. Polymer Mate-

rials Science and Engineering，2004，20（2）：133-137.

[64] Leng T，Huie P，Bilbao K V，et al. Carbon nanotube buckypaper As an artificial support membrane and Bruch' smembrane patch Insubretinal RPE and IPE transplantation [J]. Invest Ophth Vis Sci，2003，44（7）：82-85.

[65] Prokudina N A，Shishchenko E R，Joo O S，et al. A carbon Nanotube film as a radio frequency filter [J]. Carbon，2005，43（9）：1815-1818.

[66] Gong X，Liu J，Baskaran S，et al. Surfactant-assisted processing Of carbon nanotubes/polymer composites [J]. Chemistry of Materials，2000，12（4）：1049-1052.

[67] Ma R Z，Liang J，Wei B Q. Et al. Study of electrochemical capacitors Utilizing carbon nanotubes electodes [J]. Journal of Power Sourse，1999，34：126-129.

[68] Ugarte D，Stockli T，Bonard J M，et al. Filling carbon nanotubes [J]. Appl Phys A，1998，67：101-103.

[69] Knapp W，Schleussner D. Carbon buckypaper field emission investigations [J]. Vacuum，2002，69（1/2/3）：333-337.

[70] Gutman B B. Electroconductive paper [J]. Bumazhnaya Promyshlen-Nost，1956，31（6）：12-15.

[71] 曹宏辉. 碳纳米管导电纸的研制及其电磁屏蔽性能研究 [D]. 南昌：南昌大学，2014.

[72] 程晓圆，孙晓刚，庞志鹏，等. 碳纳米管导电纸制备及其性能研究 [J]. 化工新型材料，2015（11）：62-64.

[73] 钱学仁. 聚合物包覆型导电纸研究概述 [J]. 中华纸业，2010，31（23）：58-61.

[74] 宋豪，钱学仁，王立娟，等. 聚苯胺/纸浆纤维复合制造导电纸（Ⅰ）——吸聚条件对导电纸性能的影响 [J]. 中国造纸学报，2006，21（1）：43-46.

[75] 宋豪，钱学仁，王立娟. 聚苯胺/纸浆纤维复合制造导电纸（Ⅱ）——掺杂条件对导电纸性能的影响 [J]. 中国造纸学报，2006，21（3）：64-67.

[76] 陈京环，钱学仁. 制备条件对聚吡咯/纸浆纤维导电纸导电性的影响 [J]. 中国造纸，2007，26（7）：4-7.

[77] 陈京环，钱学仁，李翠翠，等. 气相聚合法制备聚吡咯导电纸 [J]. 中国造纸，2008，27（4）：5-8.

[78] 黄鸿，黄鲲. 碳纤维复合材料与碳纤维纸生产工艺 [J]. 中华纸业，2014，35（8）：6-12.

[79] 陈万平. 电解电容器纸的现状与展望 [J]. 中国造纸，2010，29（s1）：54-56.

[80] 邓知明，聂勋载. 韧皮纤维制浆 [J]. 湖北造纸，2002（2）：2-3.

[81] 李大方. 电解电容器纸国家标准 [J]. 中国标准化，2003（8）：73-74.

[82] 陆明泉. 电解电容器纸对电解电容器性能的影响 [J]. 电子元件，1995（3）：22-28.

[83] 谢艺，宓哲南. 铝电解电容器用电解纸 [J]. 电子元件与材料，1995，14（6）：36-41.

[84] 朱绪飞，庞志成. 电容器高频损耗与材料的关系 [J]. 电子元件与材料，2002，21（7）：13-16.

[85] 佚名. 高纯度绝缘浆生产及初步认识 [J]. 西南造纸，1981（2）：28-35.

[86] 李威灵. 中国制浆造纸研究院电气绝缘用纸的研制和生产 [J]. 造纸信息，2006（5）：1-2.

[87] 吕福荫. 电气绝缘纸的性能及制造技术 [J]. 中国造纸，2010，29（Zl）：77-82.

[88] 林尤长. 对提高电容器纸质量的一点认识 [J]. 浙江造纸，1995（2）：9-14.

[89] 陈禹明. 提高高纯度绝缘木浆质量的途径 [J]. 西南造纸，1993（3）：159-162.

[90] 张诚. 电解电容器纸用麻浆纯化工艺的改进 [J]. 纸和造纸，2015，34（6）：29-32.

[91] 陈万平. 电解电容器纸的选用 [J]. 电子元件与材料，1995（2）：44-46.